高等学校土木建筑专业应用型本科系列规划教材

土木工程测量学

（第 2 版）

主　编　胡伍生
副主编　蒋　辉　范国雄　胡　阳
参　编　钱声源　杨　生　程鹏环
　　　　姚丽慧

东南大学出版社
·南京·

内容提要

本书根据高等学校土木建筑类各专业测量学教学大纲及国家最新测量规范编写，内容包括：绪论、水准测量、角度测量、距离测量与直线定向、全站仪及其使用、全球定位系统的定位技术、测量误差及数据处理的基本知识、小区域控制测量、地形图测绘、地形图的应用、施工测量的基本知识、建筑施工测量、道路施工测量、桥隧及水利施工测量等。

本书具有较宽的专业适应面，既有较完整的理论，又注重工程实用性；既有基本测绘技术与方法，又力求反映当代测量学科的最新技术。每章开头有本章知识要点，每章结尾附有习题与思考题，方便读者使用。

本书可作为高等学校土木工程专业或其他相关专业的教材，既适用于本科和专科的教学，也适用于电大、职大、函大、自学考试及各类培训班的教学，并可供有关技术人员参考。

图书在版编目(CIP)数据

土木工程测量学 / 胡伍生主编. —2 版. — 南京：东南大学出版社，2016.1(2019.1 重印)

高等学校土木建筑专业应用型本科系列规划教材

ISBN 978-7-5641-6269-6

Ⅰ.①土… Ⅱ.①胡… Ⅲ.①土木工程—建筑测量—高等学校—教材 Ⅳ.①TU198

中国版本图书馆 CIP 数据核字(2016)第 005402 号

土木工程测量学(第 2 版)

出版发行：东南大学出版社
社　　址：南京市四牌楼 2 号　邮编：210096
出 版 人：江建中
责任编辑：史建农　戴坚敏
网　　址：http://www.seupress.com
电子邮箱：press@seupress.com
经　　销：全国各地新华书店
印　　刷：常州市武进第三印刷有限公司
开　　本：787mm×1092mm　1/16
印　　张：21
字　　数：531 千字
版　　次：2016 年 1 月第 2 版
印　　次：2019 年 1 月第 5 次印刷
书　　号：ISBN 978-7-5641-6269-6
印　　数：12001—15000 册
定　　价：53.00 元

总前言

国家颁布的《国家中长期教育改革和发展规划纲要(2010—2020年)》指出,要"适应国家和区域经济社会发展需要,不断优化高等教育结构,重点扩大应用型、复合型、技能型人才培养规模";"学生适应社会和就业创业能力不强,创新型、实用型、复合型人才紧缺"。为了更好地适应我国高等教育的改革和发展,满足高等学校对应用型人才的培养模式、培养目标、教学内容和课程体系等的要求,东南大学出版社携手国内部分高等院校组建土木建筑专业应用型本科系列规划教材编审委员会。大家认为,目前适用于应用型人才培养的优秀教材还较少,大部分国家级教材对于培养应用型人才的院校来说起点偏高,难度偏大,内容偏多,且结合工程实践的内容往往偏少。因此,组织一批学术水平较高、实践能力较强、培养应用型人才的教学经验丰富的教师,编写出一套适用于应用型人才培养的教材是十分必要的,这将有力地促进应用型本科教学质量的提高。

经编审委员会商讨,对教材的编写达成如下共识:

一、体例要新颖活泼。学习和借鉴优秀教材特别是国外精品教材的写作思路、写作方法以及章节安排。摒弃传统工科教材知识点设置按部就班、理论讲解枯燥无味的弊端,以清新活泼的风格抓住学生的兴趣点,让教材为学生所用,使学生对教材不会产生畏难情绪。

二、人文知识与科技知识渗透。在教材编写中参考一些人文历史和科技知识,进行一些浅显易懂的类比,使教材更具可读性,改变工科教材艰深古板的面貌。

三、以学生为本。在教材编写过程中,"注重学思结合,注重知行统一,注重因材施教",充分考虑大学生人才就业市场的发展变化,努力站在学生的角度思考问题,考虑学生对教材的感受,考虑学生的学习动力,力求做到教材贴合学生实际,受教师和学生欢迎。同时,考虑到学生考取相关资格证书的需要,教材中还结合各类职业资格考试编写了相关习题。

四、理论讲解要简明扼要，文例突出应用。在编写过程中，紧扣“应用”两字创特色，紧紧围绕着应用型人才培养的主题，避免一些高深的理论及公式的推导，大力提倡白话文教材，文字表述清晰明了、一目了然，便于学生理解、接受，能激起学生的学习兴趣，提高学习效率。

五、突出先进性、现实性、实用性、操作性。对于知识更新较快的学科，力求将最新最前沿的知识写进教材，并且对未来发展趋势用阅读材料的方式介绍给学生。同时，努力将教学改革最新成果体现在教材中，以学生就业所需的专业知识和操作技能为着眼点，在适度的基础知识与理论体系覆盖下，着重讲解应用型人才培养所需的知识点和关键点，突出实用性和可操作性。

六、强化案例式教学。在编写过程中，有机融入最新的实例资料以及操作性较强的案例素材，并对这些素材资料进行有效的案例分析，提高教材的可读性和实用性，为教师案例教学提供便利。

七、重视实践环节。编写中力求优化知识结构，丰富社会实践，强化能力培养，着力提高学生的学习能力、实践能力、创新能力，注重实践操作的训练，通过实际训练加深对理论知识的理解。在实用性和技巧性强的章节中，设计相关的实践操作案例和练习题。

在教材编写过程中，由于编写者的水平和知识局限，难免存在缺陷与不足，恳请各位读者给予批评斧正，以便教材编审委员会重新审定，再版时进一步提升教材的质量。本套教材以“应用型”定位为出发点，适用于高等院校土木建筑、工程管理等相关专业，高校独立学院、民办院校以及成人教育和网络教育均可使用，也可作为相关专业人士的参考资料。

高等学校土木建筑专业应用型
本科系列规划教材编审委员会
2010 年 8 月

第 2 版前言

《土木工程测量学》自 2011 年出版以来，已经发行 16 000 多册，经各兄弟院校的相关专业教学实践验证，说明其教材结构体系和内容符合应用型本科的要求。在教材使用过程中，很多教师、学生和读者提出了许多宝贵的改进意见，为了更好地服务于该课程的教学，完善教材，现对原教材进行一定的修编。

本次修编的主要内容如下：

1. 修订原教材中的错误之处；修编了图 10-13。

2. 增加计算习题参考答案。

测绘科学技术发展迅速，很多测量方法更新很快，编者水平有限，要紧跟测绘科学技术的步伐更新教材内容难度较大，我们恳请使用本教材的广大教师、学生和读者对本教材提出宝贵意见，以便再版时修改。

编　者

2015 年 12 月 25 日

前 言

本书是“高等学校土木建筑专业应用型本科系列规划教材”之一。本书根据高等学校土木建筑类各专业测量学教学大纲编写。全书共 14 章，分为四大部分。第一部分为第 1～4 章，介绍了测量学的基本知识，主要介绍了测量的三项基本工作：测高、测角和测距；第二部分为第 5～6 章，主要介绍了目前已经在工程中广泛应用的测绘先进仪器全站仪和测绘先进技术“全球定位系统”等；第三部分为第 7～10 章，介绍了测量误差基本理论、小区域控制测量及大比例尺地形图的测图、识图和用图；第四部分为第 11～14 章，是施工测量部分，详细介绍了建筑、道路、桥梁、隧道与水利施工测量等内容，各专业可根据需要选用。全书对测量理论力求简单明了，主要以具体实例对测量理论加以说明。

本书按照国家最新测量规范编写，力求做到简明、扼要、实用，并较多地融入当前的测绘新技术。每章开头均有本章知识要点，每章结尾附有习题与思考题，目的是为学生学习提供方便。

本书由主编胡伍生统稿，由副主编蒋辉、范国雄和胡阳协助统稿。参加本书编写工作的有东南大学胡伍生（第 1、13 章、附录 B）、钱声源（第 2 章、附录 A）、范国雄（第 5、12 章），金陵科技学院胡阳（第 3、11 章），盐城工学院程鹏环（第 4、7 章），扬州大学杨生（第 6、14 章），中国矿业大学姚丽慧（第 8 章），南京工业大学蒋辉（第 9、10 章）。

尽管我们尽了很大的努力，但书中还可能存在缺点和错误。本书编者希望使用本教材的教师和读者多提宝贵意见。

编 者

2010 年 10 月于南京

电子信箱：wusheng.hu@163.com

目 录

1 绪论

【本章知识要点】测量学的定义;测定与测设的概念;地球椭球参数;高斯平面直角坐标系;绝对高程;地球曲率对距离的影响;地球曲率对高差的影响;测量工作的两个基本原则;测量的三项基本工作。

1.1 测量学简介

1) 测量学的定义

测量学是研究地球的形状和大小以及确定地面点位的科学。它的内容包括两部分,即测定和测设。测定是指使用测量仪器和工具,通过测量和计算,得到一系列测量数据或成果,将地球表面的地形缩绘成地形图,供经济建设、国防建设、规划设计及科学研究使用。测设(放样)是指用一定的测量方法,按要求的精度,把设计图纸上规划设计好的建(构)筑物的平面位置和高程标定在实地上,作为施工的依据。

2) 测量学的发展概况

测量学是一门历史悠久的科学,早在几千年前,由于当时社会生产发展的需要,中国、埃及、希腊等国家的劳动人民就开始创造与运用测量工具进行测量。我国在古代就发明了指南针、浑天仪等测量仪器,为天文、航海及测绘地图作出了重要的贡献。随着人类社会需求和近代科学技术的发展,测绘技术已由常规的大地测量发展到空间卫星大地测量,由航空摄影测量发展到航天遥感技术的应用;测量对象由地球表面扩展到空间星球,由静态发展到动态;测量仪器已广泛趋向精密化、电子化和自动化。从 20 世纪 50 年代起,我国的测绘事业进一步得到了蓬勃发展,在天文大地测量、人造卫星大地测量、航空摄影与遥感、精密工程测量、近代平差计算、测量仪器研制及测绘人才培养等方面,都取得了令人鼓舞的成就。我国的测绘科学技术已居世界先进行列。

3) 测量学的分类

测量学按其研究的范围和对象的不同,可分为大地测量学、普通测量学、摄影测量学、海洋测量学、工程测量学及地图制图学等。

4) 土木工程测量概述

本教材主要介绍土木工程在各个阶段所进行的测绘工作。它与普通测量学、工程测量学等学科都有着密切的联系,主要有绘图、用图、放样和变形观测等项内容。

在土木工程施工测量中,测量技术的应用比较广泛。例如,铁路、公路在建造之前,为了确定一条最经济、最合理的路线,事先必须进行该地带的测量工作,由测量的成果绘制带状地形图,在地形图上进行线路设计,然后将设计路线的位置标定在地面上,以便进行施工;在路线跨越河流时，必须建造桥梁，在造桥之前，要绘制河流两岸的地形图，以及测定河流的水位、流速、流量和桥梁轴线长度等，为桥梁设计提供必要的资料，最后将设计的桥台、桥墩的位置用测量的方法在实地标定；路线穿过山地，需要开挖隧道，开挖之前，也必须在地形图上确定隧道的位置，并由测量数据来计算隧道的长度和方向，在隧道施工期间，通常从隧道两端开挖，这就需要根据测量的成果指示开挖方向等，使之符合设计的要求。又例如，城市规划、给水排水、煤气管道等市政工程的建设，工业厂房和高层建筑的建造，在设计阶段，要测绘各种比例尺的地形图，供结构物的平面及竖向设计之用；在施工阶段，要将设计的结构物的平面位置和高程在实地标定出来，作为施工的依据；待工程完工后，还要测绘竣工图，供日后扩建、改建和维修之用，对某些重要的建筑物，在其建成以后，还需要进行变形观测，以保证建筑物的安全使用。

在房地产的开发、管理和经营中，房地产测绘起着重要的作用。地籍图和房产图以及其他测量资料准确地提供了土地的行政和权属界址，每个权属单元(宗地)的位置、界线和面积，每幢房屋与每层房屋的几何尺寸和建筑面积，经土地管理和房屋管理部门确认后具有法律效力，可以保护土地使用权人和房屋所有权人的合法权益，可为合理开发、利用和管理土地和房产提供可靠的图纸和数据资料，并为国家对房地产的合理税收提供依据。

5) 土木工程测量的基本要求

本教材的主要目的是让土木工程技术人员学习和掌握下列内容：

(1) 地形图测绘——运用测量学的理论、方法和工具，将小范围内地面上的地物和地貌测绘成地形图、地籍图等，这项任务简称为测图。

(2) 地形图应用——为工程建设的规划设计，从地形图中获取所需要的资料，例如点的坐标和高程、两点间的距离、地块的面积、地面的坡度、地形的断面和进行地形分析等，这项任务简称为图的应用。

(3) 施工放样——把图上设计的工程结构物的位置在实地标定，作为施工的依据，这项任务简称为测设或放样。

1.2 地球的形状和大小

1) 地球概况

测绘工作是在地球的自然表面上进行的，而地球自然表面是极不平坦和不规则的，其中有高达 8 844.43 m 的珠穆朗玛峰，也有深至 11 022 m 的马里亚纳海沟，尽管它们高低起伏悬殊，但与庞大的地球比较，还是可以忽略不计的。

下面介绍一下测量学中最重要的概念——大地水准面。地球表面海洋面积约占 71%，陆地面积仅占 29%。因此，人们设想以一个静止不动的海水面延伸穿越陆地，形成一个闭合的曲面包围整个地球，这个闭合的曲面称为水准面。由于海水面在涨落变化，水准面可有无数个，其中通过平均海水面的一个水准面称为大地水准面，它是测量工作的基准面。由大地水准面所包围的地球形体，称为大地体，如图 1-1(a)所示。

水准面是受地球重力影响而形成的，它的特点是水准面上任意一点的铅垂线(重力作用线)都垂直于该点的曲面。由于地球内部质量分布不均匀，重力也受影响，故引起了铅垂线方向的变动，致使大地水准面成为一个有微小起伏的复杂曲面。如果将地球表面的图形投影到这个复杂曲面上，对于地形制图或测量计算工作都是非常困难的。为此，人们经过几个世纪的观测和推算，选用一个既非常接近大地体又能用数学公式表示的规则几何形状来代表地球的实际形体，这个几何形体是由一个椭圆 NWSE 绕其短轴 NS 旋转而成的形体，称为地球椭球体或旋转椭球体，如图 1-1(b)所示。

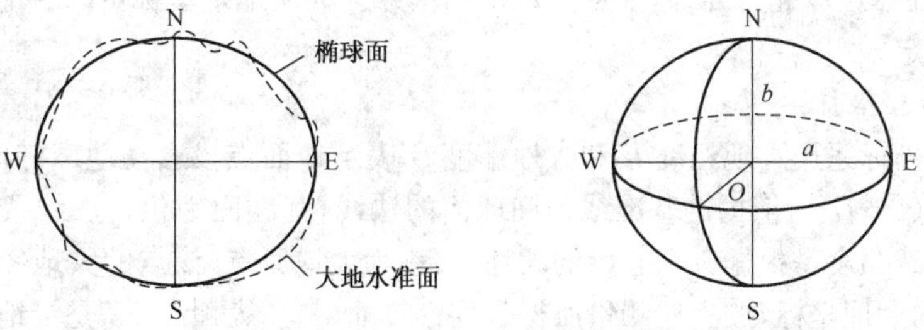

(a)　　　　(b)

图 1-1　大地水准面与地球椭球体

2）地球椭球参数

决定地球椭球体形状和大小的参数为椭圆的长半径 a、短半径 b 及扁率 f，其关系式为：

$$f = \frac{a-b}{a}$$

我国目前采用的参数数据为：$a = 6\,378\,140\ \text{m}$，$b = 6\,356\,755\ \text{m}$，$f = 1:298.257$，并以陕西省西安市泾阳县永乐镇某点为大地原点，进行大地定位，由此建立了新的全国统一坐标系，即目前使用的“1980 西安坐标系”。

由于地球椭球体的扁率 f 很小，当测区面积不大时，可以把地球当作圆球来看待，其圆球半径为：

$$R = \frac{1}{3}(2a+b) \approx 6\,371\ \text{km}$$

1.3　地面点位的确定

测量工作的根本任务是确定地面点位。要确定某地面点的空间位置，通常是求出该点相对于某基准面和基准线的三维坐标或二维坐标。下面介绍几种用以确定地面点位的坐标系。

1.3.1　地理坐标系

地理坐标系属球面坐标系，根据不同的投影面，又分为天文地理坐标系和大地地理坐标系（见图 1-2）。

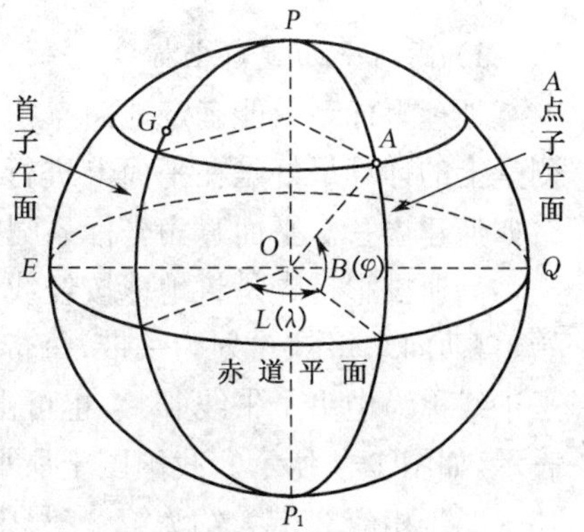

图 1-2　大地地理坐标系

1）天文地理坐标系

天文地理坐标又称天文坐标，用天文经度 λ 和天文纬度 φ 来表示地面点投影在大地水准面上的位置。A 点的经度 λ 是 A 点的子午面与首子午面所组成的二面角。其计算方法为自首子午线向东或向西计算，数值在 0°～180°之间，向东为东经，向西为西经。A 点的纬度 φ 是过 A 点的铅垂线与赤道平面之间的交角，其计算方法为自赤道起向北或向南计算，数值在 0°～90°之间，在赤道以北为北纬，在赤道以南为南纬。天文地理坐标可以在地面点上用天文测量的方法测定。

2）大地地理坐标系

大地地理坐标系用大地经度 L 和大地纬度 B 表示地面点投影在地球椭球面上的位置。确定球面坐标(L，B)所依据的基准线为椭球面的法线，基准面为包含法线及南北极的大地子午面。大地经纬度是根据一个起始的大地点（称为大地原点，该点的大地经纬度与天文经纬度相一致）的大地坐标，按大地测量所得数据推算而得。"大地高 H"是沿地面点的椭球面法线计算，点位在椭球面之上为正，点位在椭球面之下为负。大地坐标（L、B、H）可用于确定地面点在大地坐标系中的空间位置。

1.3.2 地心坐标系

地心坐标系属空间三维直角坐标系，用于卫星大地测量。由于人造地球卫星围绕地球运动，地心坐标系取地球质心（地球的质量中心）为坐标系原点，x、y 轴在地球赤道平面内，首子午面与赤道平面的交线为 x 轴，z 轴与地球自转轴相重合，如图 1-3 所示。地面点 A 的空间位置用三维直角坐标 x_A、y_A、z_A 表示。全球定位系统(GPS)采用的就是地心坐标系。地心坐标系和大地坐标系可以通过一定的数学公式进行换算。

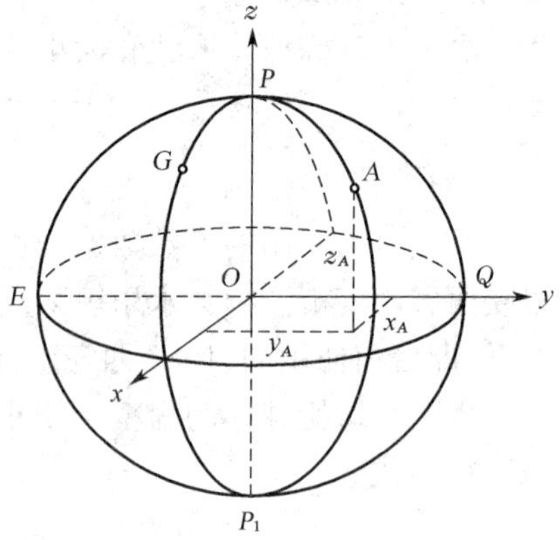

图 1-3 地心坐标系

1.3.3 平面直角坐标系

1）高斯平面直角坐标

地理坐标系只能确定地面点在大地水准面或地球椭球面上的位置，不能直接用来测图。测量上的计算最好是在平面上进行，而地球椭球面是一个曲面，不能简单地展开成平面，那么如何建立一个平面直角坐标系呢？我国是采用高斯投影来实现的。

高斯投影首先是将地球按经线分为若干带，称为投影带。它从首子午线（零子午线）开始，自西向东每隔 6°划为一带，每带均有统一编排的带号，用 N 表示，位于各投影带中央的子午线称为中央子午线(L_0)，也可由东经 1°30′开始，自西向东每隔 3°划为一带，其带号用 n 表示，如图 1-4 所示。我国国土所属范围大约为 6°带第 13 号带至第 23 号带，即带号 $N=13\sim23$。相应 3°带大约为第 24 号带至第 46 号带，即带号 $n=24\sim46$。6° 带中央子午线经度 $L_0=6N-3$，3° 带中央子午线经度 $L_0'=3n$。

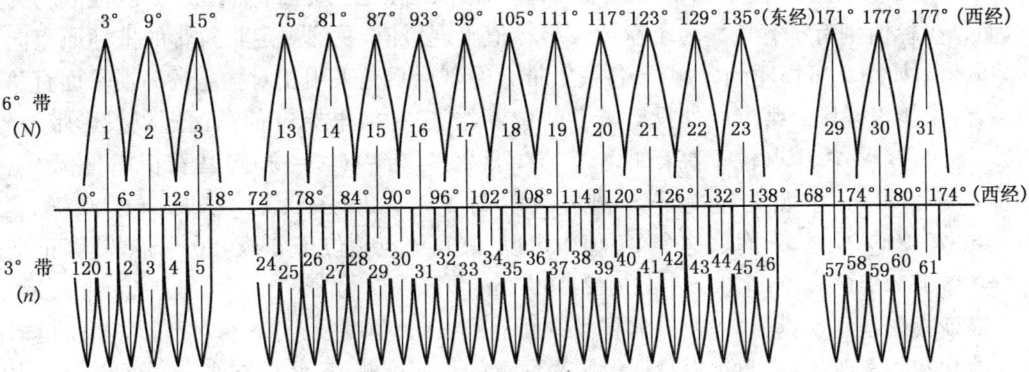

图 1-4　投影分带与 6°(3°)带

设想一个横圆柱体套在椭球外面，使横圆柱的轴心通过椭球的中心，并与椭球上某投影带的中央子午线相切，然后将中央子午线附近（即本带东西边缘子午线构成的范围）的椭球面上的点、线投影到横圆柱面上，如图 1-5 所示。再顺着过南北极的母线将圆柱面剪开，并展开为平面，这个平面称为高斯投影平面。在高斯投影平面上，中央子午线和赤道的投影是两条相互垂直的直线。规定中央子午线的投影为 x 轴，赤道的投影为 y 轴，两轴交点 O 为坐标原点，并令 x 轴上原点以北为正，y 轴上原点以东为正，由此建立了高斯平面直角坐标系，如图 1-6(a)所示。在图 1-6(a)中，地面点 A、B 在高斯平面上的位置，可用高斯平面直角坐标 x、y 来表示。

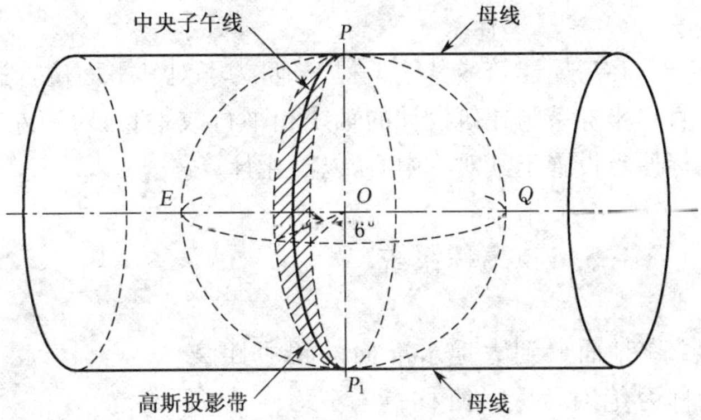

图 1-5　高斯平面直角坐标的投影

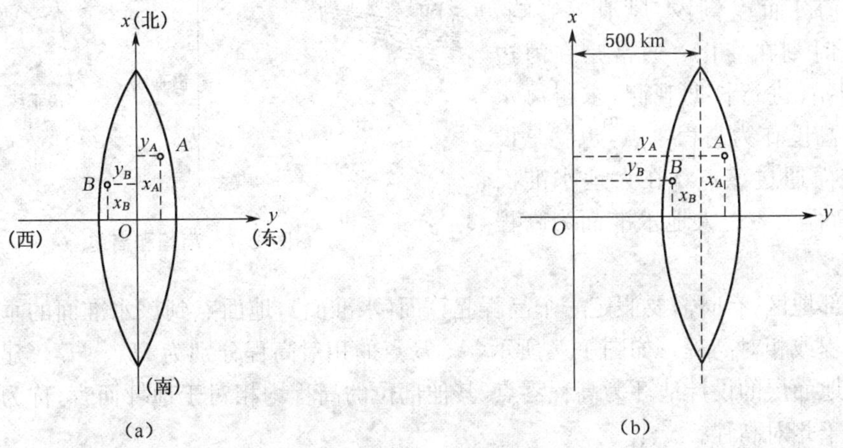

图 1-6　高斯平面直角坐标

由于我国国土全部位于北半球(赤道以北),故我国国土上全部点位的 x 坐标值均为正值,而 y 坐标值则有正有负。为了避免 y 坐标值出现负值,我国规定将每带的坐标原点向西移 500 km,如图 1-6(b)所示。由于各投影带上的坐标系是采用相对独立的高斯平面直角坐标系,为了能正确区分某点所处投影带上的位置,规定在横坐标 y 值前面冠以投影带带号。例如,图 1-6(a)中 B 点位于高斯投影 6°带,第 20 号带内($N=20$),其真正横坐标 $y_B=-113\ 424.690$ m,按照上述规定 y 值应改写为 $Y_B=20(-113\ 424.690+500\ 000)=20\ 386\ 575.310$。反之,人们从这个 Y_B 值中可以知道,该点是位于 6° 第 20 号带,其真正坐标 $y_B=386\ 575.310-500\ 000=-113\ 424.690$ m。

高斯投影是正形投影,一般只需将椭球面上的方向、角度及距离等观测值经高斯投影的方向改化和距离改化后,归化为高斯投影平面上的相应观测值,然后在高斯平面坐标系内进行平差计算,从而求得地面点位在高斯平面直角坐标系中的坐标。

2) 独立平面直角坐标

当测量的范围较小时,可以把该测区的地表一小块球面当作平面看待。将坐标原点选在测区西南角使坐标均为正值,以该地区中心的子午线为 x 轴方向来建立该地区的独立平面直角坐标系。

3) 建筑坐标系

在房屋建筑或其他工程工地,为了对其平面位置进行施工放样的方便,使所采用的平面直角坐标系与建筑设计的轴线相平行或垂直,对于左右、前后对称的建筑物,甚至可以把坐标原点设置于其对称中心,以简化计算。

1.3.4 高程系统

地面点到大地水准面的铅垂距离称为绝对高程(简称高程,又称为海拔)。图 1-7 中 A、B 两点的绝对高程分别为 H_A、H_B。

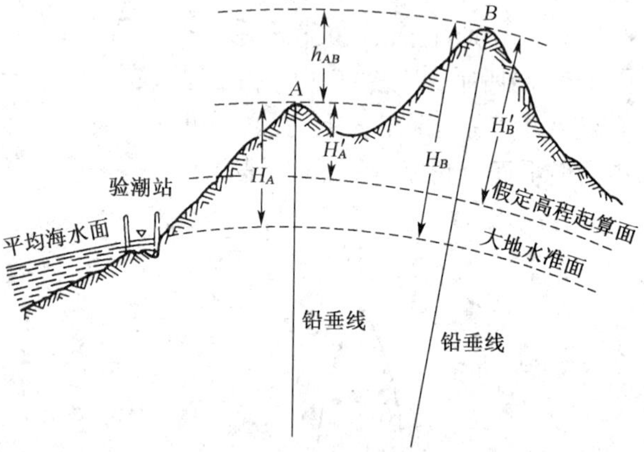

图 1-7 高程和高差

由于海水面受潮汐、风浪等影响,它的高低时刻在变化。通常是在海边设立验潮站,进行长期观测,求得海水面的平均高度作为高程零点,也就是设大地水准面通过该点。在大地水准面上,绝对高程为零。大地水准面为高程的起算面。

在局部地区,有时需要假定一个高程起算面(水准面),地面点到该水准面的垂直距离称为假定高程或相对高程。如图 1-7 所示,A、B 点的相对高程分别为 H'_A、H'_B。建筑工地常以建筑物地面层的设计地坪为高程零点,其他部位的高程均相对于地坪而言,称为标高。标高也是属于相对高程。

地面上两点间绝对高程或相对高程之差称为高差,用 h 表示。如图 1-7 所示,A、B 两点间的高差为:

$$h_{AB}=H_B-H_A=H'_B-H'_A \tag{1-1}$$

式中：h_{AB}有正有负，下标 AB 表示 A 点至 B 点的高差。上式也表明两点间高差与高程起算面无关。

1.4 地球曲率对测量工作的影响

测量工作的基准面——大地水准面是一个极其复杂的曲面，测量数据要归化计算（投影）到该曲面上是很困难的，因此，我们已将其简化为圆球面。

在普通测量范围内，将地面点投影到该圆球面上，然后再投影到平面图纸上描绘，显然这还是很复杂的工作。在实际测量工作中，在一定的精度要求和测量面积不大的情况下，往往以水平面代替水准面，即把较小一部分地球表面上的点投影到水平面上来决定其位置，这样可以简化计算和绘图工作。

从理论上讲，将极小部分的水准面（曲面）当作水平面也是要产生变形的，必然对测量观测值（如距离、高差等）带来影响。当上述这种影响较小，不超过规定的误差范围时，认为用水平面代替水准面是可以的，而且是合理的。本节主要讨论用水平面代替水准面对距离和高差的影响（或称地球曲率的影响），以便给出水平面代替水准面的限度。

1）地球曲率对距离的影响

如图 1-8 所示，设球面（水准面）P 与水平面 P' 在 A 点相切，A、B 两点在球面上弧长为 D，在水平面上的距离（水平距离）为 D'，即：

$$D=R\cdot\theta$$

$$D'=R\cdot\tan\theta$$

式中：R——球面 P 的半径；

θ——弧长 D 所对角度。

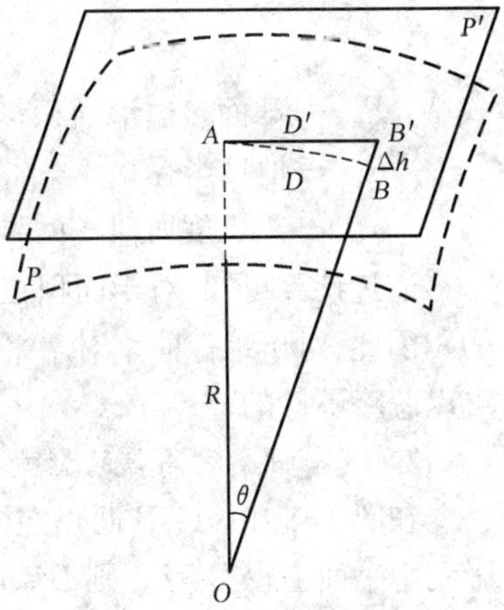

图 1-8 地球曲率的影响

以水平面上距离 D' 代替球面上弧长 D 所产生的误差为 ΔD，则：

$$\Delta D=D'-D=R(\tan\theta-\theta) \tag{1-2}$$

将式(1-2)中 $\tan\theta$ 按级数展开，并略去高次项，得：

$$\tan\theta=\theta+\frac{1}{3}\theta^3+\frac{2}{15}\theta^5+\cdots$$

将上式代入式(1-2)，并顾及 $\theta=\dfrac{D}{R}$，整理可得：

$$\Delta D=\frac{D^3}{3R^2} \tag{1-3}$$

$$\frac{\Delta D}{D}=\frac{1}{3}\left(\frac{D}{R}\right)^2 \tag{1-4}$$

若取地球平均曲率半径 $R=6\ 371$ km，并以不同的 D 值代入式(1-3)或式(1-4)，则可得出距离误差 ΔD 和相应相对误差 $\Delta D/D$，如表 1-1 所列。

表 1-1　水平面代替水准面的距离误差和相对误差

距离 D(km)	距离误差 ΔD(mm)	相对误差 $\Delta D/D$
10	8	1/1 220 000
25	128	1/200 000
50	1 026	1/49 000
100	8 212	1/12 000

由表 1-1 可知，当距离为 10 km 时，用水平面代替水准面(球面)所产生的距离相对误差为 1/1 220 000，这样小的距离误差就是在地面上进行最精密的距离测量也是允许的。因此，可以认为在半径为 10 km 的范围内(相当面积 320 km^2)，用水平面代替水准面所产生的距离误差可忽略不计，也就是可不考虑地球曲率对距离的影响。当精度要求较低时，还可以将测量范围的半径扩大到 25 km(相当面积 2 000 km^2)。

2) 地球曲率对水平角的影响

由球面三角学可知，同一个空间多边形在球面上投影的各内角之和，较其在平面上投影的各内角之和要大一个球面角超 ε，它的大小与图形面积成正比。其计算公式为：

$$\varepsilon = \rho'' \cdot \frac{P}{R^2} \tag{1-5}$$

式中：P——球面多边形面积；

R——地球半径；

ρ''——1 弧度所对应的秒角值($\rho'' = 206\ 265''$)。当 $P = 100$ km^2 时，$\varepsilon = 0.51''$。

通过计算可知，对于面积在 100 km^2 内的多边形，地球曲率对水平角的影响值 ε 是很小的。因此，对于地球曲率对水平角的影响，只有在精密测量中才会考虑，而一般测量工作是可以忽略不计的。

3) 地球曲率对高差的影响

在图 1-8 中，A、B 两点在同一球面(水准面)上，其高程应相等(即高差为零)。B 点投影到水平面上得 B' 点。则 BB' 即为水平面代替水准面产生的高差误差。设 $BB' = \Delta h$，则

$$(R + \Delta h)^2 = R^2 + D'^2$$

整理得：

$$\Delta h = \frac{D'^2}{2R + \Delta h}$$

上式中，可以用 D 代替 D'，同时 Δh 与 $2R$ 相比可略去不计，则

$$\Delta h = \frac{D^2}{2R} \tag{1-6}$$

以不同的 D 代入式(1-6)，取 $R=6\ 371$ km，则得相应的高差误差值，如表 1-2 所列。

表 1-2 水平面代替水准面的高差误差

距离 D(km)	0.1	0.2	0.3	0.4	0.5	1	2	5	10
Δh(mm)	0.8	3	7	13	20	78	314	1 962	7 848

由表 1-2 可知，用水平面代替水准面，在 1 km 的距离上高差误差就有 78 mm，即使距离为 0.1 km(100 m)时，高差误差也有 0.8 mm。所以，在进行水准测量时，即使很短的距离都应考虑地球曲率对高差的影响。

1.5 测量工作概述

地球表面是复杂多样的，在测量工作中将其分为地物和地貌两大类。地面上固定性物体，如河流、房屋、道路、湖泊等称为地物；地面的高低起伏的形态，如山岭、谷地和陡崖等称为地貌。地物和地貌统称为地形。

测量工作的主要任务是测绘地形图和施工放样，本节扼要介绍测图和放样的大概过程，为学习后面各章建立起初步的概念。

1.5.1 测量工作的基本原则

测绘地形图时，要在某一个测站上用仪器测绘该测区所有的地物和地貌是不可能的。同样，某一厂区或住宅区在建筑施工中的放样工作也不可能在一个测站上完成。如图 1-9(a)所示，在 A 点设站，只能测绘附近的地物和地貌，对位于山后面的部分以及较远的地区就观测不到，因此，需要在若干点上分别施测，最后才能拼接成一幅完整的地形图。如图 1-9(b)所示，图中 P、Q、R 为设计的房屋位置，也需要在实地从 A、F 两点进行施工放样。因此，进行某一个测区的测量工作时，首先要用较严密的方法和较精密的仪器，测定分布在全区的少量控制点(例如图 1-9 中的 A、B、…、F)的点位，作为测图或施工放样的框架和依据，以保证测区的整体精度，称为控制测量。然后在每个控制点上，以较低的(当然也需保证必要的)精度施测其周围的局部地形细部或放样需要施工的点位，称为碎部测量。

(a)

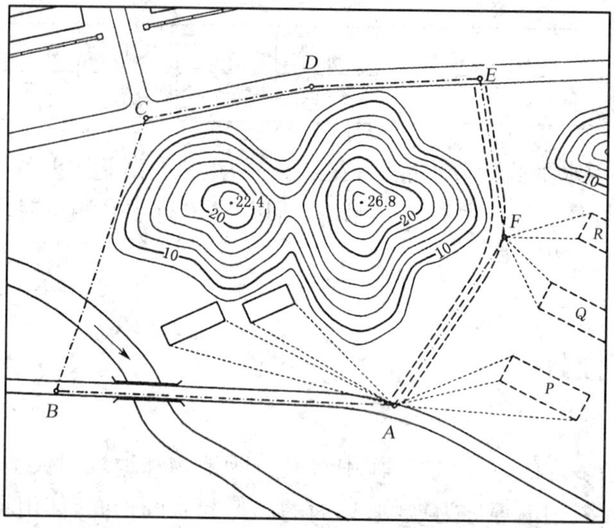

(b)

图 1-9　控制测量与碎部测量

另外，任何测量工作都不可避免地会产生误差，故每点(站)上的测量都应采取一定的程序和方法，以便检查错误或防止误差积累，保证测绘成果的质量。

因此，在实际测量工作中应当遵守以下两个基本原则：

(1) 在测量程序上，应遵循"先控制后碎部"的原则。

(2) 在测量过程中，应遵循"逐步检查"的原则。

1.5.2　控制测量

控制测量分为平面控制测量和高程控制测量，由一系列控制点构成控制网。

平面控制网以连续的折线构成多边形格网，称为导线网(可参看图 1-9(b))，其转折点称为导线点，两点间的连线称为导线边，相邻两边间的夹角称为导线转折角，导线测量为测定这些转折角和边长，以计算导线点的平面直角坐标。平面控制网以连续的三角形构成，称为三角网，通过测量三角形的角度，以计算三角形顶点——三角点的平面直角坐标。高程控制网为由一系列水准点构成水准网，用水准测量或三角高程测量测定水准点间的高差，以计算水准点的高程。利用人造地球卫星的全球定位系统(GPS)，可以同时测定控制点的坐标和高程，是控制测量的发展方向。

1.5.3　碎部测量

在控制测量的基础上，再进行碎部测量。图 1-10 所示为地形图的图解测绘法：首先，按控制点 A、B……的坐标值，按一定的比例缩小，在图纸上绘出各控制点的位置 a、b……；然后测绘各控制点周围的地物和地貌。例如，在控制点 A 测定附近房屋的房角点 1、2、3……，按比例缩小，连接有关线条，绘制成图。

在地面有高低起伏的地方，根据控制点，可以测定一系列地形特征点的平面位置和高程，据此可以绘制用等高线表示的地貌，如图 1-11 所示，注于线上的数字为地面的高程。

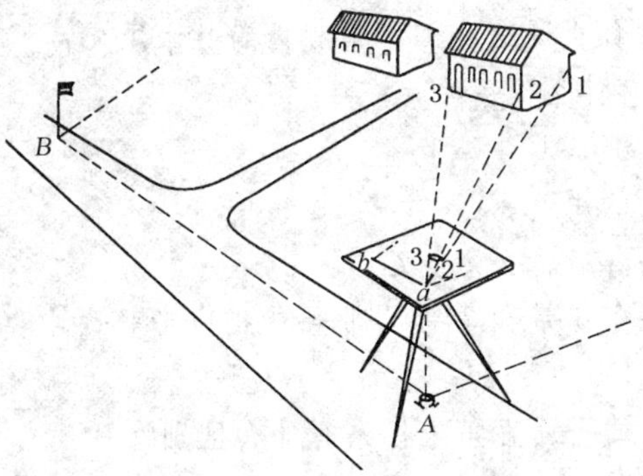

图 1-10 地物的碎部测绘

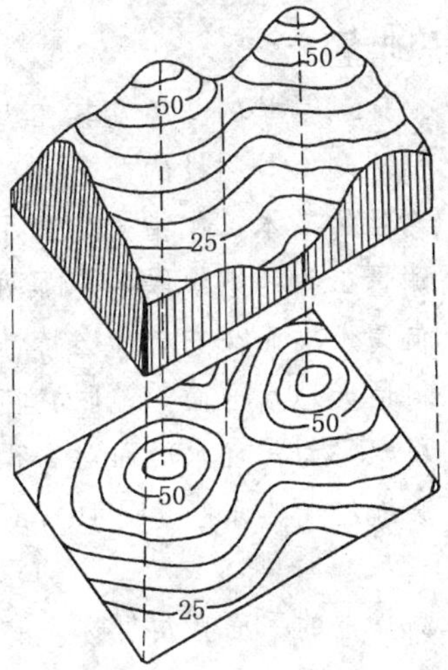

图 1-11 用等高线表示地貌

1.5.4 施工放样的概念

施工放样(测设)是把设计图上建(构)筑物位置在实地上标定出来，作为施工的依据。为了使地面定出的建筑物位置成为一个有机联系的整体，施工放样同样需要遵循“先控制后碎部”的基本原则。

如图 1-9 所示，在控制点 A、F 附近设计了建筑物 P(图中用虚线表示)，现要求把它在实地标定下来。根据控制点 A、F 及建筑物的设计坐标，计算水平角 β_1、β_2 和水平距离 D_1、D_2 等放样数据，然后控制点 A 上，用仪器测设出水平角 β_1、β_2 所指的方向，并沿这些方向测设水平距离 D_1、D_2，即在实地定出 1、2 等点，这就是该建筑物的实地位置。上述所介绍的方法是施工放样中常用的极坐标法，此外还有直角坐标法、方向(角度)交会法和距离交会法等。

由于施工放样中施工控制网是一个整体，并具有相应的精度和密度，因此不论建(构)筑物的范围多大，由各个控制点放样出的建(构)筑物各个点位位置，也必将联系为一个整体。

同样，根据施工控制网点的已知高程和建(构)筑物的图上设计高程，可用水准测量方法测设出建(构)筑物的实地设计高程。

1.5.5 测量的三项基本工作

综上所述，控制测量和碎部测量以及施工放样等，其实质都是为了确定点的位置。碎部测量是将地面上的点位测定后标绘到图纸上或为用户提供测量数据与成果，而施工放样则是把设计图上的建(构)筑物点位测设到实地上，作为施工的依据。可见，所有要测定的点位都离不开距离、角度及高差这三个基本观测量。因此，距离测量、角度测量和高差测量是测量的三项基本工作。土木工程技术人员应当掌握这三项基本功。

习题与思考题

1. 简述测量学的任务及其在土木工程中的作用。
2. 简述测定与测设的概念。
3. 测量的基本工作指的是哪几项？为什么说这些工作是测量的基本工作？
4. 测量工作的组织原则是哪两条，各有什么作用？
5. 何谓水准面？它有什么特性？
6. 何谓大地水准面？说明它在测量上的用途。
7. 用水平面代替水准面对高程和距离各有什么影响？
8. 某地经度为东经 115°16′，试求其所在 6°带和 3°带的带号与相应带号内中央子午线的经度。
9. 测量上的平面直角坐标系和数学上的平面直角坐标系有什么区别？
10. 高斯平面直角坐标系是怎样建立的？
11. 从控制点坐标成果表中抄录某点在高斯平面直角坐标系中的纵坐标 $X=$ 3 456.780 m，横坐标 $Y=$ 21 386 435.260 m，试问该点在该投影带高斯平面直角坐标系中的真正纵、横坐标 x、y 为多少？该点位于第几象限内？
12. 某宾馆首层室内地面 ±0.000 的绝对高程为 45.300 m，室外地面设计高程为 −1.500 m，女儿墙设计高程为 +88.200 m，问室外地面和女儿墙的绝对高程分别为多少？
13. 设有 500 m 长、250 m 宽的矩形场地，其面积有多少公顷？合多少市亩？
14. 在半径 $R=50$ m 的圆周上有一段 95 m 长的圆弧，其所对圆心角为多少弧度？用 360°的度分秒制表示时，应为多少？
15. 有一小角度 $\alpha=30''$，设半径 $R=120$ m，其所对圆弧的弧长(算至毫米)为多少？

2 水准测量

【本章知识要点】高程测量的方法;水准测量的基本原理;水准仪的构造及其使用;视差;水准路线;水准点;转点;高差闭合差;高差闭合差的分配;水准测量成果整理;水准仪的轴线;水准仪轴线应满足的几何条件;水准测量中前后视距相等的作用。

高程测量是确定地面点位的三项基本测量工作之一,测定地面点高程的工作,称为高程测量。高程测量按所使用的仪器和施测方法不同,可以分为水准测量、三角高程测量、GPS高程测量和气压高程测量。其中水准测量是目前高程测量中最基本和精度较高的一种测量方法,广泛用于国家高程控制测量、工程勘测和施工测量中。

2.1 水准测量原理

1) 水准测量的基本原理

水准测量是利用水准仪提供的一条水平视线,对竖立于两个点上的水准尺上进行瞄准读数,来测定两点间的高差,再根据已知点的高程计算待定点的高程。如图 2-1 所示,在地面上有 A、B 两点,已知 A 点高程为 H_A,求 B 点的高程 H_B。若能求出 B 点对于 A 点的高差 h_{AB},就能求得 B 点的高程。为此,现在 A、B 两点间安置一架水准仪,并在 A、B 点上分别竖立水准尺,根据水准仪提供的水平视线在 A 点水准尺上的读数为 a,在 B 点水准尺上的读数为 b,则 A、B 两点间的高差为:

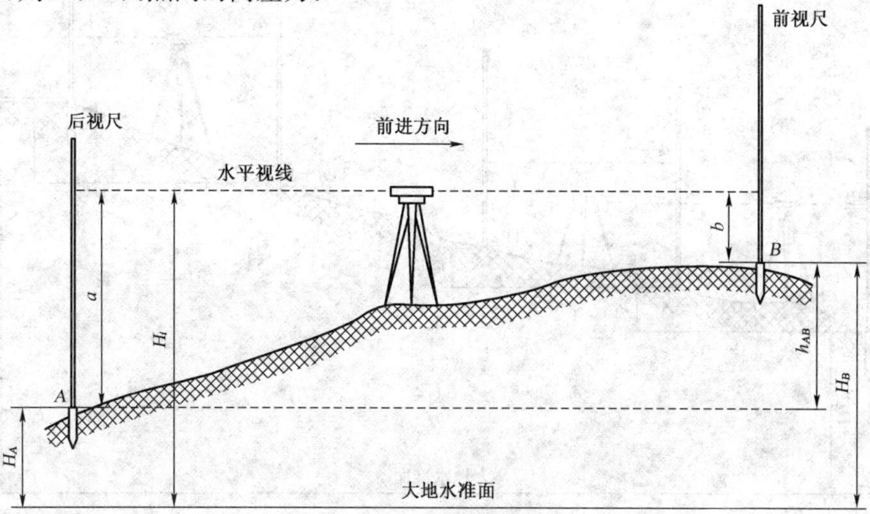

图 2-1 水准测量原理

$$h_{AB} = a - b \tag{2-1}$$

设水准测量是由 A 点向 B 点方向进行的，则称 A 点为后视点，其水准尺读数 a 为后视读数，B 点为前视点，其水准尺读数 b 为前视读数。两点间的高差等于“后视读数”减“前视读数”。如果后视读数大于前视读数，则高差为正，表示 B 点比 A 点高，$h_{AB} > 0$；如果后视读数小于前视读数，则高差为负，表示 B 点比 A 点低，$h_{AB} < 0$。为了避免将两点间高差的正负号写错，规定 h 的写法为：h_{AB} 表示 A 点至 B 点的高差，h_{BA} 表示 B 点至 A 点的高差。

若已知 A 点的高程为 H_A，则 B 点的高程为：

$$H_B = H_A + h_{AB} = H_A + (a - b) \tag{2-2}$$

B 点的高程也可以用水准仪的视线高程 H_i（仪器高程）来计算：

$$H_i = H_A + a \tag{2-3}$$

$$H_B = H_i - b \tag{2-4}$$

一般情况下，式(2-2)是直接利用高差 h_{AB} 计算 B 点高程的，称为高差法。式(2-3)、(2-4)是利用仪器视高 H_i 计算 B 点高程的，称为视线高法。当安置一次水准仪需要测定若干前视点的高程时，视线高法比高差法方便。

2) 连续水准测量

如果 A、B 两点之间的距离较远或高差较大且安置一次仪器无法测得高差时，就需要在两点之间增设若干个作为传递高程的临时立尺点，称为转点（Turning Point，缩写为 TP）。根据水准测量原理依次连续地在两个立尺点中间安置水准仪来测定相邻点的高差，最后取各个高差的代数和，即求得 A、B 两点间的高差值。

如图 2-2 所示，欲求 h_{AB}，可依次在 A 与 TP1、TP1 与 TP2……中间安置仪器，作为第一站、第二站……，在相应的 A 与 TP1、TP1 与 TP2……处立水准尺，测出各站高差 h_1、h_2、…、h_n。

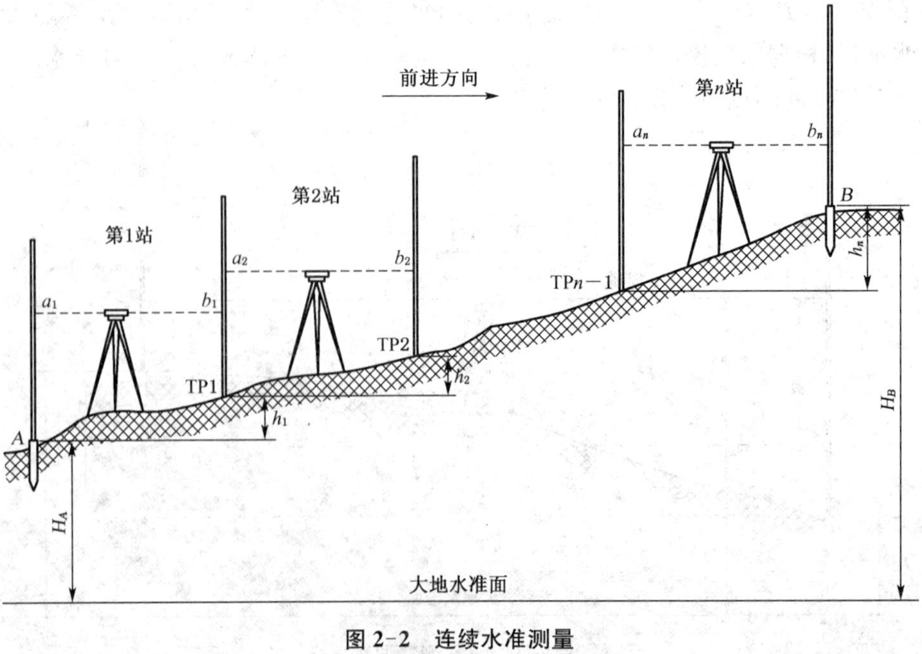

图 2-2　连续水准测量

$$\left.\begin{aligned} h_{A1} &= h_1 = a_1 - b_1 \\ h_{12} &= h_2 = a_2 - b_2 \\ &\vdots \\ h_{(n-1)B} &= h_n = a_n - b_n \end{aligned}\right\} \tag{2-5}$$

则 A、B 两点间高差的计算公式为：

$$h_{AB} = \sum_{i=1}^{n} h_i = \sum_{i=1}^{n} a_i - \sum_{i=1}^{n} b_i \tag{2-6}$$

由式(2-5)、(2-6)可以看出：

(1) 每一站的高差等于此站的后视读数减去前视读数。

(2) 起点到终点的高差等于各段高差的代数和，也等于后视读数之和减去前视读数之和，通常要同时用 $\sum h$ 和($\sum a - \sum b$)进行计算，用来检查计算是否有误。

(3) A、B 两点间增设的转点起高程传递的作用。

为了保证高程传递的正确性，在连续水准测量过程中，不仅要选择土质稳固的地方作为转点位置(需安放尺垫)，而且在相邻测站的观测过程中，要保持转点(尺垫)稳定；同时要尽可能保持各测站的前后视距大致相同；还要通过调节前、后视距离，尽可能保持整条水准路线中的前视视距之和与后视视距之和相等，这样可以消除或减小地球曲率和某些仪器误差对高差的影响。

2.2 水准仪及其使用

水准仪是提供水平视线来测定高差的仪器，主要有微倾式水准仪、自动安平式水准仪和数字水准仪。通过调整管水准器使气泡居中获得水平视线的称为微倾式水准仪，通过水平补偿器获得水平视线的称为自动安平式水准仪，现代的数字水准仪是利用条纹码水准尺和用仪器的光电扫描进行自动读数的水准仪，其置平方式也属于自动安平式。

微倾式水准仪型号有 DS_{05}、DS_1、DS_3、DS_{10} 等几种。“D”和“S”是“大地”和“水准仪”汉语拼音的第一个字母，通常在书写时可以省略字母“D”，后续的数字表示每千米水准测量的高差中数的中误差(单位 mm，05 代表 0.5 mm)。如果“DS”改为“DSZ”，则表示该仪器为自动安平水准仪。表 2-1 列出了各水准仪的精度和用途。本节主要介绍 DS_3 型水准仪及其使用。

表 2-1 水准仪技术参数及用途

水准仪系列型号	DS_{05}	DS_1	DS_3	DS_{10}
每公里往返测高差中数的中误差(mm)	±0.5	±1	±3	±10
主要用途	国家一等水准测量	国家二等水准测量及精密水准测量	国家三、四等水准测量及工程测量	工程及图根水准测量

2.2.1 DS_3水准仪的构造

图 2-3 为DS_3型水准仪，主要由望远镜、水准器和基座组成。

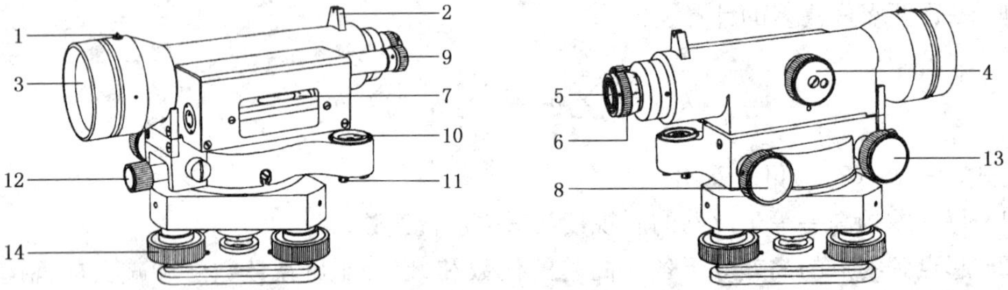

图 2-3 DS_3微倾式水准仪

1—准星；2—照门；3—物镜；4—物镜调焦螺旋；5—目镜；6—目镜调焦螺旋；7—管水准器；8—微倾螺旋；9—管水准气泡观察窗；10—圆水准器；11—圆水准器校正螺丝；12—水平制动螺旋；13—微动螺旋；14—脚螺旋

1) 望远镜

望远镜是用于瞄准远处目标和提供水平视线进行读数的设备。它由物镜、调焦透镜、十字丝分划板和目镜等组成，如图 2-4 所示。

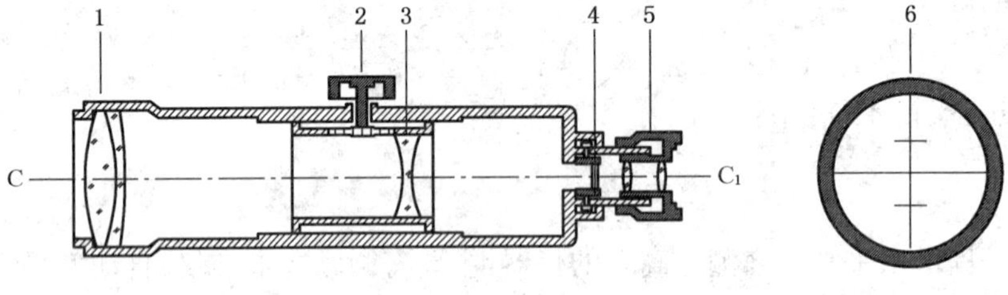

(a) (b)

图 2-4 望远镜的构造

1—物镜；2—物镜调焦螺旋；3—物镜调焦透镜；4—十字丝分划板；5—目镜组；6—十字丝放大像

望远镜的成像原理如图 2-5 所示。望远镜所瞄准的目标 AB 经物镜及物镜调焦透镜折射后，在十字丝分划板上形成一个倒立且缩小的实像 ab；再通过目镜放大成虚像 $a'b'$，同时十字丝分划板也被放大。由图 2-5 可知，观测者通过望远镜观测虚像 $a'b'$ 的视角为β，而直接观测目标 AB 的视角为α，$\beta>\alpha$。由于视角放大了，观测者就感到远处的目标靠近了，目标

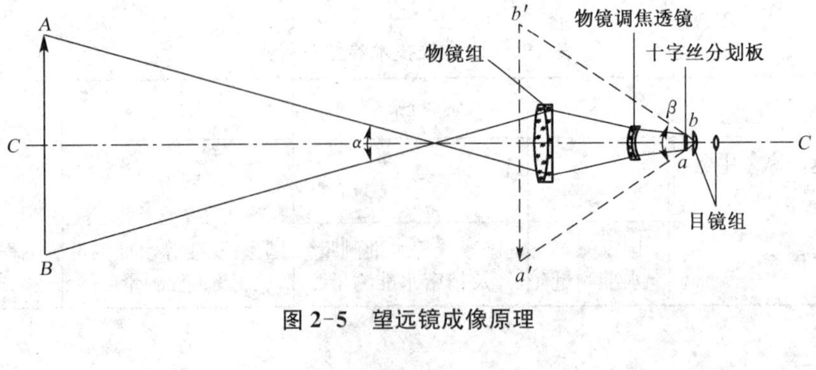

图 2-5 望远镜成像原理

也看得更清楚了，从而提高了瞄准和读数的精度。故定义望远镜的放大率为 $V = \beta/\alpha$。一般要求 DS_3 水准仪望远镜的放大率不小于 28 倍。

十字丝分划板的结构如图 2-4(b)所示，它是在一直径约为 10 mm 的光学玻璃原片上刻划出三根横丝和一根垂直于横丝的纵丝，中间的长横丝称为中丝，用于读取水准尺上读数；上、下两个较短的横丝称为上丝和下丝，上、下丝总称视距丝，用来测定水准仪至水准尺的距离(视距)。

物镜与十字丝分划板之间的距离是固定不变的，而望远镜所瞄准的目标有远有近，目标发出的光线通过物镜后，在望远镜内所成实像的位置随目标离仪器的远近而改变。因此，需要旋转物镜调焦螺旋，使目标实像与十字丝平面重合。但有时观测者的眼睛在目镜端上、下微微移动时，会发现目标的实像与十字丝平面之间有相对移动，这种现象称为视差。如有视差，就会影响读数的正确性，因此必须消除视差。消除视差的方法如下：先旋转目镜调焦螺旋，使十字丝清晰，称为“目镜调焦”；然后转动物镜调焦螺旋，使目标像清晰，称为“物镜调焦”；当观测者眼睛在目镜端作上、下微微移动，发现目标与十字丝平面之间没有相对移动，则表示视差已消除；否则重复以上操作，直至完全消除视差。

2) 水准器

水准器用于置平仪器，有管水准器和圆水准器两种。前者精度较高，用于精确置平仪器，称为“精平”；后者精度较低，用于粗略置平仪器，称为“粗平”。

(1) 管水准器

管水准器又称水准管，是一纵向内壁磨成有一定半径圆弧形的玻璃管，管内装有酒精和乙醚的混合液，加热密封冷却后留有一个气泡，由于气泡较轻，故恒处于管内最高位置。

水准管内圆弧中点 O，称为水准管零点，通过零点作水准管圆弧的切线 LL，称为水准管轴。当水准管的气泡中点与水准管零点重合时，称为气泡居中，这时水准管轴 LL 也处于水平位置。如图 2-6 所示。

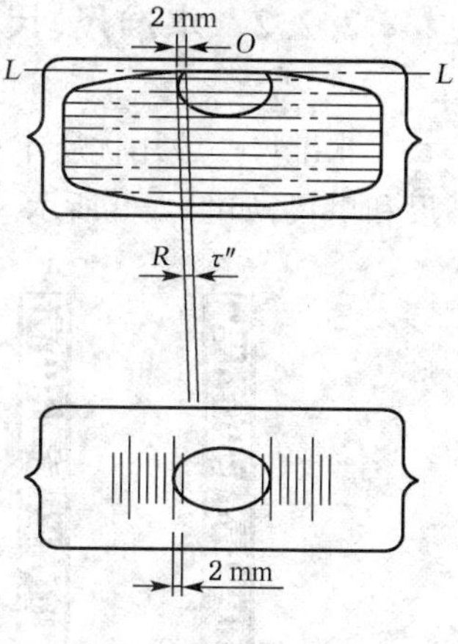

图 2-6 管水准器

在管水准器的外表面，对称于零点的左右两侧，有 2 mm 间隔的分划线。定义水准管上两相邻分划线间的圆弧(2 mm)所对的圆心角 τ''，称为水准管分划值，又称“灵敏度”。用公式表示为：

$$\tau'' = \frac{2}{R}\rho'' \tag{2-7}$$

式中：ρ''——1 弧度所对应的角度秒值，$\rho'' = 206\ 265''$；

R——水准管圆弧半径(mm)。

显然，R 愈大，τ'' 愈小，管水准器的灵敏度愈高，仪器置平的精度也愈高，反之置平精度就低。DS_3 水准仪上的水准管其分划值不大于 20″/2 mm。

为了提高水准气泡的居中精度，在水准器的上方装有一组符合棱镜，如图 2-7 所示。通过这组棱镜的折光作用，将气泡两端的映像反映在望远镜旁的管水准气泡观察窗内。当窗内看到气泡两端的两个半像对齐，表示气泡居中。如果两个半像错开，则表示气泡未居中，此时可转动望远镜微倾螺旋，使气泡两端的像重合，使仪器精确置平。这种配有符合棱镜的水准器，称为符合水准器，它可以提高气泡居中的精度。

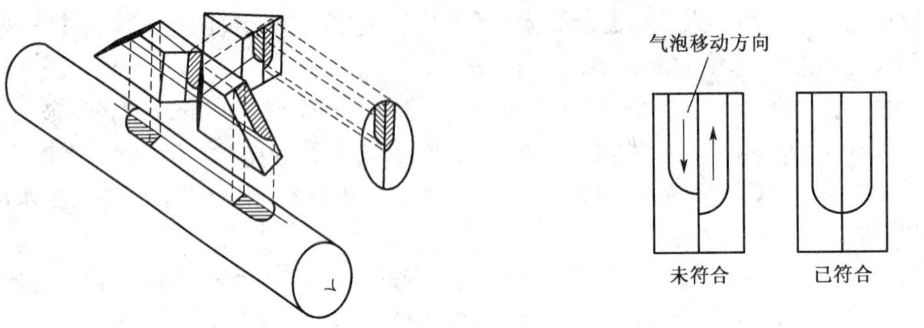

图 2-7　管水准器与符合棱镜

(2) 圆水准器

圆水准器的内表面磨成球面，顶面中央刻有一个小圆圈，其圆心 O 称为圆水准器的零点，通过零点 O 的法线 LL' 称为圆水准轴，如图 2-8 所示。由于它与仪器的旋转轴(竖轴)平行，所以当气泡居中时，表示仪器的竖轴已经处于铅垂线位置。一般圆水准器的分划值约为 8′/2 mm，其灵敏度较低，只能用于初步整平仪器(粗平)。

(3) 基座

基座的作用是支承仪器的上部，用连接螺旋将仪器与三角架相连。它由轴套、脚螺旋和三角底板构成，调节脚螺旋的高度可使圆水准器气泡居中，达到仪器初步整平的目的。

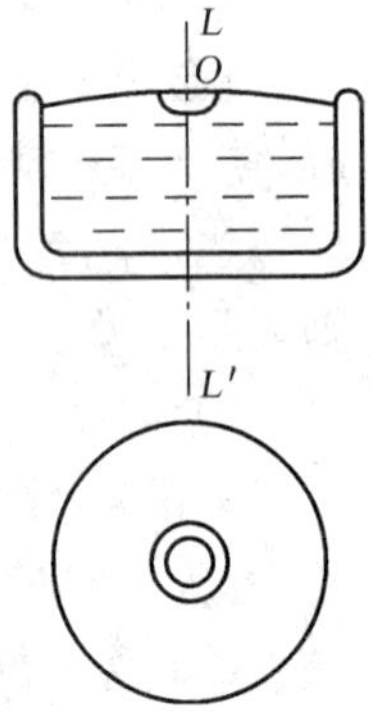

图 2-8　圆水准器

2.2.2　水准尺、尺垫和三角架

水准尺一般用优质木材、玻璃钢或铝合金制成，长度为 2～5 m，根据尺形分为直尺、折尺和塔尺，如图 2-9 所示。其中直尺又分单面分划(单面尺)和双面分划(双面尺)两种。

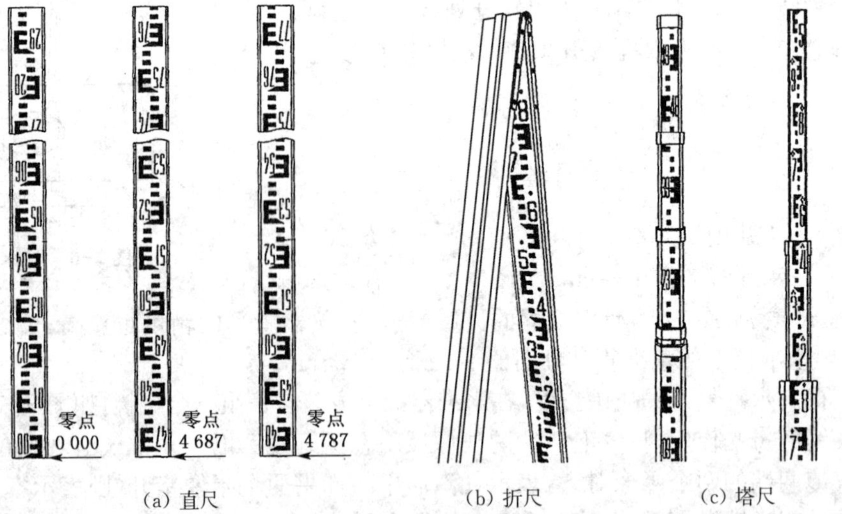

图 2-9　水准尺

水准尺的尺面上每隔 1 cm 有黑白或红白相间的分划，每分米处注有分米数，其数字有正和倒两种，分别与水准仪的正像望远镜或倒像望远镜配合使用。

双面水准尺多用于三、四等水准测量，一面为黑、白分划，称为黑面尺，另一面为红、白分划，称为红面尺，双面尺要成对使用。双面尺的黑色面起始数字是从零开始，而红色面的起始数字为 4 687 mm 或 4 787 mm，此固定数值称为零点差。水平视线在同一根水准尺上的黑面与红面的读数之差等于双面尺的零点差，可作为水准测量读数的检核。

尺垫一般由生铁铸成三角形，中间有一突起的半球体，下方有 3 个支脚，使用时将支脚牢固地踩入土中，以防下沉，水准尺竖立于半球形顶点处。

三角架是水准仪的附件，用以安置水准仪，使用时用中心连接螺旋与仪器固紧。

2.2.3 水准仪的使用

水准仪的使用包括安置、粗平、瞄准、精平、读数等步骤。

1）安置

在安置水准仪之前，应先将三脚架等距分开，3 个脚尖在地面的位置大致成等边三角形，调节好三角架的高度并使架头大致水平；然后取出水准仪平稳地安放在三角架头上，一手握住仪器，一手将三角架上的连接螺旋旋入仪器基座的中心螺孔内，防止仪器从三角架头上摔下来。

2）粗平

粗平即粗略平整仪器，旋转脚螺旋使圆水准气泡居中，仪器的竖轴大致垂直，从而使望远镜的视准轴大致水平。具体操作方法如下：

图 2-10 中，外围圆圈为三个脚螺旋，中间为圆水准器，阴影圆圈代表水准气泡所在位置。首先用双手按箭头所指方向旋转脚螺旋 1、2，使气泡移动到两个脚螺旋方向的中间；然后再用左手按箭头方向旋转脚螺旋 3，使气泡居中。在整个移动过程中，气泡移动的方向始终与左手大拇指转动脚螺旋时的方向一致。

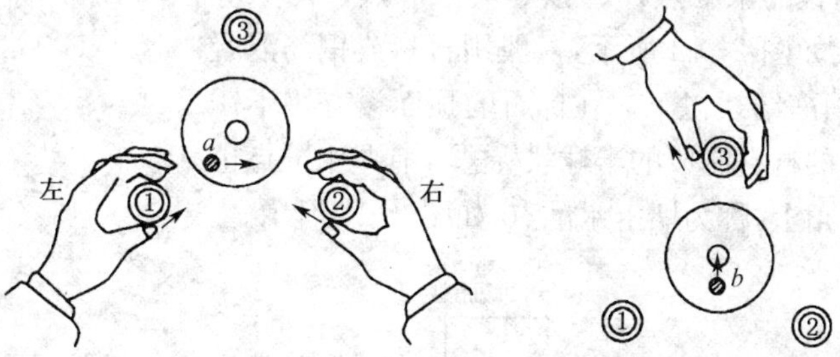

图 2-10 圆水准器整平

3）瞄准

先将望远镜对向明亮的背景，旋转目镜调焦螺旋使十字丝清晰；松开制动螺旋，转动望远镜，利用望远镜上方的缺口照准水准尺；拧紧制动螺旋，旋转物镜调焦螺旋，看清水准尺；利用水平微动螺旋，使十字丝竖丝瞄准尺子的边缘或中央，如图 2-11 所示，检查水准尺是否倾斜，同时观测者的眼睛在目镜上下微动，检查是否存在视差；消除视差，直至水准尺成像在十字丝分划板上，且十分清晰。

4）精平

精平是旋转水准仪的微倾螺旋，使水准管气泡严格居中，从而使望远镜的视准轴处于精确的水平位置。有符合棱镜的水准管，可以在水准管气泡观察镜中看到两个气泡影像是否吻合。如不吻合，再慢慢旋转微倾螺旋直至完全吻合为止。

5）读数

水准仪精平后，应立即按十字丝的中丝读取水准尺上的读数。对于倒像望远镜，读数时应从上往下读。观测者应先估读水准尺上毫米数，然后读出米、分米及厘米值，一般读出四位数。如图 2-11，水准尺中丝读数为 1.608 m，其中末位 8 是估读的毫米数，也可记为 1 608 mm。

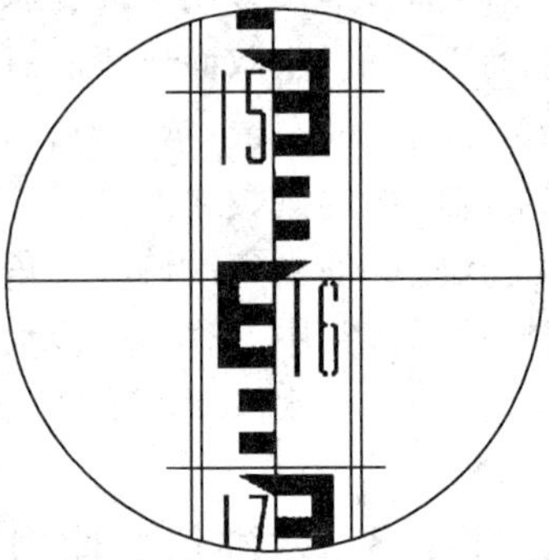

图 2-11　水准尺瞄准与读数

2.3　普通水准测量

2.3.1　水准点

为了统一全国的高程系统和满足各种测量的需要，测绘部门在全国各地埋设并测定了很多高程点，这些点称为水准点(Beach Mark，缩写为 BM)。水准测量通常是从水准点引测其他点的高程。一、二等水准测量为精密水准测量，三、四等水准测量为普通水准测量。采用某等级的水准测量方法测出其高程的水准点称为该等级水准点。国家等级水准点埋设形式如图 2-12 所示，一般用石料或钢筋混凝土制成，深埋到地面冻结线以下。在标石的顶面设有用不锈钢或其他不易锈蚀的材料制成的半球状标志。有些水准点也可设置在稳定的墙角上，称为墙上水准点，如图 2-13 所示。

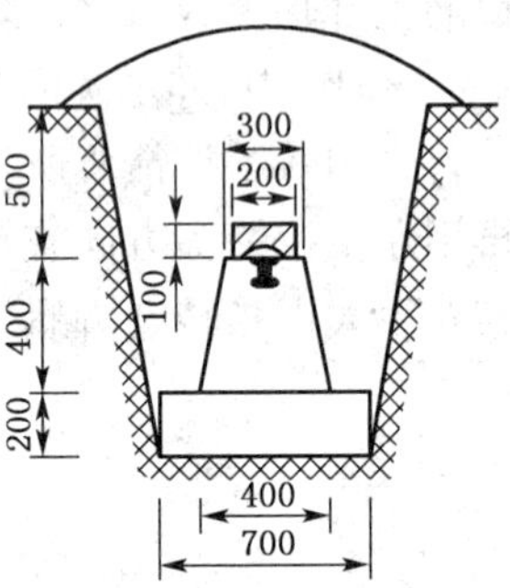

图 2-12　等级水准点标志

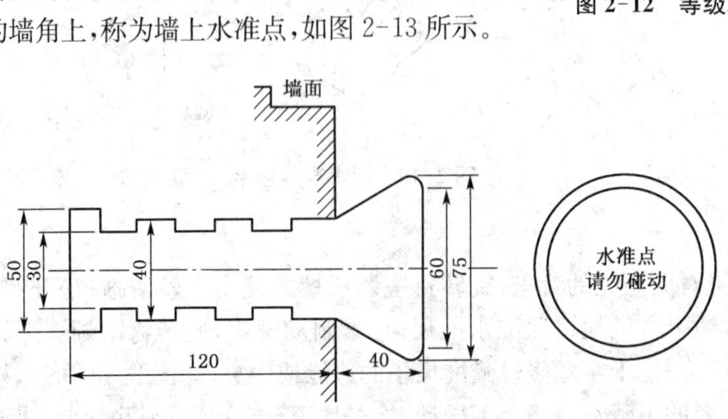

图 2-13　水准点标志

水准点在地形图上的表示符号如图 2-14 所示，图中的 2.0 表示符号圆的直径为 2 mm。在大比例尺地形图测绘中，常用图根水准测量来测量图根水准点的高程，这时的图根点也称图根水准点。

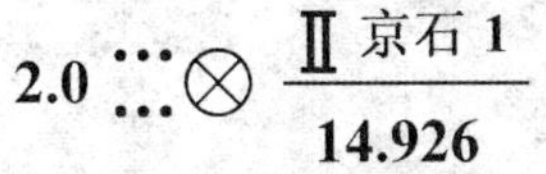

图 2-14　水准点在地形图上表示符号

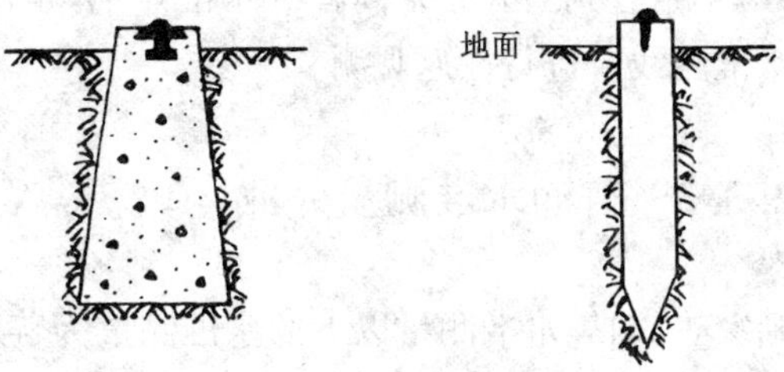

图 2-15　建筑工程水准点

水准点分为永久性和临时性两种，建筑工地上的永久性水准点一般用混凝土或钢筋混凝土制成，其样式如图 2-15 所示。临时性的水准点可用地面上突出的坚硬岩石或用大木桩打入地下，并在桩顶钉一个半圆球状铁钉，也可直接把大铁钉打入沥青等路面或在桥台、房基石、坚硬岩石上刻上记号(用红油漆示明)。水准点应进行编号，编号前一般加“BM”字样，作为水准点的代号。

2.3.2　水准路线

在水准点之间进行水准测量所经过的路线称为“水准路线”，按照已知高程水准点及待定点的分布情况和测量的需要，一般水准路线可分为以下几种形式：

1）附合水准路线

如图 2-16(a)所示，从一已知高程的水准点 BM. *A* 出发，沿待定的高程点 1、2、3 进行水准测量，最后附合到另一水准点 BM. *B* 上，称为附合水准路线。

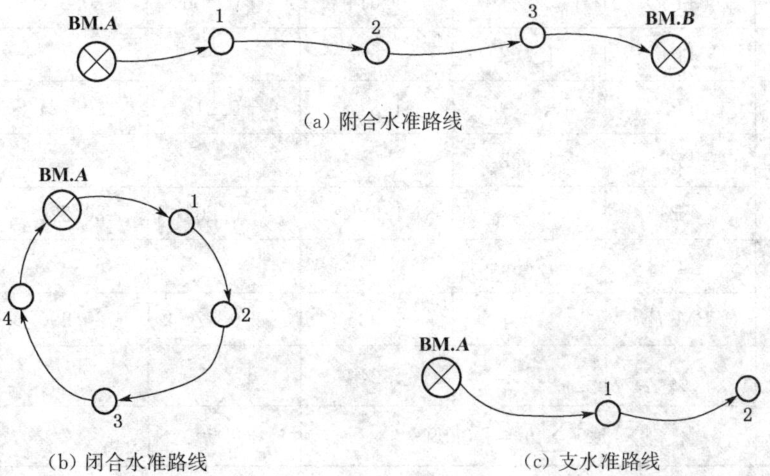

图 2-16　水准路线

2）闭合水准路线

如图 2-16(b)所示，从一已知高程的水准点 BM. *A* 出发，沿待定的高程点 1、2、3、4 进行水准测量，最后又闭合到原水准点 BM. *A* 上，称为闭合水准路线。

3) 支水准路线

如图 2-16(c)所示，从一已知高程的水准点 BM. *A* 出发，沿待定的高程点 1、2 进行水准测量，既不附合到另外已知高程的水准点上，也不回到原来的水准点，称为支水准路线。对于支水准路线应进行往返观测。

2.3.3 普通水准测量外业

国家三、四等水准测量以下的水准测量为普通水准测量。

在普通水准测量中，从一已知高程的水准点 *A* 出发一般要用连续水准测量的方法，才能测算出另一待定水准点 *B* 的高程如图 2-2 所示，其施测的程序如下：

将水准尺立于已知高程的 *A* 点，水准仪置于施测线路的合适位置上，在施测路线的前进方向上取仪器至后视大致相等的距离处放置尺垫，并在尺垫上立水准尺作为前视(TP1)。观测员将仪器整置好(圆气泡居中)后瞄准后视标尺，用微倾螺旋将仪器长水准管气泡居中，用十字丝中横丝读后视读数至毫米；然后掉转望远镜瞄准前视标尺，再次将水准管气泡居中，用十字丝中横丝读前视读数至毫米。同时，记录员根据观测员的读数，在手簿中记录相应数字，并计算该测站高差，参见表 2-2，此为一个测站上的全部工作。

表 2-2 普通水准测量记录手簿

日期_______ 仪器型号_______ 观测者_______ 天气_______ 地点_______ 记录者_______

测站	点号	水准尺读数(m)		高差(m)	高程(m)	备注
		后视	前视			
1	BM. *A*	1.520			20.000	已知
	TP1		1.014	+0.506	20.506	
2	TP1	1.562				
	TP2		1.347	+0.215	20.721	
3	TP2	1.722				
	TP3		1.923	−0.201	20.520	
4	TP3	1.435				
	BM. *B*		0.965	+0.470	20.990	
计算检核	$\sum$	6.239	5.249			
	$\sum a-\sum b=+0.990$			+0.990		

第一站测量完成后，记录员通知后视标尺员向前转移，在合适的地方确定第二站的前视点(TP2)，前视标尺(TP1)不动，观测员将仪器迁至第二站位置，此时第一站的前视就成为第二站的后视点，然后按第一站的测量程序完成第二站的测量。依次进行以下各站的测量工

作，直至全部路线观测完为止。

在进行连续水准测量时，如果任何一测站的后视读数或前视读数有误，都将影响所测数据的正确性。因此在每一测站的水准测量中，为了及时发现观测中的错误，通常采用两次仪器高法或双面尺法进行观测。

两次仪器高法在每一测站上用两次不同仪器高度的水平视线（改变仪器高度应在 10 cm 以上）来测定后视、前视两点间的高差以便相互比较进行检验。即测得第一次高差后，改变仪器高度重新安置，再测一次高差。两次所测高差之差不超过容许值，则认为符合要求，取其平均值作为最后结果，否则必须重测。

双面尺法是仪器的高度不变，而立在前视点和后视点上的水准尺分别用黑面和红面各进行一次读数，测得两次高差，相互进行检核。立尺点和水准仪的安置同两次仪高法，具体测量方法与要求参见第 8 章第 8.5 节。

2.3.4 水准测量成果处理

在每站水准测量中，采用两次仪器高法或双面尺法进行测站检核还不能保证整条水准路线的精度是否符合要求，例如用作转点的尺垫在仪器搬站期间被碰动、下沉等引起的误差，不能用测站检核检查出来，还需要水准路线的高差闭合差来检验。因此，普通水准测量外业观测结束后，应首先检核记录手簿，再对水准测量的成果进行整理。其内容包括：水准路线高差闭合差计算与校核；高差闭合差改正数的计算和各点改正后高程计算。

1）附合水准路线高差闭合差计算与校核

如图 2-16(a)所示，附合水准路线的起点和终点水准点（BM. A、BM. B）的高程（$H_{始}$、$H_{终}$）为已知，则水准测量的高差总和应等于两个已知点间的高差，故其高差闭合差为：

$$f_h = \sum h_{测} - (H_{终} - H_{始}) \tag{2-8}$$

如图 2-16(b)所示，起点和终点为同一水准点（BM. A），路线的高差总和理论上应等于零，故其高差闭合差为：

$$f_h = \sum h_{测} \tag{2-9}$$

如图 2-16(c)所示，支水准路线一般需要往返观测，往测高差和返测高差应绝对值相等而符号相反，故其高差闭合差为：

$$f_h = \sum h_{往} + \sum h_{返} \tag{2-10}$$

由于水准测量中仪器误差、观测与操作者的误差以及外界环境的影响，使水准测量中不可避免的存在着误差，各种水准路线的高差闭合差是水准测量存在观测误差的综合反映。当 f_h 在容许范围内时，认为精度符合要求，成果可用，否则应返工重测，直至符合精度要求为止。

普通水准测量相应的高差闭合差的容许值，在平坦地区为：

$$f_{h容} = \pm 40\sqrt{L}\ (\text{mm}) \tag{2-11}$$

式中：L——水准路线长度，以 km 为单位。

在山地或丘陵地区，当每公里水准路线中安置水准仪的测站数超过 16 站时，允许的高差闭合差为：

$$f_{h容} = \pm 12\sqrt{n}\ (\mathrm{mm}) \tag{2-12}$$

式中：n——水准路线中的测站数。

2）高差闭合差的分配和各点高程的计算

当 f_h 的绝对值小于 $f_{h容}$ 时，说明观测结果符合要求，可以进行高差闭合差的分配、高差改正和各点高程计算。

对于附合或闭合水准路线，一般按与路线长 L 或按路线测站数 n 成正比的原则，将高差闭合差反符号进行分配。也即在闭合差为 f_h、水准路线总长度为 L（或水准路线总测站数为 n）的水准路线上，设第 i 测段路线观测高差为 h_i、路线长为 L_i 以及测站数为 n_i，则其高差改正数 v_i 的计算公式为：

$$v_i = -\frac{f_h}{L} \cdot L_i \tag{2-13}$$

或

$$v_i = -\frac{f_h}{n} \cdot n_i \tag{2-14}$$

则改正后的高差为：

$$\hat{h}_i = h_i + v_i \tag{2-15}$$

对于支水准路线，采用往测高差减去返测高差后取平均值，作为改正后往测方向的高差，即：

$$\hat{h}_i = \frac{h_{往} - h_{返}}{2} \tag{2-16}$$

最后根据已知水准点高程和各测段改正后的高差 $\hat{h}_i$，依次推求其他各点改正后的高程，作为最后结果。值得注意的是最后一点高程值应与闭合或附合水准路线的已知水准点高程值完全一致。

3）算例

图 2-17 为某附合水准路线观测成果略图，BM. A 和 BM. B 为高程已知的水准点，1、2、3 点为高程待定的水准点，箭头线表示水准测量进行的路线，路线上方的数字为观测的测段高差，下方的数字为测段长度。现将此算例的成果整理在表 2-3 中。

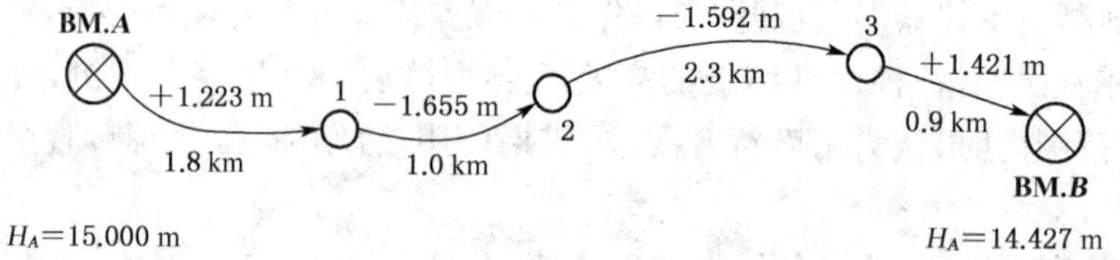

图 2-17　附合水准路线观测成果略图

表 2-3　附合水准路线测量成果计算表

点　号	路线长度（km）	观测高差（m）	高差改正数（m）	改正后高差（m）	高　程（m）	备　注
BM. A					15.000	已知
	1.8	+1.223	+0.009	+1.232		
1					16.232	
	1.0	−1.655	+0.005	−1.650		
2					14.582	
	2.3	−1.592	+0.012	−1.580		
3					13.002	
	0.9	+1.421	+0.004	+1.425		
BM. B					14.427	已知
$\sum$	6.0	−0.603	+0.030	−0.573		

$$f_h = \sum h_{测} - (H_B - H_A) = -30\ \text{mm} \qquad f_{h容} = \pm 40\sqrt{L} = \pm 93\ \text{mm}$$

$$v_{1\text{km}} = -\frac{f_h}{L} = \frac{30}{6} = 5\ \text{mm/km} \qquad \sum v_i = +30\ \text{mm} = -f_h$$

2.4　微倾式水准仪的检验与校正

2.4.1　水准仪的轴线及其应满足的几何条件

如图 2-18 所示，水准仪的主要轴线有视准轴 CC、管水准器轴 LL、圆水准器轴 $L'L'$ 和竖轴 VV。根据水准测量原理，水准仪必须提供一条水平视线，才能正确地测出两点间的高差。为此，水准仪轴线应满足以下几何条件：

(1) 圆水准器轴 $L'L'$ 应平行于仪器的竖轴 VV（$L'L' /\!/ VV$）。

(2) 十字丝分划板的横丝应垂直于仪器的竖轴。

(3) 水准管轴 LL 应平行于视准轴 CC（$LL /\!/ CC$）。

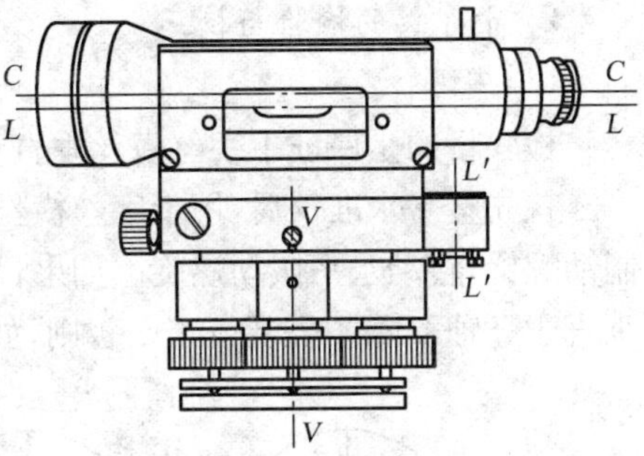

图 2-18　水准仪的轴线

2.4.2　水准仪的检验与校正

1) 圆水准器的检验与校正

(1) 检验

检验目的是保证圆水准器轴 $L'L'$ 平行于仪器竖轴 VV。

首先安置水准仪后，转动脚螺旋使圆水准器气泡居中，此时圆水准器轴 $L'L'$ 处于竖直位置。如图 2-19(a)所示，若仪器竖轴 VV 与 $L'L'$ 不平行，且交角为 α，则竖轴与竖直位置之间便偏差了 α 角。将仪器绕竖轴 VV 旋转 180°，如图 2-19(b)所示，此时位于竖轴左边的圆水准器轴 $L'L'$ 不但不竖直，而且与铅垂线的交角为 2α，显然气泡不居中，则表示仪器不满足 $L'L'//VV$ 的几何条件，需要进行校正。

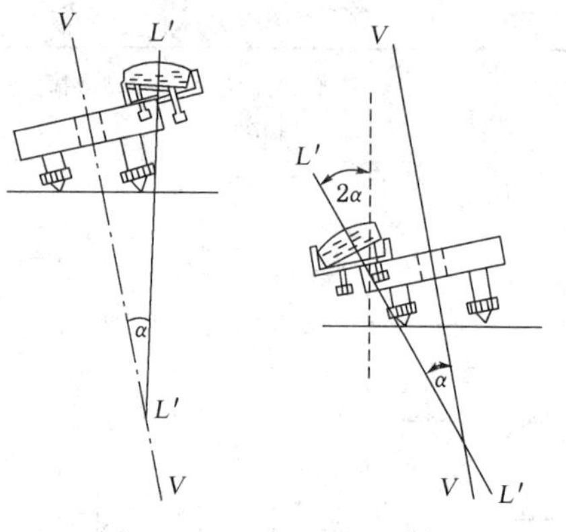

图 2-19　圆水准器检验方法

(2) 校正方法

旋转脚螺旋使气泡中心向圆水准器的零点移动偏距的一半，如图 2-20(a)所示，然后用校正针拨转圆水准器下的三个校正螺丝，如图 2-21 所示，使气泡中心移动到圆水准器的零点，如图 2-20(b)所示。之后再将仪器绕竖轴旋转 180°，如果气泡中心与圆水准器的零点重合，则校正完毕，否则还需要重复前面的工作。校核完毕后，勿忘旋紧固定螺丝。

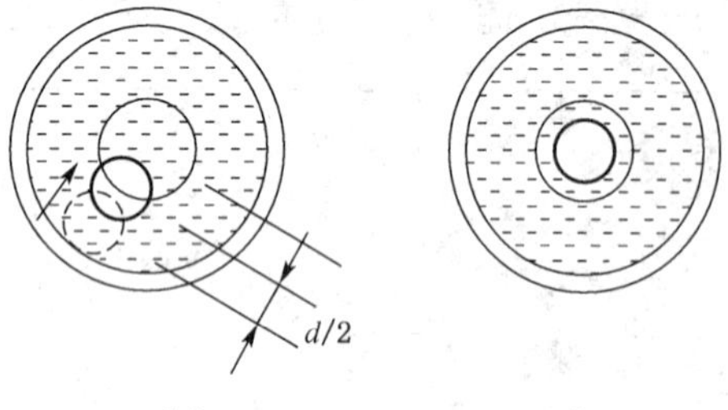

图 2-20　圆水准器的校正

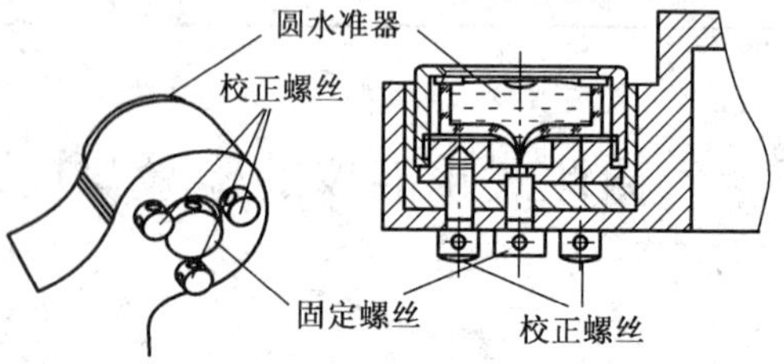

图 2-21　圆水准器的校正螺丝

2) 十字丝的检验与校正

(1) 检验

检验目的是保证十字丝横丝垂直于仪器竖轴 VV。

首先整平水准仪后，用十字丝横丝对准一个明显的点状目标 P，如图 2-22(a)所示，固定制动螺旋，转动水平微动螺旋。如果目标点 P 沿横丝移动，如图 2-22(b)所示，则说明横丝垂直于竖轴 VV，不需要校正。否则，如图 2-22(c)和(d)所示，则需要校正。

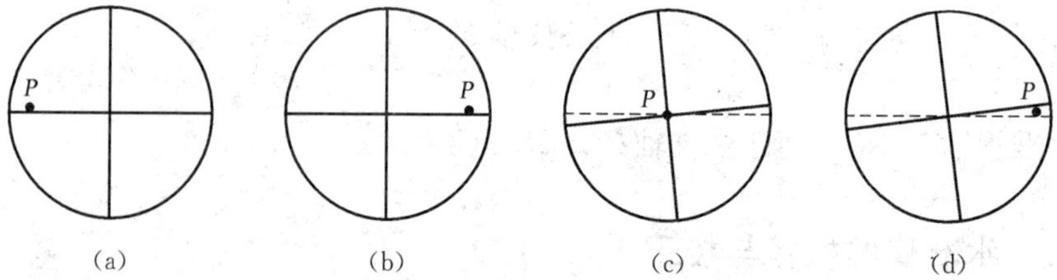

图 2-22　十字丝的检验

(2) 校正方法

旋下目镜处的十字丝环外罩，用螺丝刀旋开十字丝环的四个压环螺丝，如图 2-23 所示，按横丝倾斜的反方向转动校正丝环，再进行检验。如果 P 点始终在横丝上移动，则表示横丝已经水平，最后旋紧 4 个压环螺丝。

3）管水准器的检验与校正

（1）检验

检验目的是保证望远镜视准轴 CC 平行于水准管轴 LL。

设水准管轴不平行于视准轴，它们在竖直面内投影之夹角为 i，称为 i 角误差，如图 2-24 所示。当水准管气泡居中时，视准轴相对于水平方向向上或向下倾斜了 i 角，则在水准尺上的读数偏差 Δ 会随着水准尺离水准仪越远而引起的读数误差越大。如果水准仪至水准尺的前后视距相等，即使存在 i 角误差，但在前后视距读数上的偏差 Δ 也相等，则所求高差不受影响。若前后视距的差距增大，则 i 角误差对高差的影响也会随之增大。

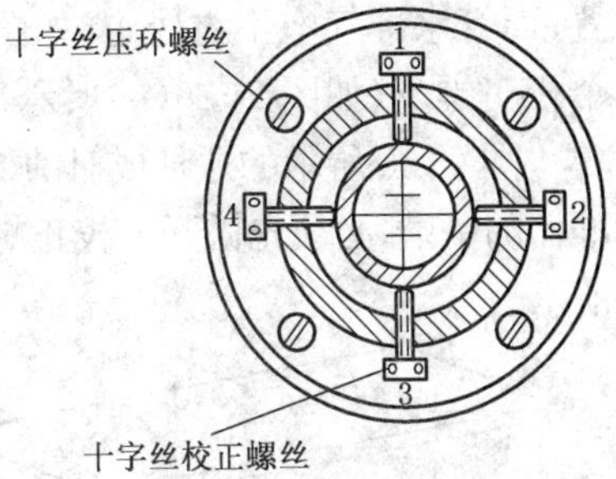

图 2-23　十字丝的校正

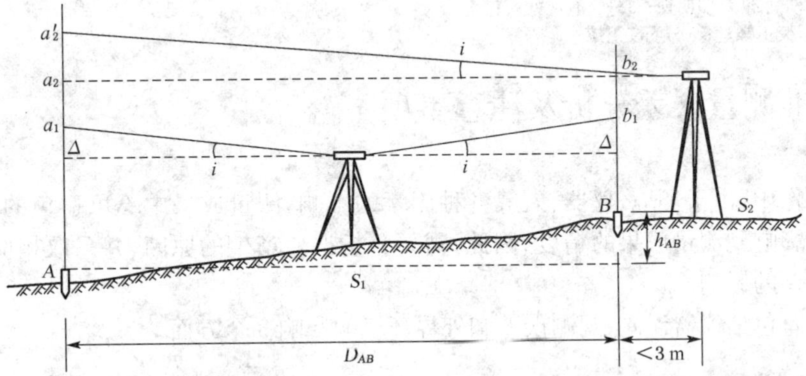

图 2-24　管水准器轴平行于视准轴的检验

检验方法如下：

① 检验时，在 S_1 处安置水准仪，从仪器向两侧各量 40 m，定出等距离的 A、B 两点，打下木桩或安置尺垫标志。

② 在 S_1 处精确测定 A、B 两点的高差 h_{AB}，$h_{AB}=(a_1-\Delta)-(b_1-\Delta)=a_1-b_1$。为了保证观测的正确性可用两次仪器高法测定高差 h_{AB}，若两次测出的高差之差不超过3 mm，则取平均值 h_{AB} 作为最后结果。

③ 安置水准仪于 B 点附近的 S_2 处，离 B 点 3 m 左右，精平仪器后测得 B 点水准尺上的读数为 b_2'，再测得 A 点水准尺上的读数为 a_2'，则 A、B 两点的高差为 h_{AB}'，$h_{AB}'=a_2'-b_2'$。

若 $h_{AB}=h_{AB}'$，则表明水准管轴平行于视准轴，几何条件满足。若 $h_{AB}\neq h_{AB}'$，则说明存在 i 角误差，其值为：

$$i=\frac{a_2'-a_2}{D_{AB}}\cdot\rho \tag{2-17}$$

式中：$\rho=206\,265''$。

对于 DS_3 微倾式水准仪，i 角值绝对值不大于 $20''$，如果超限，则需要校正。

（2）校正

旋转微倾螺旋，使十字丝中丝对准 A 尺上的正确读数 a_2，此时，视准轴已处于水平位置，而管水准气泡不再居中，如图 2-26(a)所示。可以用校正针拨动管水准器一端的上、下两个校正螺丝(如图 2-26(b)所示)，使符合水准气泡严密居中。

图 2-25 所示的这种成对的校正螺丝在校正时应遵循“先松后紧”的规则，即如要降低管水准器的一端，必须先松开上校正螺丝，让出一定的空隙，然后再旋出下校正螺丝，如图 2-26(b)所示。

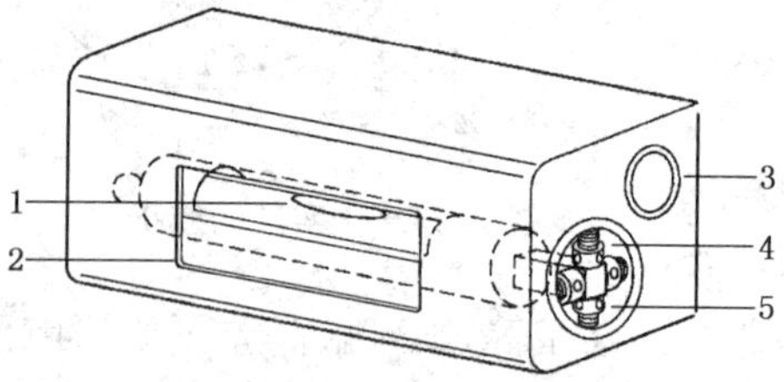

图 2-25　水准管校正螺丝

1—水准管；2—水准管照明窗；3—气泡观察窗；4—上校正螺丝；5—下校正螺丝

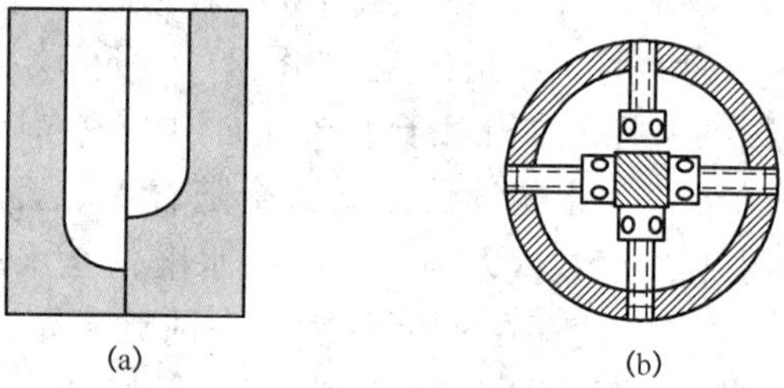

图 2-26　水准管校正螺丝转动规则

2.5　水准测量误差分析及注意事项

测量工作中，由于环境、仪器、人等各种因素的影响，测量成果中不可避免的带有误差，这些误差会影响到测量成果的精度，因此，需要分析误差产生的原因，并采取相应的措施消除或减少误差的影响。

水准误差包括仪器误差、观测误差和外界环境的影响 3 个方面。

2.5.1　仪器误差

1) 仪器校正后的残余误差

水准仪使用前，应按规定进行水准仪的检验和校正，以保证各轴线满足条件。但由于仪器检验与校正不太完善以及其他方面的影响，使仪器尚存一些残余误差，其中最主要的是水准管轴不完全平行于视准轴的误差(又称 i 角残余误差)。这种误差的影响与距离成正比，只要观测时注意使前、后视距距离相等，便可消除或减少误差的影响。在水准测量的每站观测中，使前、后视距完全相等是不容易做到的，因此对于四等水准测量，每一站的前、后视距差应小于等于 5 m，任意测站的前、后视距累计差应小于等于 10 m。当因某种原因某一测站的前视(或后视)的距离较大，那么就在下一测站使后视(或前视)距离较大，使误差得到补偿。

2) 水准尺误差

水准尺刻划不准确，尺长变化、弯曲等都会影响到水准测量的精度。此外，由于水准尺长期使用，使尺的底端磨损，或由于水准尺使用过程中粘上泥土，这些相当于改变了水准尺的零点位置，也会给测量成果的精度带来影响。因此水准尺须经过检验才能使用。

2.5.2　观测误差

1) 水准尺读数误差

在水准尺上估读毫米数的误差，与人眼的分辨能力、望远镜的放大倍率以及视线长度有关，通常按下式计算：

$$m_1 = \frac{60''}{V} \cdot \frac{D}{\rho''} \tag{2-18}$$

式中：V——望远镜的放大倍率；

D——视线长；

$\rho = 206\ 265''$；

$60''$——人眼的极限分辨能力。

由公式(2-18)可以看出，视线愈长，读数误差愈大。因此在进行四等水准测量时，视线长应小于等于 80 m。

2) 管水准气泡居中误差

水准测量的原理要求视准轴必须水平，视准轴水平是通过居中管水准气泡来实现的。精平仪器时，如管水准气泡没有精确居中，则管水准轴有一微小倾角，从而引起管水准器轴偏离水平面而产生误差。由于这种误差在前、后视读数中不相等，因此计算时不能抵消。此时它对水准尺读数产生的误差按下式计算：

$$m_2 = \frac{0.1\tau''}{\rho''} \cdot D \tag{2-19}$$

式中：τ''——水准管的分划值；

$\rho = 206\ 265''$；

D——视线长。

消除这种误差的方法只能是每次仪器精平操作时必须严格保证管水准气泡居中。

3) 水准尺倾斜的误差

倾斜将使水准尺上读数增大。例如，水准尺倾斜 2°，在水准尺 2 m 处读数时，将会产生 $\Delta = 2\ 000 \times (1 - \cos 2°) = 1.22$ mm 的误差。

因此，一般在水准尺上安装有圆水准器，扶尺者操作时应注意使尺上圆气泡居中。如果没有圆水准器，测量时可采用摇尺法，读数时扶尺者将尺的上端在视线方向来回摆动，当视线水平时，观测到的最小读数就是水准尺竖直时的读数。

4) 视差影响

当存在视差时，十字丝平面与水准尺影像不重合，若眼睛观测的位置不同，便会读出不同的读数，因而也会产生读数误差。

2.5.3　外界环境的影响

1) 水准仪与尺垫下沉误差

有时，水准测量过程中，所处的地面土质松软，以致水准仪或尺垫由于自身的重量随安置时间而下沉。为了减少此类误差影响，观测时应选择坚硬地面安置仪器，踩实三角架和尺垫，观测力求迅速，减少安置时间。对于精度要求较高的水准测量，采用"后—前—前—后"的观测顺序可以消除仪器下沉的影响；采用往返观测取观测高差的平均值，可以减少尺垫下沉的影响。

2) 地球曲率和大气折光的影响

式(2-20)为地球曲率和大气折光对测量高差的综合影响。

$$f = C - r \quad 或 \quad f = \frac{D^2}{2R} - \frac{D^2}{2 \times 7R} \approx 0.43\frac{D^2}{R} \tag{2-20}$$

式中：C——用水平面代替大地水准面对水准尺读数的影响；

r——大气折光对水准尺读数的影响；

D——仪器到水准尺的距离；

R——地球半径(6 371 km)。

若 $D = 100$ m，则 $f = 0.7$ mm。说明即使视距较短，都应当考虑地球曲率和大气折光的影响。当前后视距距离相等时，这种误差在计算高差时可自行消除。但是贴近地面的大气折光变化十分复杂，在同一测站的前视和后视距离上就可能不同，所以即使保持前、后视距相等，大气折光误差也不能完全消除。由式(2-20)，可以看出如减小视线的长度，则可以大大减小误差，此外使视线离地面尽可能高些，也可减小折光变化带来的影响。

3) 温度的影响

当日光直接照射在水准仪上时，仪器各个构件受热不均引起仪器的不规则膨胀，从而影响仪器轴线间的正常关系，使观测产生误差。观测时应注意撑伞遮阳，避免阳光直接照射仪器。

2.5.4 水准测量注意事项

(1) 观测前认真按要求检验和校正水准仪和水准尺。

(2) 三角架应架设在平坦、坚固的地面上，架设高度应适中，架头应大致水平，架腿制动螺旋应旋紧，整个三角架应稳定。

(3) 安放仪器时应将仪器连接螺旋旋紧，防止仪器脱落。

(4) 水准仪至前、后视水准尺的视距尽可能相等，每次读数前必须注意消除视差，习惯用瞄准器寻找和瞄准，操作时细心认真，做到“人不离开仪器”。

(5) 立尺时应双手扶尺，以使水准尺保持竖直，并注意保持尺上圆气泡居中。

(6) 读数时不要忘记精平，读数应迅速、准确，特别应认真估读毫米数。

(7) 做到边观测、边记录、边计算，记录时使用铅笔。字体要端正、清楚、不准连环涂改，不准用橡皮擦改，如按规定可以改正时，应在原数字上划线后再在上方重写。

(8) 每站应当场计算，检查符合要求后才能搬站。搬站时先检查仪器连接螺旋是否旋紧，一手扶托仪器，一手握住三角架稳步前进。

(9) 搬站时，应注意保护好原前视点尺垫位置不被碰动。

(10) 发现异常问题应及时向指导老师汇报，不得自行处理。

2.6 自动安平水准仪

自动安平水准仪的结构特点是没有管水准器和微倾螺旋，而只有一个圆水准器进行粗略整平。当圆水准器气泡居中后，仪器视线仍有微小倾斜，但可借助仪器内的自动安平补偿器，使视准轴在数秒中内自动成水平状态，从而读出水准尺的读数，省略了精平过程，从而提高了观测速度和精度。图 2-27 为 DS_{30} 自动安平水准仪。

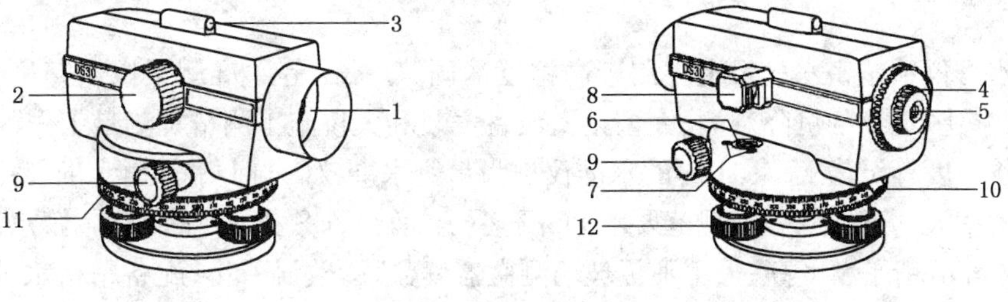

图 2-27　自动安平水准仪

1—物镜；2—物镜调焦螺旋；3—瞄准器；4—目镜调焦螺旋；5—目镜；6—圆水准器；7—圆水准器校正螺丝；8—圆水准器反光镜；9—微动螺旋；10—补偿器检测按钮；11—水平度盘；12—脚螺旋

1）视线自动安平原理

视线自动安平原理如图 2-28 所示。当视准轴水平时在水准尺上读数为 a，因为没有管水准器和微倾螺旋，在使用圆水准器将仪器粗平后，视准轴相对于水平面有一微小的倾角 α。如果没有补偿器，此时在水准尺上的读数为 a'；当物镜与目镜之间设置有补偿器后，使通过物镜光心的光线全部偏转 β 角，成像于十字丝中心。由于 α 和 β 都是很小的角度，当式(2-21)成立时，就能达到补偿的目的。

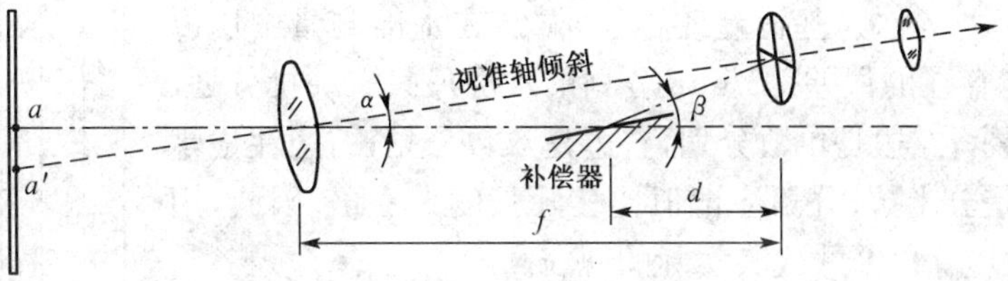

图 2-28　视线自动安平原理

$$f \cdot \alpha = d \cdot \beta \tag{2-21}$$

式中：f——物镜到十字丝分划板的距离；

d——补偿器到十字丝分划板的距离。

2）自动安平水准仪结构

水准仪内置自动安平补偿器的种类很多，常用的是采用吊挂光学棱镜的方法，借助重力的作用达到视线自动补偿的目的。图 2-29 为该类自动安平水准仪的结构示意图，其补偿器是由一套调焦透镜和十字丝分划板之间的棱镜组组成的。其中屋脊棱镜固定在望远镜筒内，下方用交叉的金属丝吊挂着两个直角棱镜，悬挂的棱镜在重力的作用下，能与望远镜作相对的转动。

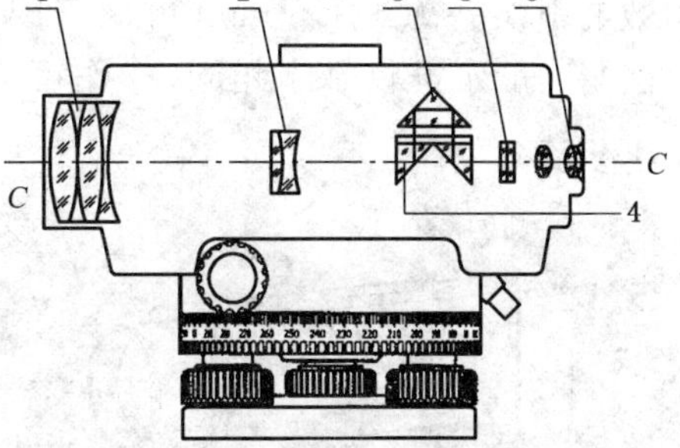

图 2-29　自动安平水准仪结构示意图

1—物镜；2—物镜调焦透镜；3—补偿器棱镜组(屋脊棱镜)；4—补偿器棱镜组(悬挂棱镜)；5—十字丝分划板；6—目镜

2.7 精密水准仪简介

精密水准仪和精密水准尺主要用于高精度的国家一、二等水准测量以及精密工程测量中，例如，构(建)筑物的沉降观测、大型精密设备安装和大桥施工测量等测量工作。

我国将精度等级为 DS_{05}、DS_1 的水准仪称为精密水准仪。与 DS_3 普通水准仪比较，其望远镜的放大率大、分辨率高，如规范要求 DS_1 不小于 38 倍，DS_{05} 不小于 40 倍；管水准器分划值为 10″/2 mm，精平精度高；采用平板玻璃测微器读数，读数误差小；配备精密水准尺；望远镜十字丝横丝刻成楔形丝，有利于准确地夹准水准尺上分划。

1）精密水准尺

精密水准尺通常在木质尺身的槽内，引张一根铟瓦合金钢带，由于这种合金钢的膨胀系数很小，因此尺的长度分划不受气温变化的影响。为了不使铟瓦合金钢带受尺身伸缩变形的影响，以一定的拉力将其引张在尺身上。长度分划在带上，数字注记在木尺上，水准尺的分划为线条式，其分划值有 10 mm 和5 mm 两种，如图2-30所示。10 mm 分划的水准尺有两排分划，如图 2-30(a)所示，右边的一排注记为 0～300 cm，称为基本分划；左边的一排注记为 300～600 cm，称为辅助分划。同一高度线的基本分划和辅助分划的读数差为常数 301.55 cm，称为基辅差或称尺常数，在水准测量中用以检查读数中可能存在的误差。5 mm 分划的水准尺只有一排分划，如图 2-30(b)所示，左边是单数分划，右边是双数分划；右边注记是米数，左边注记是分米数；分划注记值比实际长度大一倍，因此，用这种水准尺读数应除以 2 才代表实际的视线高度。

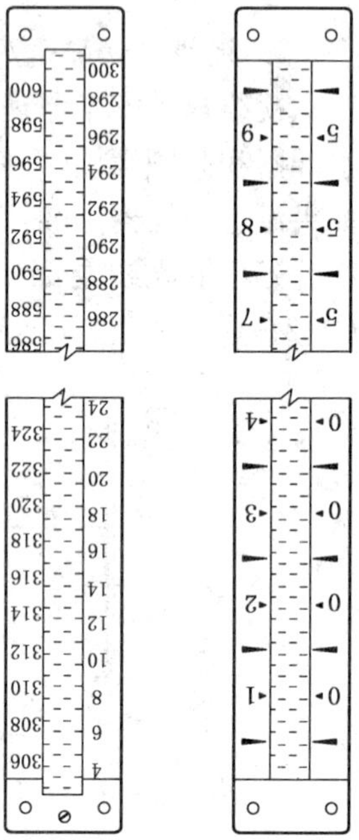

(a)　　(b)

图 2-30　精密水准尺

2）国产 DSZ2 自动安平精密水准仪及其读数原理

图 2-31 为苏州一光生产的 DSZ2 自动安平精密水准仪，各部件的名称见图中注记。仪器补偿器的工作范围为±14″，视线安平精度为±0.3″，安装平板玻璃测微器 FS1 时，每千米往返测高差中数的中误差为±0.5 mm，可用于国家二等水准测量。其使用方法与一般水准仪基本相同，操作可分为安置、粗平、瞄准、读数几个步骤。

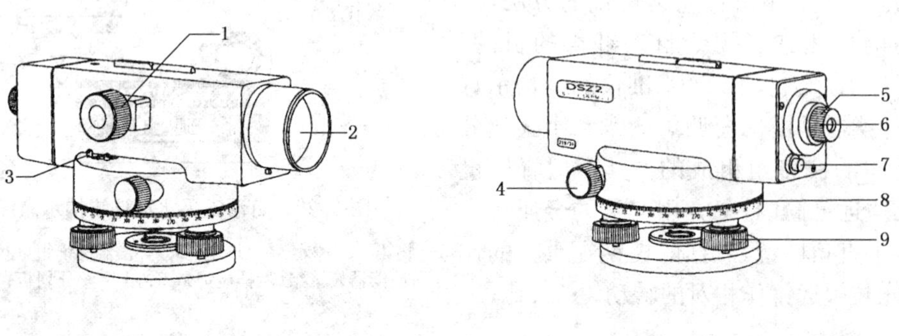

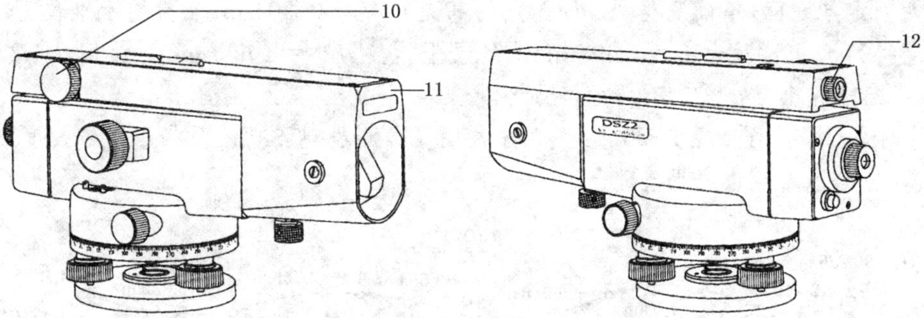

图 2-31 DSZ2 自动安平精密水准仪

1—物镜调焦螺旋；2—望远镜物镜；3—圆水准器；4—无限位水平微动螺旋；5—目镜调焦螺旋；6—目镜；7—补偿器按钮；8—水平度盘；9—脚螺旋；10—测微螺旋；11—FS1 玻璃测微器；12——测微读数窗

不同之处是需用光学测微器测出不足一个分划的数值，即在仪器精平后，十字丝横丝不恰好对准水准尺上某一整数分划线，此时需要转动测微螺旋使视线上、下平移，让十字丝的楔形丝正好夹住一条整分划线。图 2-32 为望远镜目镜视场及测微器显微镜视场。楔形丝夹住的基本分划读数为 148 cm，测微尺上的读数为 0.515 cm，则全读数为 148 + 0.515 = 148.515 cm = 1.485 15 m。

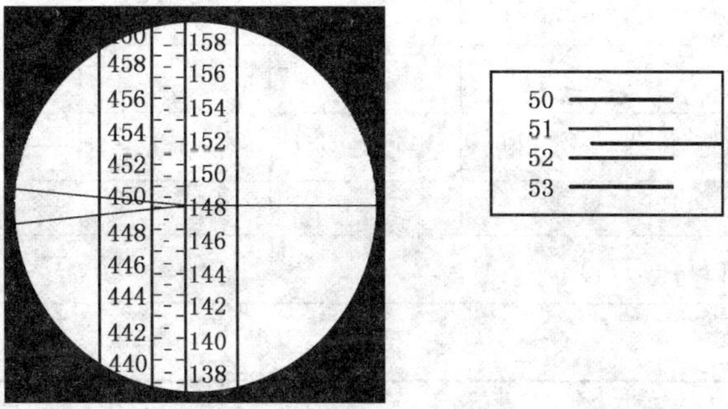

图 2-32 望远镜目镜视场及测微器显微镜视场

习题与思考题

1. 进行水准测量时，设 A 为后视点，B 为前视点，A 点高程为 19.345 m。当 A 尺上读数为 1 467 mm，B 尺上读数为 1 763 mm 时，问 A、B 两点高差是多少？B、A 两点的高差又是多少？计算出 B 点高程，并绘图说明。

2. 何谓视差？产生视差的原因是什么？怎样消除视差？

3. 何谓高差？何谓视线高程？前视读数和后视读数与高差、视线高程各有什么关系？

4. 何谓水准管分划值？其与水准管的灵敏度有何关系？微倾式水准仪上的圆水准器和管水准器各起什么作用？

5. 水准仪有哪些轴线？轴线之间应满足哪些条件？应如何进行检验和校正？

6. 试述使用微倾式水准仪和自动安平水准仪的操作步骤。

7. 水准测量中，怎样进行记录计算校核和外业成果校核？

8. 设进行水准仪的水准管轴平行于视准轴的检验和校正，仪器先放置在相距 80 m 的

A、B 两固定点之间，精确测得 A、B 两点的高差 $h_1=+0.204$ m；然后搬水准仪至 B 点附近，又测得 A 尺上读数为 $a_2=1\ 695$ mm，B 尺上读数为 $b_2=1\ 695$ mm。试问：①该水准管轴是否平行于视准轴？②如不平行，应如何校正？

9. 附合水准路线如图 2-33 所示，图中注明了各测段观测高差及相应路线长度，试完成表 2-4 中附合水准测量成果整理。

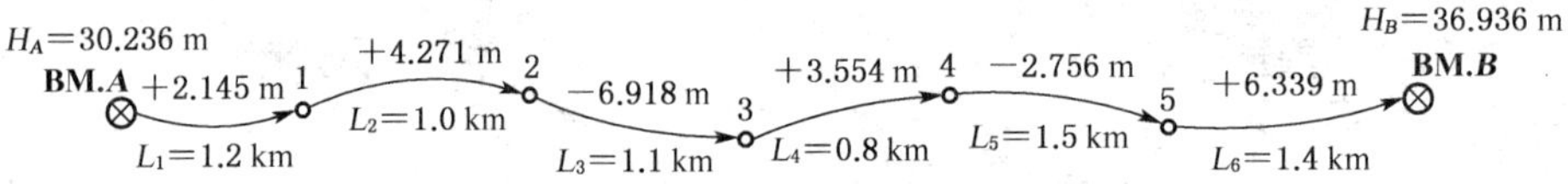

图 2-33 附合水准路线略图

表 2-4 附合水准路线测量成果计算表

点 号	路线长度	观测高度	高差改正数	改正后高差	高 程	备 注
BM. A					30.236	已知
	1.2	+2.145				
1						
	1.0	+4.271				
2						
	1.1	−6.918				
3						
	0.8	+3.554				
4						
	1.5	−2.756				
5						
	1.4	+6.339				
BM. B					36.936	已知
Σ						

$f_h=\sum h_{测}-(H_B-H_A)=$　　　　$f_{h容}=\pm 40\sqrt{L}=$

$v_{1km}=-\dfrac{f_h}{L}=$　　　　$\sum v_i=$

10. 如图 2-34 所示闭合水准路线，图上注明各测段观测高差及相应水准路线测站数目，试计算改正后各点高程。（$f_{h容}=\pm 12\sqrt{n}$）

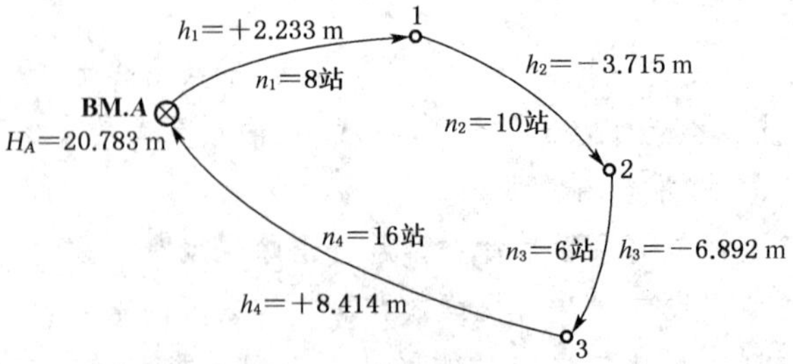

图 2-34 闭合水准路线略图

11. 简述在水准测量中，为什么要尽量使前后视距距离相等。

3 角度测量

【本章知识要点】水平角与竖直角的定义;光学经纬仪的基本构造;经纬仪的操作步骤;测回法观测水平角;竖直角的计算公式;竖盘指标差;经纬仪的轴线及其应满足的几何条件;角度测量误差分析。

角度测量是确定点位的三项基本工作之一,它包括水平角测量和竖直角测量。水平角测量用于确定点的平面位置,竖直角测量用于两点间高差计算及将倾斜距离改正成水平距离。常用的角度测量仪器是经纬仪及电子全站仪等,本章主要介绍经纬仪水平角测量和竖直角测量。

3.1 角度测量原理

3.1.1 水平角测量原理

1) 水平角的定义

两相交直线之间的夹角在同一水平面上的投影,称为水平角,或指分别过两条直线所作的竖直面间所夹的二面角。

如图 3-1,在地面上有高程不同的 A、B、C 三点,BA 与 BC 所夹的水平角,即为 BA、BC 在同一水平面 H 上的投影 ba、bc 所构成的夹角,就是水平角,或为过 BA、BC 的竖直面 M、N 间的二面角。

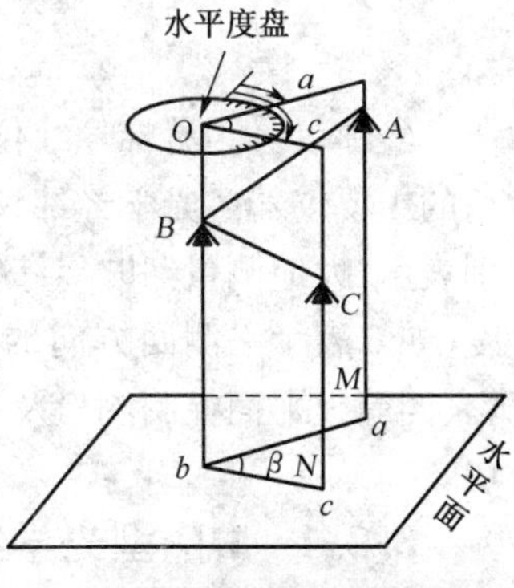

图 3-1 水平角测量原理

2) 水平角测量原理

根据水平角的定义,为了测得水平角 β 的角值,在 B 点的上方水平地安置一个带有 0°～360°刻度(一般按顺时针方向注记)的圆盘,其圆心与 B 点位于同一铅垂线上。还必须有一个能够瞄准远方目标的望远镜,望远镜不但可以在水平面内转动,而且还能在竖直面内旋转。通过望远镜分别瞄准高低不同的目标 A 点和 C 点,若竖直面 M 和 N 在刻度盘上截取的读数分别为 a 和 c,则水平角的角值为

$$\beta = c - a \tag{3-1}$$

这样就可以获得地面上任意三点间构成的水平角的大小,其角值范围在 0°～360°。

3.1.2 竖直角测量原理

1）竖直角的定义

在同一竖直面内，某方向的视线与水平线的夹角称为竖直角 α（又称垂直角、高度角），角值范围在 0°～±90°之间，如图 3-2 所示。目标倾斜视线在水平线以上的称为仰角，角值为正，目标倾斜视线在水平线以下的称为俯角，角值为负。

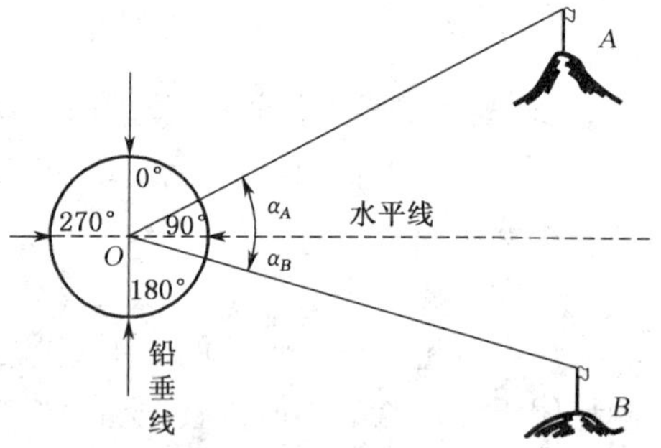

图 3-2 竖直角测量原理

2）竖直角测量原理

为了测定竖直角，经纬仪还必须在铅垂面内装有一个竖直度盘。水平角是瞄准两个方向在水平度盘上的两读数之差，同理，测量竖直角则是在同一竖直面内倾斜视线与水平线在竖直度盘上两读数之差。对任一经纬仪来说，视线水平时的竖盘读数应为 90°、270°。竖直角计算同水平角计算原理一样，只不过是在竖直度盘上的两读数之差。

根据上述测角原理，用于测量角度的仪器，应装置有一个能置于水平位置的刻度盘（称为水平度盘）和一个能置于竖直位置的刻度盘（称为竖直度盘）及相应的读数设备，且水平度盘的中心能安置在测站点的铅垂线上；为了能瞄准高低远近不同的目标，仪器上的望远镜不仅能在水平面内左右旋转，而且还能在竖直面内上下转动。经纬仪就是根据上述基本要求设计制造的测角仪器。

3.2 光学经纬仪及其使用

经纬仪分为游标经纬仪、光学经纬仪和电子经纬仪。光学经纬仪是测量水平角和竖直角的主要仪器。光学经纬仪按精度可分为 DJ_{07}、DJ_1、DJ_2、DJ_6 等不同级别，其中，D、J 分别表示“大地测量”和“经纬仪”汉语拼音的第一个字母，下标表示该仪器观测水平方向的精度（如 6 表示一测回方向的中误差为±6″）。DJ_{07} 和 DJ_1 多用于高等级控制测量，DJ_2 用于三、四等级平面控制测量及一般工程测量，DJ_6 用于图根控制测量及一般工程测量。

3.2.1 DJ_6 型光学经纬仪的构造

各种等级和型号的光学经纬仪，其结构有所不同，但其基本构造大致相同。光学经纬仪主要由基座、水平度盘和照准部三部分组成，如图 3-3 所示。

1）基座

基座用来支承整个仪器，包括轴座、脚螺旋、底板、三角压板等。基座借助连接螺旋使经纬仪与三脚架相连接，连接螺旋的下端有一个挂钩，用于悬挂垂球。其上有三个脚螺旋用来整平仪器。在经纬仪基座上还固连一个竖轴轴套和轴座固定螺旋，用于控制照准部和基座

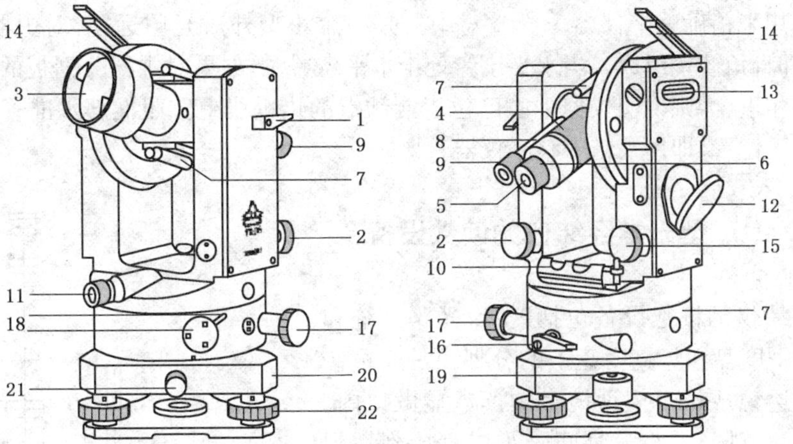

图 3-3 经纬仪的构造

1—望远镜制动螺旋；2—望远镜微动螺旋；3—物镜；4—物镜调焦螺旋；5—目镜；6—目镜调焦螺旋；7—光学瞄准；8—度盘读数显微镜；9—度盘读数显微镜调焦螺旋；10—照准部水准管；11—光学对中器；12—度盘照明反光镜；13—竖盘指标管水准器；14—竖盘指标管水准器观察反射镜；15—竖盘指标管水准器微动螺旋；16—水平方向制动螺旋；17—水平方向微动螺旋；18—水平度盘变换螺旋与保护卡；19—基座圆水准器；20—基座；21—轴套固定螺旋；22—脚螺旋

之间的衔接。轴座连接螺旋拧紧后，可使仪器上部固定在基座上；使用仪器时，切勿松动该螺旋，以免照准部与基座分离而坠地。另外，有的经纬仪基座上还装有圆水准器，用来粗略整平仪器。

2）水平度盘

水平度盘是由光学玻璃制成刻有分划线的精密刻度盘，分划从 0°～360°，按顺时针注记，最小间隔有 1°、30′、20′三种，用以测量水平角。水平度盘与照准部是分离的，水平度盘装在仪器竖轴上，套在度盘轴套内。在水平角测角过程中，水平度盘不随照准部转动。

测量中，有时需要将水平度盘安置在某一个读数位置，因此就需要转动水平度盘，常见的水平度盘变换装置有度盘变换手轮和复测扳手两种形式。当使用度盘变换手轮转动水平度盘时，要先拨下保险手柄（或拨开护盖），再将手轮推压进去并转动，此时水平度盘也随着转动，待转到需要的读数位置时将手松开，手轮退出，再拨上保险手柄（或关上护盖），水平度盘位置即安置好。当使用复测扳手转动水平度盘时，先将复测扳手拨向上，此时照准部转动而水平度盘不动，读数也随之改变，待转到需要的读数位置时，再将复测扳手拨向下，此时度盘和照准部扣在一起同时转动，度盘的读数不变。

3）照准部

照准部是指位于水平度盘之上的可转动部分。主要包括望远镜、水准器、照准部旋转轴、横轴、支架、光学读数装置、竖盘装置及水平和竖直制动及微动装置等。经纬仪望远镜和水准器构造及作用和水准仪大致相同，但为了瞄准目标，经纬仪的十字丝分划板与水准仪稍有不同。望远镜与横轴固定在一起，安置在支架上并能绕其旋转轴旋转，旋转的几何中心线称为横轴。照准部在竖直面旋转中心线称为竖轴。为了控制照准部水平方向的转动，装有水平制动和微动螺旋。为了控制望远镜的转动，设有望远镜制动螺旋和微动螺旋。读数设备包括一个读数显微镜、测微器以及光路中的一系列的棱镜、透镜等，仪器外部的光线经反光镜反射进入仪器后通过一系列透镜和棱镜，可以读取水平度盘和竖直度盘的读数。照准部水准管可用来精确整平仪器。光学对中器是一个小型外对光望远镜,对中器由目镜、物镜、分划板和直角棱镜组成。当水平度盘处于水平位置时,如果对中器分划板的分划圈中心与测点标点相重合,则说明仪器中心已位于测站点的铅垂线上。照准部水准管用于使水平度盘处于水平位置,即用来精密整平仪器。

3.2.2 DJ_6 型光学经纬仪的读数设备

光学经纬仪的读数设备包括度盘、光路系统和测微器。水平度盘和竖直度盘上的分划线是通过一系列棱镜和透镜成像于望远镜旁的读数显微镜内。由于度盘尺寸有限,最小分划间隔难以直接刻划到秒。为了实现精密测角,要借助光学测微技术。DJ_6 型光学经纬仪的读数装置主要有分微尺测微器读数和单平板玻璃测微器读数两种。

1)分微尺测微器及读数方法

目前我国生产的 DJ_6 光学经纬仪大都采用分微尺测微器读数装置,其光路系统如图 3-4 所示。外来光线经反光镜 1 反射,经进光镜进入经纬仪内部。一部分光线经折光棱镜 2 照到竖直度盘上。竖直度盘像经折光棱镜 3,显微物镜 4 放大,再经过折射棱镜 5,到达刻有分微尺的读数窗 6,再通过转像棱镜 7,在读数显微镜内能看到竖直度盘分划及分微尺。外来光线另一路经折射棱镜 8,聚光镜 9,折光棱镜 10 到达水平度盘。水平度盘像经显微镜组 11 放大,在读数显微镜内可以同时看到水平度盘分划和分微尺。

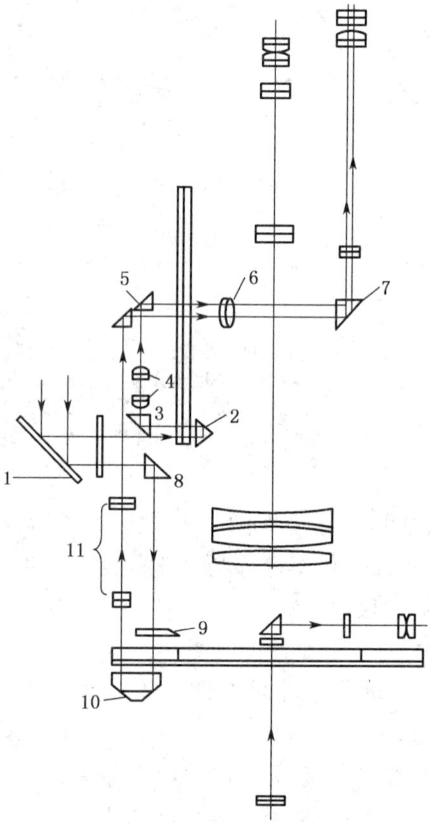

图 3-4 分微尺测微器读数系统的光路图

角度的整度值可从度盘上直接读出,在读数显微镜中可以同时看到两个读数窗,注有"—"、"H"或"水平"的为水平度盘读数窗;注有"⊥"、"V"或"竖直"的为竖直度盘读数窗。分微尺全长代表 1°,其长度等于度盘间隔间两分划线之间的影像宽度,将分微尺分成 60 小格,每 1 小格代表 1′,可以估读至 0.1′,即 6″。分微尺的 0 分划线为读数指标线。读数时,先读出位于分微尺 60 小格区间内的度盘分划线的度数,再以度盘分划线为指标,在分微尺上读取不足 1° 的分数,并估读到秒数(只能是 6 的倍数)。图 3-5 中水平度盘的读数为 207°54′54″,竖直度盘的读数为 66°05′30″。

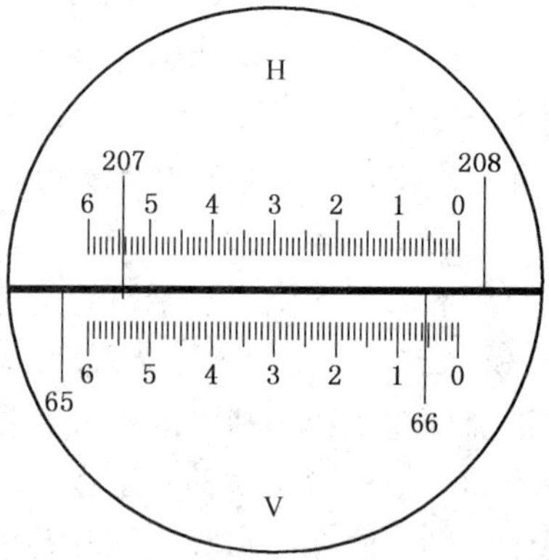

图 3-5 分微尺测微器读数

2)单平板玻璃测微器及读数方法

DJ_6 光学经纬仪光学测微器的光学元件一般为单平板玻璃,光线以一定入射角穿过平板玻璃时将发生移动现象。平板玻璃和测微尺用金属机件连在一起，转动测微手轮时，平板玻璃和测微尺就绕同一轴转动，度盘分划线的影像因此而产生的移动量就可在测微尺上读取。

如图 3-6(a)，当光线垂直通过平板玻璃时，读数窗中双指标线读数应为 82°+α，测微尺上单指标线的读数为 0′00″。转动测微轮，使平板玻璃转动一个角度，如图 3-6(b)，而度盘分划线的影像经折射后平行移动 α，82°分划线的影像正好夹在双指标线的中间。由于测微尺与平板玻璃同时转动，因此，α 的大小可由测微尺读出为 17′39″。

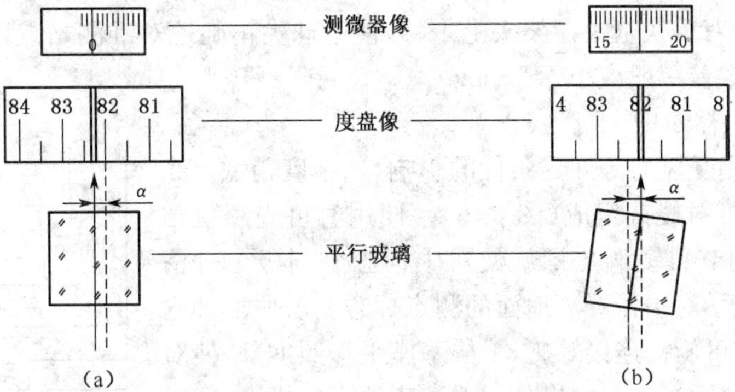

图 3-6 单平行玻璃板测微器

图 3-7 所示为读数显微镜中所看到的度盘和测微分划尺的像。实际测角时，望远镜瞄准目标后，转动测微手轮使双指标线旁的度盘分划线精确位于双指标线的中间，双指标线中间的分划线即为度盘上的读数：整度及二分之一度数(30′)根据被夹住的度盘分划线读出，30′以下的零数从测微分划尺上读得。如图 3-7(a)所示水平度盘读数为 4°11′44″。图 3-7(b)中竖直度盘读数为 82°17′30″。

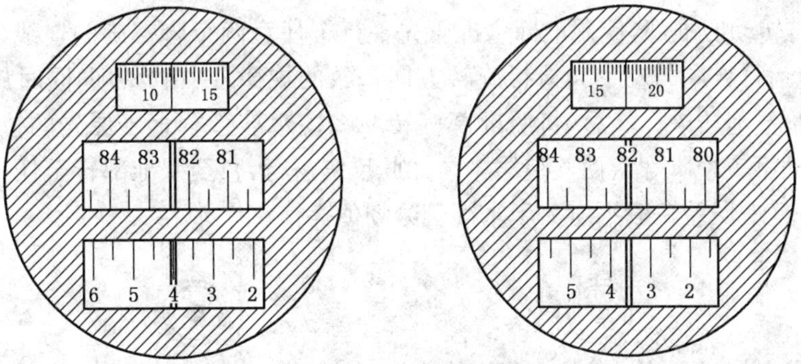

图 3-7 单平行玻璃板测微器读数

3.2.3 DJ_6 型光学经纬仪的基本操作

在进行角度测量时，应将经纬仪安置在测站上，然后再进行观测。经纬仪的使用包括对中、整平、瞄准、读数 4 个基本操作步骤。

1) 对中

对中的目的是使仪器中心与测站点处于同一铅垂线上。下面分别就垂球对中和光学对中器对中两种方法介绍经纬仪的安置方法。

(1) 垂球对中

用垂球对中时，先在测站点安放三角架，使其高度适中，架腿与地面测站点约成等距离。在连接螺旋的下方悬挂垂球，两只手分别握住三脚架的一条腿，平移三脚架(架头大致保持水平)使垂球尖基本对准测站点，并使脚架稳固地架在地面上。然后装上经纬仪，旋上连接螺旋(不要上紧)，双手扶基座在架头上平移，使垂球尖精确地对准测站点，最后将连接螺旋拧紧。垂球对中误差一般应小于 2 mm。

(2) 光学对中器对中

因为垂球对中受风力等外界条件的影响，其精度稍低。光学对中器由一组折射棱镜组成(图 3-8)。使用时可先用目估法粗略对中，先调节目镜调焦螺旋使对中标志分划板十分清晰，再通过拉伸光学对中器看清地面的测点标志。若照准部水准管气泡居中，即可旋松连接螺旋，手扶基座平移照准部，使对中器分划圈对准地面标志。如果分划圈偏离地面标志太远，可旋转基座上的脚螺旋使其对中，此时水准管气泡会偏移，可根据气泡偏移方向，调整相应三脚架的架腿，使气泡居中。光学对中器对中误差应小于 1 mm。

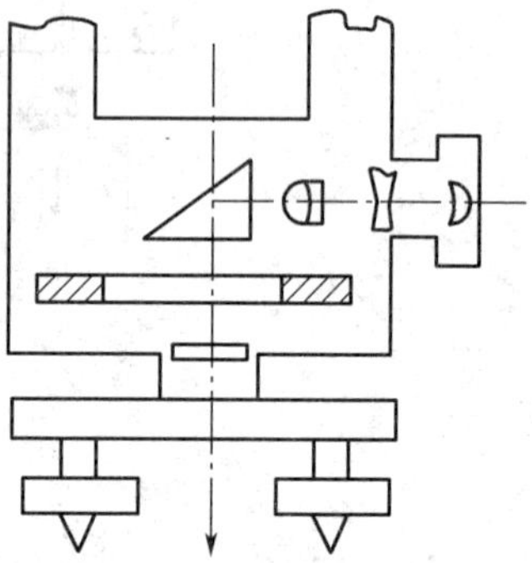

图 3-8　光学对中器

2) 整平

整平的目的是使仪器的竖轴竖直，即水平度盘处于水平位置。

具体做法如下：

(1) 粗平：调节三脚架腿的伸缩连接处，利用圆水准器或水准管使经纬仪大致水平。

(2) 精平：转动照准部，使照准部水准管先平行于任意两个脚螺旋的连线(如图 3-9(a)所示)，按气泡运行方向与左手大拇指旋转方向一致的规律，以相反方向同时旋转这两个脚螺旋，使水准管气泡居中。然后，将照准部旋转 90°，使水准管垂直于原先的位置，如图 3-9(b)所示。转动第三个脚螺旋使气泡居中。如此反复进行，直至照准部转至任一方向上气泡都居中为止。整平误差一般不应大于水准管分划值一格。

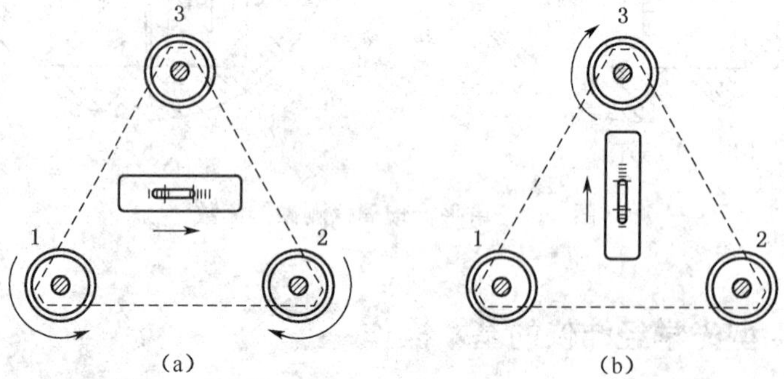

图 3-9　转动脚螺旋整平仪器

整平操作会略微破坏之前已完成的对中关系，应检查对中，若对中破坏，应重新对中、整平，直至整平和对中都符合要求为止。

3）瞄准

测角时的照准标志，一般是竖立于测点的标杆、测钎或觇牌，如图 3-10 所示。测钎用于离测站较近的目标，标杆适用于离测站较远的目标，觇牌一般连接在基座上并通过连接螺旋固定在三脚架上使用。有时也可悬挂垂球用垂球线作为瞄准标志。

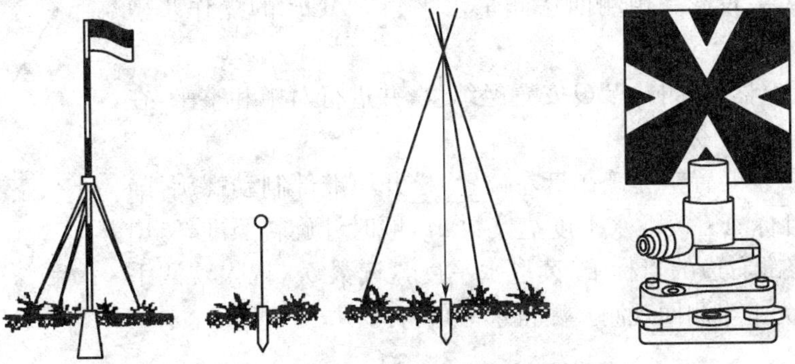

图 3-10　瞄准用的标志

瞄准的目的是确定目标方向所在的位置并对目标进行读数。

(1) 目标调焦：在瞄准目标前，应松开照准部制动螺旋和望远镜制动螺旋，先调节目镜调焦螺旋，使十字丝成像清晰。

(2) 粗略瞄准：转动照准部，利用望远镜上的粗瞄器使目标位于望远镜的视场内，当大致对准目标后，固定照准部制动螺旋和望远镜制动螺旋。

(3) 物镜调焦：即调节物镜调焦螺旋使目标影像清晰。

(4) 消除视差：左右或上下微移眼睛，观察目标像与十字丝之间是否有相对移动。如果存在视差，则需要重新进行物镜调焦，直至消除视差为止。

(5) 精确瞄准：调节照准部和望远镜的微动螺旋精确对准目标，在进行水平角观测时，应尽量瞄准目标的底部。目标成像较大时，可用十字丝的单丝去平分目标；目标成像较小时，可用十字丝的双纵丝去夹住目标，如图 3-11 所示。

4）读数

读数时先打开反光镜到适当的位置，使读数窗亮度适中，调节读数显微镜的目镜对光螺旋，使刻划线清晰，然后按测微装置类型和前述的读数方法读数。

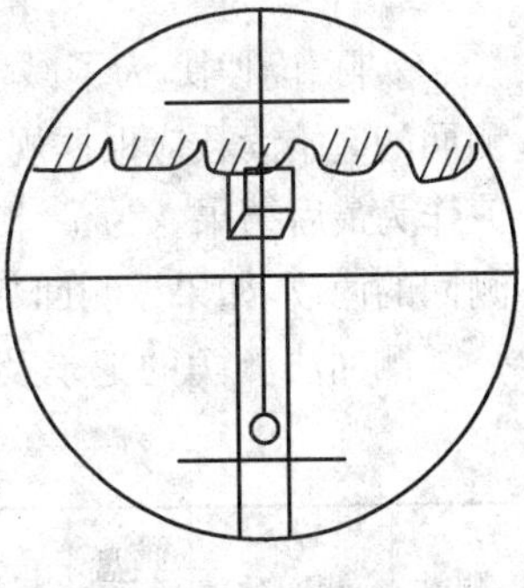

图 3-11　瞄准目标

3.3　水平角测量

测量水平角的方法有多种，采用何种观测方法视目标的多少而定，常用的有测回法和方向观测法。观测角度时，无论采用哪种观测方法，为了减少仪器误差的影响，一般都用盘左和盘右两个位置进行观测。所谓盘左盘右，就是当观测者正对望远镜目镜时，竖盘在望远镜的左边，此时的仪器位置称为盘左或正镜；反之，当观测者正对目镜，竖盘在右边时的仪器位置称为盘右或倒镜。

3.3.1 测回法

测回法用于两个方向的单角测量，图 3-12 是表示水平度盘和观测目标的水平投影。用测回法测量水平角$\angle AOB$的操作步骤如下：

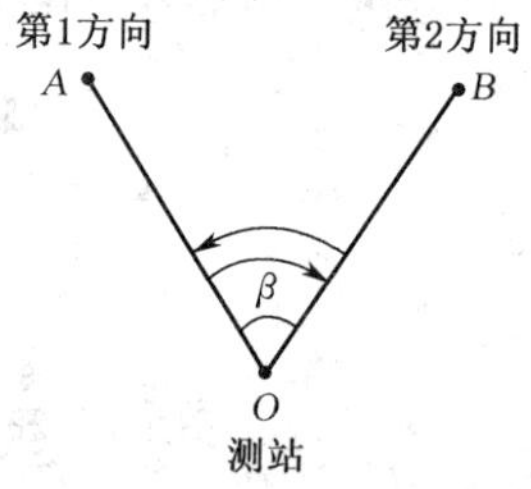

图 3-12 测回法

(1) 安置仪器：在测站点 O 安置经纬仪，并进行对中和整平，在 A、B 点上竖立观测标志。

(2) 盘左观测：置望远镜在盘左位置，松开照准部制动螺旋，瞄准左方起始目标 A。读取水平度盘读数 a_L，顺时针旋转照准部，用同样的方法照准右边的目标 B，读取水平度盘读数 b_L，记入观测手簿，此过程称为上半测回观测。测得水平角为：

$$\beta_L = b_L - a_L \tag{3-2}$$

(3) 盘右观测：倒转望远镜成盘右位置，按上述方法先照准目标 B 进行读数，再逆时针旋转照准部照准目标 A 进行读数，分别设为 b_R 和 a_R，并记入相应的表格中。这样就完成了下半测回的操作，测得水平角为：

$$\beta_R = b_R - a_R \tag{3-3}$$

用 DJ_6 型经纬仪观测水平角时，上下两个半测回角值之差不超过$\pm 40''$时，取盘左盘右所得角值的平均值，即为一测回的角值。

$$\beta = \frac{1}{2}(\beta_L + \beta_R) \tag{3-4}$$

实际作业中，为了减弱度盘分划误差的影响，提高测角的精度，通常要测量多个测回，各测回的起始读数应根据规定用度盘变换手轮或复测扳手加以变换，取各测回观测角值之平均值作为最后结果。为了计算方便，通常配置第一测回起始位置水平度盘读数略大于 0°，其他各测回的读数，如果设测回数为 n，则对于 DJ_6 型经纬仪，每测回应将度盘读数依次递增 $180°/n$。

测回法测角的记录及计算举例见表 3-1。

表 3-1 测回法观测手簿

测站	测回数	竖盘位置	目标	水平度盘读数 ° ′ ″	半测回角值 ° ′ ″	一测回角值 ° ′ ″	各测回平均值 ° ′ ″	备注
O	第一测回	左	A	0 01 12	39 15 36	39 15 33	39 15 38	
			B	39 16 48				
		右	A	180 01 06	39 15 30			
			B	219 16 36				

续表 3-1

测站	测回数	竖盘位置	目标	水平度盘读数 ° ′ ″	半测回角值 ° ′ ″	一测回角值 ° ′ ″	各测回平均值 ° ′ ″	备注
O	第二测回	左	A	90 00 06	39 15 48	39 15 42	39 15 38	
			B	129 15 54				
		右	A	270 00 12	39 15 36			
			B	309 15 48				

3.3.2 方向观测法

在一个测站上观测的方向为 3 个或 3 个以上时，则采用方向观测法较为方便准确。

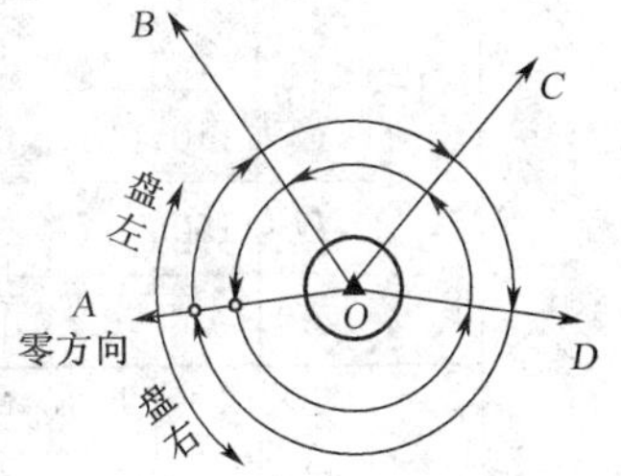

图 3-13 方向观测法

如图 3-13，O 为测站点，A、B、C、D 为 4 个目标点，要测定 O 到各目标方向之间的水平角，步骤如下：

(1) 在测站点 O 安置经纬仪，并进行对中和整平。在 A、B、C、D 点上竖立观测标志。

(2) 上半测回观测：将经纬仪安置在测站点 O 上，令度盘读数略大于 0°，以盘左位置瞄准起始方向 A 点后，按顺时针方向依次瞄准 B、C、D 点，最后又瞄准 A 点，称为归零，目的是检查在观测过程中水平度盘的位置有无变动，两次差值一般不得大于 18″，如超过应重测。每次观测读数分别记入相应的表格内，即完成上半个测回。

(3) 下半测回观测：倒转望远镜成盘右位置，按上述方法先照准目标 A 进行读数，再依次照准目标 D、C、B 进行读数，最后再瞄准 A 点，分别记入相应的表格中。这样就完成了下半测回的操作，盘右位置再一次返回起始方向 A 的操作称为第二次“归零”。

为了削弱水平度盘刻划误差的影响，仍按 $180°/n$ 变换度盘，进行多测回观测。

(4) 两倍照准误差 $2c$ 的计算

$$2c = \text{盘左读数} - (\text{盘右读数} \pm 180°) \tag{3-5}$$

其变动范围要求参见表 3-3，若超限，可检查重点方向，直到符合要求为止。

(5) 计算盘左、盘右观测值的平均值

$$\text{平均读数} = \frac{\text{盘左读数} + (\text{盘右读数} \pm 180°)}{2} \tag{3-6}$$

起始方向有 2 个平均值，应将这 2 个平均值再次取平均值作为该方向的方向值，记入第 7 栏上方，并括以括号。

(6) 计算归零方向值：某方向的一测回归零方向值是指该方向与起始方向间的水平角，其值等于该方向平均读数减去起始方向的平均读数(括号内)，起始方向的归零方向值为零。

(7) 计算归零后的平均方向值：多测回观测时，若对于 DJ_6 型经纬仪不应大于 24″，则取各测回归零后方向值的平均值作为该方向的最后结果。

(8) 各目标间水平角的计算：相邻方向值相减，即得该两方向之间的水平角。

表 3-2　方向观测法手簿

测站	测回	目标	读数 盘左			读数 盘右			2c	平均读数			归零后的方向值			各测回归零方向值的平均值		
			°	′	″	°	′	″	″	°	′	″	°	′	″	°	′	″
1	2	3	4			5			6	7			8			9		
O	1	A	0	02	12	180	02	00	+12	(0 0	02 02	10) 06	0	00	00	0	00	00
		B	37	44	15	217	44	05	+10	37	44	10	37	42	00	37	42	04
		C	110	29	04	290	28	52	+12	110	28	58	110	26	48	110	26	53
		D	150	14	51	330	14	43	+8	150	14	47	150	12	37	150	12	33
		A	0	02	18	180	02	08	+10	0	02	13						
	2	A	90	03	30	270	03	22	+8	(90 90	03 03	24) 26	0	00	00			
		B	127	45	34	307	45	28	+6	127	45	31	37	42	07			
		C	200	30	24	20	30	18	+6	200	30	21	110	26	57			
		D	240	15	57	60	15	49	+8	240	15	53	150	12	29			
		A	90	03	25	270	03	18	+7	90	03	22						

表 3-3　方向观测法水平角的各项限差

经纬仪级别	半测回归零差(″)	2c 值变化范围(″)	同一方向各测回互差(″)
DJ_2	8	13	9
DJ_6	18	—	24

3.4　竖直角测量

3.4.1　竖直度盘及读数系统

图 3-14 是 DJ_6 级光学经纬仪的竖盘构造示意图。经纬仪竖盘系统包括竖直度盘、竖盘指标水准管和竖盘指标水准管微动螺旋等。竖直度盘固定在望远镜横轴的一端，随望远镜在竖直面内一起作俯仰运动，竖盘的中心与横轴中心相交共点。竖盘指标是在竖盘转动在

不同位置时用来指示视线在水平时的读数装置。分微尺的零刻划线是竖盘读数的指标线，可看成与竖盘指标水准管固连在一起，当指标水准管气泡居中时，指标就处于正确位置。如果望远镜视线水平，竖盘读数为 90°或 270°。当望远镜上下转动瞄准不同高度的目标时，竖盘随着转动，而指标线不动，因而可读得不同位置的竖盘读数，用以计算不同高度目标的竖直角。

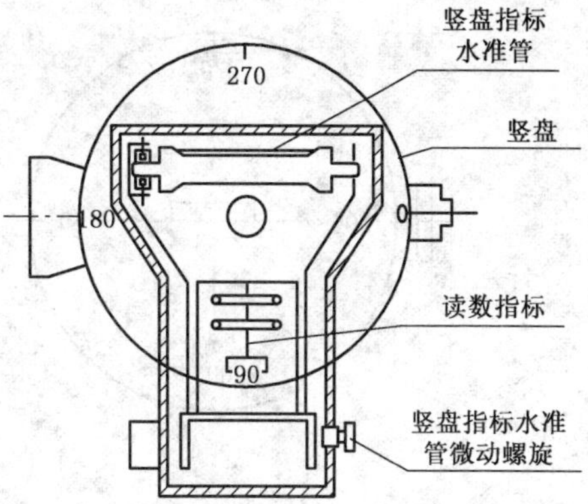

图 3-14 竖直度盘的结构

3.4.2 竖直角计算

竖盘是由光学玻璃制成，其刻划有顺时针方向和逆时针方向。不同刻划的经纬仪其竖直角计算公式不同。

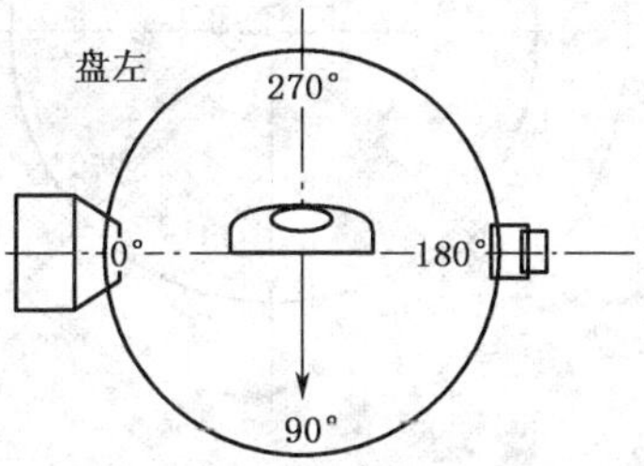

图 3-15 逆时针注记竖盘

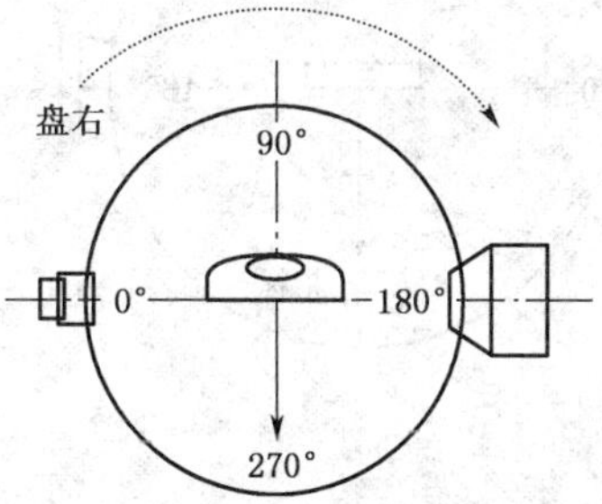

图 3-16 顺时针注记竖盘

在图 3-17(a)中，盘左位置视线水平时的竖盘读数为 90°，将望远镜逐渐抬高（仰角），竖盘读数在减少。因此，盘左的竖直角为：

$$\alpha_L = 90° - L \tag{3-7}$$

同理，在图 3-17(b)中盘右位置视线水平时的竖盘读数为 270°，当抬高望远镜时竖盘的读数逐渐增加，所以盘右的竖直角为：

$$\alpha_R = R - 270° \tag{3-8}$$

式中 L、R 分别为盘左、盘右瞄准目标的竖盘读数。则一测回的竖直角值为：

$$\alpha = \frac{\alpha_L + \alpha_R}{2} = \frac{1}{2}(R - L - 180°) \tag{3-9}$$

根据对上述公式的分析，可得竖直角计算公式的通用判别法，即：

(1) 当望远镜视线上仰时，如竖盘读数逐渐增加，则竖直角的计算公式为：

$$\alpha = \text{目标视线的读数} - \text{视线水平时的读数} \tag{3-10}$$

(2) 当望远镜视线上仰时，如竖盘读数逐渐减少，则竖直角的计算公式为：

$$\alpha = \text{视线水平时的读数} - \text{目标视线的读数} \tag{3-11}$$

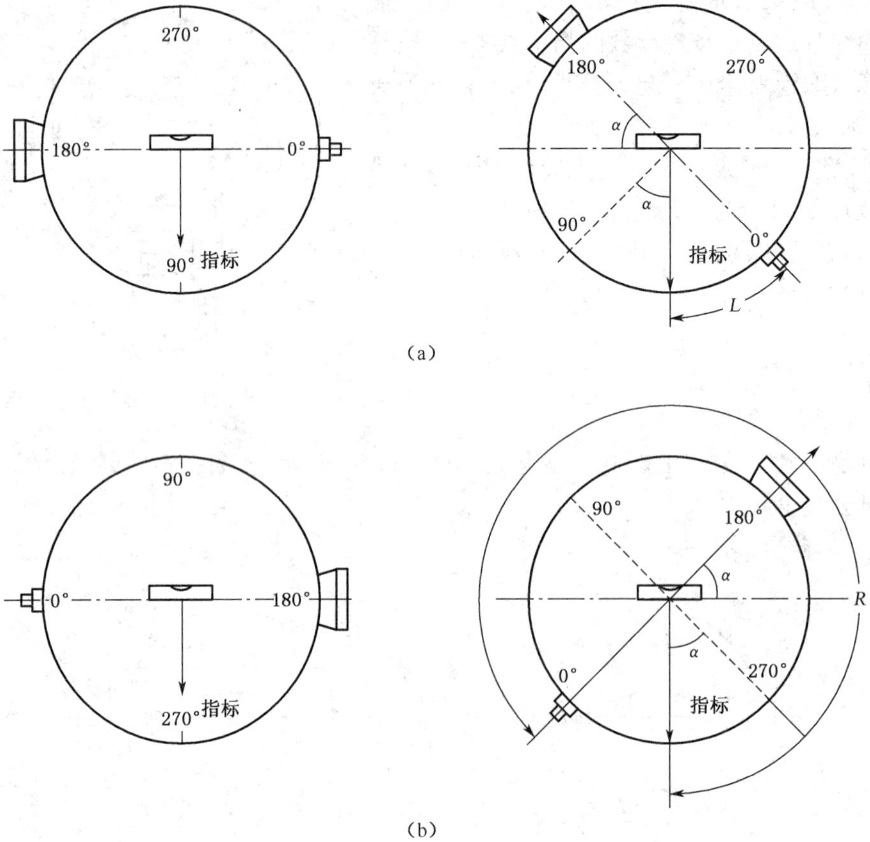

图 3-17　竖直角计算

3.4.3　竖直度盘指标差

上面谈到的是一种理想的情况，即当视线水平，竖盘指标水准管气泡居中时，是认为指标处于正确位置上，竖盘读数为 90°或 270°，但实际上读数指标往往并不是恰好指在 90°或 270°整数上，而与 90°或 270°相差一个小角度 x，我们把 x 这个小角度称为竖盘指标差，如图 3-18 所示。竖盘指标的偏移方向与竖盘注记增加方向一致时 x 值为正，反之为负。

由图 3-18 可以明显看出，由于指标差 x 的存在，使得盘左、盘右读得的起始读数为 $90°+x$、$270°+x$，则正确的竖直角为：

盘左的竖直角：

$$\alpha=(90°+x)-L \text{ 即 } \alpha=\alpha_L+x \tag{3-12}$$

盘右的竖直角：

$$\alpha=R-(270°+x) \text{ 即 } \alpha=\alpha_R-x \tag{3-13}$$

将式(3-12)与式(3-13)联立求解，得：

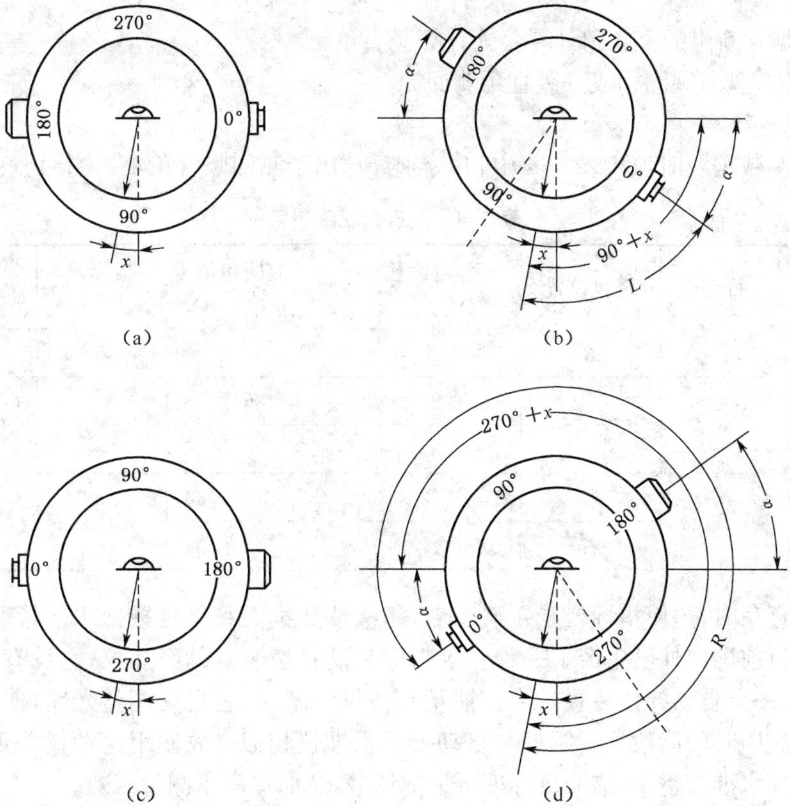

图 3-18　竖盘指标差

$$x = \frac{\alpha_R - \alpha_L}{2} \tag{3-14}$$

$$\alpha = \frac{\alpha_L + \alpha_R}{2} = \frac{1}{2}(R - L - 180°) \tag{3-15}$$

式(3-15)与无指标差时竖直角的计算公式(3-9)完全相同，即通过盘左、盘右竖直角取平均值，可以消除竖盘指标差的影响，获得正确的竖直角值。对于同一台仪器在同一时间段内，指标差应是一个固定值。因此，指标差互差可以反映观测成果的质量。规范规定，DJ_6 光学经纬仪，同一测站上不同目标的指标差互差或同方向各测回互差，不应超过 25″。

3.4.4 竖直角测量方法

1) 竖直角测量步骤

(1) 安置仪器：将经纬仪安置于测站点，然后对中、整平，正确判定该台仪器的竖直角计算公式。

(2) 盘左位置瞄准目标，使十字丝的中横丝切于目标某一位置，转动竖盘水准管微动螺旋使竖盘水准管气泡居中，读取竖盘读数 L，称为上半测回。

(3) 倒转望远镜，盘右用同样方法照准同一目标，使指标水准器气泡居中后，读取竖盘

读数 R，称为下半测回。

(4) 根据判断出的竖直角计算公式计算竖直角。

以上盘左、盘右观测构成一竖直角测回。

2) 记录和计算

将各观测数据及时填入表 3-4 中，并分别计算出半测回竖直角及一测回竖直角。

表 3-4　竖直角观测手簿

测站	目标	竖盘位置	竖盘读数 ° ′ ″	半测回角值 ° ′ ″	指标差 ″	一测回角值 ° ′ ″
1	2	3	4	5	6	7
O	A	左	86 23 42	3 36 18	−6	3 36 12
		右	273 36 06	3 36 06		
	B	左	95 12 30	−5 12 30	−12	−5 12 42
		右	264 47 06	−5 12 54		

观测竖直角时，为使指标处于正确位置，每次读数都需将竖盘指标水准管调至居中，这很不方便。目前国内外已生产了一种竖盘指标自动补偿装置的经纬仪，它没有竖盘指标水准管，而安置一个自动补偿装置。当仪器稍有微量倾斜时，它自动调整光路，使读数相当于水准管气泡居中时的读数。其原理与自动安平水准仪相似。故使用这种仪器观测竖直角，只要将照准部水准管整平，瞄准目标即可读取读数，从而提高了测量工效。

3.5　DJ_6 型光学经纬仪的检验与校正

3.5.1　经纬仪轴线及其应满足的几何条件

和水准仪一样，经纬仪也是由多个不同的部件组合而成，因此利用经纬仪进行角度测量时，为保证观测值的精度，经纬仪的结构上也必须满足一定的条件。经纬仪结构上的关系也是用其轴线上的关系来表示的，如图 3-19 所示。经纬仪各轴线应满足下列条件：

(1) 平盘水准管轴垂直于竖轴，即 $LL \perp VV$。

(2) 视准轴垂直于横轴，即 $CC \perp HH$。

(3) 横轴垂直于竖轴，即 $HH \perp VV$。

(4) 圆水准器轴应平行于竖轴，即 $L'L' // VV$。

(5) 十字丝竖丝应垂直于横轴。

(6) 光学对中器的视准轴应与竖轴重合。

(7) 竖盘指标差 x 应小于规定的数值。

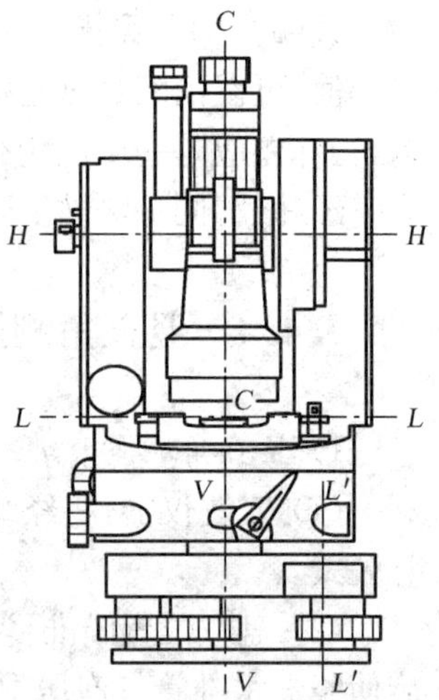

图 3-19　经纬仪的轴线关系

仪器在出厂时，以上各条件一般都能满足。但由于在搬运或长期使用过程中的震动、碰撞等原因，各项条件往往会发生变化。因此，在使用仪器作业前，必须对仪器进行检验与校正，即使新仪器也不例外。检验时按下列顺序进行，如不满足，应进行校正。校正后的残余误差，还应采用正确观测方法消除其影响。检验和校正应按一定的顺序进行，确定这些顺序的原则是：

(1) 如果某一项不校正好，会影响其他项目的检验时，则这一项先做。

(2) 如果不同项目要校正同一部位，则会互相影响，在这种情况下，应将重要项目在后检验，以保证其条件不被破坏。

(3) 有的项目与其他条件无关，则先后均可。

3.5.2　经纬仪的检验与校正

在经纬仪检校之前，先检查仪器、三脚架各部分的性能，确认性能良好后，可继续进行仪器检验和校正。否则，应查明原因并及时处理所发现的各种问题。

1) 照准部水准管轴垂直于竖轴的检验与校正

(1) 目的：使平盘水准管轴垂直于纵轴。

(2) 检验：将仪器大致整平，然后转动照准部使水准管与任意两个脚螺旋的连线平行，并调节这两个脚螺旋使水准管气泡居中。将照准部旋转 180°，观察气泡是否居中，如果气泡偏离中心不超过半个分划可视为合格，否则可视为不合格，应进行校正。

(3) 校正：用校正针拨动水准管支架一端的上、下两个校正螺丝，使气泡向相反方向移动到偏离量一半的位置，再旋转脚螺旋，使气泡居中。需要注意一点：用校正针拨动水准管上、下两个校正螺丝时应一松一紧，使其始终处于顶紧状态。此项检验要反复多次进行，直至照准部转到任何位置气泡偏离中央均小于半格为止。

(4) 校正原理：如图 3-20(a)所示，若水准管轴不垂直于竖轴，气泡虽然居中，水准管轴处于 LL' 位置，经纬仪的竖轴却偏离铅垂线一个 α 角。当水准管随照准部旋转 180°后，如图 3-20(b)，基座和竖轴位置不变，但气泡不居中，水准管轴与水平面夹角为 2α，这时气泡不再居中，而从中央向一端移动了一段弧长，这段弧长对应 2α 的角度。因此只要校正 α 角的弧长即可使水准管轴 LL 平行于水平度盘。因为水平度盘与竖轴是正交的，所以此时水准管轴也就垂直于竖轴了，如图 3-20(c)。调整脚螺旋使气泡居中，竖轴即处于铅垂位置，如图 3-20(d)。

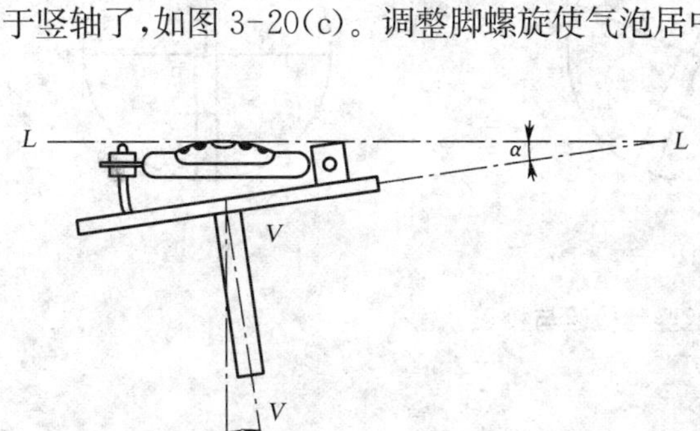

(a)

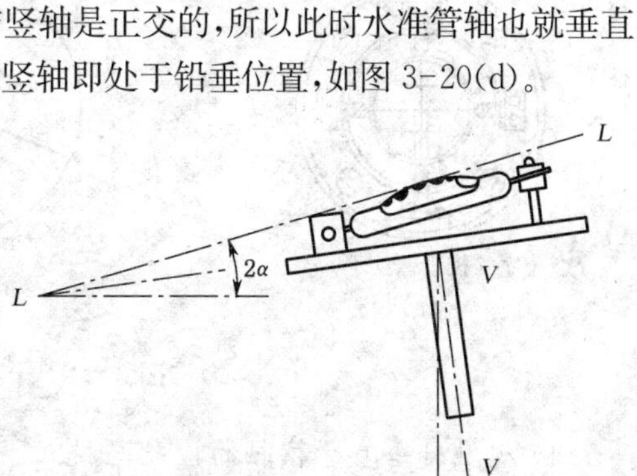

(b)

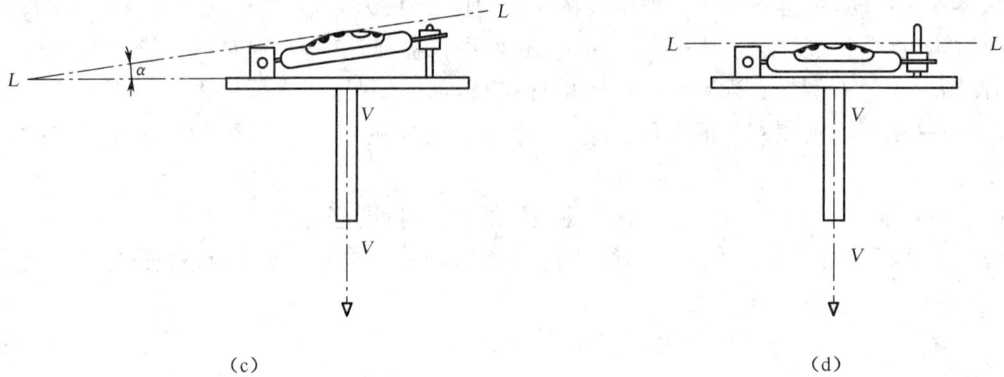

图 3-20　平盘水准管的检验与校正

2）圆水准器轴平行于竖轴的检验与校正

(1) 目的：检查圆水准器轴是否与仪器的竖轴平行。

(2) 检验：根据已检校的照准部水准管，精确整平仪器，如果此时圆水准器的气泡不居中，则需校正。

(3) 校正：用校正针直接拨动圆水准器底座下的校正螺丝使气泡居中，校正时注意校正螺丝一松一紧。

3）十字丝竖丝垂直于横轴的检验与校正

(1) 目的：满足十字丝竖丝垂直于横轴，即十字丝竖丝铅直，保证精确瞄准。

(2) 检验：仪器严格整平后，用十字丝中点精确瞄准一个清晰目标点，旋紧水平制动螺旋和望远镜制动螺旋，慢慢转动望远镜微动螺旋，使望远镜上仰或下俯，若目标点始终在竖丝上移动(参看图 3-21(c))，表明条件已满足，否则(参看图 3-21(b))就需要进行校正。

(3) 校正：校正时，旋下分划板护盖，微微松开十字丝环的四个压环螺丝(参看图 3-21(a))，慢慢转动十字丝环，直至望远镜上下移动时，目标点始终沿竖丝移动为止，最后将四个压环螺丝拧紧，旋上护盖。

实际操作中，如果每次都用十字丝交点瞄准目标，即可避免此项误差的影响。

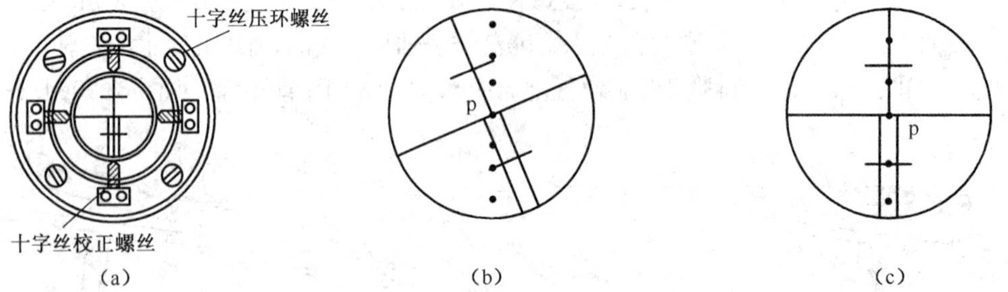

图 3-21　十字丝竖丝检验与校正

4）视准轴垂直于横轴的检验与校正

视准轴是物镜光心与十字丝交点的连线。仪器的物镜光心是固定的，而十字丝交点的位置是可能变动的。因此，视准轴是否垂直于横轴，取决于十字丝交点是否处于正确的位置。当十字丝交点偏向一边时，视准轴不与横轴垂直，形成照准误差。

(1) 目的:视准轴垂直于横轴。

(2) 检验:整平仪器,以盘左瞄准大致水平方向的远处清晰目标 A,读取水平度盘读数 L,将仪器变换为盘右位置,瞄准目标 A,读取水平度盘读数 R,若

$$|L-(R\pm 180^{\circ})|>20'' \tag{3-16}$$

则认为视准轴不垂直于横轴,其差值为 2 倍照准误差,即 $2c$。

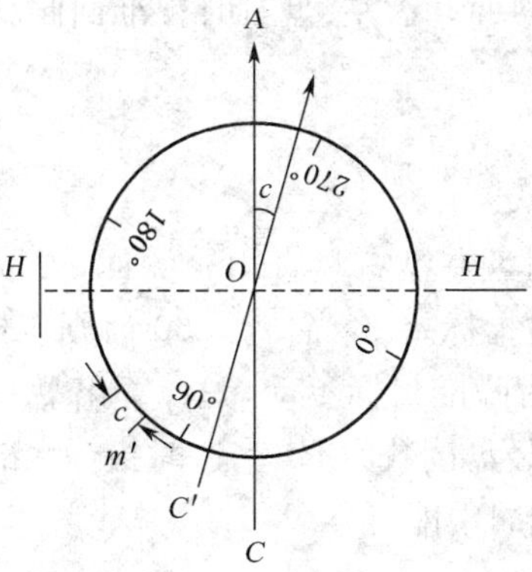

图 3-22 视准轴垂直于横轴的检验与校正

(3) 校正:求得正确读数

$$\bar{R}=\frac{1}{2}[R+(L\pm 180^{\circ})] \tag{3-17}$$

在检验时的盘右位置,调节水平微动螺旋,使度盘读数为 $\bar{R}$。此时,十字丝交点必偏离目标 A。所以只要调节十字丝环左右两校正螺丝,使十字丝交点对准目标,视准轴即处于与横轴垂直的位置。

此项检验校正也需重复进行才能达到目的。

对同一目标用盘左、盘右观测时,竖直角相同,其影响大小相同而符号相反,所以在取盘左盘右的平均值时,此项误差可自然抵消。

5) 横轴垂直于竖轴的检验与校正

(1) 目的:使横轴垂直于竖轴。

(2) 检验:在离墙约 30 m 处安置仪器,以盘左位置瞄准高处一点 P(仰角应大于 30°),固定照准部,首先将望远镜大致调至水平,在墙上标出十字丝交点的位置 P_1;将仪器变换为盘右,用同样的方法在墙上又一次标出 P_2。若 P_1 与 P_2 重合,则表示横轴垂直于竖轴的条件满足,否则需进行校正。

横轴不垂直于竖轴时,其偏差值称为横轴误差,用 i 表示,可用式(3-18)计算 i,以秒计。

$$i=\frac{\overline{P_1P_2}}{2}\cdot\frac{P''}{D}\cot\alpha \tag{3-18}$$

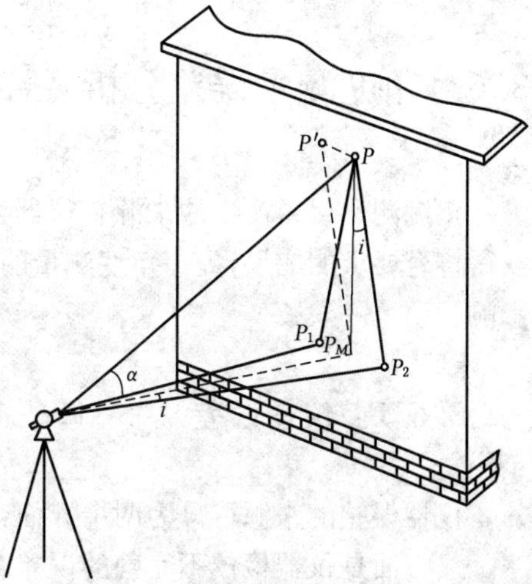

图 3-23 横轴垂直于竖轴的检校

对于 DJ_6 型经纬仪，若 $i>20''$，则需校正。

(3) 校正：用望远镜瞄准直线 P_1P_2 的中点 P_M，固定照准部，然后抬高望远镜。此时，视线偏离 P，校正时应打开支架护盖，放松支架内的校正螺丝，使横轴一端升高或降低，直到十字丝交点瞄准 P 点。由于经纬仪横轴密封在支架内，一般仪器均能保证横轴垂直于竖轴的正确关系。若需校正应由专业维修人员进行。

(4) 校正原理：如果仪器的横轴不垂直于竖轴，当竖轴竖直时横轴必不水平，此时，即使视准轴垂直于横轴，视准面也不是竖直面而是倾斜面。盘左、盘右时视准面倾斜角度相同而方向相反，显然，其平均位置即为正确位置。

6) 竖盘指标差的检验与校正

(1) 目的：消除竖盘指标差。

(2) 检验：在一点安置仪器，任选一目标观测盘左盘右竖直角一测回，读取竖盘读数并计算出盘左竖直角 α_L 和盘右竖直角 α_R，再计算出指标差 x，当 $|x|>60''$ 时则应校正。

(3) 校正：校正一般是在盘右位置进行。盘右瞄准目标不动，先计算出盘右的正确读数 $R_{正}=R+x$，转动竖盘指标水准管微动螺旋，使竖盘读数为 $R_{正}$。这时指标水准管气泡不再居中，用校正针拨动指标水准管校正螺旋，使气泡居中即可。

这项检验校正也须反复进行。

7) 光学对中器的检验与校正

(1) 目的：使光学对中器的视准轴与仪器竖轴线重合。

(2) 检验：在平坦地面任一点上架上仪器并精确整平。在仪器正下方地面上安置一块白色纸板，对光学对中器进行调焦，使对中器的分划板和地面均清晰。用对中器分划圈的中心瞄准地面点，并作十字形标志 P，将照准部旋转 180°，若对中器分划圈对准另一点 P' 点，则须校正。

(3) 校正：找出 PP' 中点，用拨针转动对中器的调整螺丝，使其分划圈中心对准中点。

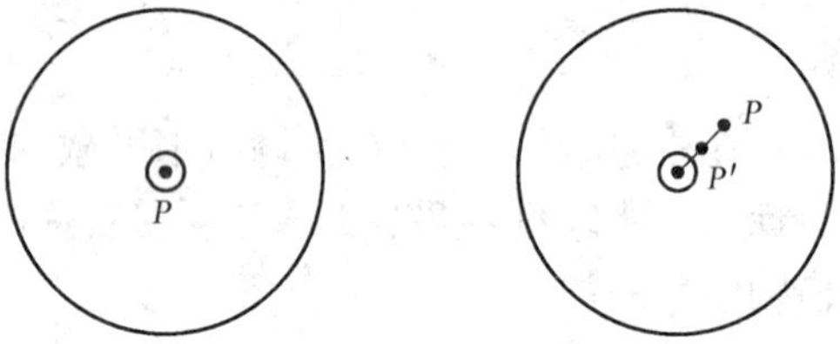

图 3-24　光学对中器的检验与校正

3.6　角度测量误差分析及注意事项

角度测量误差产生的来源有仪器误差、观测误差和外界环境条件影响 3 个方面。为了获得符合要求的成果，提高角度测量的精度，测量中应采取相应措施减弱或消除这些误差的影响。

3.6.1　仪器误差

仪器误差的来源可分为两个方面：

一方面是仪器检校不完善的误差，如视准轴误差、横轴误差、竖轴误差及竖盘指标差等。其中视准轴不垂直于横轴、横轴不垂直于竖轴的误差以及竖盘指标差均可采用盘左盘右取平均值的方法予以消除。竖轴倾斜误差是由于水准管轴不垂直于竖轴，以及竖轴水准管不居中引起的误差。当照准部水准管气泡居中后竖轴并不竖直，从而引起横轴倾斜及度盘倾斜使水平方向读数产生误差。由于竖轴不竖直所引起的水平方向读数误差在盘左盘右观测时不但数值相等，而且符号也相同，为不对称观测，并且随望远镜瞄准不同方向而变化，不能用正、倒镜取平均的方法消除。因此在进行水平角测量时，当被观测的目标之间高差较大时，要特别注意整平仪器，并始终保持照准部水准管气泡居中，气泡不可偏离一格，以减少竖轴误差。

另一方面是仪器制造加工不完善的误差，如照准部偏心差和度盘刻划的误差等。

照准部偏心差主要是由于度盘安装不完善引起度盘分划中心 O 与照准部旋转中心 O' 不重合，从而导致读数误差。如图 3-25。当瞄准目标点 A 时，盘左读数 $a'_{左}$ 将比正确值 $a_{左}$ 大 x，盘右读数 $a'_{右}$ 将比正确读数 $a_{右}$ 小 x，即正、倒镜时，指标线在水平度盘上的读数具有对称性，而符号相反，因此，可用盘左、盘右读数取平均的方法予以消除。

度盘刻划不均匀误差是由于仪器加工不完善引起的，这项误差一般很小。在高精度测量时，为了提高测角精度，可利用度盘位置变换手轮或复测扳手按一定方式在各测回间变换度盘位置，可以有效的减小这项误差的影响。

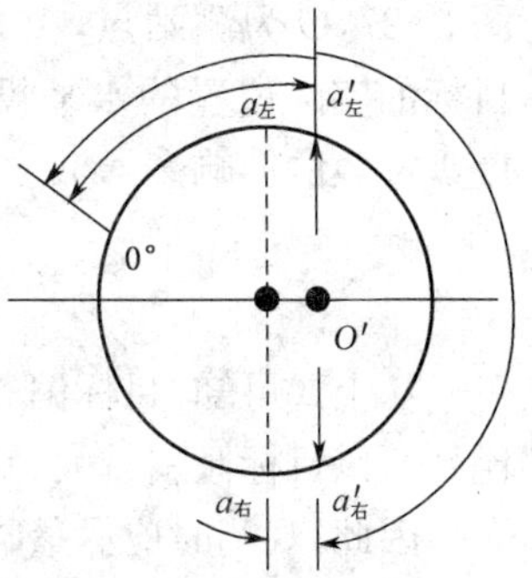

图 3-25 照准部偏心差

3.6.2 观测误差

1）仪器对中误差

对中误差是指仪器中心与测站点不在同一铅垂线上，造成测角误差。如图 3-26，O 为测站点，OO' 为偏心距，以 e 表示。则对 A、B 两目标点，对中误差引起的水平角误差为：

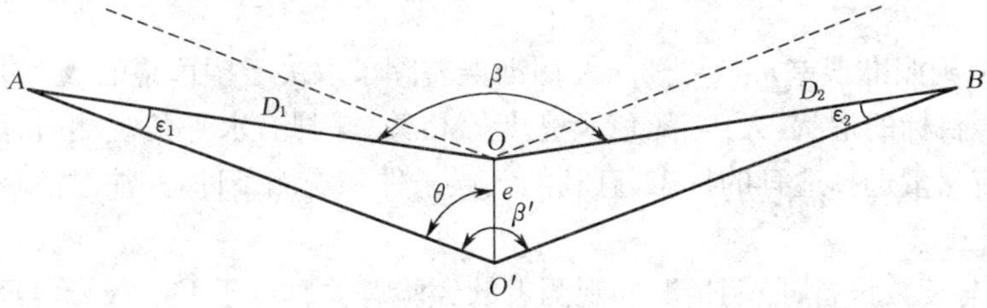

图 3-26 仪器对中误差对测量结果的影响

$$\Delta\beta = \beta - \beta' = \varepsilon_1 + \varepsilon_2$$

而

$$\varepsilon_1 \approx \frac{\rho''}{D_1} e \sin\theta \qquad \varepsilon_2 \approx \frac{\rho''}{D_2} e \sin(\beta' - \theta)$$

则

$$\Delta\beta = \varepsilon_1 + \varepsilon_2 = \rho'' e \left[\frac{\sin\theta}{D_1} + \frac{\sin(\beta' - \theta)}{D_2} \right] \tag{3-19}$$

由式(3-19)可知，对中误差对测角的影响与偏心距成正比、与角度两边的边长成反比，此外与所测角度的大小和偏心的方向有关。当水平角接近 180°而偏心角接近于 90°时，$\Delta\beta$

最大。当 e=3 mm，θ=90°，β'=180°，$D_1=D_2$=100 m 时，

$$\Delta\beta = \varepsilon_1 + \varepsilon_2 = \rho'' e\left(\frac{1}{D_1}+\frac{1}{D_2}\right) = \frac{3\times 206\ 265''}{100\ 000}\times 2 = 12.4''$$

2）目标偏心误差

目标偏心误差是因目标点上所立的标志的中心不在目标点的铅垂线上，那么实际瞄准的目标位置将偏离地面标志点，由此而产生的误差称为目标偏心误差。如图 3-27，O 为测站点，A 为目标点标志中心，A'为瞄准目标的实际位置的水平投影，$\Delta\beta$ 即为目标偏心对水平度盘读数的影响。

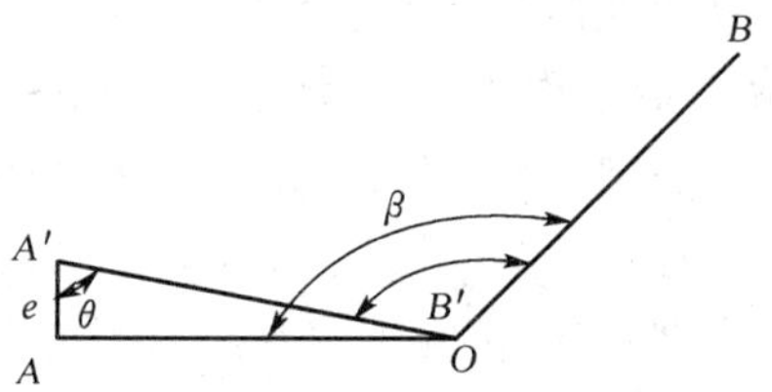

图 3-27　目标偏心误差对测量结果的影响

$$\Delta\beta = \rho''\frac{e\sin\theta}{D} \tag{3-20}$$

从上式可知，目标偏心对测角的影响与目标偏心距成正比，与仪器到目标点的距离成反比。所以目标倾斜越大，瞄准部位越高，则目标偏心越大，由此对测角所带来的影响也就越大。因此，观测时应尽量瞄准目标底部，标志也要尽量竖直，当目标较近时，可在测站点上悬吊垂球线作为目标。

当 $e = 10$ mm，$\theta = 90°$，$D = 50$ m 时，

$$\Delta\beta = \frac{10\times 206\ 265''}{50\ 000} = 41.3''$$

3）照准误差

当用放大率为 V 的望远镜观测时，照准目标的误差为：

$$m_V = \pm\frac{60''}{V} \tag{3-21}$$

如 $V = 25$，则照准误差 $m_V = \pm 2.4''$。照准误差除了取决于望远镜的放大倍率外，还与人眼的分辨能力，目标的形状、大小、颜色及亮度等相关。因此，水平角观测时，除选择适当的经纬仪外，还应尽量选择适宜的标志、有利的气候条件和观测条件，并注意消除视差。

4）读数误差

读数误差与读数设备、照明情况和观测者的经验有关。对于 DJ_6 级光学经纬仪，读数误差不超过±6″。但如果照明情况不佳，显微镜的目镜未调好焦距或观测者技术不够熟练，估读误差可能大大超过上述数值。

3.6.3　外界环境的影响

外界条件的影响是多方面的，如天气的变化、植被的不同、地面土质松紧的差异、地形的起伏以及周围建筑物的状况等，都会影响测角的精度。大风可使仪器和标杆不稳定，雾气会使目标成像模糊；松软的土质会影响仪器的稳定；烈日暴晒可使三脚架发生扭转，影响仪器的整平，温度变化会引起视准轴位置变化；大气折光变化致使视线产生偏折等。这些都会给角度测量带来误差。因此，在这些不利的观测条件下，视线应离地面在 1 m 以上，并避免从

水面通过;观测时必须打伞保护仪器;仪器从箱子里拿出来后,应放置半小时以上,令仪器适应外界温度再开始观测;并采用对向观测方法,设法避免或减小外界条件的影响,才能保证应有的观测精度。

3.6.4 角度观测注意事项

为了保证测角的精度,角度观测时应注意下列事项:

(1) 角度观测前必须检验仪器,如发现仪器有误差,应进行校正,或采用正确的观测方法,减少或消除仪器误差对观测结果的影响。

(2) 仪器安置的高度应合适,脚架应踩实,中心螺旋拧紧,观测时手不扶脚架,转动照准部及使用各种螺旋时用力不宜过大。

(3) 测角精度要求越高,或边长越短,则对中要求越严格,整平误差应在一格以内。

(4) 瞄准时要注意消除视差。水平角观测时,应以望远镜十字丝的竖丝对准目标根部;竖直角观测时,应以十字丝的横丝切准目标。

(5) 读数应准确并及时记录和计算,注意检查限差,发现错误立即重测。

3.7 电子经纬仪的测角原理

3.7.1 电子经纬仪测角原理

随着电子技术的发展,电子经纬仪的出现,标志着测角工作向自动化迈出了新的一步。它由精密光学器件、机械器件、电子扫描度盘、电子传感器和微处理机等组成,采用光电测角代替光学测角。它的外形和结构与光学经纬仪基本相似,但测角和读数系统有很大的区别。它利用光电转换原理,微处理器自动对度盘进行读数并显示于读数屏幕,使观测时操作简单,避免产生读数误差。电子经纬仪能自动记录、储存测量数据和完成某些计算,还可以通过数据通讯接口直接将数据输入计算机。电子经纬仪是采用光电扫描度盘和自动显示系统,主要有编码度盘测角、光栅度盘测角以及格区式度盘动态测角 3 种。

1) *编码度盘测角原理*

编码度盘就是在光学圆盘上刻制多道同心圆环,每一个同心圆环称为一个码道。编码度盘属于绝对式度盘,即度盘的每一个位置均可读出绝对的数值。如图 3-28 所示为一编码度盘。整个圆盘被均匀地分成 16 个扇形区间,每个扇形区间由里到外分成四个环带,称为四条码道。图中黑色部分表示透光区,白色部分表示不透光区。这样通过各区间的四条码道的透光和不透光,即可由里向外读出 4 位二进制数来。

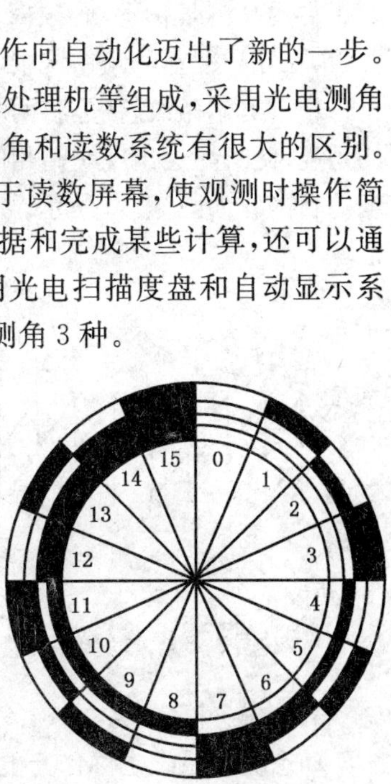

图 3-28 编码度盘测角原理

在编码度盘的一侧安有光源,另一侧直接对着光源安有光传感器，电子测角就是通过光传感器来识别和获取度盘位置信息的。当光线通过度盘的透光区并被光传感器接受时表示为逻辑 0，当光线被挡住而没有被光传感器接受时表示为逻辑 1。因此当望远镜照准某一方向时，度盘位置信息通过各码道的传感器，再经光电转换后以电信号输出，这样就获得了一组二进制代码；当望远镜照准另一方向时，又获得一组二进制代码。有了两组方向代码，就得到了两方向间的夹角。

2）光栅度盘及其测角原理

光栅度盘是指在度盘圆环径向上刻上许多均匀分布的透明和不透明的刻线，构成等间隔的明暗条纹——光栅。通常光栅的刻线宽度与缝隙宽度相同，两者之和称为光栅的栅距。栅距所对应的圆心角即为栅距的分划值。如在光栅度盘上下对应位置安装照明器和光电接收管，光栅的刻线不透光，缝隙透光，即可把光信号转换为电信号。当照明器和接收管随照准部相对于光栅度盘转动，由计数器计出转动所累计的栅距数，就可得到转动的角度值。因为光栅度盘是累计计数的，所以，通常称这种系统为增量式读数系统。仪器在操作中会顺时针转动和逆时针转动，因此，计数器在累计栅距数时也有增有减。例如在瞄准目标时，如果转动过了目标，当反向回到目标时，计数器就会减去多转的栅距数。所以，这种读数系统具有方向判别的能力，顺时针转动时就进行加法计数，而逆时针转动时就进行减法计数，最后结果为顺时针转动时相应的角值。

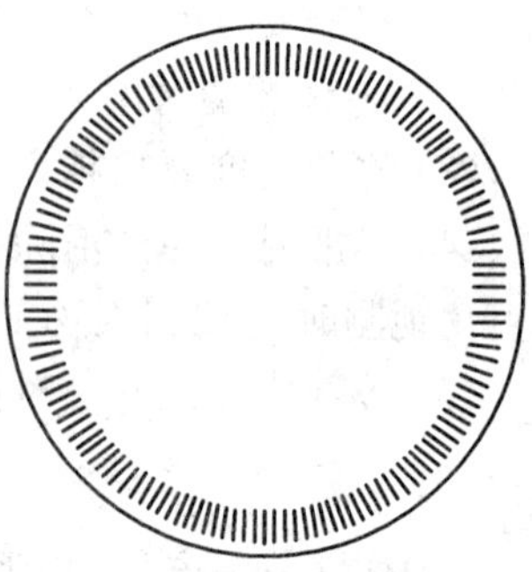

图 3-29　光栅度盘测角原理

光栅度盘的栅距就相当于光学度盘的分划，栅距越小，则角度分划值越小，即测角精度越高。例如在直径 80 mm 的光栅度盘上，刻划有 12 500 条细线，栅距分密度为 50 条/mm，要想再提高测角精度，必须对其作进一步的细分。然而，这样小的栅距，再细分实属不易。所以，在光栅度盘测角系统中，采用了莫尔条纹技术进行测微。

所谓莫尔条纹，就是将两块密度相同的光栅重叠，并使它们的刻划线相互倾斜一个很小的角度，此时便会出现明暗相间的条纹，这样，就可以对栅距进一步细分，以达到提高测角精度的目的。如图 3-30 所示。

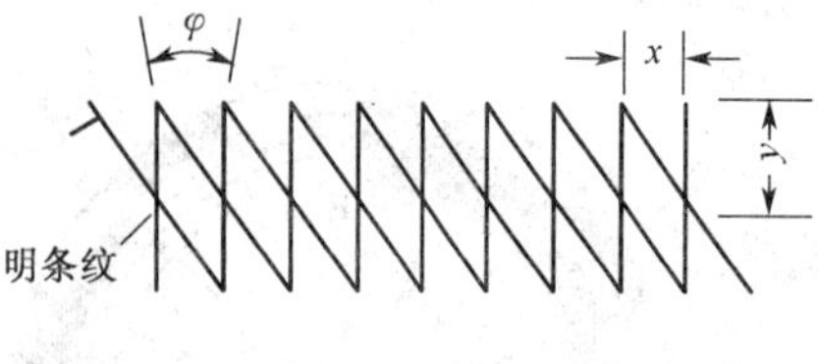

图 3-30　莫尔条纹

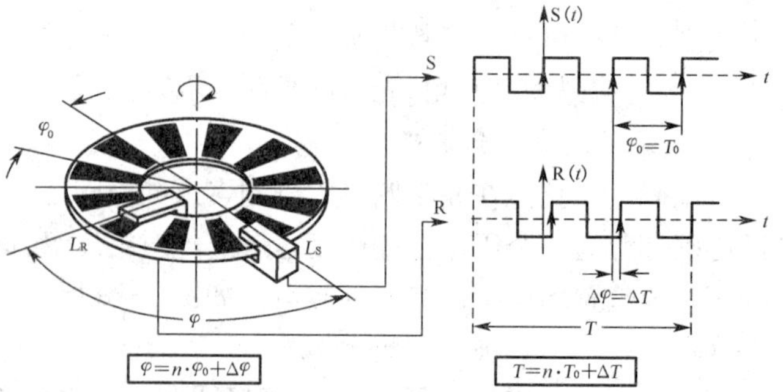

图 3-31　动态测角原理

3）动态测角原理

动态测角系统也称作光电扫描测量系统，测角时度盘由马达带动以额定转速不停地旋转，然后由光栅扫描产生电信号取得角值。度盘刻有 1 024 个分划，两条分划条纹的角距为

φ，内含一条黑色反射线和一个白色空隙，相当于不透光区和透光区，在度盘的外缘，装有与基座相固联的固定检测光栅 L_S，相当于光学经纬仪度盘的零位，在度盘的内缘装有随照准部转动的活动检测光栅 L_R，如图 3-31 所示。φ 表示望远镜照准某方向后 L_S 和 L_R 之间的角度，计取通过两指示光栅间的分划信息，即可求得角值。

由图 3-31 可以看出：$\varphi = n\varphi_0 + \Delta\varphi$ 即 φ 角等于 n 个整分划间隔 φ_0 和不足一个整分划间隔 $\Delta\varphi$ 之和。它是通过测定光电扫描的脉冲信息 $nT_0 + \Delta T = T$，n 分别由粗测和精测同时获得。

(1) 粗测

粗测只求 φ_0 的个数 n，即测定通过 L_S 和 L_R 给出的脉冲计数 nT_0 求得 φ_0 的个数 n。在度盘的同一径向的外、内缘上设有两个标记 a 和 b，度盘旋转时，从标记 a 通过 L_S 时起，计数器开始记取整数间隔 φ_0 的个数，当另一标记 b 通过 L_R 时计数器停止记数，此时计数器所得到的数值即为 φ_0 的个数 n。

(2) 精测

精测即测量 $\Delta\varphi$。通过光栅 L_S 和 L_R 分别产生两个信号 S 和 R，$\Delta\varphi$ 可由 S 和 R 的相位差求得。精测开始后，当某一分划通过 L_S 时开始精测计数，记取通过的计数脉冲的个数，一个脉冲代表一定的角度值，当另一个分划通过 L_R 时停止计数。由计数器中所计得的数值即可求得 $\Delta\varphi$，度盘一周有 1 024 个间隔，每一个间隔计一次 $\Delta\varphi$ 的数，则度盘转一周可测得 1 024个 $\Delta\varphi$，取平均值可得最后的 $\Delta\varphi$。测角精度完全取决于精测的精度。

通常在度盘对径位置的两端各安置一个检测光栅，用来消除光栅盘的偏心差。

3.7.2　DT200 型电子经纬仪的使用

下面简单介绍一下苏州一光生产的 DT200 型电子经纬仪的使用，其外形如图 3-32 所示。

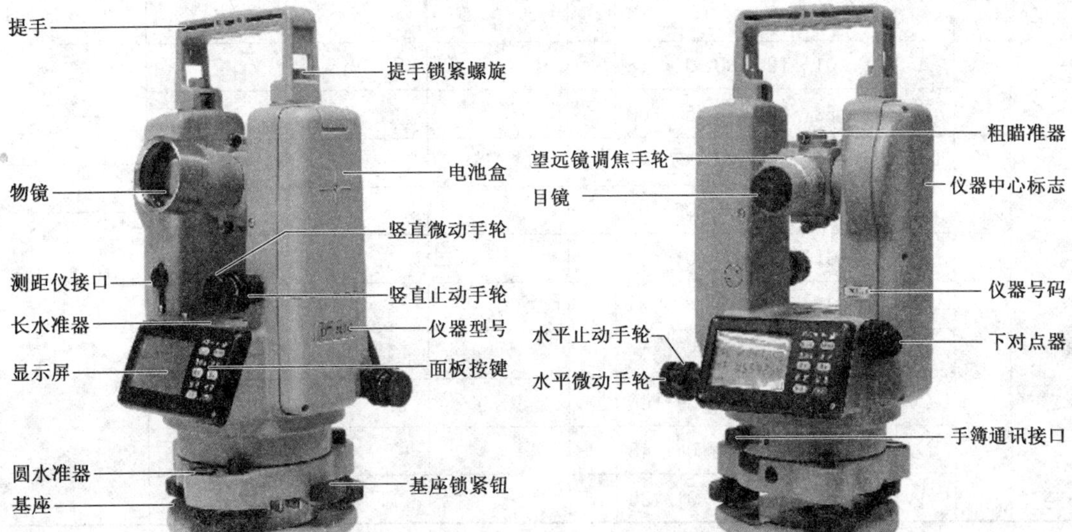

图 3-32　DT200 电子经纬仪

DT200 型电子经纬仪使用的基本步骤如下：

1）水平角度测量(顺时针)

(1) 将仪器在站点上安装好且对中整平后开机。

(2) 通过水平盘和垂直盘的制微动螺旋使仪器精确地瞄准第一个目标 A。

(3) 按置 0 键设定水平角度值为 $0°00'00''$。

(4) 通过水平盘和垂直盘的制微动螺旋使仪器精确地瞄准第二个目标 B。

(5) 读出仪器显示的角度(α)。

2）垂直角度测量

(1) 将仪器在站点上安装好且对中整平后开机。

(2) 通过水平盘和垂直盘的制微动螺旋使仪器精确地瞄准目标 A。

(3) 读出仪器显示的角度 (θ)。按角度/斜度键可以查看坡度。

习题与思考题

1. 何谓水平角、竖直角？它们的取值范围和符号有何不同之处？在同一竖直面内瞄准不同高度的点在水平度盘及竖直度盘上的读数是否一样？为什么？

2. 经纬仪的安置包括哪几个步骤？简述其操作过程。

3. 对中、整平的目的各是什么？

4. 计算水平角时为什么要用右方目标读数减左方目标读数？如果不够减应如何计算？

5. 完成表 3-5 和表 3-6 水平角观测记录和竖直角观测记录的相关计算。

表 3-5　方向观测法水平角观测记录

测站	测回数	目标	水平度盘读数 盘左 (° ′ ″)	水平度盘读数 盘右 (° ′ ″)	2c (″)	平均读数 (° ′ ″)	一测回归零方向值 (° ′ ″)	各测回归零平均方向值 (° ′ ″)	角值 (° ′ ″)
O		A	0 01 12	180 01 18					
		B	96 53 06	276 53 00					
		C	143 32 48	323 32 48					
		D	214 06 12	34 06 06					
		A	0 01 24	180 01 18					
		A	90 01 24	270 01 24					
		B	186 53 00	6 53 18					
		C	233 32 54	53 33 06					
		D	304 06 36	124 06 48					
		A	90 01 36	270 01 36					

表 3-6 竖直角观测记录

测站	目标	盘位	竖盘读数 ° ′ ″	半测回竖直角 ° ′ ″	指标差 ″	一测回竖直角 ° ′ ″
A	*B*	左	95 12 24			
		右	264 47 30			
	C	左	78 48 36			
		右	281 11 54			

6. 何谓正镜、倒镜和一测回观测？角度测量为什么要用正、倒镜观测？能否用两次正镜观测代替一测回观测？

7. 什么叫竖盘指标差？如何进行检验与校正？如何衡量竖直角观测成果是否合格？

8. 采用盘左盘右观测取平均值的方法可以消除哪些误差的影响？能否消除因竖轴倾斜而引起的水平角测量误差？为什么？

9. 经纬仪有哪些主要轴线？它们相互之间应满足什么关系？如果这些关系不满足将会产生什么后果？

10. 水平角测量的误差主要有哪些？在测量中应该注意什么？

11. 电子经纬仪与光学经纬仪有何相似处和不同点？

4 距离测量与直线定向

【本章知识要点】水平距离；距离测量方法；距离测量相对误差计算；钢尺精密量距的三项改正数计算；视距测量的平距与高差计算公式；测距仪距离测量标称精度的含义；直线定向；标准方向；方位角。

距离测量是测量的基本工作之一。地面上两点间的距离是指这两点沿铅垂线方向在大地水准面上投影点间的弧长；当测区面积不大，可用水平面代替水准面时，距离是指地面上两标志点之间的水平直线长度(简称平距)。如图4-1所示，$A'B'$的长度就代表了地面点A、B之间的水平距离，AB的长度则是倾斜距离(简称斜距)。

根据所用测距工具的不同，水平距离测量的方法包括钢尺量距、视距测量、光电测距等。

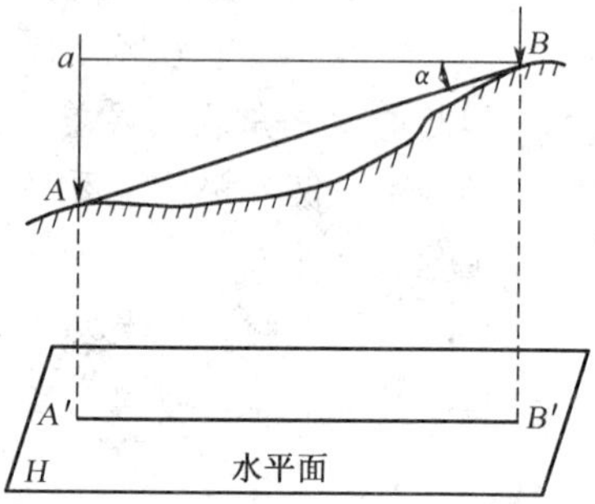

图4-1 两点间的水平距离

4.1 钢尺量距

钢尺量距是传统的量距方法，适用于地面平坦、边长较短的距离测量。按丈量方法的不同分为一般量距和精密量距。

4.1.1 量距工具

钢尺分为普通钢卷带尺(简称钢卷尺)和铟瓦线尺两种。

钢卷尺，宽10～15 mm，厚0.2～0.4 mm，长度有20 m、30 m和50 m等几种，卷放在圆形盒或金属架上。钢尺的基本分划为“cm”，最小分划为“mm”，在“m”处和“dm”处有数字注记。

钢卷尺分为端点尺和刻线尺两种。端点尺是以尺外缘作为尺的零点，如图4-2(a)。刻线尺是以尺的前端某一刻线作为尺的零点，如图4-2(b)。较精密的钢尺，制造时有规定的温度及拉力，如在尺端刻有“30 m、20℃、100 N”字样。它表示在检定该钢尺时的温度为20℃，拉力为100 N，30 m为钢尺刻线的最大注记值，通常称之为名义长度。

铟瓦线尺是用镍铁合金制成的，尺线直径1.5 mm，长度为24 m，尺身无分划和注记，在尺两端各连一个三棱形的分划尺，长8 cm，其上最小分划为1 mm。铟瓦线尺全套由4根主尺、1根8 m(或4 m)长的辅尺组成。不用时卷放在尺箱内。

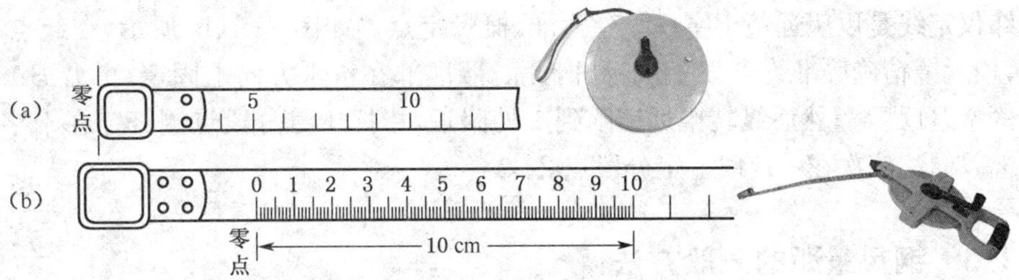

图 4-2　端点尺和刻线尺

如图 4-3 所示，钢尺量距的辅助工具有测钎、标杆、垂球、弹簧秤和温度计。

标杆又称花杆，长 2～3 m，直径 3～4 cm，杆上涂以 20 cm 间隔的红、白漆，底部装有铁脚，用于标定直线。测钎用粗钢丝制成，用来标志尺段的起、讫点和计算量过的整尺段数。垂球用来投点。弹簧秤用于控制拉力。温度计用于测定温度。

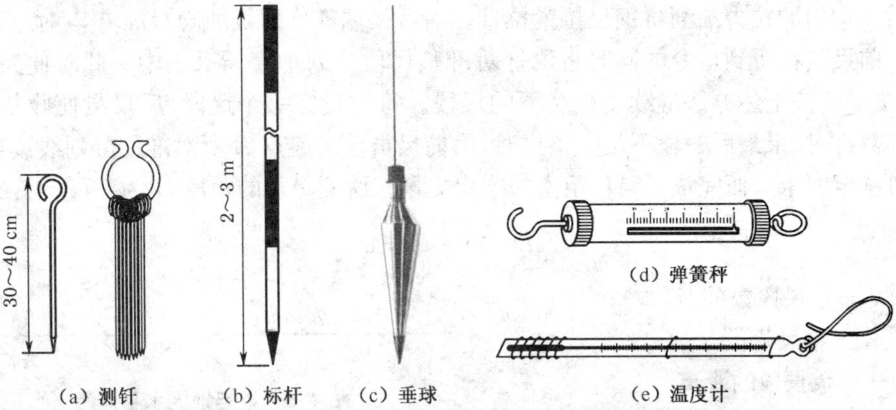

(a) 测钎　(b) 标杆　(c) 垂球　(d) 弹簧秤　(e) 温度计

图 4-3　钢尺量距的辅助工具

4.1.2　直线定线

当两个地面点之间的距离超过一尺长或地形起伏较大时，为使钢尺量距方便，需要在直线的方向线上先定出一些临时性标志点以保证分段所丈量的距离在同一直线上，这个工作叫做直线定线。一般量距采用目估法定线，精密量距采用经纬仪或全站仪定线。

目估法定线如图 4-4(a)所示，先在端点 A、B 处立标杆，甲在 A 点后瞄准 B，使视线与标杆边缘相切，甲再指挥乙左右移动标杆，直到 A、1、B 三标杆在一条直线上，然后在标杆根部插下测钎，依此类推在所有整尺段位置上插上测钎。直线定线一般由远及近进行。

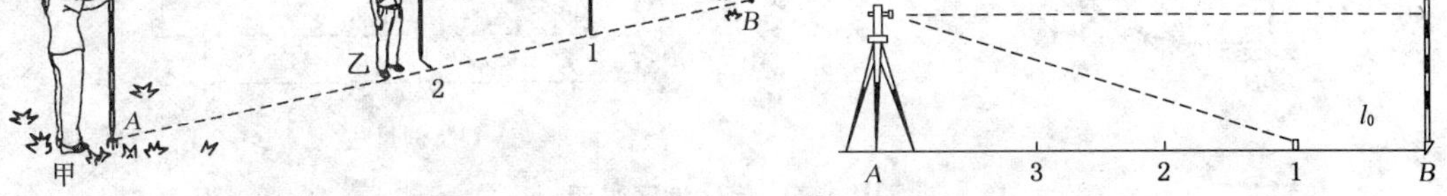

(a) 目估法定线　(b) 经纬仪定线

图 4-4　直线定线

经纬仪定线是以望远镜十字丝纵丝为准，概量定点。如图 4-4(b)所示，在起点 A 安置经纬仪，望远镜精确瞄准终点 B 上的标杆，此时照准部在水平方向上固定；再沿 BA 方向按尺段长概量 $B1$ 距离；然后纵转望远镜瞄到 1 处附近，指挥 1 号分段点测钎定在十字丝的纵丝影像上。同法依次在 AB 线上定分段点 2、3 等。

4.1.3　钢尺量距的一般方法

1）平坦地区水平量距

在平坦地区量距时，钢尺可沿地面用整尺法丈量，即在直线定线的基础上，依次丈量 n 个整尺段，再量取余长段的距离。

如图 4-5 所示，丈量距离 AB。后尺员持钢尺的零端立于 A 点，前尺员持钢尺末端和测钎沿 AB 方向线前进并伸展钢尺至一整尺处的 1 点。两人同时将钢尺抖动使之平贴在地面上，随后以均匀的拉力渐渐将钢尺拉紧拉直。当后尺端零分划线准确对准 A 点时，后尺员发出口令，前尺员在听到口令的同时将测钎对准整尺段分划垂直插入土中。此时便完成一个尺段的丈量。按上述方法继续丈量余下的尺段。每丈量完一个尺段，后尺员便收集前尺员所插的测钎。如果最后一段不足一整尺时，由前尺员读出终点 B 所对准的分划线读数(即尾数，一般读至厘米)，便完成了 AB 距离的一次丈量。所测 AB 的距离 D 为：

$$D = n \cdot l_0 + q \tag{4-1}$$

式中：n——整尺段数(测钎数)；

l_0——整尺长；

q——余长段的距离。

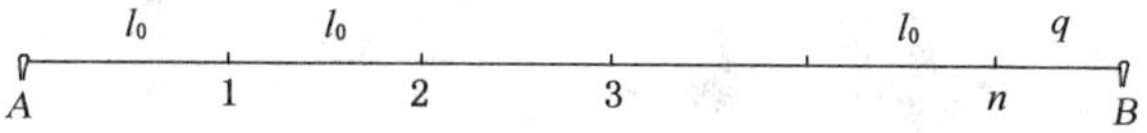

图 4-5　平坦地区水平量距

2）起伏地区量距

在倾斜不大的地区量距，一般采取抬高尺子的一端或两端，使尺子呈水平状态以量得直线的水平距离。如图 4-6(a)，地面倾斜较小，在丈量时，使尺子一端对准地面标志点，将另一端抬高使尺子呈水平(目估)。拉紧后，对准尺上分划悬挂垂球线，再标出垂球尖端所对的地面点位，即为该分划线的水平投影位置。连续分段丈量，得到 AB 直线的水平距离 D。这种丈量方法要掌握好钢尺水平、垂球稳定、每段高差适当。一般从高处向低处丈量，能获得较好的结果。

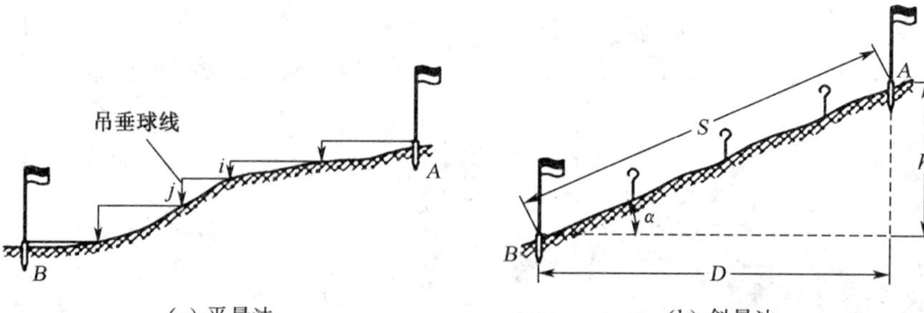

图 4-6　起伏地区量距

如果地面坡度较均匀，如图 4-6(b)，也可以沿地面丈量出直线的倾斜长度后，再根据直线的倾角或直线两端点的高差，通过计算求得直线的水平距离 D：

$$D=\sqrt{s^2-h^2} \tag{4-2}$$

3) 往返丈量

为了检核并提高精度，应进行往返丈量，计算相对误差 K(有关概念详见本书第 7 章)，即：

$$K=\frac{|D_{往}-D_{返}|}{D_{平均}}=\frac{1}{\frac{D_{平均}}{|D_{往}-D_{返}|}} \tag{4-3}$$

当 $K<\frac{1}{2\,000}$或$\frac{1}{1\,000}$时，取往返丈量平均值作为量距的结果，即：

$$D_{平均}=\frac{D_{往}+D_{返}}{2} \tag{4-4}$$

4.1.4 钢尺量距的精密方法

1) 量距方法

量距前首先清理现场，利用经纬仪定线，桩定被测距离的端点、分段点位置，在桩顶绘制十字标志作为丈量标志。如图 4-7 所示，精密量距需要 5 名工作人员，使用检定过的基本分划为毫米的钢尺，2 人拉尺，2 人读数，1 人指挥、记录并读温度。

图 4-7 钢尺精密量距

丈量时，一人手拉挂在钢尺零分划端的弹簧秤，另一人手拉钢尺另一端，将尺置于被测距离上，张紧尺子，待弹簧秤上指针指到该尺检定时的标准拉力(100 N)时，两端的读尺员同时读数，估读至 0.5 mm。每段距离要移动钢尺位置丈量 3 次，移动量一般在 1 cm 以上，3 次量距较差一般不超过 3 mm。每次读数的同时读记温度，精确至 0.5℃。

然后用水准仪测量两端点桩顶高差，一般进行往返测量，往返测得的高差较差应不超过 ±10 mm。

2) 成果整理

钢尺精密量距的结果需进行尺长改正、温度改正及倾斜改正，求出改正后的平距。

(1) 尺长改正

钢尺在标准拉力、标准温度下的检定长度 l' 与钢尺的名义长度 l_0 一般不相等，其差数为整根钢尺的尺长改正数 Δl，即：

$$\Delta l=l'-l_0 \tag{4-5}$$

则任一尺段丈量长度 l 的尺长改正数为：

$$\Delta l_d=\frac{\Delta l}{l_o}l \tag{4-6}$$

(2) 温度改正

钢尺长度受温度变化的影响发生伸缩。当丈量时的温度 t 与检定钢尺时的温度 t_0 (20℃)不一致时,需进行温度改正,任一尺段丈量长度的温度改正数为:

$$\Delta l_t = \alpha(t - t_0)l \tag{4-7}$$

其中 α 为钢尺的线膨胀系数。

(3) 倾斜改正

如图 4-8 所示,设 l 为量得的斜距,h 为两端点间的高差,要求出平距 d,需计算倾斜改正数 Δl_h,即:

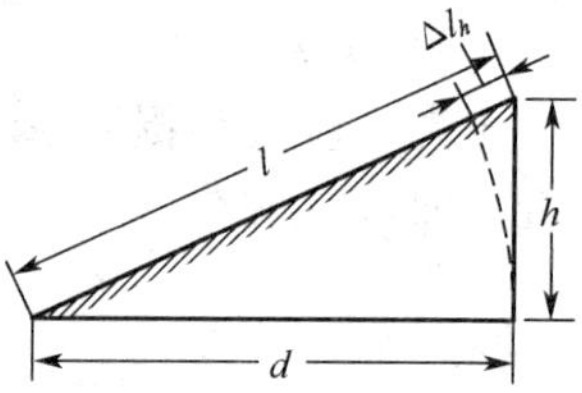

图 4-8 倾斜改正

$$\Delta l_h = d - l = \sqrt{l^2 - h^2} - l = l\left[\left(1 - \frac{h^2}{l^2}\right)^{1/2} - 1\right] \tag{4-8}$$

将 $\left(1 - \frac{h^2}{l^2}\right)^{1/2}$ 展开为泰勒级数,考虑到 h 与 l 之比值很小,则有:

$$\Delta l_h = -\frac{h^2}{2l} \tag{4-9}$$

倾斜改正数恒为负值。

经三项改正后的平距为:

$$d = l + \Delta l_d + \Delta l_t + \Delta l_h \tag{4-10}$$

3) 钢尺的检定

在标准拉力和标准温度下检定的钢尺,可将它的尺长改正和温度改正表示成实际长度的函数,称为尺长方程式,即:

$$l_t = l_0 + \Delta l + \alpha(t - t_0)l_0 \tag{4-11}$$

其中 l_t 为钢尺的实际长度,其他符号同前。

钢尺的检定方法一般采用比长台法,也可采用已检定的钢尺与被检定的钢尺直接比长。

【例 4-1】 某尺段实测距离为 29.865 5 m,所用钢尺的尺长方程式为:l_t = 30 m+0.005 m+0.000 012 5×30(t−20℃)m,丈量时温度为 30℃,所测高差为 0.238 m,求该尺段的水平距离。

【解法一】

① 尺长改正

$$\Delta l_d = \frac{0.005}{30} \times 29.865\ 5 = 0.005\ 0\ \text{m}$$

② 温度改正

$$\Delta l_t = 0.000\ 012\ 5 \times (30 - 20) \times 29.865\ 5 = 0.003\ 7\ \text{m}$$

③ 倾斜改正

$$\Delta l_h = -\frac{0.238^2}{2 \times 29.865\ 5} = -0.000\ 9\ \text{m}$$

④ 水平距离为

$$d = 29.8655 + 0.0050 + 0.0037 - 0.0009 = 29.8733\ \mathrm{m}$$

【解法二】

① 由尺长方程算出在 30℃时整尺(30 m)经尺长温度改正后的长度

$$l' = 30 + 0.005 + 0.0000125 \times 30(30 - 20) = 30.0088\ \mathrm{m}$$

② 经尺长和温度改正后的实测距离长度

$$l = \frac{30.0088}{30} \times 29.8655 = 29.8743\ \mathrm{m}$$

③ 加倾斜改正后的水平距离

$$d = l + \Delta l_h = 29.8743 - 0.0009 = 29.8733\ \mathrm{m}$$

4.1.5 钢尺量距的误差分析及注意事项

1) 钢尺量距误差分析

钢尺丈量误差包括钢尺本身误差、操作误差和外界影响误差。

(1) 钢尺本身误差:包括尺长误差和检定误差。一般来说,这类误差具有积累性,丈量的距离越长,误差越大。

(2) 操作误差:包括温度测定误差、拉力误差、定线误差、钢尺倾斜误差、垂曲误差、反曲误差、对点读数误差等。

(3) 外界影响误差:主要是风力、气温的影响,一般在阴天、微风的天气,外界环境对钢尺丈量的误差影响比较小。

2) 钢尺量距时注意事项

(1) 钢尺必须经过检定。

(2) 设法测定钢尺表面温度。

(3) 钢尺丈量拉力应与检定拉力相同,保持拉力均匀。

(4) 认真定线,丈量时钢尺边必须紧贴定向点。

(5) 整尺段悬空时,中间应有人托住钢尺。

(6) 丈量中对准点位,配合协调,避免听错、记错数据。

4.2 视距测量

视距测量是利用测量仪器望远镜中的视距丝并配合视距尺,根据几何光学及三角学原理,同时测定两点间的水平距离和高差的一种方法。此法操作简单,速度快,不受地形起伏的限制,但测距精度较低,一般为 1/200,故常用于地形测图。视距尺一般可选用普通塔尺。

4.2.1 视距测量原理

1）视线水平时的视距测量公式

欲测定 A、B 两点间的水平距离，如图 4-9 所示，在 A 点安置经纬仪，在 B 点竖立视距尺，当望远镜视线水平时，视准轴与尺子垂直，经对光后，通过上、下两条视距丝 m、n 就可读得尺上 M、N 两点处的读数，两读数的差值 l 称为视距间隔或视距。f 为物镜焦距，p 为视距丝间隔，δ 为物镜至仪器中心的距离。由图可知，A、B 点之间的平距为：

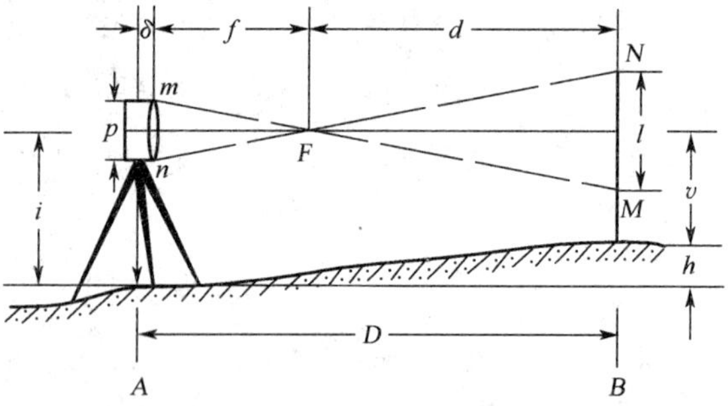

图 4-9　水平视距测量

$$D = d + f + \delta$$

其中 d 由$\triangle MNF$ 和$\triangle mnF$ 相似求得：

$$\frac{d}{f} = \frac{l}{p}$$

$$d = \frac{f}{p} l$$

因此：

$$D = \frac{f}{p} l + (f + \delta)$$

令 $\frac{f}{p} = K$，称为视距乘常数，$f + \delta = c$，称为视距加常数，则两点间平距 D 为：

$$D = Kl + c \tag{4-12}$$

在设计望远镜时，适当选择有关参数后，可使 $K = 100$，$c = 0$。因此，公式(4-12)可写为：

$$D = Kl \tag{4-13}$$

两点间的高差 h 为：

$$h = i - v \tag{4-14}$$

式中：i——仪器高；

v——望远镜的中丝在尺上的读数。

2）视线倾斜时的视距测量公式

当地面起伏较大时，必须将望远镜倾斜才能照准视距尺，如图 4-10 所示，此时的视准轴不再垂直于尺子，前面推

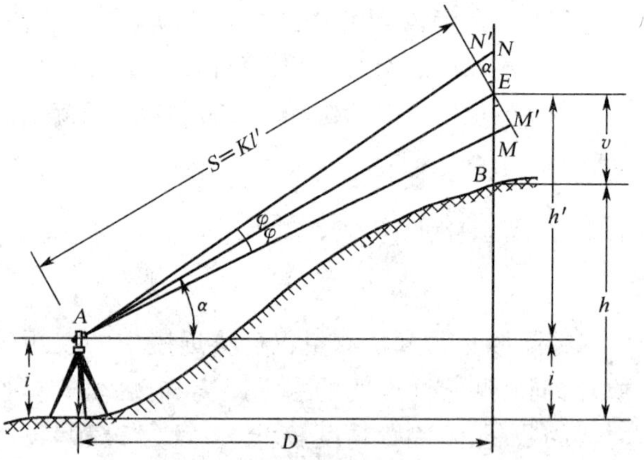

图 4-10　倾斜视距测量

导的公式就不适用了。若想引用前面的公式,测量时则必须将尺子置于垂直于视准轴的位置,但那是不太可能的。因此,在推导倾斜视线的视距公式时,必须加上两项改正:①视距尺不垂直于视准轴的改正;②倾斜视线(距离)化为水平距离的改正。

图 4-10 中,设视准轴倾斜角为 α,由于 φ 角很小,略为 17′,故可将$\angle NN'E$ 和$\angle MM'E$ 近似看成直角,则$\angle NEN'=\angle MEM'=\alpha$,于是:

$$l' = M'N' = M'E + EN' = ME\cos\alpha + EN\cos\alpha$$
$$= (ME + EN)\cos\alpha = l\cos\alpha$$

根据式(4-13)得倾斜距离:

$$S = Kl' = Kl\cos\alpha$$

化算为平距为:

$$D = S\cos\alpha = Kl\cos^2\alpha \tag{4-15}$$

A、B 两点间的高差为:

$$h = h' + i - v$$

式中:

$$h' = S\sin\alpha = Kl\cos\alpha \cdot \sin\alpha = \frac{1}{2}Kl\sin 2\alpha$$

称为初算高差。故视线倾斜时的两点间高差公式为:

$$h = \frac{1}{2}Kl\sin 2\alpha + i - v \tag{4-16}$$

4.2.2　视距测量方法

(1) 安置仪器于测站点上,对中、整平后,量取仪器高 i,读数至厘米。

(2) 在待测点上竖立视距尺。

(3) 转动仪器照准部照准视距尺,在望远镜中分别用上、下、中丝读得读数 M、N、V;再使竖盘指标水准管气泡居中,在读数显微镜中读取竖盘读数。

(4) 根据读数 M、N 算得视距间隔 l;根据竖盘读数算得竖角 δ;利用视距公式(4-15)和(4-16),计算平距 D 和高差 h。视距测量手簿记录及计算示例见表 4-1。

表 4-1　视距测量记录与计算

测站:A　　测站高程:19.75 m　　仪器高:1.45 m　　经纬仪竖盘顺时针注记

照准点号	下丝读数 上丝读数 视距间隔(m)	中丝读数 v(m)	竖盘读数 L(盘左) ° ′	竖直角 $\alpha=90°-L$ ° ′	水平距离 D(m)	高差 h(m)	高程 H(m)
1	1.426 0.995 0.431	1.211	92　42	−2　42	43.00	−1.79	17.96

续表 4-1

照准点号	下丝读数 上丝读数 视距间隔(m)	中丝读数 v(m)	竖盘读数 L(盘左) ° ′	竖直角 $\alpha=90°-L$ ° ′	水平距离 D(m)	高差 h(m)	高程 H(m)
2	1.812 1.298 0.514	1.555	88 12	+1 48	51.35	+1.51	21.26
3	0.889 0.507 0.382	0.698	89 54	+0 06	38.20	+0.82	20.57

4.2.3 视距测量的误差分析及注意事项

影响上述定角视距法测距精度的误差来源是：视距读数误差(目估读数)，视距尺误差(分划不准确、观测时标尺倾斜)，视距乘常数 k 的误差，外界条件影响(大气折光、风力影响)等。其中以读数误差、标尺倾斜误差、大气折光差的影响较为显著。特别是当竖直角较大时，标尺倾斜误差对测量结果影响较大。

为了减弱各种误差的影响，提高测距精度，野外作业时应注意：

(1) 标尺上应装圆水准器，以保证标尺直立，尤其在山区作业更需注意。

(2) 一般情况下，尽可能在标尺 1 m 以上高度读数，以减弱大气折光的影响。

(3) 要严格测定视距乘常数，K 值应在 100±0.1 之内，否则应加以改正。

(4) 读数前应消除视差，尽量在成像清晰、稳定的条件下进行观测，上、下丝读数应几乎同时进行。

(5) 视线长度不能超过规定的限值。

4.3 光电测距

4.3.1 光电测距发展简介

用钢尺量距是一项十分繁重的工作，特别在山区、沼泽地区或水网地区用钢尺量距更为困难，有时甚至无法丈量。用光学视距法虽然可以克服某些地形条件的限制，但测程短、精度低。为了克服上述两种方法的不足，减轻劳动强度，提高劳动效率和精度，人们创造出了一种新的测距方法——电磁波测距。

电磁波测距按精度可分为Ⅰ级($m_D \leqslant 5$ mm)、Ⅱ级(5 mm $< m_D \leqslant 10$ mm)和Ⅲ级($m_D > 10$ mm)。按测程可分为短程(<3 km)、中程(3～15 km)和远程(>15 km)。按采用的载波

不同，可分为利用微波作载波的微波测距仪；利用光波作载波的光电测距仪。光电测距仪所使用的光源一般有激光和红外光。光电测距技术发展很快，测距仪自动化程度不断提高，并且仪器重量轻，使用方便，特别适用于小面积的控制测量、地形测量、地籍测量及工程测量等测量工程。

下面将简要介绍光电测距的原理及测距成果整理等内容。

4.3.2 光电测距的基本原理

光电测距是通过测量光波在待测距离上往返一次所经历的时间，来确定两点之间的距离。如图 4-11 所示，在 A 点安置测距仪，在 B 点安置反射棱镜，测距仪发射的调制光波到达反射棱镜后又返回到测距仪。设光速 c 为已知，如果调制光波在待测距离 D 上的往返传播时间为 t，则距离 D 为：

$$D = \frac{1}{2}c \cdot t \tag{4-17}$$

式中：$c = c_0/n$，其中 c_0 为真空中的光速，其值为 299 792 458 m/s；n 为大气折射率，它与光波波长 λ、测线上的气温 T、气压 p 和湿度 e 有关。因此，测距时还需测定气象元素，对距离进行气象改正。

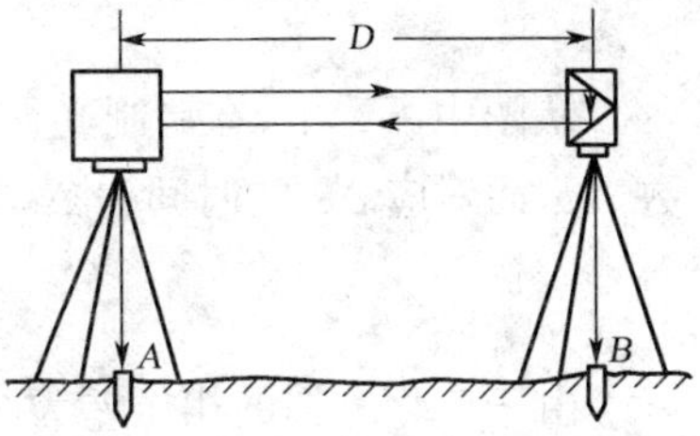

图 4-11 光电测距

由式(4-17)可知，测定距离的精度主要取决于时间 t 的测定精度，即 $\mathrm{d}D = \frac{1}{2}c\mathrm{d}t$。当要求测距误差 $\mathrm{d}D$ 小于 1 cm 时，时间测定精度 $\mathrm{d}t$ 要求准确到 6.7×10^{-11} s，这是难以做到的。因此，时间的测定一般采用间接的方式来实现。间接测定时间的方法有两种。

1）脉冲法测距

由测距仪发出的光脉冲经反射棱镜反射后，又回到测距仪而被接收系统接收，测出这一光脉冲往返所需时间间隔 t 的钟脉冲的个数，进而求得距离 D。由于钟脉冲计数器的频率所限，所以测距精度只能达到 0.5～1 m。故此法常用在激光雷达等远程测距上。

2）相位法测距

相位法测距是通过测量连续的调制光波在待测距离上往返传播所产生的相位变化来间接测定传播时间，从而求得被测距离。红外光电测距仪就是典型的相位式测距仪。

红外光电测距仪的红外光源是由砷化镓(GaAs)发光二极管产生的。如果在发光二极管上注入一恒定电流，它发出的红外光光强则恒定不变。若在其上注入频率为 f 的高变电流(高变电压)，则发出的光强随着注入的高变电流呈正弦变化，如图 4-12 所示，这种光称为调制光。

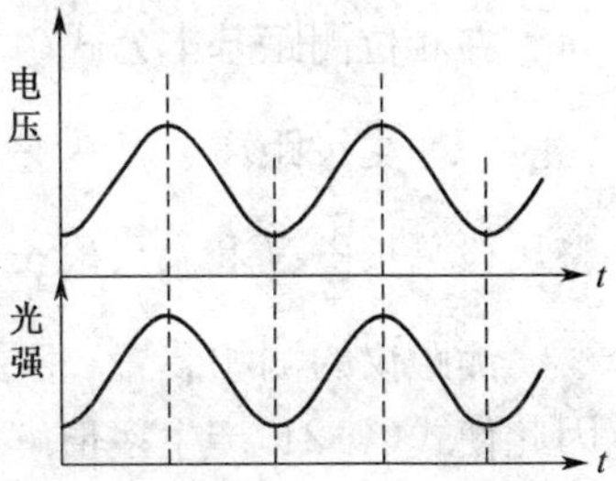

图 4-12 光的调制

测距仪在 A 点发射的调制光在待测距离上传播，被 B 点的反射棱镜反射后又回到 A 点而被接收机接收，然后由相位计将发射信号与接收信号进行相位比较，得到调制光在待测距离上往返传播所引起的相位移 φ，其相应的往返传播时间为 t。如果将调制波的往程和返程展开，则有如图 4-13 所示的波形。

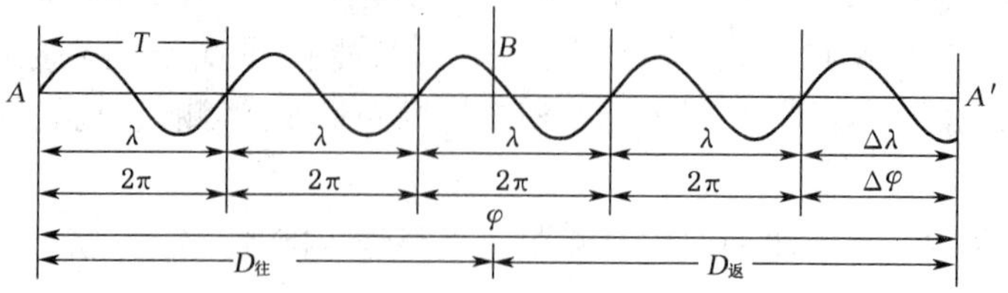

图 4-13　相位式测距原理

设调制光的频率为 f(每秒振荡次数),其周期 $T=\frac{1}{f}$(每振荡一次的时间(s)),则调制光的波长为:

$$\lambda = c \cdot T = \frac{c}{f} \tag{4-18}$$

从图中可看出,在调制光往返的时间 t 内,其相位变化了 N 个整周(2π)及不足一周的余数 $\Delta\varphi$,而对应 $\Delta\varphi$ 的时间为 Δt,距离为 $\Delta\lambda$,则:

$$t = NT + \Delta t \tag{4-19}$$

由于变化一周的相位差为 2π,则不足一周的相位差 $\Delta\varphi$ 与时间 Δt 的对应关系为:

$$\Delta t = \frac{\Delta\varphi}{2\pi} \cdot T \tag{4-20}$$

于是得到相位测距的基本公式:

$$\begin{aligned} D &= \frac{1}{2}c \cdot t = \frac{1}{2}c \cdot \left(NT + \frac{\Delta\varphi}{2\pi}T\right) \\ &= \frac{1}{2}c \cdot T\left(N + \frac{\Delta\varphi}{2\pi}\right) = \frac{\lambda}{2}(N + \Delta N) \end{aligned} \tag{4-21}$$

式中:$\Delta N=\frac{\Delta\varphi}{2\pi}$——不足一整周的小数。

在相位测距基本公式(4-21)中,常将 $\frac{\lambda}{2}$ 看作是一把“光尺”的尺长,测距仪就是用这把“光尺”去丈量距离。N 为整尺段数,ΔN 为不足一整尺段之余数。两点间的距离 D 就等于整尺段总长 $\frac{\lambda}{2}N$ 和余尺段长度 $\frac{\lambda}{2}\Delta N$ 之和。

测距仪的测相装置(相位计)只能测出不足整周(2π)的尾数 $\Delta\varphi$,而不能测定整周数 N,因此使式(4-21)产生多值解,只有当所测距离小于光尺长度时,才能有确定的数值。例如,“光尺”为 10 m,只能测出小于 10 m 的距离;“光尺”为 1 000 m,则可测出小于 1 000 m 的距离。又由于仪器测相装置的测相精度一般为 1/1 000,故测尺越长测距误差越大。为了解决扩大测程与提高精度的矛盾,目前的测距仪一般采用两个调制频率,即两把“光尺”进行测距。用长测尺(称为粗尺)测定距离的大数,以满足测程的需要;用短测尺(称为精尺)测定距离的尾数,以保证测距的精度。将两者结果衔接组合起来,就是最后的距离值,并自动显示出来。例如:

粗测尺结果　0324
精测尺结果　　3.817
显示距离值　323.817 m

若想进一步扩大测距仪器的测程,可以多设几个测尺。

4.3.3　光电测距仪的使用

下面以 RED mini 相位式红外测距仪为例,介绍短程光电测距仪的使用方法。

1) 仪器简介

图 4-14 为 RED mini 测距仪,图 4-15 为反射棱镜,测程短时用单块棱镜,测程较远时用 3 块棱镜。

图 4-14　RED mini 光电测距仪

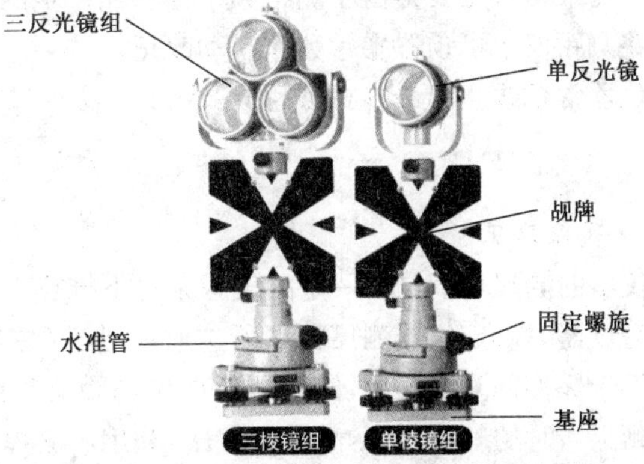

图 4-15　反射棱镜

2) 仪器安置

将经纬仪安置于测站上,测距仪主机连接在经纬仪望远镜的连接座内并锁紧固定。经纬仪对中、整平后,将测距仪的电池插挂在三角架上,并连接电源。在目标点安置反光棱镜三脚架,并对中、整平。

3) 测量竖直角和气象条件

用经纬仪望远镜十字丝瞄准反光镜觇牌中心,读取并记录竖盘读数,然后记录温度计的温度 t 和气压表的气压 p。

4) 距离测量

(1) 开机:按一下测距仪上的＜POWER＞键(注:再按一下为关),显示窗内显示"88888888"约 3～5 s,为仪器自检,表示仪器显示正常。

(2) 瞄准:将测距仪上下、左右转动,使测距仪目镜的十字丝中心对准棱镜中心。

(3) 测量:按＜MEAS＞键,仪器进行测距,约 4 s 之后,仪器发出鸣声(提示注意),鸣声结束后显示窗显示测得的斜距,记下距离读数。

(4) 重复测量:再次按＜MEAS＞键,进行第二次测距和第二次读数,一般进行 4 次,称为一个测回;如果需进行第二测回,则重复(2)～(4)步操作。

(5) 关机:测量结束后,再按一下测距仪上的＜POWER＞键,关闭电源。

4.3.4 测距成果整理

在测距仪测得初始斜距值后，还需加上仪器常数改正、气象改正和倾斜改正等，最后求得水平距离。

1）仪器常数改正

仪器常数有加常数 K 和乘常数 R 两项。

由于仪器的发射中心、接收中心与仪器旋转竖轴不一致而引起的测距偏差值，称为仪器加常数。实际上仪器加常数还包括由于反射棱镜的组装（制造）偏心或棱镜等效反射面与棱镜安置中心不一致引起的测距偏差，称为棱镜加常数。仪器的加常数改正值 δ_K 与距离无关。并可预置于机内作自动改正。

仪器乘常数主要是由于测距频率偏移而产生的。乘常数改正值 δ_R 与所测距离成正比。在有些测距仪中可预置乘常数作自动改正。

仪器常数改正的最终式可写成：

$$\Delta S = \delta_K + \delta_R = K + R \cdot S \tag{4-22}$$

2）气象改正

仪器的测尺长度是在一定的气象条件下推算出来的。野外实际测距时的气象条件不同于制造仪器时确定仪器测尺频率所选取的基准（参考）气象条件，故测距时的实际测尺长度就不等于标称的测尺长度，使测距值产生与距离长度成正比的系统误差。所以在测距时应同时测定当时的气象元素：温度和气压，利用厂家提供的气象改正公式计算距离改正值。如某测距仪的气象改正公式为：

$$\Delta S = \left(283.37 - \frac{106.2833p}{273.15 + t}\right) \cdot S \ (\mathrm{mm}) \tag{4-23}$$

式中：p——气压（hPa）；

t——温度（℃）；

S——距离测量值（km）。

目前，所有的测距仪都可将气象参数预置于机内，在测距时自动进行气象改正。

3）倾斜改正

距离的倾斜观测值经过仪器常数改正和气象改正后得到改正后的斜距。

当测得斜距的竖角 δ 后，可按下式计算水平距离：

$$D = S\cos\delta \tag{4-24}$$

4.3.5 测距仪标称精度

当顾及仪器加常数 K，并将 $c = c_0/n$ 代入式(4-21)，相位测距的基本公式可写成：

$$S = \frac{c_0}{2nf}\left(N + \frac{\Delta\varphi}{2\pi}\right) + K \tag{4-25}$$

上式中，c_0、n、f、$\Delta\varphi$和K的误差，都会使距离产生误差。若对上式作全微分，并应用误差传播定律，则测距误差可表示成：

$$M_S^2=\left(\frac{m_{c_0}^2}{c_0^2}+\frac{m_n^2}{n^2}+\frac{m_f^2}{f^2}\right)S+\left(\frac{\lambda}{4\pi}\right)m_{\Delta\varphi}^2+m_k^2 \tag{4-26}$$

公式(4-26)中的测距误差可分成两部分，前一项误差与距离成正比，称为比例误差。而后两项与距离无关，称为固定误差。因此，常将上式写成如下形式，作为仪器的标称精度：

$$M_S=\pm(A+B\cdot S) \tag{4-27}$$

例如，某测距仪的标称精度为±(3 mm+2 ppm · S)，说明该测距仪的固定误差$A=$ 3 mm，比例误差$B=$2 mm/km(ppm)，S的单位为 km。

目前，测距仪已很少单独生产和使用，而是将其与电子经纬仪组合成一体化的全站仪。关于全站仪的使用，将在第 5 章中介绍。

4.4 直线定向

直线定向就是确定地面直线与标准北方向间的水平夹角，一般用方位角表示。如图 4-16 所示，方位角是从某个标准北方向起始，顺时针转到一条直线的水平角，其取值范围为 0°～360°。

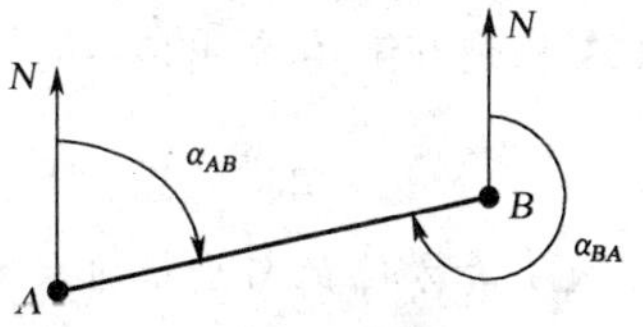

图 4-16 方位角

4.4.1 标准北方向分类

标准北方向分为真北方向(真子午线方向)、磁北方向(磁子午线方向)和坐标北方向(坐标纵轴方向)，亦称三北方向。

1) 真北方向

真子午线是过地面上某点 P 和地球南、北极的子午面与地表的交线，真子午线在 P 点切线北方向即为真北方向。真北方向可采用陀螺经纬仪进行测量。

2) 磁北方向

磁子午线是过地面上某点 P 和地球磁场南、北极的子午面与地表的交线，将小磁针放在 P 点，磁针自由静止时北端所指方向即为磁北方向。磁北方向用罗盘仪测量。

3) 坐标北方向

在高斯平面直角坐标系中，过地面上某点 P 平行于坐标纵轴的北方向称为坐标北方向。通常在中、小比例尺地形图的图框外绘有本幅图的三北方向关系图。

4.4.2 表示直线方向的方法

由于标准北方向的不同，方位角分为 3 种：

真方位角——以过直线端点和真子午线指北端为标准方向的方位角，以 A 表示。

磁方位角——以过直线端点和磁子午线指北端为标准方向的方位角，以 A_m 表示。

坐标方位角——以过直线端点和坐标纵轴平行线指北端为标准方向的方位角，以 α 表示。土木工程测量中往往将坐标方位角简称为方位角。如图 4-16，对直线 AB 而言，过起点 A 的坐标纵轴平行线指北端顺时针转到直线的夹角 α_{AB} 是直线 AB 的正方位角；而过终点 B 的坐标纵轴平行线指北端顺时针转到直线的夹角 α_{BA} 是直线 AB 的反方位角。同一条直线的正、反方位角相差 180°，即：

$$\alpha_{AB} = \alpha_{BA} \pm 180° \tag{4-28}$$

式中：$\alpha_{BA} < 180°$，取"+"号；$\alpha_{BA} > 180°$，则取"−"号。

4.4.3 三种方位角的关系

1）真方位角与磁方位角之间的关系

地球的南北极和地磁场南北极不重合，因此过地面某点的真子午线和磁子午线不重合，其夹角称为磁偏角，用 δ 表示。如图 4-17 磁子午线北端偏于真子午线以东为东偏，δ 为"+"；磁子午线北端偏于真子午线以西为西偏，δ 为"−"。同一直线的真方位角 A 和磁方位角 A_m 的换算关系为：

$$A = A_m + \delta \tag{4-29}$$

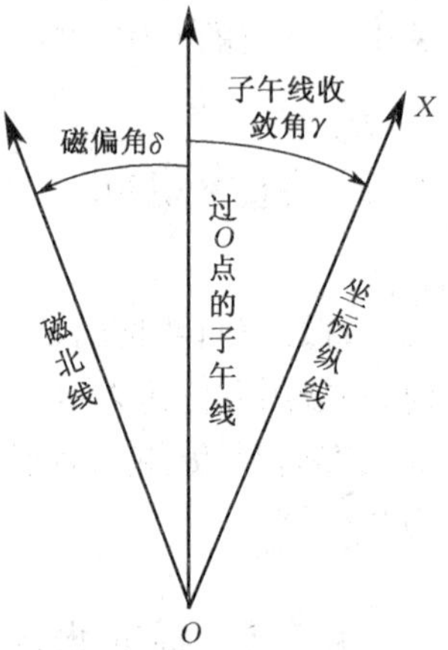

图 4-17 三种标准北方向的关系

2）真方位角与坐标方位角之间的关系

过某点的坐标纵轴平行线与过该点的真子午线也是不平行的，其夹角称为子午线收敛角，用 γ 表示。如图 4-17，坐标纵轴位于真子午线以东，γ 为"+"；坐标纵轴位于真子午线以西，γ 为"−"。同一直线的真方位角 A 和坐标方位角 α 的换算关系为：

$$A = \alpha + \gamma \tag{4-30}$$

3）坐标方位角与磁方位角之间的关系

由式(4-29)、(4-30)可得：

$$\alpha = A_m + \delta - \gamma \tag{4-31}$$

4.5 陀螺经纬仪简介

1）陀螺经纬仪定向原理

如图 4-18 所示，陀螺经纬仪是带有陀螺仪装置、用于测定直线真方位角的经纬仪。陀螺仪（简称陀螺）主要由一个可作高速旋转的转子构成，转子支承在一个或两个框架上。当转子高速旋转时，如无外力作用则陀螺轴的方向保持不变；如受外力作用，陀螺轴则按

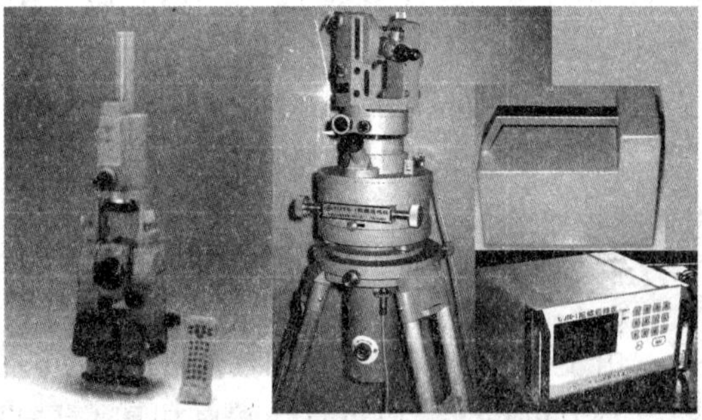

图 4-18 陀螺经纬仪

一定的规律产生进动。

如图 4-19，t_1时刻，转子悬吊在地球上 P 点，转子轴 OX 在真北偏东方向；t_2时刻，地球自西向东旋转了 θ 角，地平面降落了 θ 角，OX 轴相对于地平面抬升了 θ 角。转子重心偏离 P 点铅垂线垂直距离 b，转子重量外力矩 $M=bG$。在 M 作用下，OX 轴转向西进动，在 t_3时刻到达子午面，惯性作用继续向西进动，OX 轴相对于地平面变成倾俯，力矩 M 的方向被改变。随着偏离真北方向角的增大，指向子午面力矩阻止转子继续进动，直到转子轴达到最大摆幅后反方向往回进动，如此往复不已。

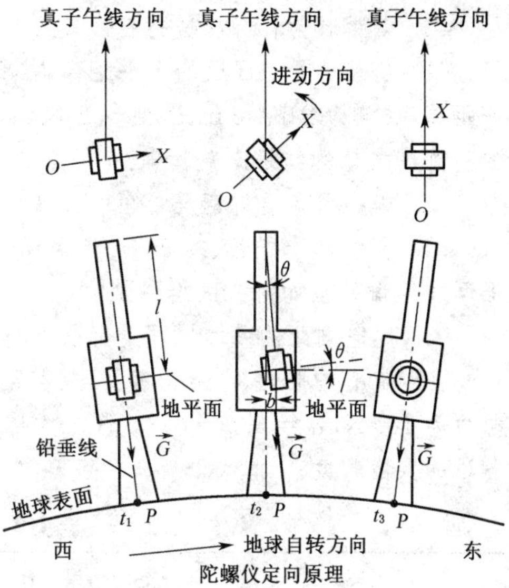

图 4-19　陀螺仪定向原理

陀螺仪在重力作用和地球自转角速度影响下，陀螺轴产生进动、逐渐向测站的真子午线北方向靠拢，最终达到以测站的真北方向为对称中心，作角简谐运动，这样就可以确定测站的真北方向。经纬仪上安置悬挂式陀螺仪，是利用其具有指北性确定真北方向，再用经纬仪测定出真北方向至待定方向所夹的水平角，即真方位角。

地球自转带给陀螺转轴 OX 的进动力矩，与陀螺所处空间的地理位置有关，赤道处最大，南、北两极为零。在纬度≥75°的高纬度地区，陀螺仪不能定向。我国属中纬度地区，最北端黑龙江省漠河纬度为北纬 53°27′左右，因此我国任意地点都可使用陀螺仪确定点的真子午线方向。

2）陀螺经纬仪构造

陀螺经纬仪由经纬仪、陀螺仪和电源箱三大部分组成，其中陀螺仪的构造包括灵敏部、光学观测系统、锁紧和限幅装置，如图 4-20 所示。

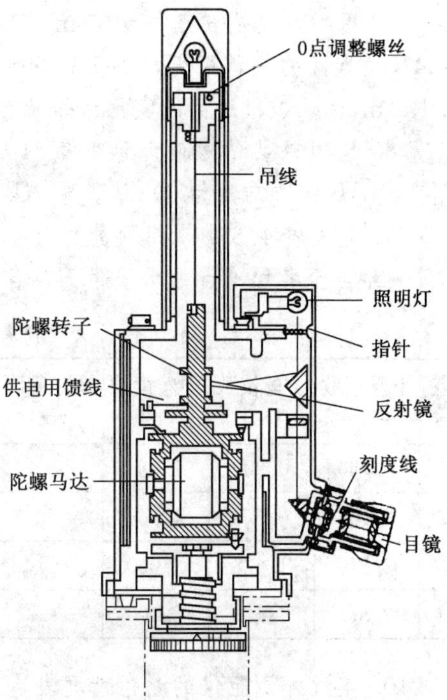

图 4-20　陀螺经纬仪的构造

灵敏部的核心是陀螺马达，安置在密闭充满氢的陀螺房中。陀螺转子在装置内用丝线吊起使旋转轴处于水平。当陀螺旋转时，旋转轴的方向由装置外的目镜可以进行观测，陀螺指针的振动中心方向指向真北。锁紧和限幅装置主要是用于固定灵敏部或限制它的摆动。

习题与思考题

1. 量距时为什么要进行直线定线？如何进行直线定线？

2. 钢尺丈量 AB 段的水平距离，往测为 357.23 m，返测为 357.33 m；丈量 CD 段的水平距离，往测为 248.73 m，返测为 248.63 m；则 AB 段、CD 段的水平距离和相对误差各为多少？哪段丈量的结果比较精确？

3. 哪些因素会对钢尺量距的结果产生影响？钢尺量距时应注意哪些事项？

4. 何谓真子午线、磁子午线、坐标北方向线？何谓真方位角、磁方位角、坐标方位角？正反方位角关系如何？试绘图说明。

5. 光电测距的基本原理是什么？光电测距成果计算时，要进行哪些改正？

6. 使用一根长 30 m 的钢尺，其实际长度为 29.985 m，现用该钢尺丈量两段距离，使用拉力为 100 N，$\alpha = 0.000\,012\,5/℃$，丈量结果见表 4-2，试进行尺长、温度及倾斜改正，求出各段的实际长度。

表 4-2 距离丈量记录表

尺段	丈量结果(m)	温度(℃)	高差(m)
1	29.997	6	1.71
2	29.902	15	0.56

7. 用一把尺长方程式为 $30\,\text{m} + 0.003\,2\,\text{m} + 1.25\times10^{-5}\times30\times(t-20)\,\text{m}$ 的钢尺，量得 AB 两点间的倾斜距离 $D'=143.998\,7$ m，量距时测得钢尺平均温度为 16℃，两点间高差为 1.2 m，试求该段距离的实际水平长度。

8. 已知 A 点的磁偏角为西偏 $21'$，过点 A 的真子午线与中央子午线的收敛角为东偏 $3'$，直线 AB 的方向角为 $60°20'$。求 AB 直线的真方位角与磁方位角，并绘图表示。

9. 完成表 4-3 中视距测量的有关计算。仪器高 $i = 1.532$ m，测站高程为 7.481 m。试计算测站点至各照准点的水平距离及各照准点的高程。

表 4-3 视距测量手簿

点号	下丝读数(m)	上丝读数(m)	中丝读数(m)	视距间隔(m)	竖盘读数 ° ′	竖直角 ° ′	水平距离(m)	高差(m)	高程(m)	备注
1	1.766	0.902	1.383		84 32					竖直度盘为顺时针注记
2	2.165	0.555	1.360		87 25					
3	2.570	1.428	2.000		93 45					
4	2.871	1.128	2.000		86 13					

10. 某红外测距仪的测距精度表达式 $m_0 = \pm(3\,\text{mm} + 2\,\text{ppm}\cdot S)$，求 $S=1\,500$ m 时，m_0 是多少？

5 全站仪及其使用

【本章知识要点】全站仪；全站仪的分类；数据存储与通讯；角度测量模式；距离测量模式、坐标测量模式；星键测量模式；菜单测量模式；数据采集测量；点位放样测量。

5.1 全站仪概述

全站仪(Total Station)是由电子测角、光电测距、微型机及其软件组合而成的智能型光电测量仪器。全站仪的基本功能是测量水平角、竖直角和斜距，借助于机内固化的软件，可以组成多种测量功能，如可以计算并显示平距、高差以及镜站点的三维坐标，进行偏心测量、悬高测量、对边测量、面积计算等，全站仪几乎可以用在所有的测量领域。图 5-1 所示是拓普康公司生产的 GTS-332 全站仪。

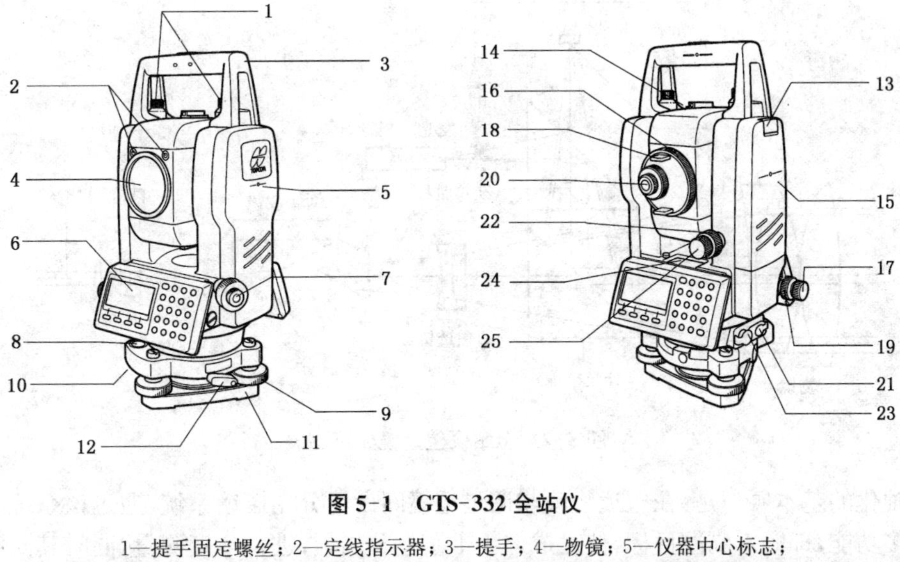

图 5-1　GTS-332 全站仪

1—提手固定螺丝；2—定线指示器；3—提手；4—物镜；5—仪器中心标志；
6—显示屏；7—光学对中器；8—圆水准器；9—脚螺旋；10—圆水准器校正螺丝；
11—底板；12—基座固定钮；13—电池锁紧杆；14—粗瞄器；15—电池；
16—望远镜调焦螺旋；17—水平制动螺旋；18—望远镜把手；19—水平微动螺旋；20—目镜；
21—外接电源接口；22—垂直微动螺旋；23—串行信号接口；24—管水准器；25—垂直制动螺旋

GTS-332 全站仪具有全中文操作界面，完整的数字与字母输入键盘，使用方便。其主要技术参数如表 5-1 所示。

表 5-1 GTS-332 技术参数表

名 称	参 数	名 称	参 数
望远镜有效孔径	45 mm	最大数据存储	24 000 点
望远镜放大倍率	30×	圆水准器灵敏度	10′/2 mm
测距精度	±(2 mm+2 ppm · *D*)	长水准器灵敏度	30″/2 mm
角度测量精度	一测回方向中误差为±2″	电池输出电压	DC 7.2V
倾斜补偿器工作范围	±3′	工作温度范围	−20℃～+55℃

5.1.1 全站仪的特点

全站仪由电源部分、测角系统、测距系统、数据处理部分、通讯接口、显示屏及键盘等组成。同电子经纬仪、光学经纬仪相比,全站仪增加了许多特殊部件,因此而使得全站仪具有比其他测角、测距仪器更多的功能,使用也更方便。这些特殊部件构成了全站仪在结构方面的以下特点:

1) 同轴望远镜

全站仪的望远镜实现了视准轴、测距光波的发射、接收光轴同轴化,如图 5-2 所示。

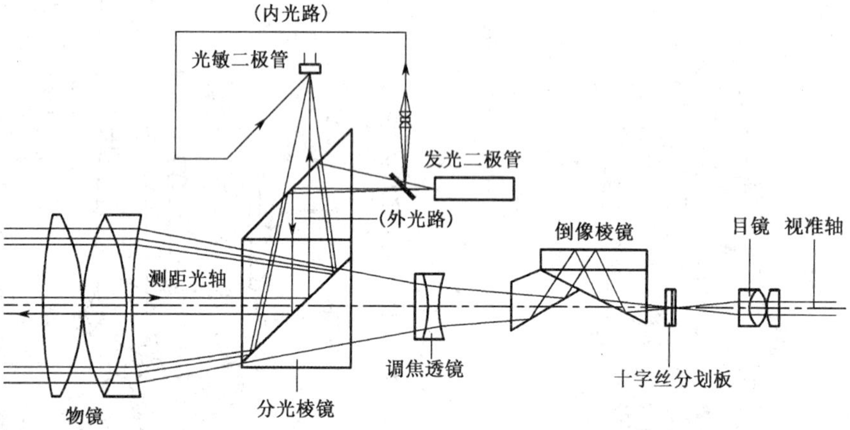

图 5-2 全站仪望远镜光路图

同轴化的基本原理是:在望远物镜与调焦透镜间设置分光棱镜系统,通过该系统实现望远镜的多功能,即既可瞄准目标,使之成像于十字丝分划板,进行角度测量,同时其测距部分的外光路系统又能使测距部分的光敏二极管发射的调制红外光在经物镜射向反光棱镜后,经同一路径反射回来,再经分光棱镜作用使回光被光电二极管接收;为测距需要在仪器内部另设一内光路系统,通过分光棱镜系统中的光导纤维将由光敏二极管发射的调制红外光传送给光电二极管接收,进而由内、外光路调制光的相位差间接计算光的传播时间,计算实测距离。

同轴性使得望远镜一次瞄准即可实现同时测定水平角、垂直角和斜距等全部基本测量要素的测定功能,加之全站仪强大、便捷的数据处理功能,使全站仪使用极其方便。

2）竖轴倾斜自动补偿

测量作业时若全站仪竖轴倾斜，会引起角度观测的误差，盘左、盘右观测值取中数不能使之抵消。而全站仪特有的双轴（或单轴）倾斜自动补偿系统，可对竖轴的倾斜进行监测，并在度盘读数中对因竖轴倾斜造成的测角误差自动加以改正（某些全站仪竖轴最大倾斜可允许至$\pm 6'$）。也可通过将由竖轴倾斜引起的角度误差，由微处理器自动按竖轴倾斜改正计算式计算，并加入度盘读数中加以改正，使度盘显示读数为正确值，即所谓竖轴倾斜自动补偿。

3）双面键盘与显示屏

键盘是全站仪在测量时输入操作指令或数据的硬件，全站型仪器的键盘和显示屏现在均为双面式，便于正、倒镜作业时操作。

4）测量数据自动存储

全站仪存储器的作用是将实时采集的测量数据存储起来，再根据需要传送到其他设备，如计算机等，供进一步的处理或利用，全站仪的存储器有内存储器和存储卡两种。

全站仪内存储器相当于计算机的内存（RAM），存储卡是一种外存储媒体，又称 PC 卡，作用相当于计算机的磁盘。

5）数据和信息传输采用通讯接口

全站仪可以通过 BS-232C 通讯接口和通讯电缆将内存中存储的数据输入计算机，或将计算机中的数据和信息经通讯电缆传输给全站仪，实现双向信息传输。

5.1.2 全站仪的分类

全站仪按其测角系统采用的测角原理可分为 3 类：编码盘测角系统、光栅盘测角系统及动态（光栅盘）测角系统。

全站仪按其外观结构可分为积木型和整体型两大类。

积木型（Modular）又称组合型。早期的全站仪，大都是积木型结构，即电子速测仪、电子经纬仪、电子记录器各是一个整体，可以分离使用，也可以通过电缆或接口把它们组合起来，形成完整的全站仪。

整体型（Integral）的全站仪是把测距、测角和记录单元在光学、机械等方面设计成一个不可分割的整体，其中测距仪的发射轴、接收轴和望远镜的视准轴为同轴结构。这对保证较大垂直角条件下的距离测量精度非常有利。

全站仪按测量功能可分成经典型、机动型、无合作目标型及智能型全站仪四大类。

经典型全站仪（Classical Total Station）也称为常规全站仪，它具备全站仪电子测角、电子测距和数据自动记录等基本功能，有的还可以运行厂家或用户自主开发的机载测量程序。

机动型全站仪（Motorized Total Station）是在经典全站仪的基础上安装轴系步进电机，可自动驱动全站仪照准部和望远镜的旋转。在计算机的在线控制下，机动型系列全站仪可按计算机给定的方向值自动照准目标，并可实现自动正、倒镜测量。徕卡 TCM 系列全站仪就是典型的机动型全站仪。

无合作目标型全站仪（Reflectorless Total Station）是指在无反射棱镜的条件下，可对一般的目标直接测距的全站仪。因此，对不便安置反射棱镜的目标进行测量，无合作目标型全站仪具有明显优势。如徕卡 TCR 系列全站仪，无合作目标距离测程可达 200 m，可广泛用于地籍测量、房产测量和施工测量等。

智能型全站仪(Robotic Total Station)是在机动化全站仪的基础上,仪器安装自动目标识别与照准的新功能,因此在自动化的进程中,全站仪进一步克服了需要人工照准目标的重大缺陷,实现了全站仪的智能化。在相关软件的控制下,智能型全站仪在无人干预的条件下可自动完成多个目标的识别、照准与测量,因此,智能型全站仪又称为“测量机器人”,典型的代表有徕卡 TCA 型全站仪等。

5.2 GTS-332 全站仪的基本操作

全站仪的基本操作主要包括全站仪安置、仪器设置、角度测量、距离测量、坐标测量等。全站仪安置的要求与经纬仪的安置基本一致,主要是整平与对中。有电子水准器与激光对中器时,应先开机才能使用其相应功能。仪器设置、角度测量、距离测量、坐标测量等要涉及全站仪屏幕操作与相应按钮,需要熟悉全站仪操作界面和各功能键的使用。

5.2.1 GTS-332 全站仪操作界面

GTS-332 全站仪操作界面如图 5-3 所示,面板上有一个显示屏和 24 个按键,各键的功能如表 5-2 所示。

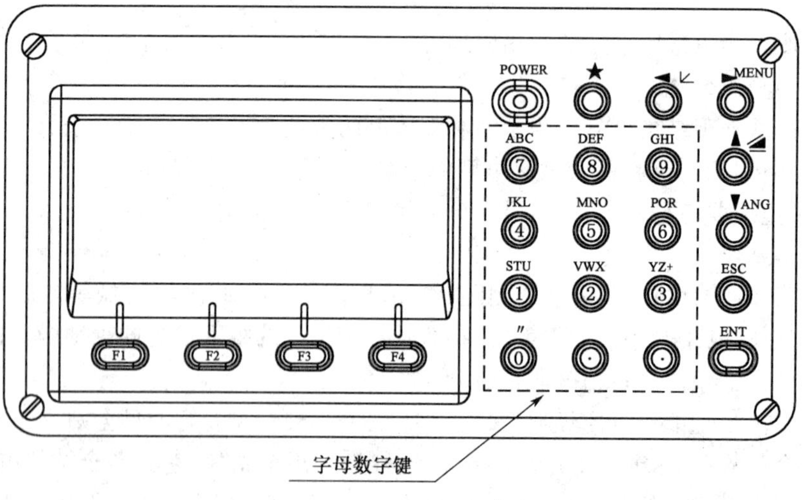

图 5-3 GTS-332 全站仪操作界面

表 5-2 GTS-332 功能键表

键	键 名	功 能
POWER	电源键	电源开关
F2 + POWER		进入参数设置模式 2

续表 5-2

键	键　名	功　　能
★	星　键	进入星键模式
⇙	坐标测量键	坐标测量模式
MENU	菜单键	在菜单模式与正常测量模式间切换
◢	距离测量键	距离测量模式
ANG	角度测量键	角度测量模式
ESC	退出键	返回测量模式或上一层模式 从正常测量模式直接进入数据采集模式或放样模式 也可以用做正常测量模式下的记录键
◀ ▶ ▲ ▼	光标操纵键	上下左右移动光标，用于数据输入、选取选择项
0～9	字母数字键	输入数字时，输入按键对应的数字； 输入字母时，先按 F1 键【ALP】切换输入状态，然后输入按键上方对应的字母，按第一次输入第一个字母，按第二次输入第二个字母，按第三次输入第三个字母
ENT	输入确认键	输入信息确认
F1～F4	软　键	对应于显示的功能信息

在角度、距离与坐标测量模式下要用到若干符号，这些符号及含义如表 5-3 所示。

表 5-3　GTS-332 符号与含义对照表

符号	含　义	符　号	含　义
HR	右　角	SD	斜距
HL	左　角	HD	平距
V %	垂直角	VD	高差
PSM	棱镜常数	N	X 坐标
ppm	气象改正数	E	Y 坐标
*	EDM 测距正在进行	Z	Z 坐标
m	以米为单位	f	以英尺/英尺与英寸为单位

5.2.2　GTS-332 全站仪基本设置

GTS-332 全站仪基本设置可以通过星键模式与参数设置模式来完成。

1）星键设置模式

星键设置模式主要完成显示屏对比度与照明、十字丝亮度、仪器倾斜改正、定线指示器开关与音响模式（S/A）的设置，开机后按[★]即进入星键设置模式菜单，如图 5-4 所示。

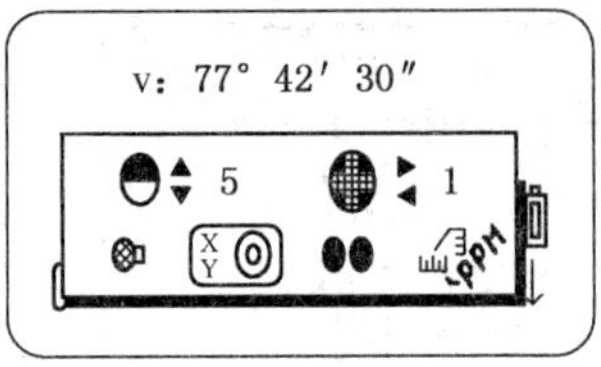

图 5-4　GTS-332 全站仪操作界面

在此功能界面下，可进行如下操作：

按▲或▼键可调节显示屏的黑白对比度（0～9 级）。

按◀或▶键可调节十字丝亮度（0～9 级）。

[F1]——打开或关闭显示器背景光照明。

[F2]——仪器倾斜值显示及补偿器的开或关。

[F3]——打开或关闭定线点指示器的开/关。

[F4]——显示 EDM 回光强度、PPM 和 PSM。

完成相应的基本设置后，按[ESC]键即可返回上一级菜单。

2）参数设置模式

参数设置模式分为参数设置模式 1 和参数设置模式 2 两个子菜单，按[MENU]键后再按[F4]两次即可进入参数设置模式 1，按[F2]+[POWER]进入参数设置模式 2。参数设置模式 1 有三页菜单，如图 5-5 所示。下面以角度测量最小读数 1″的设置为例说明设置过程：在参数设置模式 1 菜单（1/3）中按[F1]键角度最小读数设置界面，如图 5-6(a)所示，再按[F1]键，并按回车键确认即可。

参数组1　1/3
F1：最小读数
F2：自动电源关机
F3：倾斜　P1↓
F1　F2　F3　F4

参数组1　2/3
F1：误差改正
F2：电池类型
F3：加热器　P2↓
F1　F2　F3　F4

参数组1　3/3
F1：RS-232C
P3↓
F1　F2　F3　F4

图 5-5　参数设置模式 1 界面

最小读数
F1：角度
F2：粗测
F1　F2　F3　F4

(a)

最小角度
【F1：1″】
F2：5″
回车
F1　F2　F3　F4

(b)

图 5-6　最小读数设置界面

参数组2
F1：单位设置
F2：模式设置
F3：其他设置
F1　F2　F3　F4

图 5-7　参数设置模式 2 界面

参数设置模式 2 如图 5-7 所示有单位设置、模式设置和其他设置三个选项，各选项下的子菜单及其功能列于表 5-4。相关选项的设置与前面角度测量最小读数设置相似，依照屏幕提示，按相应的功能键即可完成设置，即使关机后，相关设置全部保存。在设置好表 5-4 中的各项内容后，就可进行正常的测量作业了。

表 5-4 GTS-332 参数设置模式功能表

菜单选项	设置项目	选择项	说 明
单位设置	温度和气压	hPa/mmHg/inHg	选择大气改正用的温度单位和气压单位
	角 度	DEG(360°) GON(400°) MIL(6400M)	选择测角单位 Deg/gon/mil(度/哥恩/密位)
	距 离	m/ft/ft、in	选择测距单位(米/英尺/英尺、英寸)
	英 尺	美国英尺 国际英尺	选择 m/f 转换系数 美国英尺：1m=3.2808333333333ft 国际英尺：1m=3.280839895013123ft
模式设置	开机模式	测角/测距	选择开机后进入测角或测距模式
	精测/粗测/跟踪	精测/粗测/跟踪	选择开机后测距模式：精测/粗测/跟踪
	平距/斜距	平距和高差/斜距	说明开机后优先显示的数据项
	垂直零/水平零	垂直零/水平零	选择竖直度盘天顶方向为零或水平方向为零
	N 次/重复	N 次/重复	选择开机后测距模式：N 次/重复
	测量次数	0～99	设置测距次数，若设置为 1，则为单次测距
	NEZ/ENZ	NEZ/ENZ	选择坐标显示顺序，NEZ/ENZ
	HA 存储	开/关	保存水平角
	ECS 键模式	数据采集/放样/记录/关	选择设置 ESC 键的功能
	坐标检查	开/关	选择在设置放样点时是否要显示坐标
	EDM 关闭时间	0～99	设置为 0：完成测距后立即中断测距功能 1～98：在 1～98 分钟后中断 99：测距功能一直有效
	精读数	0.2/1 mm	测距精测模式最小读数单位为 1 mm 或 0.2 mm
	偏心竖角	自由/锁定	FREE：垂直角随望远镜上、下转动而变化 HOLD：垂直角锁定，不随望远镜上下转动而变化
其他设置	水平角蜂鸣	开/关	当水平角为 90°时是否蜂鸣
	测距蜂鸣	开/关	当有回光信号时是否蜂鸣
	两差改正	关/K=0.14/K=0.20	设置大气折光和地球曲率改正
	坐标记忆	开/关	选择关机后测站坐标、仪器高和棱镜高是否可以恢复

续表 5-4

菜单选项	设置项目	选择项	说明
其他位置	记录类型	REC-A/REC-B	REC-A:重新进行测量并输出新的数据 REC-B:输出正在显示的数据
	CR,LF	开/关	确定数据输出是否含回车或换行符
	NEZ 记录格式	标准方式/标准12位/附原始观测/附观测12位	选择坐标记录格式
	输入 NEZ 记录	开/关	确认在放样或数据采集模式下是否记录由键盘输入的数据
	语言	英语/其他	选择显示用的语言
	ACK 模式	标准方式/省略方式	设置与外部设备进行数据通讯的过程
	格网因子	使用/不使用	确定在测量数据计算中是否使用坐标格网因子
	挖与填	标准方式/挖与填	在放样模式下显示挖和填的高度
	回显	开/关	可输出回显数据
	对比度菜单	开/关	在仪器开机时,可显示用于调节对比度,并确认PSM和PPM

5.2.3 角度测量

角度测量是全站仪的基本功能之一,由表 5-4 中的模式设置可知,一般仪器出厂时设置为选择开机后进入测角或测距模式。当仪器在其他模式状态时,按[ANG]键即可进入角度测量模式。角度测量模式下有 P1、P2、P3 三页菜单,如图 5-8 所示。

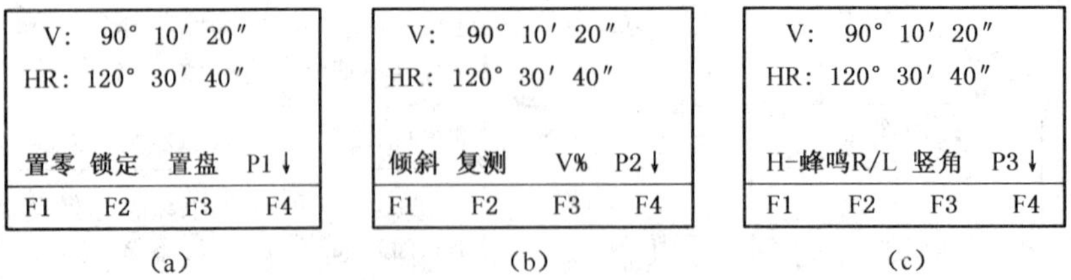

图 5-8 角度测量模式 P1、P2、P3 页菜单界面

1) P1 页菜单操作

(1) "置零"

"置零"选项的目的是将当前视线方向的水平度盘读数设置为"零",这是水平角测量时必须进行的一项设置。如图 5-8 中 P1 页菜单所示,按键[F1]进入图 5-9(a)水平角置零子菜单界面,在确认照准完成后,按[F1]键即可完成置零选项。

水平角置零			
> OK?			
--	--	[是]	[否]
F1	F2	F3	F4

(a)

水平角锁定			
HR: 120° 30′ 40″			
> 设置?			
--	--	[是]	[否]
F1	F2	F3	F4

(b)

水平角设置			
HR:			
--	--	[CLR]	[ENT]
F1	F2	F3	F4

(c)

图 5-9　角度测量模式 P1 页下子菜单界面

(2)“锁定”

“锁定”是将当前视线方向的水平度盘读数锁定,此时照准部转动时读数不变。该功能用于将某照准方向的水平度盘读数配置为指定的值。具体操作是在角度测量模式 P1 页菜单界面按F2键进入图 5-9(b)界面;转动照准部,当水平度盘读数接近指定值时,制动照准部,再用微动螺旋使水平度盘读数精确地等于指定值,如 120°30′40″,按F3键即可完成锁定选项。

(3)“置盘”

“置盘”是将当前视线方向的水平度盘读数设置为输入值。具体操作是在角度测量模式 P1 页菜单界面按F3键进入图 5-9(c)界面;手动用数字键输入需要设置的水平度盘读数如 120°30′40″,按F4键即可完成置盘选项。

P2、P3 三页菜单各选项的操作过程与上面所述类似,依照屏幕提示,按相应键即可完成设置。

2) 水平角、垂直角测量

用全站仪角度测量时,水平角和垂直角是同时完成的。下面以测量一单角为例说明其操作过程(半测回):

(1) 照准第一目标 A。

(2) 目标 A 水平方向置零,按F1键和按F3键。

(3) 照准第二目标 B,屏幕显示水平角和垂直角。

5.2.4　距离测量

距离测量也是全站仪的基本功能之一,在角度测量模式下,当仪器照准棱镜,按◢键即可进入距离测量模式。距离测量模式下有 P1、P2 两页菜单,如图 5-10 所示。

HR: 120° 30′ 40″			
HR*	[r]	<< m	
VD:			
测量	模式	S/A	P1↓
F1	F2	F3	F4

(a)

HR: 120° 30′ 40″			
HR*	[r]	<< m	
VD:			
偏心	放样	m/f/i	P2↓
F1	F2	F3	F4

(b)

图 5-10　距离测量模式 P1、P2 页菜单界面

1) P1 页菜单操作

(1)“测量”

距离测量时,应先设置好棱镜常数和气象改正数。

在进入距离测量模式后照准棱镜，按 F1 键即完成距离测量，图 5-11 为某次距离测量结果的显示界面。

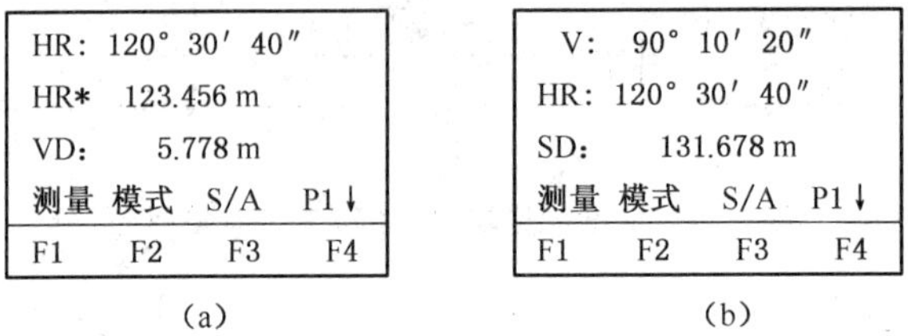

图 5-11 距离测量结果的显示界面

(2) “模式”

进入距离测量模式后，按 F2 键即进入测距模式选择菜单，如图 5-12 所示。按 F1 键进入精测模式，如图 5-12(a)所示，最小显示单位为 1 mm，测量时间约 1.2 秒。按 F2 键进入跟踪模式，如图 5-12(b)所示，最小显示单位为 10 mm，测量时间约 0.4 秒。按 F3 键进入粗测模式，如图 5-12(c)所示，最小显示单位为 10 mm，测量时间约 0.7 秒。

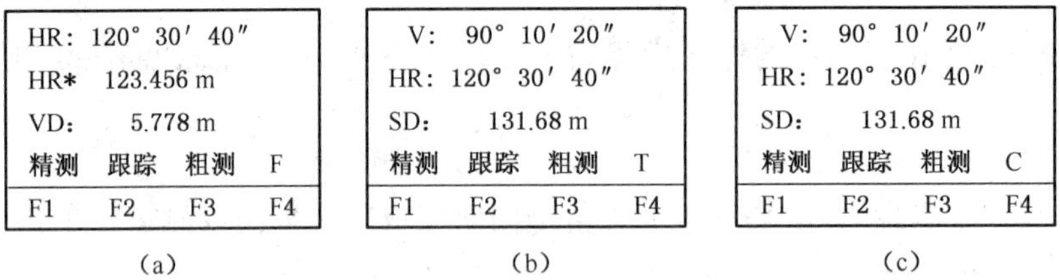

图 5-12 距离测量模式选择菜单界面

(3) “S/A”

在图 5-10(a)所示界面中，按 F3 键即进入设置音响模式界面，如图 5-13 所示。在该模式可以显示电子测距时接收到的光线强度，一旦收到来自棱镜的反射光，仪器即发出蜂鸣声，当目标难以寻找时，使用该功能可以十分有效。

在该菜单界面中还可以设置仪器棱镜常数、气象改正比例系数、温度和气压。分别按 F1 、 F2 、 F3 键进入相应设置菜单，如图 5-14 所示。

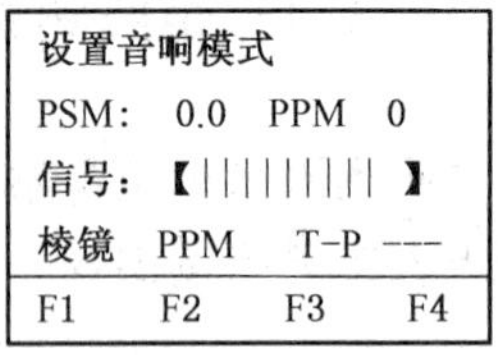

图 5-13 设置音响模式菜单界面

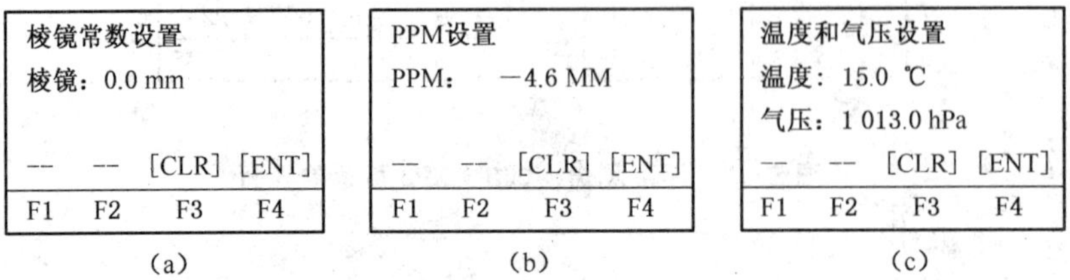

图 5-14 距离测量参数设置界面

2) P2 页菜单操作

(1) “偏心”

距离测量模式下 P2 页菜单按 F1 键即进入偏心测量模式，该模式下有角度偏心、距离偏心、平面偏心和圆柱偏心四种偏心测量模式，详细使用方法在坐标测量中介绍。

(2) “放样”

在距离测量模式下 P2 页菜单按 F2 键即进入放样模式，如图 5-15 所示，该模式主要完成距离放样的简单功能。例如要放样 100 m 平距时，其操作过程如下：

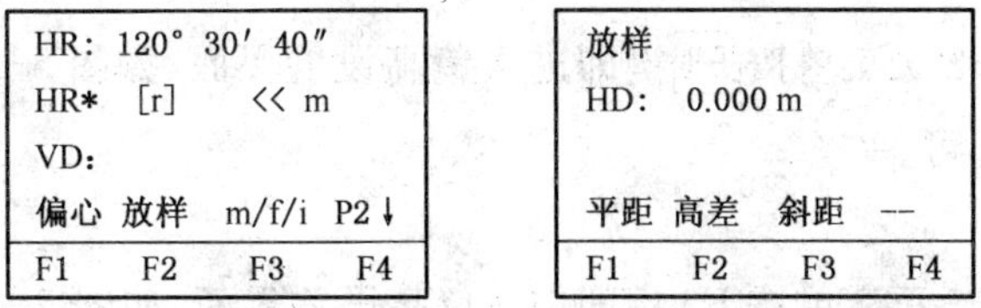

(a) (b)

图 5-15 放样测量模式菜单界面

在图 5-15(b)所示界面中可选择“平距”、“高差”或“斜距”放样距离方式，如选择平距放样距离，则按 F1 键，进入图 5-16(a)所示界面；在图 5-16(a)界面中选择 F1 键输入欲放样的平距 100 m，同时回车确认，然后照准棱镜，按“测量”键后即可显示测量距离与输入距离的差值 dHD，如图 5-16(b)所示，dHD=－1.249 m，即测量距离－放样距离=－1.249 m。

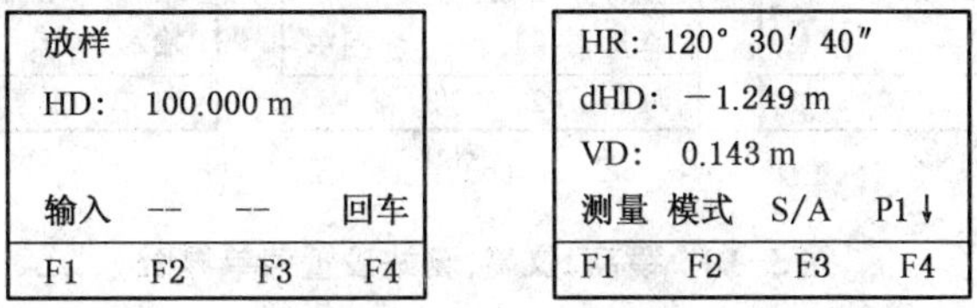

(a) (b)

图 5-16 放样平距菜单界面

(3) “m/f/i”

距离测量模式下 P2 页菜单按 F3 键即进入距离测量单位切换模式，使距离测量(包括平距、高差、斜距)的单位在米、英尺和英寸之间切换。

5.2.5 坐标测量

全站仪坐标测量功能在直接测定目标(棱镜)坐标时非常实用。按区键即进入坐标测量模式并开始坐标测量。坐标测量模式下有 P1、P2、P3 三页菜单，如图 5-17 所示。P1 页菜单的 3 个菜单选项的功能与距离测量模式下的 P1 页菜单功能一样；P2 页菜单 3 个选项其功能是完成坐标测量时测站坐标、仪器高与棱镜高的设置；P3 页菜单有 2 个选项，其功能是完成目标偏心时坐标测量与测量单位切换。

(a)

E:→	400.568 m		
N:	500.000 m		
Z:	31.618 m		
测量	模式	S/A	P1↓
F1	F2	F3	F4

(b)

E:→	400.568 m		
N:	500.000 m		
Z:	31.618 m		
镜高	仪高	测站	P2↓
F1	F2	F3	F4

(c)

E:→	400.568 m		
N:	500.000 m		
Z:	31.618 m		
偏心	--	m/f/i	P3↓
F1	F2	F3	F4

图 5-17　坐标测量模式选择菜单界面

1) P2 页菜单操作

(1) 镜高的设置

在图 5-17 所示 P2 页菜单按[F1]键即进入镜高设置界面，如图 5-18(a)所示，输入相应的棱镜高，回车确认即可。

(2) 仪高的设置

在图 5-17 所示 P2 页菜单按[F2]键即进入仪高设置界面，如图 5-18(b)所示，输入相应的仪器高，回车确认即可。

(3) 测站的设置

在图 5-17 所示 P2 页菜单按[F3]键即进入测站设置界面，如图 5-18(c)所示，输入相应的测站点 X 坐标(N)、Y 坐标(E)和高程(Z)，回车确认即可。

(a)

镜高			
输入			
镜高	1.550 m		
输入	--	--	回车
F1	F2	F3	F4

(b)

仪高			
输入			
仪高	1.558 m		
输入	--	--	回车
F1	F2	F3	F4

(c)

E:→	400.568 m		
N:	500.000 m		
Z:	31.618 m		
输入	--	--	回车
F1	F2	F3	F4

图 5-18　镜高、仪高、测站设置菜单界面

2) 坐标测量步骤

(1) 设置好测站、仪器高和棱镜高后，照准已知点目标，在角度测量模式下设置方向角。

(2) 照准棱镜[⊿]键。

(3) 显示测量结果，其界面如图 5-17(a)所示。

5.3　GTS-332 全站仪的存储管理

5.3.1　存储管理菜单结构

在全站仪的存储管理模式下可进行多项内存项目的操作与管理，主要有：

- 文件状态：检查存储数据的个数/剩余内存空间
- 查找：查看记录数据

- 文件维护:删除文件/编辑文件名
- 输入坐标:将坐标数据输入并存入坐标数据文件
- 删除坐标:删除坐标数据文件中的坐标数据
- 输入编码:将编码数据输入并存入编码库文件
- 数据传送:发送测量数据或坐标数据,或编码库数据/上载坐标数据或编码库数据/设置通讯参数
- 初始化:内存初始化

在正常测量模式下按 MENU 键,仪器进入如图 5-19 所示菜单界面,此菜单界面有 3 页子菜单。

菜单			1/3
F1:数据采集			
F2:放样			
F3:存储管理			P↓
F1	F2	F3	F4

(a)

菜单			2/3
F1:程序			
F2:参数组1			
F3:照明			P↓
F1	F2	F3	F4

(b)

菜单			3/3
F1:对比度调节			
F2:格网因子			
			P↓
F1	F2	F3	F4

(c)

图 5-19 MENU 菜单界面

在图 5-19(a)菜单中按 F3 键即进入内存管理菜单项,此菜单项有 3 页子菜单,如图 5-20 所示,下面分别介绍功能选项。

内存管理			1/3
F1:文件状态			
F2:查找			
F3:文件维护			P↓
F1	F2	F3	F4

(a)

内存管理			2/3
F1:输入坐标			
F2:删除坐标			
F3:输入编码			P↓
F1	F2	F3	F4

(b)

内存管理			3/3
F1:数据传输			
F2:初始化			
			P↓
F1	F2	F3	F4

(c)

图 5-20 内存管理菜单界面

5.3.2 内存管理选项操作

1) 文件状态

在图 5-20(a)内存管理菜单界面中按 F1 键即进入文件状态管理菜单项,它有两个菜单页,如图 5-21 所示。图 5-21(a)文件状态菜单界面显示了仪器当前存储的测量文件个数、坐

文件状态			1/2
测量文件:		3	
坐标文件:		4	
	【.........】		P↓
F1	F2	F3	F4

(a)

数据状态			2/2
测量数据:		0100	
坐标数据:		0060	
	【.........】		P↓
F1	F2	F3	F4

(b)

图 5-21 文件状态菜单界面

标文件个数和剩余内存空间的大小，图 5-21(b)中显示了仪器当前存储的测量文件中的测量数据总数、坐标文件坐标数据总数和剩余内存空间的大小。

2) 查找

此模式用于查找数据采集模式或放样模式下记录文件中的数据，包括测量数据、坐标数据和编码库。每种类型文件都有如下 3 种查找方式可供选用：

- 查找第 1 个数据
- 查找最后 1 个数据
- 按点号查找数据(测量数据　坐标数据)

在查找模式下，点名，标识符、编码和高度数据(仪高、镜高)可以更正，但测量数据不能更改。

在图 5-19(a)菜单中按F2键即进入内存管理的查找菜单项，如图 5-22 所示，下面以坐标数据查找介绍此功能的应用。假设现有一个名为“DATA01”的坐标文件，文件中存储有 10 个控制点的坐标，编号为 A01～A10。现要查询点号位 A05 的坐标，其操作步骤为：在图 5-22(a)菜单中按F2键即进入坐标数据查找菜单项；在图 5-22(b)菜单中按F1键选择“输入”选项，输入文件名“ZB”，也可以选择“调用”选项，从文件列表中选择相应文件名，然后按回车，进入如图 5-22(c)所示的“坐标数据查找”菜单，此时在屏幕上有 3 种查找选择，可按F3键选择“按点号查找”，其结果如图 5-22(d)所示。

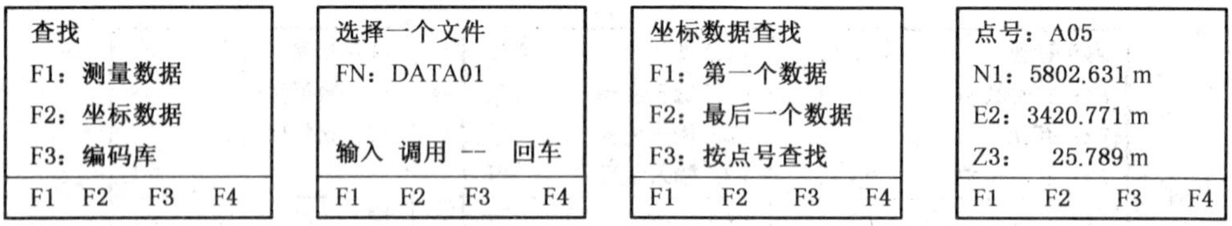

(a)　(b)　(c)　(d)

图 5-22　查找菜单界面

3) 文件维护

在内存管理菜单第一页按F3键即进入文件维护菜单项，在此模式下可进行更改文件名、查找文件中的数据和删除文件操作，如图 5-23 所示。

图 5-23(b)中显示文件目录时，位于文件名之前的文件识别符(＊、@、&)表明该文件的使用状态，在四位数字之前的是数据类型识别符号(M/C)，它们的含义为：

对于测量数据文件

“＊”：数据采集模式下被选定的文件

对坐标数据文件

“＊”：放样模式下被选定的文件

“@”：数据采集模式下被选定的坐标文件

“&”：用于放样和数据采集模式被选定的坐标文件

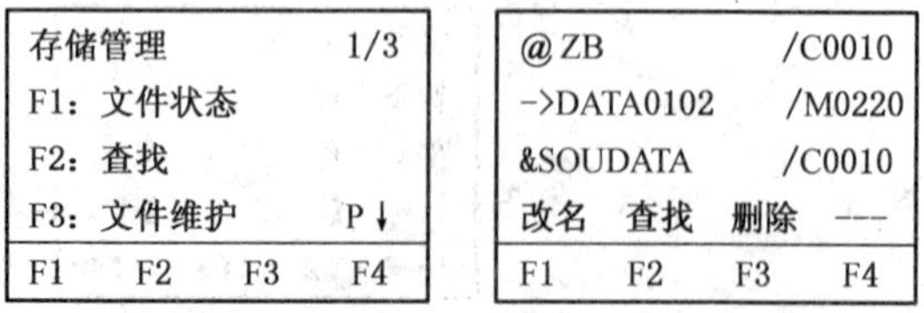

(a)　(b)

图 5-23　文件维护菜单界面

数据类型识别符号(M/C)

位于四位数之前的数据类型识别符号表明该数据的类型

“M”测量数据

“C”坐标数据

四位数字表示文件中数据的总数

(坐标数据文件有一个说明工作区的附加数据)

按[▲]或[▼]键,显示上一个或下一个文件。

4) 坐标输入

在内存管理菜单第二页按F1键即进入坐标输入菜单项,用户通过“输入”或“调用”选项选择一个文件后,可直接由键盘输入放样点或控制点的点名和坐标数据,新增加的点名和坐标数据自动增加到所选定的文件中。

5) 坐标删除

在内存管理菜单第二页按F2键即进入坐标输入菜单项,用户通过“输入”或“调用”选项选择一个文件后,可删除指定的点名和坐标数据。

6) 输入编码

数据采集时为了说明测量点的属性,经常需要调用这些编码。仪器可以存储编号为001～050的50个编码,用户可以为这50个编码赋值。例如可以为001号编码赋值为“KZD”表示测量控制点,为002号编码赋值为“FW”表示房屋,为003号编码赋值为“DL”表示道路等。

为编码赋值的方法是在内存管理菜单第二页按F3键即进入输入编码菜单项,如图5-24所示。用户通过“▼”或“▲”键移动输入光标“→”至要赋值的编码号位当前编码号,然后按“编辑”键为当前编码号赋值,选择“清除”选项可以清除当前编码号的赋值内容。

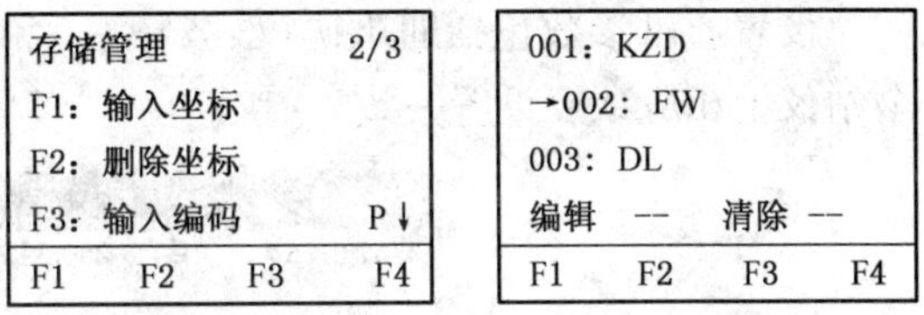

(a) (b)

图 5-24 输入编码菜单界面

7) 数据传输

使用该菜单可以实现全站仪与计算机之间的数据通讯,既可以将全站仪内存中的数据文件传送到计算机(下传),也可以通过计算机将坐标数据文件和编码数据装入全站仪内存(上传)。

在内存管理菜单第三页按F1键即进入数据传输菜单项,如图5-25所示。

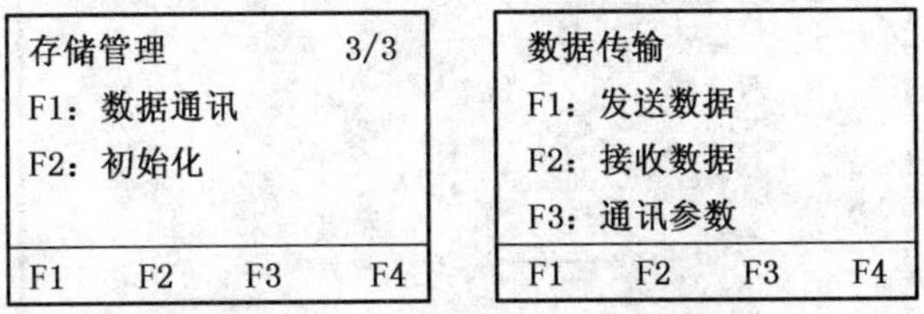

(a) (b)

图 5-25 数据传输菜单界面

全站仪与计算机进行数据传输需要通讯程序的支持，拓普康全站仪与计算机的通讯可用该公司提供的 T-COM 1.5(中文版)通讯程序来实现，该程序启动后界面如图 5-26 所示。

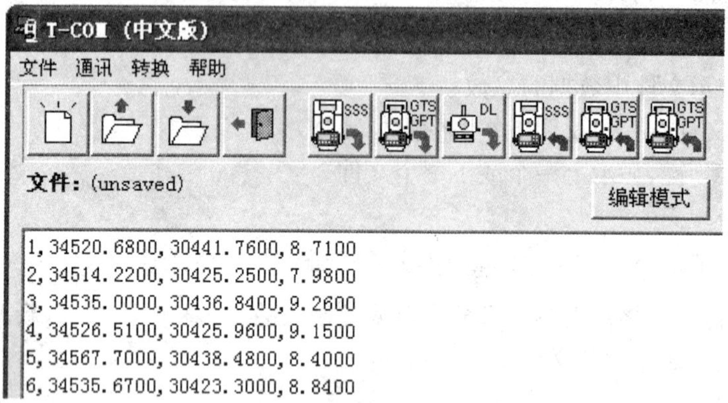

图 5-26　T-COM 通讯软件界面

该软件可进行全站仪与计算机之间的数据传输，数据格式转换，也能下传电子水准仪的测量数据。从全站仪上下传数据时，其操作步骤如下：

(1) 连接计算机与全站仪

用数据传输线连接计算机与全站仪，传输线一端连计算机的 COM1 或 COM2，另一端连全站仪的通讯口。

(2) 设置通讯参数

设置通讯参数包括通讯协议、波特率、字符/校验和停止位，如图 5-27 所示。计算机和全站仪上相应项要设置一致。

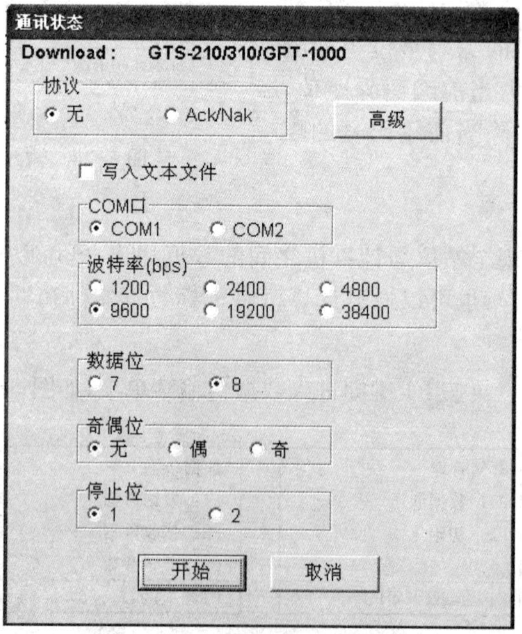

图 5-27　通讯参数设置界面

(3) 在图 5-25(b)数据传输菜单中按F1键进入坐标发送界面,按菜单提示输入或调用文件名,回车确认,屏幕显示发送坐标数据提示符“OK?”,此时暂时不按回车。

(4) 先在计算机通讯软件界面上按“开始”键,紧接着在全站仪上回车确认,即可开始数据传输,直至结束。

8) 初始化

在内存管理菜单第三页按F2键即进入初始化菜单项,如图 5-28 所示。

此模式用于初始化内存储器,可以对所有测量数据、坐标数据文件、编码表进行初始化。例如初始化全部数据时,操作步骤为:在初始化菜单页按F3键,屏幕进入如图 5-28(c)所示的初始化菜单界面,“OK?”提示是否要删除全部数据,确认要删除全部数据,按F2键(是)即可完成。

尽管对内存进行了初始化,但测站坐标、仪器高、棱镜高数据不会初始化。

存储管理			3/3
F1: 数据通讯			
F2: 初始化			
F1	F2	F3	F4

(a)

初始化			
F1: 文件区			
F2: 编码表			
F3: 全部数据			
F1	F2	F3	F4

(b)

初始化数据			
删除全部数据			
> OK?			
		[否]	[是]
F1	F2	F3	F4

(c)

图 5-28 初始化菜单界面

5.4 GTS-332 全站仪数据采集与点位放样

5.4.1 数据采集

GTS-330 系列全站仪内存划分为测量数据文件和坐标数据文件,文件可达 30 个,测点最多可达 24 000 个。用该全站仪进行野外数据采集十分方便,并且效率高。具体操作步骤如下:

1) 创建新文件或选择已有文件

在正常测量模式下按MENU键,仪器进入如图 5-19(a)所示的菜单界面,再按F1键进入图 5-29(a)界面,此时可以创建新文件或选择已有文件。若创建新文件则按F1键,输入

选择文件			
FN: DATA01			
输入	调用	--	回车
F1	F2	F3	F4

(a)

数据采集			1/2
F1: 输入测站点			
F2: 后视			
F3: 前视/侧视			P↓
F1	F2	F3	F4

(b)

数据采集			2/2
F1: 选择文件			
F2: 编码输入			
F3: 设置			
F1	F2	F3	F4

(c)

图 5-29 数据采集菜单界面

文件名“DATA01”，并回车确认即完成创建文件过程。仪器自动创建两个名称均为“DATA01”的文件，一个保存测量数据，一个保存坐标数据。

2）设置测站点

设置测站点主要完成测站点坐标和仪器高的设置。测站点坐标有两种方法设定，一是选择坐标文件设定；另一种是由键盘直接输入测站坐标设定。下面以选择坐标文件设定测站为例说明具体步骤。

（1）选择坐标文件

选择坐标文件来设定测站点坐标，首先要选择存放了测站坐标的文件，现假定测站（A05）坐标存放在名为“DATA01”的坐标文件中。从“数据采集 2/2”菜单界面按 F1 键进入选择文件菜单，如图 5-30(b)，按 F2 键进入坐标文件选择菜单，如图 5-30(c)，按 F2 键选择“调用”选项并选中名为“DATA01”的坐标文件，回车确认后，返回“数据采集 2/2”菜单界面，按 F4 键再切换至“数据采集 1/2”菜单界面，准备输入测站坐标。

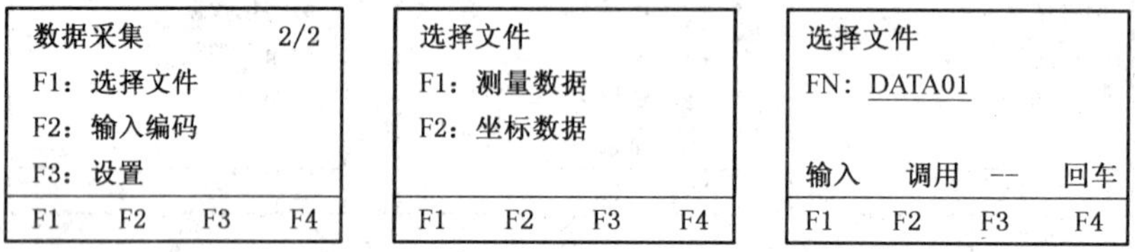

(a) (b) (c)

图 5-30 选择坐标文件菜单界面

（2）输入测站点坐标

在“数据采集 1/2”菜单界面按 F1 键进入“输入测站点”选项，进入如图 5-31(a)所示设置测站点坐标与仪高菜单界面，此时显示的是上一次设置的内容。输入光标“→”停留在点号项，可选择“输入”选项直接键入“A05”，也可选择“查找”选项，在 DATA01 文件中查找“A05”；完成响应后，输入光标“→”自动下移到“标识符”选项，按 F2 键选择“查找”选项，在编码表中选择“KZD”编码作为标识符；最后输入仪器高；按 F3 键选择“记录”选项，屏幕显示测站点的三维坐标给操作员确认，如图 5-31(b)所示，按 F3 键选择“是”选项后，进入如图 5-31(c) 所示界面，最后按 F3 键选择“是”选项确认，完成测站设置。

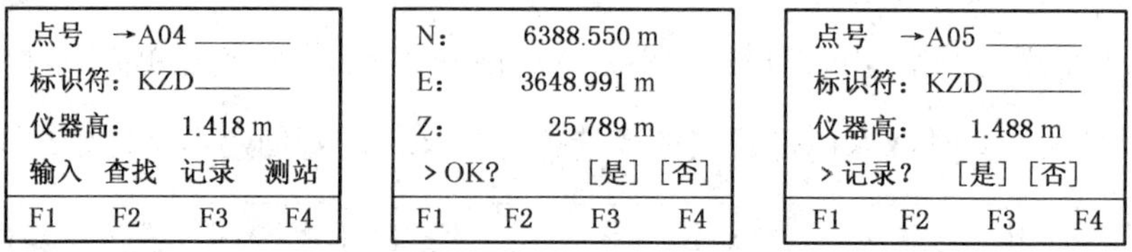

(a) (b) (c)

图 5-31 设置测站点坐标与仪高菜单界面

3）输入后视点

该操作是为了解决后视点定向角问题，可按如下三种方法设定：

- 选择坐标文件中的点号来设定
- 直接键入后视点坐标
- 直接键入设置的定向角

下面以选择坐标文件设定测站为例说明具体步骤。

(1) 选择坐标文件

选择该方法时,先要选择后视点所在的那个坐标文件,设置方法与“输入测站点”相同,如果测站点、后视点在同一个文件内,在设置测站点后可以省略该步骤。

(2) 输入后视点

在“数据采集 1/2”菜单界面按F2键进入“后视”选项,进入如图 5-32(a)所示设置后视点菜单界面,此时可以选择“输入”选项,手工输入后视点名、编码和镜高;或者按F4键进入如图 5-32(b)所示菜单界面,选择“调用”选项,例如在 DATA01 文件中查找“A06”;完成响应后,在编码表中选择“KZD”编码作为标识符;最后输入镜高;也可按F3键选择“NE/AZ”选项来选择点号、坐标和方位角定向方式;望远镜精确照准目标后,回车确认,进入如图 5-32(c)所示界面,根据目标的类型(棱镜、标杆),选择“角度”、“斜距”或“坐标”测量方式,如选择“斜距”测量,其结果被保存后,显示屏返回“数据采集 1/2”菜单界面,完成测站定向设置。

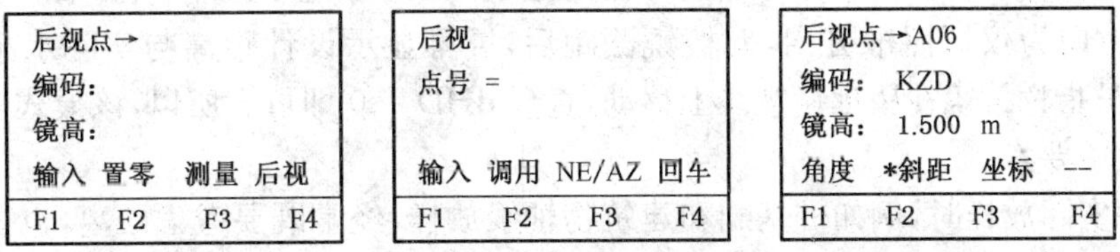

(a) (b) (c)

图 5-32 后视点设置菜单界面

4) 碎部点坐标测量

碎部点坐标测量的步骤如下:

(1) 选择坐标文件

要采集多个碎部点坐标,需要先选择存放碎部点坐标的文件。

在如图 5-29 所示的“数据采集 2/2”菜单界面按F1键,进入“选择文件”界面,按屏幕提示选定相应文件,例如名为“DATA01”的文件,将其设置为当前文件,确认后返回“数据采集 1/2” 菜单界面,如图 5-29(b)所示。此时在“数据采集 1/2”菜单界面按F3键即可开始碎部点坐标采集。

(2) 设置碎部点点号、编码和镜高

先在图 5-33(a)界面中输入点号、编码和镜高,确认后如图 5-33(b)所示。

(3) 照准目标(棱镜)

在图 5-33(b)界面中按F3键进入测量界面,同时精确照准目标(棱镜)。

(4) 精确照准目标后,在图 5-33(c)界面中通过按F1~F4键选择“角度”、“斜距”、“坐标”、“偏心”测量方式,例如按F3键,开始坐标测量后,测量数据自动保存,屏幕上点号自动加 1，如图 5-33(d)所示。此时又可以对下一个点的点号、编码和镜高进行编辑，从而进行下一点的测量。

点号→			
编码：			
镜高：			
输入	查找	测量	同前
F1	F2	F3	F4

(a)

点号=PT01			
编码：DL			
镜高：→ 1.500 m			
输入	查找	测量	同前
F1	F2	F3	F4

(b)

点号=PT01			
编码：DL			
镜高： 1.500 m			
角度	斜距	坐标	偏心
F1	F2	F3	F4

(c)

点号→PT02			
编码：DL			
镜高： 1.500 m			
输入	查找	测量	同前
F1	F2	F3	F4

(d)

图 5-33 碎部点采集菜单界面

5）下传碎部点坐标

碎部点数据采集完成后，可以用 T-COM 通讯软件实现全站仪与计算机之间的数据通讯，将全站仪内存中的数据文件传送到计算机中(下传)，具体操作如前所述。

5.4.2 点位放样

放样是全站仪的基本功能之一，GTS-332 全站仪提供了距离与点位两种放样模式。

在距离测量模式的 P2 页菜单中的“放样”选项只要求测量人员输入测站点至放样点的水平距离，方向为仪器照准方向，对棱镜测距后，屏幕显示设计距离与实际水平距离之差 dHD，观测员指挥棱镜在望远镜视线上移动，直至 dHD =0 即可。所以，该模式实际上只有放样距离这一要素。

在工程实际放样时，例如桩基础和建筑物轴线放样，经常既要考虑距离，也要考虑方向的放样，这时就要用到点位放样模式。在正常测量模式下按 MENU 键，仪器进入如图 5-19(a) 所示菜单界面，再按 F2 键即可进入点位放样模式，如图 5-34 所示。在该模式下放样点位的具体步骤如下：

选择文件			
FN：			
输入	调用	跳过	回车
F1	F2	F3	F4

(a)

放样			1/2
F1：测站点输入			
F2：后视			
F3：放样			P↓
F1	F2	F3	F4

(b)

放样			
点号： A18			
输入	调用	坐标	回车
F1	F2	F3	F4

(c)

镜高输入			
镜高： 1.500 m			
--	--	[CLR]	[ENT]
F1	F2	F3	F4

(d)

图 5-34 点位放样菜单界面(1)

(1) 选择、创建文件

放样时首先要选择或创建一个坐标文件，在图 5-34(a)界面中有 4 项选择：若创建新文件按 F1 键；选择已有文件按 F2 键；省略此步操作按 F3 键；选定文件名按 F4 键确认。例如选择文件“DATA01”，并回车确认即完成选择文件过程。

(2) 设置测站和后视点

在选择文件后，屏幕进入如图 5-34(b)所示的“放样 1/2”菜单界面，在此可以设置测站和后视点，设置方法与数据采集时测站和后视点设置相同。

(3) 输入放样点的点号或坐标

在如图 5-34(b)所示的"放样 1/2"菜单界面中按[F3]键进入放样子菜单，按屏幕提示输入放样点号或坐标。既可按[F2]键选择"调用"内存文件中的点，也可以手工直接输入；例如选择"调用"内存文件中的点"A18"，按回车确认即可。

(4) 输入棱镜高

在如图 5-34(d)所示的放样子菜单界面中输入棱镜高，回车确认即可。

(5) 放样元素计算

输入棱镜高并确认后，仪器即刻自动计算及显示出相应的放样元素，即至放样点的水平方向值和水平距离，如图 5-35(a)所示。

(6) 放样测量

转动照准部，精确照准放样点处棱镜，在如图 5-35(a)所示界面中按[F1]键进入放样子菜单 5-35(b)所示界面。此时显示放样点号为 A18，HR 仪器视线方向，dHR 为测站至棱镜的水平方向差值，dHR＝实际水平方向值－计算的水平方向值。根据 dHR 的"±"符号，指挥棱镜移动，直至 dHR＝0°0′0″时，表明放样方向正确。

在如图 5-35(b)所示界面中按[F1]键进入放样子菜单 5-35(c)所示界面。此时显示仪器至放样点水平距离 HD、距离差值 dHD 和高程差值 dZ。其中，dHD＝实际水平距离－计算的水平距离，dZ＝实测高程－计算高程。此时指挥棱镜在视线上前后移动，并用精测模式测量距离，使得 dHR、dHD 和 dZ 均为零时，即可设置放样标志完成该点放样测量。标志设置后应测量该点坐标以便校核，较差符合施工要求时才能最后定点。具体操作是精确照准棱镜后，在如图 5-35(c)所示界面中按[F3]键进入放样点坐标测量模式，其结果如图 5-35(d)所示。

(a)

计算			
HR =	60° 48′ 44″		
HD =	123.456 m		
角度	距离	--	--
F1	F2	F3	F4

(b)

点号：A18			
HR =	61° 58′ 55″		
dHR =	1° 10′ 11″		
距离	--	坐标	--
F1	F2	F3	F4

(c)

HD*	54.388 m		
dHD:	3.1086 m		
dZ:	0.066		
模式	角度	坐标	继续
F1	F2	F3	F4

(d)

N:	5827.641 m		
E:	3465.541 m		
Z:	10.500 m		
模式	角度	--	继续
F1	F2	F3	F4

图 5-35　点位放样菜单界面(2)

习题与思考题

1. 全站仪主要组成部分有哪些？目前最新型全站仪有哪些特点？
2. GTS-332 全站仪角度测量模式下有哪些菜单选项？
3. GTS-332 全站仪距离测量模式下有哪些菜单选项？
4. GTS-332 全站仪坐标测量模式下有哪些菜单选项？
5. 全站仪数据采集的主要步骤有哪些？
6. 全站仪与计算机数据通讯时应设置哪几项参数？
7. 全站仪放样点位的主要步骤有哪些？

6 全球定位系统的定位技术

【本章知识要点】 GPS的定义;GPS测量的特点;GPS的组成;GPS伪距测量;GPS载波相位测量;静态定位和动态定位;绝对定位和相对定位;GPS测量实施的步骤。方案设计、外业测量和内业计算。

6.1 GPS全球定位系统概述

GPS全球定位系统是英文Navigation Satellite Timing and Ranging Global Positioning System的字头缩写词NAVSTAR/GPS的简称。它的含义是:利用导航卫星进行测时和测距,以构成全球定位系统。

GPS是以卫星为基础的第二代精密卫星导航与定位系统。第一代是子午卫星导航与定位系统。

6.1.1 子午卫星系统

1957年10月前苏联成功地发射了第一颗人造地球卫星。美国约翰·霍普金斯大学应用物理实验室的吉尔博士和魏芬巴哈博士对该卫星发射的无线电信号的多普勒频移的研究表明,利用地面跟踪站上的多普勒测量资料可以精确确定卫星轨道。在应用物理实验室工作的另外两位科学家麦克卢尔博士和克什纳博士则指出,对一颗轨道已被准确确定的卫星进行多普勒测量的话,可以确定用户的位置。上述工作为子午卫星系统的诞生奠定了基础。1958年12月,在克什纳博士的领导下开展了子午卫星系统(Tran-Sit)研究工作。1964年1月子午卫星系统正式建成并投入军用,又称海军导航卫星系统NNSS(Navy Navigation Satellite System)。

子午卫星在几乎是圆形的极轨道上运行。卫星离地面的高度约为1 075 km。卫星的运行周期为107 min。子午卫星星座一般由6颗卫星组成。这6颗卫星应均匀地分布在地球四周,即相邻的卫星轨道平面之间的夹角均应为30°。用户接收到子午卫星信号,用户接收机接收卫星发播的信号,并根据多普勒效应原理,测定因卫星相对用户接收机不断运动而产生的多普勒频移。由于多普勒频移反映了卫星与接收机相对运动速度,包含了卫星与接收机相对位置的信息,根据已知的卫星位置,进行单点定位或双点联测定位,即可确定测站的三维地心坐标或两点的坐标差,进行导航或推求测站的地心坐标。用户接收机分单频和双频两类:前者精度较低,多用于导航;后者精度较高,多用于定位。此系统操作简便、定位迅速、精度高且可全天候作业。

20 世纪 70 年代中期,我国开始引进 NNSS 定位技术,主要用于舰、船导航和大地定位。西沙群岛的大地测量基准联测,是我国应用 NNSS 的先例,80 年代布测的全国卫星多普勒大地网、西北地区地球物理勘探的卫星多普勒定位网、南极乔治岛上我国长城站的地理位置,也都是用 NNSS 定位技术测定的。

由于子午卫星系统中卫星少,用户平均 1.5 小时左右可观测到一颗卫星。其一次定位时间过长,无法为飞机、导弹等高动态用户服务,也无法满足汽车等运行轨迹较为复杂的地面车辆导航定位服务。导航定位的不连续性使子午卫星系统无法成为一种独立的导航定位系统,而只能成为一种辅助系统。多种导航系统的并存不仅增加了用户的费用,而且还有可能导致相互干扰。

子午卫星系统存在不能连续和高动态作业两大缺点,在该系统投入使用后不久,美国国防部即组织陆、海、空三军着手研制第二代卫星导航定位系统——GPS 全球定位系统。

6.1.2 GPS 全球定位系统

GPS 全球定位系统是美国从 1973 年开始研制的,历时 20 年,耗资 200 亿美元,在进行了方案论证、系统试验阶段后,于 1989 年开始发射正式工作卫星,并于 1993 年 12 月全部建成并投入使用。具有全能性、全球性、全天候、连续性和实时性的导航、定位和定时的功能,能为各类用户提供精密的三维坐标、速度和时间。

GPS 早期仅限于军方使用,归美国国防部管理,主要用于军事用途。如战机、船舰、车辆、人员的精确定位。随着 GPS 定位技术的发展,其应用的领域在不断拓宽。现已在民用领域得到广泛应用。如飞机、船舶和各种载运工具的导航、高精度的大地测量、精密定位、工程测量、地壳形变监测、时间传递、速度测量、地球物理测量、航空救援、水文测量、近海资源勘探、航空发射及卫星回收等,运用的范围相当广泛。例如:1990 年 3、4 月间,我国完成了南海 5 个岛礁、8 个点位和陆地上 4 个大地测量控制点之间的 GPS 联测,初步建立了陆地南海大地测量基准。此次 GPS 测量的站间距离远达 808 687.519 m,这对于常规大地测量技术是无法实现的,只有依靠 GPS 卫星定位技术才能进行远达千余公里的海岛陆地联测定位,实现海洋国土的精确划界。

GPS 全球定位系统的特点如下:

1) 定位精度高

采用载波相位进行相对定位,精度可达 10^{-6}。实践已经证明,GPS 相对定位精度在 50 km以内可达 10^{-6},100～500 km 可达 10^{-7},1 000 km 以上可达 10^{-9}。在 300～1 500 km 工程精密定位中,1 小时以上观测的平面位置误差小于 1 mm,其边长较差最大为 0.5 mm,较差中误差为 0.3 mm。

2) 快速、省时、高效率

20 km 以内相对静态定位,仅需 20 分钟;快速静态相对定位时,当每个流动站与基准站相距在 15 km 以内时,流动站观测时间只需 2 分钟;动态相对定位测量时,流动站出发时观测 1～2 分钟,然后可随时定位,每站观测仅需几秒钟。

3) 测站间无需通视

GPS 测量不要求测站之间互相通视,只需测站上空无遮挡即可,对 GPS 网的几何图形也没有严格要求，因而使GPS点位的选择更为灵活，可以自由布设，减少许多测量工作量。

4）可提供三维坐标

GPS测量可同时精确测定测站点的三维坐标。

5）操作简便

随着GPS信号接收机的进一步改进，自动化程度越来越高，体积越来越小，重量越来越轻，可极大地减轻测量工作者的工作紧张程度和劳动强度。

6）全天候全球覆盖性作业

由于GPS卫星有24颗，且分布合理，在地球上任何地点、任何时刻均可连续同步观测到4颗以上卫星，因此在任何地点、任何时间均可进行GPS测量。GPS测量不受白天黑夜、刮风下雨等天气的影响。

7）应用广泛，功能多

GPS系统不仅可用于测量、导航，还可用于测速、测时。

6.1.3 GPS的组成

全球定位系统(GPS)包括三大组成部分，即空间星座部分、地面监控部分和用户设备部分。

1）空间星座部分

GPS卫星的主体呈圆柱形，两侧有太阳能帆板。能自动对日定向。太阳能电池为卫星提供工作用电。每颗卫星都配备有4台原子钟，可为卫星提供高精度的时间标准。卫星上带有燃料和喷管，可在地面控制系统的控制下调整自己的运行轨道。GPS卫星的基本功能是：接收并存储来自地面控制系统的导航电文；在原子钟的控制下自动生成测距码(C/A码和Y码)和载波；采用二进制相位调制法将测距码和导航电文调制在载波上播发给用户；按照地面控制系统的命令调整轨道，调整卫星钟，修复故障或启用备用件以维护整个系统的正常工作。

GPS系统的空间部分由24颗卫星组成，其中包括21颗工作卫星和3颗随时可以启用的备用卫星。均匀分布在距地面高度为20 200 km的6个轨道面上，每个轨道面上均匀分布有4颗卫星，相临两轨道上的卫星相隔40°。卫星轨道平面相对地球赤道面的倾角约为55°，各轨道平面升交点的赤经相差60°。在相邻轨道上，卫星的升交距角相差30°。卫星运行周期约为11小时58分。因此，同一观测站上，每天出现的卫星分布图形相同，只是每天提前约4分钟。每颗卫星每天约有5个小时在地平线以上，同时位于地平线以上的卫星数目，随时间和地点的不同而异，最少为4颗，最多可达11颗。其发射信号能覆盖地面面积38%。卫星连续不断地向地面发射两个波段的载波导航定位

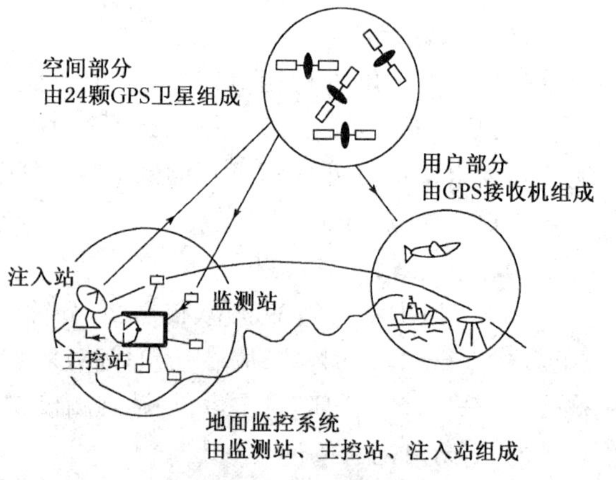

图6-1 GPS系统的组成

信号，载波信号频率分别为 1 575.442 MHz(L_1波段)和1 227.6 MHz(L_2波段)。

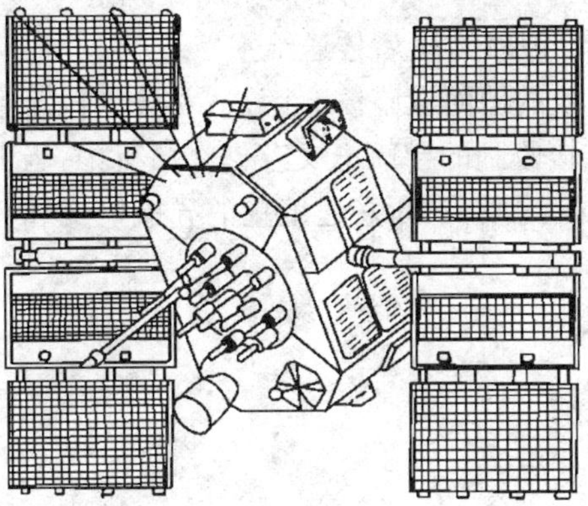

图 6-2　GPS 卫星

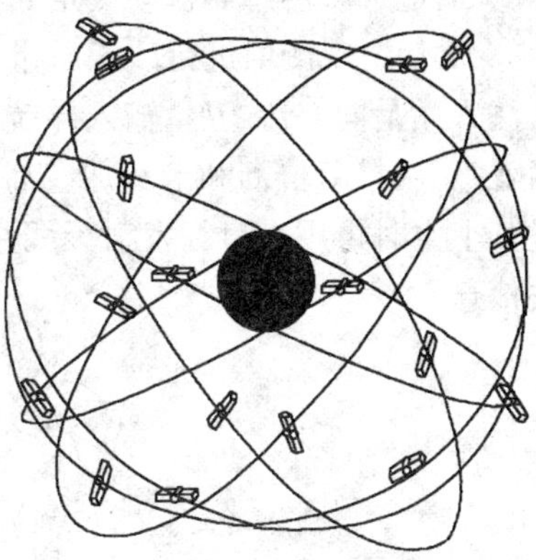

图 6-3　GPS 卫星星座

在 GPS 系统中，GPS 卫星的基本功能如下：

(1) 接收和储存由地面监控站发来的导航信息，接收并执行监控站的控制指令。

(2) 向广大用户连续发送定位信息。

(3) 卫星上设有微处理机，进行部分必要的数据处理工作。

(4) 通过星载的高精度铯钟和铷钟提供精密的时间标准。

(5) 在地面监控站的指令下，通过推进器调整卫星的姿态和启用备用卫星。

2) 地面监控部分

支持整个系统正常运行的地面设施称为地面监控部分。地面监控系统为确保 GPS 系统的良好运行发挥了极其重要的作用。它主要由分布在全球的 5 个地面站所组成，其中包括主控站、卫星监测站和信息注入站。

(1) 主控站

主控站一个，设在美国本土科罗拉多州斯本斯空间联合执行中心。主控站除协调和管理地面监控系统的工作外，其主要任务是根据本站和其他监测站的所有跟踪观测数据，计算各卫星的轨道参数、钟差参数以及大气层的修正系数，编制成导航电文并传送至各注入站；主控站还负责调整偏离轨道的卫星，使之沿预定轨道运行。必要时启用备用卫星以代替失效的工作卫星。

① 负责管理、协调地面监控系统中各部分的工作。

② 根据各监测站送来的资料，计算、预报卫星轨道和卫星钟改正数，并按规定格式编制成导航电文送往地面注入站。

③ 调整卫星轨道和卫星钟读数，当卫星出现故障时负责修复或启用备用件以维持其正常工作，无法修复时调用备用卫星去顶替它，维持整个系统正常可靠地工作。

(2) 监测站

监测站是在主控站控制下的无人值守的数据自动采集中心。全球现有的 5 个地面站均具有监测站的功能。其主要任务是为主控站提供卫星的观测数据。每个监测站均用 GPS 接收机对可见卫星进行连续观测，以采集数据和监测卫星的工作状况，所有观测数据连同气象数据传送到主控站，用以确定卫星的轨道参数。

① 对视场中的各 GPS 卫星进行伪距测量。

② 通过气象传感器自动测定并记录气温、气压、相对湿度(水汽压)等气象元素。

③ 对伪距观测值进行改正后再进行编辑、平滑和压缩,然后传送给主控站。

注入站是向 GPS 卫星输入导航电文和其他命令的地面设施。3 个注入站分别位于迭哥伽西亚岛、阿松森群岛和卡瓦加兰岛。注入站能将接收到的导航电文存储在微机中,当卫星通过其上空时再用大口径发射天线用 S 波段(10 cm 波段)不断发送卫星的导航电文和其他有关信息。

图 6-4　地面监控系统的地理分布图

(3) 注入站

3 个注入站分别设在南大西洋的阿松森群岛、印度洋的迭哥伽西亚岛和南太平洋的卡瓦加兰岛。其主要任务是在主控站的控制下,将主控站推算和编制的卫星星历、钟差、导航电文和其他控制指令等,注入到相应卫星的存储系统,并监测注入信息的正确性。

整个 GPS 的地面监控部分,除主控站外均无人值守。各站间用现代化的通信网络联系起来,在原子钟和计算机的精确控制下,各项工作实现了高度的自动化和标准化。

显然,按照上述方式运行时,整个 GPS 系统将过多地依赖地面监控部分。一旦监控部分发生故障,全球定位系统将很快失效。对于卫星而言,用 10 小时内的广播星历进行导航定位,距离定位误差为 6 m;而用预报 14 天的广播星历进行导航定位误差将达到 200 m;用存储于卫星中 180 天的广播星历进行导航定位时,误差将增至 5 000 m。为了减少对地面监控系统的依赖程度,增强 GPS 系统的自主导航能力,在卫星中增加了卫星间进行伪距测量、多普勒测量和卫星间相互通讯的能力。试验表明,将预报星历作为先验值,利用卫星间的距离观测值进行定轨,可以使 180 天星历的误差值降到 6 m 的水平,从而大大增加 GPS 系统的自主导航能力。

3) *用户设备部分*

GPS 系统的用户是非常隐蔽的,它是一种单程系统,用户只接收而不必发射信号,因此用户的数量也是不受限制的。虽然 GPS 系统一开始是为军事目的而建立的,但很快在民用方面得到了极大的发展,各类 GPS 接收机纷纷涌现出来。能对两个频率进行观测的接收机称为双频接收机,只能对一个频率进行观测的接收机称为单频接收机,用户设备的主要任务是接受 GPS 卫星发射的无线电信号，以获得必要的定位信息及观测量，并经数据处理而完成定位工作。

GPS 用户设备部分主要包括：GPS 接收机及其天线，微处理器及其终端设备以及电源等。其中接收机和天线是用户设备的核心部分，一般习惯上统称为 GPS 接收机。

随着 GPS 定位技术的迅速发展和应用领域的不断开拓，世界各国对 GPS 接收机的研制与生产都极为重视。世界上 GPS 接收机的生产厂家约有数百家，型号超过数千种，而且越来越趋于小型化，便于外业观测。单频接收机只能接收 L_1 载波信号，测定载波相位观测值进行定位。由于不能有效消除电离层延迟影响，单频接收机只适用于短基线。单频接收机在一定距离内精度可达 $10\ \text{mm}+2\times10^{-6}\cdot D$。用于差分定位其精度可达分米级至厘米级。双频接收机可以同时接收 L_1、L_2 载波信号，利用双频对电离层延迟的不同，可以消除电离层对电磁波信号的延迟的影响，因此双频接收机可用于长达几千千米的精密定位。双频接收机精度可达 $5\ \text{mm}+10^{-6}\cdot D$。

(1) GPS 接收机

能接收、处理、量测 GPS 卫星信号以进行导航、定位、定轨、授时等项工作的仪器设备叫 GPS 接收机。GPS 接收机由带前置放大器的接收天线、信号处理设备、输入输出设备、电源和微处理器等部件组成。根据用途的不同 GPS 接收机可分为导航型接收机、测量型接收机、授时型接收机等。按接收的卫星信号频率数可分为单频接收机和双频接收机。

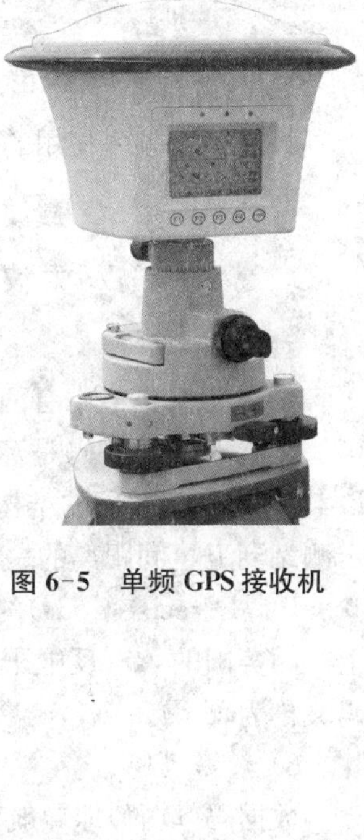

图 6-5 单频 GPS 接收机

(2) 天线单元

天线单元由天线和前置放大器组成。接收天线是把卫星发射的电磁波信号中的能量转换为电流的一种装置。由于卫星信号十分微弱，因而产生的电流通常需通过前置放大器放大后才进入 GPS 接收机。GPS 接收天线可采用单极天线、微带天线、锥形天线等。

结构简单坚固的高度很低的微带天线，既可用于单频，也可用于双频，故被广泛采用。

6.2 GPS 定位原理及实施

6.2.1 GPS 坐标系统

GPS 是一个全球性的定位和导航系统，其坐标也是全球性的，为了方便使用，通常通过国际协议，确定一个协议地球坐标系 CTS(Conventional Terrestrial System)。目前，GPS 测量中所使用的协议地球坐标系称为 WGS-84 世界大地坐标系(World Geodetic System)。它是由美国国防部在 WGS-72 相关的精密星历基础上，采用 80 大地参数和 BIH 1984.0 系统定向所建立的一种地心坐标系。

WGS-84 世界大地坐标系的几何定义是：原点位于地球质心，Z 轴指向国际时间局 BIH1984.0 定义的协议地球北极(CTP)方向，X 轴指向 BIH1984.0 的零子午圈和 CTP 相对应的赤道的交点，Y 轴垂直于 ZOX 平面且与 Z，X 轴构成右手坐标系，如图 6-6 所示。

由于 GPS 的星历是以 WGS-84 坐标系为基础的，故所有的计算采用 WGS-84 大地坐标系。在实际测量定位工作中，一般采用当地坐标系，如我国采用的 C80 坐标系。因此，应将 WGS-84 坐标系坐标转化为当地坐标值，根据需要和条件可以选择三参数、四参数和七参数等模型实现转换。目前普遍采用的是布尔萨·沃尔夫七参数法。

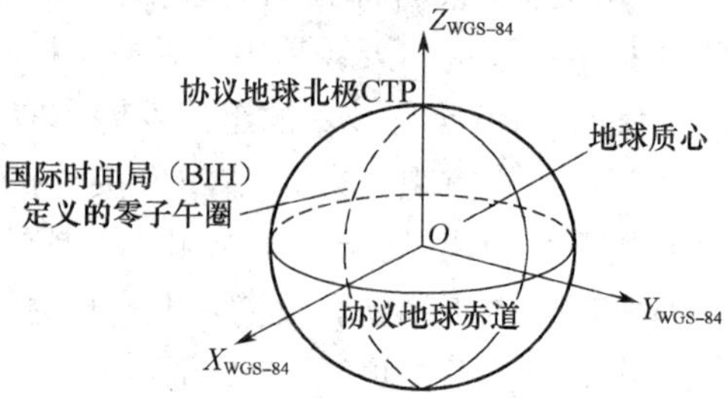

图 6-6　WGS-84 世界大地坐标系

6.2.2　GPS 卫星信号

1）载波信号

载波信号频率使用的是无线电中 L 波段的 2 种不同频率的电磁波

L_1 载波：波长 $\lambda_1=19.03$ cm，频率 $f_1=1\ 575.442$ MHz；

L_2 载波：波长 $\lambda_2=24.42$ cm，频率 $f_2=1\ 227.600$ MHz。

2）测距码

GPS 卫星信号中有两种测距码，即 C/A 码和 P(Y)码。

C/A 码：C/A 码是英文粗码/捕获码(Coarse/Acquisition Code)的缩写。它被调制在 L_1载波上。C/A 码的结构公开，不同的卫星有不同的 C/A 码。C/A 码是普通用户用以测定测站到卫星间距离的一种主要的信号。

P 码(Precise Code)的测距精度高于 C/A 码，又被称为精码，它被调制在 L_1 和 L_2 载波上。因美国的 AS(反电子欺骗)技术，一般用户无法利用 P 码来进行导航定位。加密后的 P 码又称为 Y 码。

3）数据码

数据码(D 码)即导航电文。数据码是卫星提供给用户的有关卫星的位置，卫星钟的性能、发射机的状态、准确的 GPS 时间以及如何从 C/A 码捕获 P 码的数据和信息。用户利用观测值以及这些信息和数据就能进行导航和定位。

6.2.3　GPS 定位原理

GPS 的定位原理，是利用空间分布的卫星以及卫星与地面点间进行距离交会来确定地面点位置。因此若假定卫星的位置为已知，通过一定的方法可准确测定出地面点 P 至卫星间的距离，那么 P 点一定位于以卫星为中心，以所测得距离为半径的圆球上。若能同时测得点 P 至另两颗卫星的距离，则该点一定处在三圆球相交的两个点上。从测量的角度看，则相似于测距后方交会。卫星的空间位置已知，则卫星相当于已知控制点，测定地面点 P 到三颗卫星的距离，就可实现 P 点的定位。

GPS 定位的基本原理是空中测距后方交会。如图 6-7 所示，用户用 GPS 接收机在某一时刻同时接收三颗以上的 GPS 卫星信号，测量出测站点（接收机天线中心）至卫星的距离 $\rho_i(i=1, 2, 3, \cdots)$，通过导航电文可获得卫星的坐标 $(x_i, y_i, z_i)(i=1, 2, 3, \cdots)$，据此即可求出测站点的坐标 (x, y, z)。

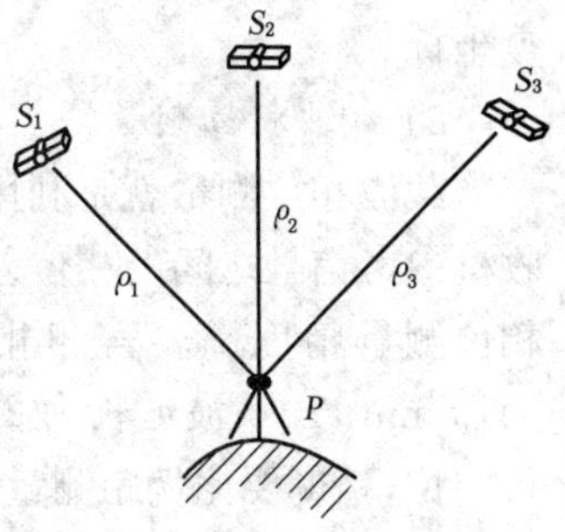

图 6-7 GPS 定位原理

$$\rho_i=\sqrt{(x_i-x)^2+(y_i-y)^2+(z_i-z)^2} \tag{6-1}$$

为了获得距离观测量，主要采用两种方法：一是测量 GPS 卫星发射的测距码信号到达用户接收机的传播时间，即伪距测量；二是测量具有载波多普勒频移的 GPS 卫星载波信号与接收机产生的参考载波信号之间的相位差，即载波相位测量。采用伪距观测量定位速度最快，而采用载波相位观测量定位精度最高。

1）伪距测量

从式(6-1)可知，欲求测站点的坐标 (X, Y, Z)，关键的问题是要测定用户接收机天线至 GPS 卫星之间的距离。站星间的距离为从卫星发射至接收机天线所经历的时间乘以电磁波在真空中传播速度求得。Δt 是卫星信号延迟传播时间。将 Δt 乘以 c（光速）即为卫星到接收机间距离 ρ：

$$\rho_i=\Delta t \cdot c \tag{6-2}$$

由于电磁波传播速度非常快，这就要求卫星时钟与接收机时钟要严格同步，同时时间需精确到纳秒。定位时，接收机本身振荡产生与卫星发射信号相同的一组测距码（P 码或 C/A 码），通过延迟器与接收机收到的卫星信号进行比较，当两组信号相关时，接收机信号延迟量即为卫星信号的传输时间。

另外，测距码在大气中传播还受到大气电离层折射及大气对流层的影响，产生延迟误差。因此，测得距离 ρ 值并非真正的站星几何距离，称 ρ 为伪距。通过对 C/A 码进行测量的为 C/A 码伪距，通过 P 码相位测量的为 P 码伪距。一般情况下码元的测量精度为码元宽的 1%。由于 C/A 码码元波长 $\lambda_{C/A}=293$ m，其测量精度为 2.93 m；而 P 码码元波长 $\lambda_P=29.3$ m，测量精度为 0.29 m，比 C/A 码测量精度高十倍。所以有时也将 C/A 码称粗码，P 码称精码。若利用 C/A 码进行实时绝对定位，各坐标分量精度在 5～10 m。

从式(6-1)和式(6-2)可知：

$$\begin{aligned}\rho_i&=\sqrt{(x_i-x)^2+(y_i-y)^2+(z_i-z)^2}\\&=\Delta t\cdot c+(\delta_{接收机}+\delta_{卫星i})\cdot c+\delta_{电离}+\delta_{大气}\end{aligned} \tag{6-3}$$

由于卫星钟差、电离层折射和大气对流的影响，可以通过导航电文中所给的有关参数加以修正，而接收机的钟差却难以预先准确地确定，所以把接收机的钟差当作一个未知数，与测站坐标一起解算。这样，在一个观测站上要解出 4 个未知参数，即 3 个点位坐标分量和 1 个钟差参数，就至少同时观测 4 颗卫星。若观测卫星个数多于 4 个，用最小二乘法求得测站点坐标。

2）载波相位测量

载波相位测量就是利用GPS卫星发射的载波作为测距信号测出卫星的载波信号与接收机参考信号之间的相位差，乘上波长就是站星距离。由于载波频率高、波长短，因此，载波相位测量精度高。若测相精度为0.01λ，则L_1载波波长为19.03 cm，其测距精度为0.19 mm；L_2载波波长为24.42 cm，其测距精度为0.24 mm。因此，利用载波相位观测值进行定位，精度要比伪距测量定位精度高。其实时单点定位，各坐标分量精度在0.1～0.3 m。为了减弱卫星的轨道误差、卫星钟差、接收机钟差以及电离层和对流层的折射误差的影响，常采用相位观测值的各种线性组合(即差分)作为观测量来进一步提高定位精度。

在码相关型接收机中，当GPS接收机锁定卫星载波相位，就可以得到从卫星传到接收机经过延时的载波信号。如果将载波信号与接收机内产生的基准信号相比就可得到载波相位观测值。若接收机内振荡器频率初相位与卫星发射载波初相位完全相同，由图6-8可知，在t_0时刻(也称历元t_0)，某颗工作卫星发射的载波信号到达接收机的相位移为$2\pi N_0+\Delta\phi$，则该卫星至接收机的距离为：

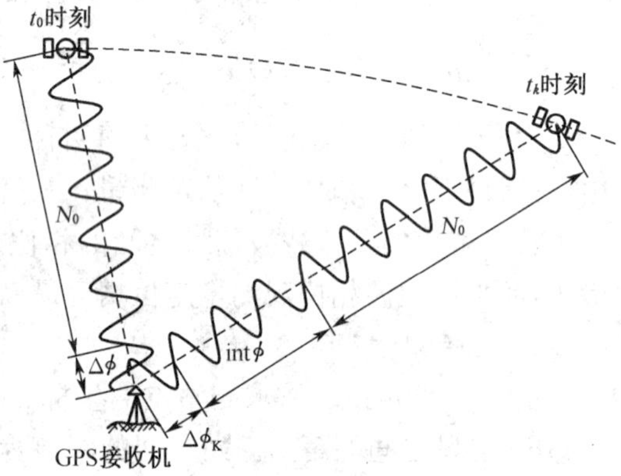

图6-8　载波相位测距原理图

$$\rho = N_0\lambda + \frac{\Delta\phi}{2\pi}\lambda \tag{6-4}$$

式中：N_0——整周数；

$\Delta\phi$——不足一整周的小数部分；

λ——载波波长。

当对卫星进行连续跟踪观测时，由于接收机内有多普勒计数器，只要卫星信号不失锁，N_0就不变，故在t_k时刻(历元t_k)，该卫星发射的载波信号到达接收机的相位移变成$2\pi N_0+\text{int}(\phi)+\Delta\phi_k$，式中的int($\phi$)由接收机内的多普勒计数器自动累计求出。

在进行载波相位测量时，仪器实际能测出的只是不足一整周的部分$\Delta\phi$。因为载波只是一种单纯的余弦波，不带有任何识别标志，所以我们无法知道正在测量的是第几周的信号。如是在载波信号测量中便出现了一个整周未知数N_0(又称整周模糊度)，确定N_0的方法主要为伪距法、整周数作为未知数参与平差法和三差法(又称为多普勒法)，通过解算出N_0后，就能求得卫星至接收机的距离。

3）载波相位差分定位

在绝对定位中，测量结果会受到卫星轨道误差、钟差及信号传播误差的影响，但这些误差对观测量的影响具有一定的相关性，因此，若利用这些观测量的不同线性组合进行相对定位，可有效地消除或减弱这些误差的影响，提高GPS定位的精度。将观测量进行线性组合的方法称为差分法，当前普遍应用的重要组合形式有3种，即单差法、双差法和三差法。

差分是提高GPS定位精度的有效途径，又称GPS相对定位。要使用差分GPS技术通常需要两台以上接收机，其中至少一台安置在已知坐标的点上（称为基准站或参考站），待定点称为差分站或用户站。计算基准站的接收数据产生差分改正数通过数据链发送到用户站。用户站利用差分改正数，可以提高其定位精度。

(1) 单差法

所谓单差，即在不同观测站同步观测同一卫星所得到的观测量之差，也就是在两台接收机之间求一次差，它是GPS相对定位中观测量组合的最基本形式。

单差法并不能提高GPS绝对定位的精度，但由于基线长度与卫星高度相比是一个微小量，因而两测站的大气折光影响和卫星星历误差的影响具有良好的相关性。因此，当求一次差时，必然削弱了这些误差的影响，同时消除了卫星钟的误差（因两台接收机在同一时刻接收同一颗卫星的信号，则卫星钟差改正数相等）。由此可见，单差法只能有效地提高相对定位的精度，其求算结果应为两测站点间的坐标差，或称基线向量。

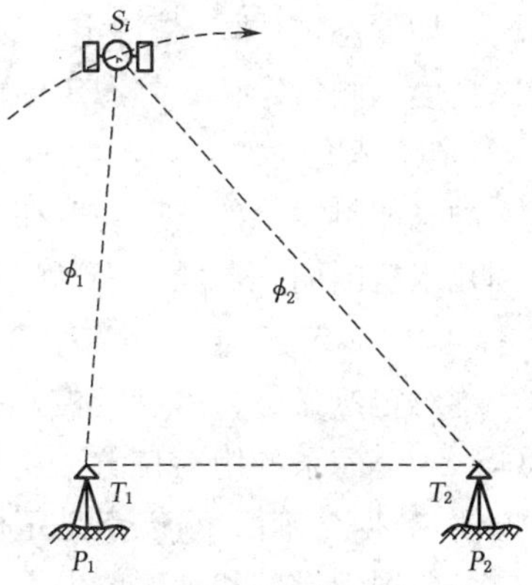

图6-9 载波相位单差法定位

(2) 双差法

双差就是在不同测站上同步观测同一组卫星所得到的单差之差，即在接收机和卫星间求二次差。

由于进行连续的相关观测，求二次差后，便可有效地消除两测站接收机的相对钟差改正数，这是双差模型的主要优点，同时也大大地减小了其他误差的影响。因此在GPS相对定位中，广泛采用双差法进行平差计算和数据处理。

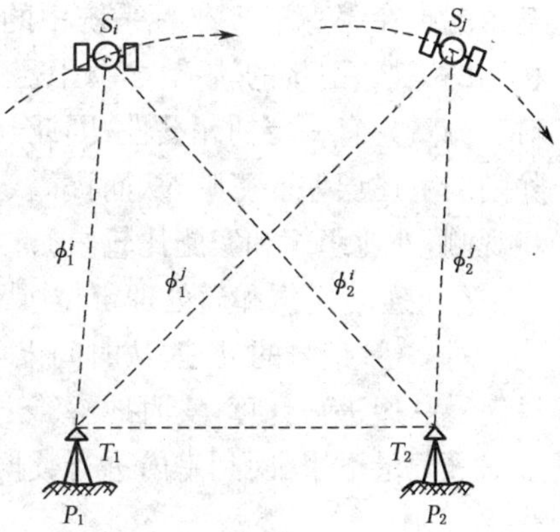

图6-10 载波相位双差法定位

(3) 三差法

三差法就是于不同历元（t_k 和 t_{k+i}）同步观测同一组卫星所得观测量的双差之差，即在接收机、卫星和历元间求三次差。

引入三差法的目的，就在于解决前两种方法中存在的整周未知数和整周跳变待定的问题，这是三差法的主要优点。但由于三差模型中未知参数的数目较少，则独立的观测量方程的数目也明显减少，这对未知数的解算将会产生不良的影响，使精度降低。正是由于这个原因，通常将消除了整周未知数的三差法结果，仅用作前两种方法的初次解（近似值），而在实际工作中采用双差法结果更加适宜。

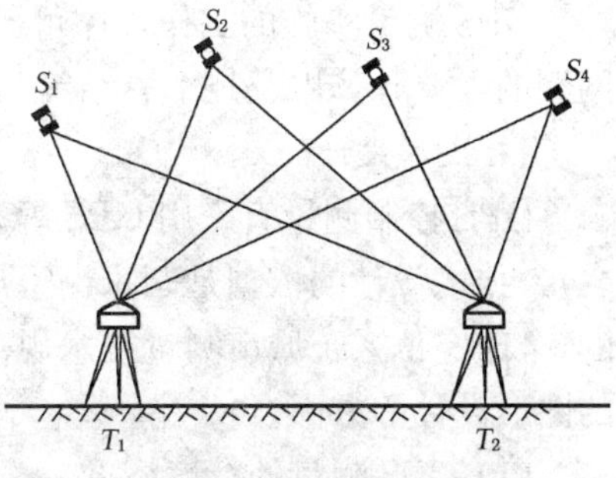

图6-11 载波相位三差法定位

4) GPS定位方法

GPS定位的方法有多种，根据接收机的运动状态可分为静态定位和动态定位，根据定位的模式又可分为绝对(单点)定位和相对定位(差分定位),按数据的处理方式可分为实时定位和后处理定位。

(1) 静态定位和动态定位

动态定位,就是待定点在运动载体上,在观测过程中是变化的。动态定位的特点是可以测定一个动态点的实时位置,多余观测量少,定位精度较低。

所谓静态定位,就是待定点的位置在观测过程中固定不变。在测量中,静态定位一般用于高精度的测量定位。静态定位由于接收机位置不动,可以进行大量的重复观测,所以可靠性强,定位精度高。

静态相对定位的精度一般在几毫米到几厘米范围内,动态相对定位的精度一般在几厘米到几米范围内。一般说来,静态定位多采用后处理,而动态定位多采用实时处理。

(2) 绝对定位

绝对定位又称为单点定位,它是利用一台接收机观测卫星,独立地确定接收机天线在WGS-84坐标系的绝对位置。绝对定位的优点是只需一台接收机,如图6-7所示。该法外业方便,数据处理简单,缺点是定位精度低,受各种误差的影响比较大,只能达到米级。绝对定位一般用于导航和精度要求不高的情况。

(3) 相对定位

如图6-9所示,用两台GPS接收机分别安置在基线两端,同步观测相同的卫星,以确定基线端点在WGS-84坐标系统中的相对位置或基线向量(基线两端坐标差)。由于同步观测相同的卫星,卫星的轨道误差,卫星的钟差,接收机的钟差以及电离层、对流层的折射误差等对观测量具有一定的相关性,因此利用这些观测量的不同组合进行相对定位,可以有效地消除削弱上述误差的影响,从而提高定位精度。缺点是至少需要两台GPS接收机,并要求同步观测,外业组织和实施比较复杂。

(4) 实时定位和后处理定位

对GPS信号的处理,从时间上可划分为实时处理及后处理。实时处理就是一边接收卫星信号一边进行计算,实时地解算出接收机天线所在的位置、速度等信息。后处理是指把卫星信号记录下来,回到室内进行数据处理以进行定位的方法。

6.2.4 GPS测量的实施

GPS测量实施的工作程序可分为技术设计、选点与建立标志、外业观测、成果检核、GPS网型的平差计算以及技术总结等几个阶段。

1) 技术设计

GPS控制测量宜采用GPS静态相对定位方法,控制网的技术设计是建立GPS网的第一步,技术设计的依据是国家测绘局颁发的《全球定位系统(GPS)测量规范》及建设部颁发的《全球定位系统城市测量技术规范》。GPS技术设计的主要内容包括确定精度指标和网型的图形设计等方面。

(1) GPS测量的精度标准

国家测绘局制订的《全球定位系统(GPS)测量规范》(GB/T 18314—2009)将GPS的测量精度分为A~E五级,以适应不同范围、不同用途要求的GPS工程,表6-1列出了规范对不同级别 GPS 控制网精度的要求。

GPS 测量的精度标准通常也用网中相邻点之间的距离中误差来表示，其形式为：

$$m_d = \pm\sqrt{a^2 + (b \times d \times 10^{-6})^2} \tag{6-5}$$

式中：m_d——距离中误差(mm)；

a——固定误差(mm)；

b——比例误差系数(ppm)；

d——相邻点间的距离(km)。

表 6-1 GPS 网的分级精度指标(一)

类级	用途	坐标年变化率中误差		相对精度	地心坐标分量年平均中误差(mm)
		水平分量(mm/a)	垂直分量(mm/a)		
A	建立国家一等大地控制网，进行全球性的地球动力学研究、地壳形变测量和精密定轨等的 GPS 测量	2	3	1×10^{-8}	0.5

表 6-2 GPS 网的分级精度指标(二)

类级	用途	相邻点基线分量中误差		相邻点平均距离(km)
		水平分量(mm)	垂直分量(mm)	
B	建立国家二等大地控制网，建立地方或城市坐标基准框架、区域性的地球动力学研究、地壳形变测量、局部变形监测和各种精密工程测量等的 GPS 测量	5	10	50
C	建立三等大地控制网，以及建立区域、城市及工程测量的基本控制网等的 GPS 测量	10	20	20
D	建立四等大地控制网的 GPS 测量	20	40	5
E	中小城市、城镇以及测图、地籍、土地信息、房产、物探、勘测、建筑施工等控制测量的 GPS 测量	20	40	3

(2) GPS 网型的图形设计

采用静态相对定位观测的 GPS 网的布设应根据作业时卫星状况、预期达到的精度、成果可靠性等综合考虑，按照优化设计原则进行。

适当地分级布设 GPS 网，也便于 GPS 网的数据处理和成果检核分阶段进行；通常在进行 GPS 网设计时，需要顾及测站选址、仪器设备装置与后勤交通保障等因素；当观测点位、接收机数量确定后，还需要设计各观测时段的时间及接收机的搬站顺序。

GPS网型应根据同一时间段内观测的基线边构成闭合图形为原则，来构成不同结点数的同步环，如三角形(三个接收机)、N边形(N个接收机)等，以此增加检核条件，提高网的可靠性。因此点连式、边连式、网连式和混连式是构网的四种基本形式。实际上根据作业条件，图形布设形式的选择取决于工程所要求的精度、GPS接收机台数及野外条件等因素，应灵活选择。

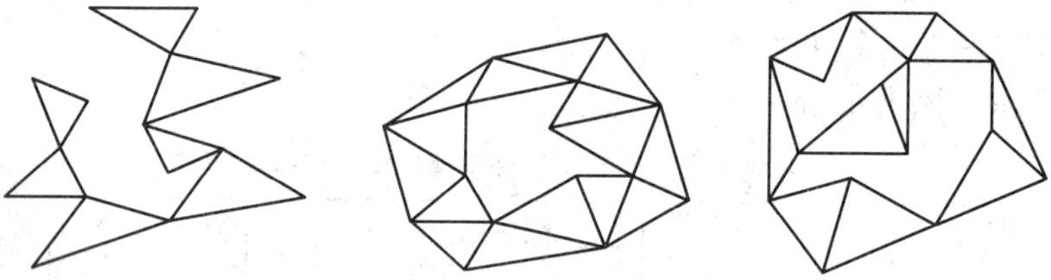

(a) 点连式　　(b) 边连式　　(c) 混连式

图6-12　GPS网的图形布设

点连式是指只通过一个公共点将相邻的同步图形连接在一起。点连式布网由于不能组成一定的几何图形，形成一定的检核条件，图形强度低，而且一个连接点或一个同步环发生问题，影响到后面所有的同步图形。因此这种布网形式一般不能单独使用。

边连式是通过一条边将相邻的同步图形连接在一起。与点连式相比，边连式观测作业方式可以形成较多的重复基线与独立环，具有较好的图形强度与较高的作业效率。

网连式就是相邻的同步图形间有3个以上的公共点，相邻图形有一定的重叠。采用这种形式所测设的GPS网具有很强的图形强度，但作业效率很低，一般仅适用于精度要求较高的控制网。

在实际作业中，由于以上几种布网方案存在这样或那样的缺点，一般不单独采用一种形式，而是根据具体情况，灵活地采用以上几种布网方式，称为混连式。混连式是实际作业中最常用的作业方式。

(3) 坐标系统与起算数据

GPS测量得到的是GPS基线向量(两点的坐标差)，其坐标基准为WGS-84坐标系，而实际工程中，需要的是属于国家坐标系或地方独立坐标系中的坐标。为此，在GPS网的技术设计中，必须说明GPS网的成果所采用的坐标系统和起算数据。

WGS-84系统与我国的1954年北京坐标系和1980年国家大地坐标系相比，彼此之间不仅采用的椭球不同，而且定位和定向均不同。因此，GPS测量获得的坐标是不同于我们常用的大地坐标的。为获得大地坐标，必须在两坐标系之间进行转换。为解决两坐标系间的转换，可采用类似区域网平差中绝对定向的方法，即在该需要转换区域内选择3个以上均匀分布的控制点，已知它们在两个坐标系中的坐标，通过空间相似变换求得7个待定系数：3个平移参数、3个旋转参数和1个缩放参数。但在我国的大部分地区，转换精度较低。常用的方法是首先对GPS网在WGS-84坐标中单独平差处理，然后再以两个以上的地面控制点作为起始点，在大地坐标系(1954年北京坐标系或1980年国家大地坐标系)中进行一次平差处理，可以获得较高的控制测量精度。

GPS测定的高程是WGS-84坐标系中的大地高，与我国采用的1985年黄海国家高程基准正常高之间也需要进行转换。为了得到GPS点的正常高，应使一定数量的GPS点与水准点重合，或者对部分 GPS 点联测水准。若需要进行水准联测，则在进行 GPS 布点时应对此加以考虑。

2）选点与建立标志

和常规测量相比，GPS 测站不要求相邻点间通视，因此网形结构灵活，选点工作较常规测量要简便得多。选点前应根据测量任务和测区状况，收集有关测区的资料。

由于 GPS 测量不需要点间通视，而且网的结构比较灵活，因此选点工作较常规测量要简便。选点前，收集有关布网任务、测区资料、已有各类控制点、卫星地面站的资料，了解测区内交通、通讯、气象等情况，以便恰当地选定 GPS 点的点位。在选定 GPS 点点位时，应遵守以下原则：

(1) 周围便于安置接收设备和操作，视野开阔，视场内障碍物的高度角不宜超过 15°。

(2) 远离大功率无线电发射源（如电视台、电台、微波站等），其距离应大于 200 m；远离高压电线和微波无线电传送通道，其距离应大于 50 m。

(3) 附近不应有强烈反射卫星信号的物件（如大型建筑物、大面积水域等）。

(4) 交通方便，有利于其他测量手段扩展和联测。

(5) 地面基础稳定，易于点的保存。

为了较长期地保存点位，GPS 控制点一般应设置具有中心标志的标石，精确地标志点位，点的标石和标志必须稳定、坚固。最后，应绘制点之记、测站环视图和 GPS 网图，作为提交的选点技术资料。

3）GPS 外业观测

在进行 GPS 测量之前，必须做好一切外业准备工作，以保证整个外业工作的顺利实施。外业准备工作一般包括测区的踏勘、资料收集、技术设计书的编写、设备的准备与人员安排、观测计划的拟订、GPS 仪器的选择与检验。GPS 观测工作主要包括天线安置、观测作业、观测记录、观测成果的外业检核 4 个过程。因此，GPS 外业测量的主要工作如下。

(1) GPS 接收机的检查

一般性检查：检查接收机各部件是否齐全、完好，紧固部件是否松动与脱落，资料是否齐全等。

通电检验：检验的主要项目包括设备通电后有关信号灯、按键、显示系统和仪表工作情况，以及自测试系统工作情况。当自测试正常后，按操作步骤进行卫星捕获与跟踪，以检验其工作情况。

(2) 编制 GPS 卫星可见性预报及观测时段的选择

GPS 定位精度与观测卫星的几何图形有密切关系。卫星几何图形的强度越好，定位精度就越高。卫星分布范围越大，则定位精度就越高。因此，观测前要编制卫星可见性预报，选择最佳观测时段，拟定观测计划。

(3) 天线安置

天线的精确安置是实现精密定位的前提。一般情况下，天线应尽量利用三脚架安置在标志中心的垂线方向上，对中误差不大于 3 mm。架设天线不宜过低，一般应距地面 1.5 m 以上。天线的圆水准气泡必须居中；天线定向标志线应指向正北，并顾及当地磁偏角的影响，以减弱相位中心偏差的影响，定向误差不超过±5°。天线安置后，应在各观测时段的前后各量取天线高一次。两次量高之差不应大于 3 mm，取平均值作为最后天线高。

(4) 安置 GPS 接收机并开机观测

在离天线的适当位置的安全处安放接收机,用电缆把接收机与电源、天线及控制器连接好,确认无误后,打开电源开关,进行预热和静置。在需要观测时输入测站名、卫星截止高度角、卫星信号采样间隔等。一个时段的测量工作结束后要查看仪器高和测站名是否输入,确保无误后再关机,关电源,迁站。为削弱电离层的影响,安排一部分时段在夜间观测。

(5) 观测记录与测量手簿

外业观测过程中,所有的观测数据和资料都应妥善记录。观测记录主要由接收设备自动完成,数据自动记录。其内容包括:GPS 卫星星历、卫星钟差参数、同一历元的伪距观测值、载波相位观测值、大气折射修正参数、实时绝对定位结果等。至于测站的信息,包括观测站点点号、时段号、近似坐标、天线高等,通常是由观测人员在观测过程中手工输入接收机。测量手簿在观测过程中由观测人员填写,不得测后补记。手簿的内容还包括天气状况、气象元素、观测人员等内容。

4) 成果检核与数据处理

当外业观测工作完成后,当天即将观测数据下载到计算机中,对外业观测数据及时进行严格检查,对外业预处理成果,按规范要求进行严格检查、分析,根据情况进行必要的重测和补测,确保外业成果无误。当进行了数据的检核后,就可以将基线向量组网进行平差了。当完成基线向量解算后,应对解算成果进行检核,常见的有同步环和异步环的检测。根据规范要求的精度,剔除误差大的数据,必要时还需要进行重测。

同步环:同步环坐标分量及全长相对闭合差不得超过 2 ppm 与 3 ppm。

非同步环:非同步环闭合差

$$\left.\begin{aligned} W_x &= \sum_{i=1}^{n} \Delta x_i \leqslant 2\sqrt{n}\delta \\ W_y &= \sum_{i=1}^{n} \Delta y_i \leqslant 2\sqrt{n}\delta \\ W_z &= \sum_{i=1}^{n} \Delta z_i \leqslant 2\sqrt{n}\delta \\ W &= \sqrt{W_x^2 + W_y^2 + W_z^2} \leqslant 2\sqrt{3n}\delta \end{aligned}\right\} \tag{6-6}$$

6.3 GPS RTK 定位原理及应用

6.3.1 GPS RTK 定位原理

实时动态定位测量,即 RTK(Real Time Kinematic)测量技术。常规的 GPS 测量方法,无论静态还是动态测量都需要事后进行解算才能获得厘米级以上的精度。而 RTK 是能够在野外实测时得到厘米级定位精度的测量方法,它采用了载波相位动态实时差分方法,它的出现为控制测量、工程放样、地形测图等测量定位带来极大便利，提高了外业作业效率。RTK 技术是基于载波相位观测值的实时动态定位技术，它能够实时地提供测站点在指定坐标系中的三维定位结果，并能达到厘米级精度。该技术保留了 GPS 测量的高精度，又具有实时性。

1）实时 GPS 测量原理

其基本思想是：在基准站上设置一台 GPS 接收机，对所有可见 GPS 卫星进行连续的观测，并将其观测数据通过无线电传输设备实时地发送给用户观测站。在用户站上，GPS 接收机在接收 GPS 卫星信号的同时，通过无线电接收设备，接收基准站传输的观测数据，然后根据相对定位原理，实时地解算整周模糊度未知数并计算显示用户站的三维坐标及其精度。通过实时计算的定位结果，便可监测基准站与用户站观测成果的质量和解算结果的收敛情况，实时地判定解算结果是否成功，从而减少冗余观测量，缩短观测时间。

我们知道，静态测量是用两台或两台以上 GPS 接收机同步观测，对观测数据进行处理，可得到两测站间精密的 WGS-84 基线向量，再经过平差、坐标传递、坐标转换等工作，最终得到测点的坐标。显然静态测量不具备实时性。RTK 定位技术则是实时动态测量，在基准站上安置一台 GPS 接收机，对所有可见 GPS 卫星进行连续观测，并将观测数据通过无线电传输设备，实时地发送给在各流动测站上移动观测的 GPS 接收机，移动 GPS 接收机在接收 GPS 信号的同时，通过无线电接收设备接收基准站传输的观测数据，再根据差分定位原理，实时计算出测站点三维坐标及精度，如果距离小于 50 km，且有 5 颗以上可见 GPS 卫星，精度可达 1～2 cm。因此 RTK 需要在两台 GPS 接收机之间增加一套无线数字通讯系统，将两个相对独立的 GPS 信号接收系统联成有机的整体。基准站通过电台将观测信息和测站数据传输给流动站，流动站将基准站传来的载波观测信号与流动站本身测得的载波观测信号进行差分处理，解出两站间的基线值，同时输入相应的坐标转换和投影参数，实时得到测点坐标，因此，实时 GPS 测量的关键除数据传输技术外，还需具有很强的数据处理能力。现在 RTK 技术已经逐步应用于控制测量，如公路控制测量、输电线路控制测量、水利工程控制测量及大地测量中，它不仅可以实时提供定位精度，而且可以大大减少人力强度、节省费用、提高劳动效率。

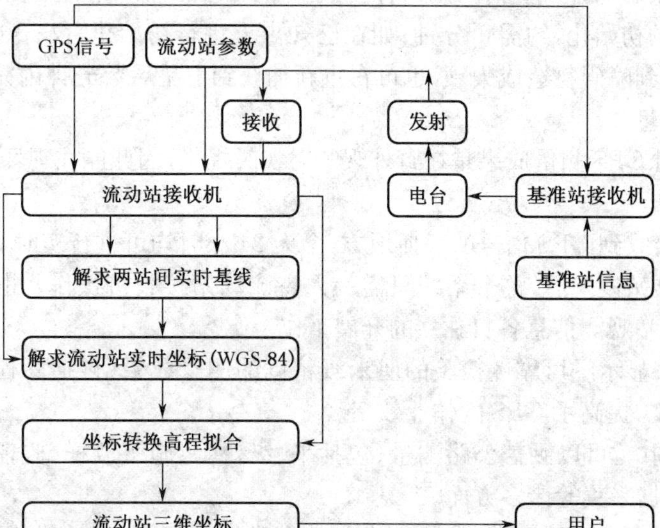

图 6-13　RTK 测量作业流程

实时 GPS 系统由以下三部分组成：

（1）GPS 信号接收系统

双频接收机和单频接收机均可用于实时 GPS 测量，但是单频机进行整周未知数的初始化需要较长的时间，并且在实际作业时容易失锁，失锁后的重新初始化要占去许多时间。因此，实际作业中一般应用双频机。

（2）数据实时传输系统

数据实时传输系统是实现实时动态测量的关键设备，它由基准站的发射电台与流动站的接收电台组成，把基准站的信息及观测数据一并实时传输到流动站，并与流动站的观测数据进行实时处理。流动站可以随时调阅基准站的工作状态和设站信息。

（3）数据实时处理系统

基准站将自身与观测数据通过数据链传输至流动站，流动站将从基准站接收到的信息与自身采集的观测数据组成差分观测值，在整周未知数解算出以后，即可进行实时处理。只要保证锁定四颗以上的卫星，并具有足够的几何图形强度，就能随时给出厘米级的点位精度。因此必须具备功能很强的数据处理系统，目前该系统已发展成为多功能的完整系统，所以能成功地应用于实际作业中。

2）RTK 测量的特点

（1）实时 GPS 测量保留了所有经典 GPS 功能，如静态测量、快速静态测量等，观测数据亦可采用后处理的方式。静态测量数据后处理的方式是高精度控制测量的理想方法。由于后处理定位和实时定位可以同时进行，所以能做到彼此互补，发挥各自特长。

（2）经典的 GPS 测量因不具备实时性而不能用来放样，放样工作还得配备传统的测量仪器。实时 GPS 测量弥补了这一缺陷，放样精度可达到厘米级。

（3）实现实时 GPS 测量的关键技术之一是快速解算载波的整周未知数。用经典的静态相对定位法，解得整周未知数并达到足够精度，往往需要 1 小时甚至更长时间。在实时 GPS 测量中，尽管初始化时间的长短受到跟踪观测的卫星数量、几何图形强度、多路径效应、电离层干扰等诸多因素影响，但也可在数分钟之内完成。如借助快速静态定位，约需 3 分钟，如采用动态环境下的初始化，约需 1 分钟；如在已知点上进行初始化，仅有几秒钟已足够。这样，测量中即使遇到障碍物造成失锁，也可在重新捕获到卫星后数分钟内完成整周未知数初始化，继续进行测量。

（4）由于实时 GPS 测量成果是在野外观测时实时提供，因此能在现场及时进行校核，避免外业返工。

（5）在能够接收到 GPS 信号的任何地方，全天 24 小时均可进行实时 GPS 测量和放样。

（6）完成基准站设置后，整个系统只需一人持流动站接收机操作。也可设置几个流动站，利用同一基准站观测信息各自独立的开展工作。

（7）实时动态显示经可靠性检验的厘米级精度的测量成果（包括高程），彻底摆脱了由于粗差造成的返工，提高了 GPS 的作业效率。

（8）应用范围广，可以涵盖公路测量（包括平、纵、横）、施工放样、监理、竣工测量、养护测量、GIS 前端数据采集等诸多方面。

（9）RTK 可与全站仪联合作业（超站仪），充分发挥 RTK 与全站仪各自的优势。

6.3.2 RTK 在工程建设中的应用

随着全球定位系统(GPS)技术的快速发展,RTK 测量技术日益成熟,具有观测时间短、精度高、实时性和高效性的优点,使得 RTK 测量技术在测绘中应用越来越广。实时动态定位如采用快速静态测量模式,在 15 km 范围内,其定位精度可达 1～2 cm。常用的工程测量有:

(1) 控制测量

为满足城市建成区和规划区测绘的需要,城市控制网具有控制面积大、精度高、使用频繁等特点,城市Ⅰ、Ⅱ、Ⅲ级导线大多位于地面,随着城市建设的飞速发展,这些点常被破坏,影响了工程测量的进度,如何快速精确地提供控制点,直接影响工作的效率。常规控制测量如导线测量,要求点间通视,费工费时,且精度不均匀。GPS 静态测量,点间不需通视且精度高,但数据采集时间长,还需事后进行数据处理,不能实时知道定位结果,如内业发现精度不符合要求则必须返工。应用 RTK 技术无论是在作业精度还是在作业效率上都具有明显的优势。

(2) 大比例尺地形图测绘

RTK 技术还可用于地形测量、水域测量、管线测量、房产测量等方面进行大比例尺地形图测绘。传统测图方法先要建立控制点,然后进行碎部测量,绘制成大比例尺地形图。这种方法劳动强度大,效率低。应用 RTK 实时动态定位测量技术可以完全克服这个缺点,可不用布设图根控制,仅依据少量的基准点,只需在沿线每个碎部点上停留几分钟,即可获得每点的坐标及高程。结合点特征编码及属性信息,将点的组合数据导入到计算机,即可用南方 CASS 等绘图软件成图,降低了测图难度,大大提高了工作效率。

(3) 线路中线定线

应用 RTK 技术进行中线测量,可同时完成传统测量方法中的放线测量、中桩测量、中平测量等工作,放样工作一人也可完成。基本作业方法是:在路线控制点上架设 GPS 接收机作为基准站,流动站测设路线点位并进行打桩作业。根据所设计的路线参数,利用路线计算程序和 GPS 配套的电子手簿计算路线中桩的设计坐标。在流动站的测设操作下,只要输入要测设的参考点号,然后按解算键,显示屏可及时显示当前杆位和到设计桩位的方向与距离,移动杆位,当屏幕显示杆位与设计点位重合时,在杆位处打桩写号即可。这样逐桩进行,可快速地在地面上测设中桩并测得中桩高程,并且每个点的测设都是独立完成的,不会产生累计误差。

(4) 建筑物规划放线

建筑物规划放线,放线点既要满足城市规划条件的要求,又要满足建筑物本身的几何关系,放样精度要求较高。使用 RTK 进行建筑物放样时需要注意检查建筑物本身的几何关系,对于短边,其相对关系较难满足。在放样的同时,需要注意的是测量点位的收敛精度,在点位收敛精度不高的情况下,强制测量则有可能带来较大的点位误差。在点位精度收敛高的情况下,用 RTK 进行规划放线一般能满足要求。

(5) 进行线路勘察设计

在线路选线的过程中,用车载 GPS-RTK 接收机做流动站,按原路中线一定方向间隔采集数据，选择另一个已知点为参考站，遇到重要地物准确定位，完毕后将数据导入计算机，利用软件可以方便地在计算机上选线。设计人员在大比例尺地形图上定线后，需将中线在地面上标定出来。采用实时GPS测量，只需将中桩点坐标或坐标文件输入到电子手簿中，软件可以自动定出放样点的点位。

将GPS RTK技术应用于各种工程测量能够极大地降低劳动强度，大大提高工作效率及成果质量，这是传统的测量作业方式无法比拟的。RTK在控制测量以及施工放样中有着广泛的运用。但其在碎部测量中的应用还是有一定的限制(碎部点上方有遮盖)。在进行测量时，主要注意事项是基准站选择要在比较中心、位置空旷开阔的至高点上，且周围无磁场的影响，这样流动站接收的信号好。

习题与思考题

1. 何谓全球定位系统？GPS与传统测量方法相比具有哪些特点？
2. GPS全球定位系统由哪几部分组成？各部分的作用是什么？
3. GPS系统的定位原理是什么？
4. 什么是伪距和伪距定位测量？
5. 什么是载波相位测量？为什么说载波相位测量定位精度高？
6. 绝对定位的实质是什么？为什么至少要同时观测4颗卫星？
7. 何谓相对定位？为什么相对定位能提高定位的精度？
8. GPS控制网如何布设？应注意哪些问题？
9. GPS外业测量工作有哪些？
10. 何谓GPS RTK技术？简述其测量步骤。
11. 简述GPS外业观测的主要工作。

7　测量误差及数据处理的基本知识

【本章知识要点】 测量误差的来源；测量误差的分类；系统误差；偶然误差及其特性；多余观测；标准差；中误差；极限误差；容许误差；相对误差；误差传播定律；改正数；等精度观测值中误差；算术平均值中误差；权的概念；非等精度观测值精度评定。

7.1　测量误差概述

从前述各章的误差分析可以看出，测量工作受到各种不利因素的影响，造成测量结果中含有误差。因而实际工作中必须研究测量误差的来源、性质及其产生和传播的规律，以采取一定措施消除、减弱或限制误差的影响。

7.1.1　误差来源

1) 测量与观测值

测量是采用一定的仪器、工具、方法对地物、地貌的几何要素进行量测，量测获得的数据叫做观测值。在实际工作中，对同一个量进行多次观测时所得到的各个结果却互有差异；或者对若干个量进行观测时，本来这几个量之间应该满足某一理论值，而实际观测结果往往不等于该理论值，比如对一个三角形的 3 个内角进行观测，发现其和并不等于 180°。这种差异是测量工作中普遍存在的现象，是由于观测值中包含有各种误差的缘故。

2) 测量误差及其来源

测量中的被观测量客观上都存在一个真实值或理论值，对该量进行观测得到观测值，观测值 l_i 与真实值(或理论值) X 之差称为真误差 Δ_i，即：

$$\Delta_i = l_i - X(i = 1, 2, 3, \cdots, n) \tag{7-1}$$

测量误差的来源主要为以下 3 个方面：

(1) 测量仪器设备

测量都是利用特定的仪器、工具进行的，由于仪器设计、材料、制造不尽完善及仪器本身构造上的缺陷，每一种仪器只能达到一定限度的精密度，从而使观测结果的精确度受到限制。此外，仪器长期使用后也会受到震动、磨损，使观测结果产生误差。

(2) 观测者

测量是由观测者完成的，人的感觉器官的鉴别能力有一定的局限性，观测者在仪器的安置、照准、读数等工作中都会产生误差。此外，观测者的工作态度、操作水平也会对测量结果的精确度产生影响。

(3) 外界环境条件

外界环境条件是指野外观测过程中外界条件的因素，如温度、湿度、风力等天气的变化，植被的不同，地面土质松紧的差异，地形的起伏，周围建筑物的状况，以及太阳光线的强弱、照射的角度大小等。

风力大会使测量仪器不稳，地面松软可使测量仪器下沉，强烈的阳光照射会使水准管变形，太阳的高度角、地形和地面植被决定了地面大气温度梯度，观测视线穿过不同温度梯度的大气介质或靠近反光物体，都会使视线弯曲，产生折光现象。这些都会使观测结果产生误差。

3) 等精度观测与非等精度观测

测量仪器设备、观测者和观测时的外界环境条件是引起测量误差的主要因素，通常称为观测条件。对同一个量在相同的观测条件下进行的各次观测，称为等精度观测。对同一个量在不同的观测条件下进行的各次观测，称为非等精度观测。

7.1.2 测量误差分类

由于各种因素的影响，测量结果中不可避免的包含误差，还可能出现粗差，甚至是错误。错误如读错、记错数据等在测量中是不允许的，必须通过规范操作加以避免；包含有错误的观测值应该舍弃，并重新进行观测。

粗差是一些不确定因素引起的、超过容许范围的误差，目前学术界对于粗差的认识尚不统一。一般认为，粗差是一种特别大的误差，不符合要求，必须通过检核，查找产生的原因，加以剔除，并进行重测。

测量误差通常是指容许范围以内的差值，是观测过程中客观存在的。按其性质，测量误差可分为系统误差和偶然误差。

1) 系统误差

系统误差是指在相同的观测条件下对某量进行一系列观测，其数值大小和符号保持不变，或按一定的规律变化的误差。系统误差主要是由仪器制造、校正不完善、测量时外界环境条件与仪器检定时不一致等原因引起的。在观测成果中此类误差的影响具有累积性，对成果质量影响显著。

测量工作中可以通过适当的方法消除、减弱或限制系统误差的影响：

(1) 采用对称观测的方法消除系统误差的影响，如角度测量时，采用正倒镜分中法可以消除视准轴误差、横轴误差、照准部偏心差和竖盘指标差等的影响；水准测量时，采用前后视距相等的方法可以消除视准轴误差、地球曲率和大气折光差的影响。

(2) 找出产生系统误差的原因和规律，采用一定的计算方法修正系统误差的影响，如钢尺量距时对结果进行尺长改正、温度改正和倾斜改正。

(3) 将系统误差限制在容许范围内。有些系统误差无法通过一定的观测方法消除或用一定的计算方法改正，如经纬仪竖轴误差，只能按照规定的要求进行精确检校，在观测时严格精平，使其对水平角观测的影响限制在容许范围内。

2）偶然误差

偶然误差是指在相同的观测条件下对某量进行一系列观测，其数值大小和符号不固定或表面上没有规律性的误差。偶然误差的产生取决于观测进行中的一系列不可能严格控制的因素（如湿度、温度、空气振动和观测者感官能力等）的随机扰动，如受到肉眼分辨率和望远镜放大倍率的限制，观测者估读数据可能忽大忽小，照准目标可能忽左忽右。

尽管单个偶然误差出现的大小和符号没有一定的规律性，但对大量的偶然误差进行统计分析，就会发现偶然误差的分布服从统计规律，样本个数越多统计规律就越明显。所以从概率论观点出发，偶然误差又可称为随机误差。

偶然误差对测量结果的影响只能通过“多余观测”进行检核和调整。

7.1.3　多余观测

为了防止错误的发生和提高观测成果的精度，在测量工作中一般需要进行多于必要的观测，称为“多余观测”。例如一段距离采用往返丈量，如果往测属于必要观测，则返测就属于多余观测；如对一个水平角观测了 6 个测回，如果第一个测回属于必要观测，则其余 5 个测回就属于多余观测；又例如一个平面三角形的水平角观测，其中 2 个角属于必要观测，第三个角则属于多余观测。

有了多余观测，就可以发现观测值中的错误，以便将其剔除和重测。由于观测值中的偶然误差不可避免，有了多余观测，观测值之间必然产生矛盾（往返差、不符值、闭合差），根据差值的大小，可以评定测量的精度。差值如果大到一定程度，就认为观测值中有错误（不属于偶然误差），称为误差超限，应予重测，差值如果不超限，则按偶然误差的规律加以处理，称为闭合差的调整，以求得最可靠的数值。

7.1.4　偶然误差特性

当观测值中剔除了粗差，排除了系统误差的影响，或者与偶然误差相比系统误差处于次要地位后，占主导地位的偶然误差就成了我们研究的主要对象。如前所述，偶然误差的随机性是表面的，对大量观测结构进行分析后可以看出偶然误差的内在规律。

例如，在相同的观测条件下，对 358 个三角形的内角进行了观测。由于观测值含有偶然误差，致使每个三角形的内角和不等于 180°。根据式(7-1)计算出 358 个三角形内角和的真误差，并取误差区间为 0.2″，以误差的大小和正负号，分别统计出它们在各误差区间内的个数 k 和频率 k/n，结果列于表 7-1。

表 7-1　三角形内角和观测实验偶然误差的区间分布表

误差区间 Δ''	正误差		负误差		合计	
	个数 k	频率 k/n	个数 k	频率 k/n	个数 k	频率 k/n
0.0～0.2	45	0.126	46	0.128	91	0.254
0.2～0.4	40	0.112	41	0.115	81	0.226

续表 7-1

误差区间 Δ″	正误差		负误差		合计	
	个数 k	频率 k/n	个数 k	频率 k/n	个数 k	频率 k/n
0.4～0.6	33	0.092	33	0.092	66	0.184
0.6～0.8	23	0.064	21	0.059	44	0.123
0.8～1.0	17	0.047	16	0.045	33	0.092
1.0～1.2	13	0.036	13	0.036	26	0.073
1.2～1.4	6	0.017	5	0.014	11	0.031
1.4～1.6	4	0.011	2	0.006	6	0.017
1.6 以上	0	0	0	0	0	0
总和	181	0.505	177	0.495	358	1.000

从表 7-1 中可看出，绝对值最大的误差不超过 1.6″；小误差出现的频率比大误差高；绝对值相等的正、负误差出现的个数近于相等。由此实验统计结果表明，当观测次数较多时，偶然误差具有如下特性：

(1) 在一定的观测条件下，偶然误差的绝对值不会超过一定的限度。

(2) 绝对值小的误差比绝对值大的误差出现的机会大。

(3) 绝对值相等的正误差与负误差出现的机会相等。

(4) 当观测次数无限增多时，偶然误差的算术平均值趋近于零，即：

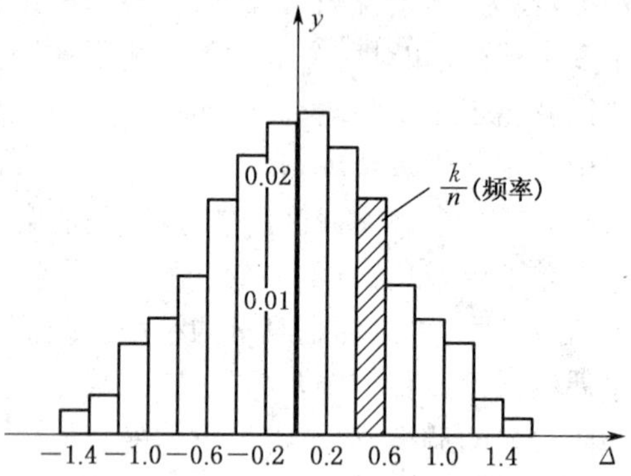

图 7-1　误差分布直方图

$$\lim_{n\to\infty}\frac{\Delta_1+\Delta_2+\cdots+\Delta_n}{n}=\lim_{n\to\infty}\frac{[\Delta]}{n}=0 \tag{7-2}$$

上述第四个特性说明，偶然误差具有抵偿性，它是由第三个特性导出的。

将表 7-1 中所列数据用图 7-1 表示，可以更直观地看出偶然误差的分布情况。图中横坐标表示误差的大小，纵坐标表示各区间误差出现的频率除以误差区间的间隔值 dΔ。这样每个区间上的矩形面积就代表误差出现在该区间的频率。

当观测次数无限增多，即 $n\to\infty$ 时，如果将误差的区间间隔无限缩小($d\Delta\to 0$)，则各区间内的频率将趋于稳定而成为概率，图 7-1 中各矩形顶边所形成的折线将变成一条光滑而对称的曲线，称为误差分布曲线。在概率论中，把这种误差分布称为高斯正态分布密度曲线。误差分布曲线上任一点的纵坐标 y 都是观测误差 Δ 的函数，即：

$$y=f(\Delta)=\frac{1}{\sqrt{2\pi}\cdot\sigma}\cdot e^{-\frac{\Delta^2}{2\sigma^2}} \tag{7-3}$$

其中 σ 为观测误差的标准差，σ 的大小体现了观测误差的离散特征，也反映出测量成果精度的高低。

如图 7-2，高斯正态分布密度函数是一个偶函数，对称于纵轴；Δ 越小，$f(\Delta)$ 越大；$\Delta=0$ 时，$f(\Delta)_{\max}=\dfrac{1}{\sqrt{2\pi}\sigma}$；$\Delta\to\pm\infty$，$f(\Delta)\to 0$。正态分布函数在 $-\sigma$ 和 $+\sigma$ 之间的面积是个定值(0.683)；在 -2σ 和 $+2\sigma$ 之间的面积是 0.955；在 -3σ 和 $+3\sigma$ 之间的面积是 0.997。图 7-3 表示了 3 组数据的观测误差绘制成的误差分布曲线，由图可知，σ 越大函数曲线越平缓，误差分布比较分散，测量结果精度也越低；σ 越小函数曲线越高陡，误差分布集中，测量结果精度也越高。

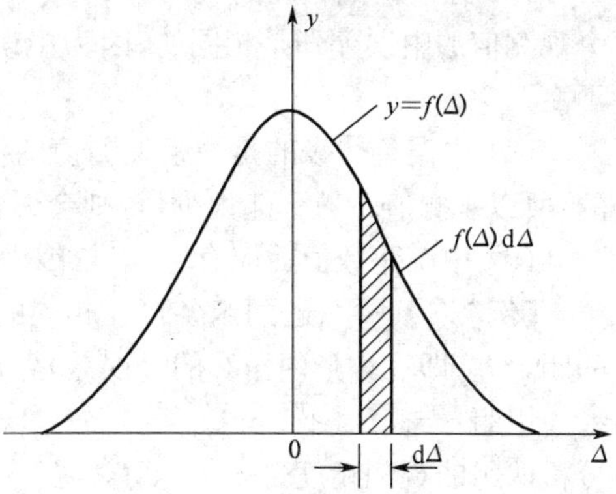

图 7-2　误差分布曲线

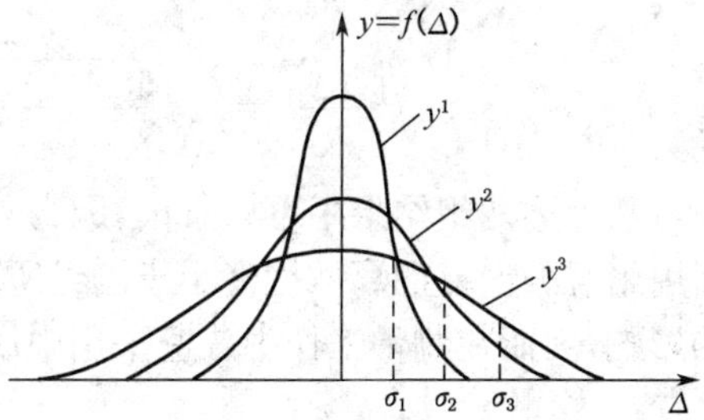

图 7-3　3 组观测数据的误差分布曲线

掌握了偶然误差的特性，就能根据带有偶然误差的观测值求出未知量的最可靠值，并衡量其精度。同时，也可应用误差理论来研究最合理的测量工作方案和观测方法。

7.2　评定精度的指标

精度是指一组观测值的密集与离散程度，为了准确评定观测结果的精度，需要有一些确定的指标。测量工作中评定精度的指标有中误差、相对误差、极限误差和容许误差等。

7.2.1　标准差与中误差

概率论中衡量观测值精度的指标是观测误差的标准差 σ，其表达式为：

$$\sigma=\lim_{n\to\infty}\sqrt{\frac{[\Delta\Delta]}{n}} \tag{7-4}$$

式中：$[\Delta\Delta]=\Delta_1^2+\Delta_2^2+\cdots+\Delta_n^2$，其他符号含义同前。

由此可见标准差是依据无穷多个观测值计算出的理论上的观测精度，而在测量实践中对某量的等精度观测总是有限次的，这样就只能以有限的观测次数 n 计算出标准差的估值 $\hat{\sigma}$，并将标准差的估值 $\hat{\sigma}$ 定义为中误差 m，作为衡量测量结果精度的一种标准，计算公式为：

$$m=\pm\sigma=\pm\sqrt{\frac{[\Delta\Delta]}{n}} \tag{7-5}$$

使用中误差评定观测值精度时，应注意：

(1) 在一组同精度的观测值中，尽管各观测值的真误差 Δ 出现的大小和符号各异，但每个观测值的中误差却是相同的，因为中误差反映观测的精度，只要观测条件相同，则中误差不变。

(2) 中误差代表的是一组观测值的误差分布，它是根据统计学原理来衡量观测值精度的，所以观测值个数不能太少，否则会失去可靠性。

(3) 中误差数值前应有"±"号，因为中误差所表示的精度是误差的某个区间。

【例 7-1】 甲、乙两组各自在相同的观测条件下测量了六个三角形的内角，得到三角形的闭合差(即三角形内角和的真误差)分别为：

甲组：+3″、+1″、−2″、−1″、0″、−3″；乙组：+6″、−5″、+1″、−4″、−3″、+5″。试分析两组的观测精度。

【解】 依据式(7-4)计算得两组观测值中误差分别为：

$$m_{甲}=\pm\sqrt{\frac{[\Delta\Delta]}{n}}=\pm\sqrt{\frac{3^2+1^2+(-2)^2+(-1)^2+0^2+(-3)^2}{6}}=\pm 2.0''$$

$$m_{乙}=\pm\sqrt{\frac{[\Delta\Delta]}{n}}=\pm\sqrt{\frac{6^2+(-5)^2+1^2+(-4)^2+(-3)^2+5^2}{6}}=\pm 4.3''$$

从上述两组结果中可以看出，因为 $m_{甲}<m_{乙}$，所以甲组观测精度高于乙组。显然这是由于甲组观测误差的离散程度小于乙组所致。正是由于中误差能反映绝对值较大的观测误差的影响，因而在测量工作中普遍采用中误差来评定测量成果的精度。

7.2.2 极限误差和容许误差

1) 极限误差

由偶然误差的第一特性可知，在一定的观测条件下，偶然误差的绝对值不会超过一定的限值，这个限值就是极限误差。根据误差理论和大量的实践证明，在一系列的同精度观测误差中，真误差绝对值大于标准差的概率约为 31.7%，大于 2 倍标准差的概率约为 4.5%，大于 3 倍标准差的概率约为 0.3%。也就是说，大于 3 倍标准差的真误差实际上是不大可能出现的。因此，通常以 3 倍标准差作为偶然误差的极限值，称为极限误差，即：

$$\Delta_{极}=3\sigma \tag{7-6}$$

2) 容许误差

在实际工作中，测量规范要求观测中不容许存在较大的误差，通常规定以 2 倍(要求严格)或 3 倍(要求较宽)中误差作为偶然误差的容许误差，即：

$$\Delta_{容}=(2\sim 3)m \tag{7-7}$$

如果观测值中出现了大于所规定的容许误差的偶然误差，则认为该观测值不可靠，应舍去不用或重测。

7.2.3 相对误差

真误差、中误差和容许误差都是有符号并与观测值单位相同的误差，这类误差属于绝对误差。在某些测量工作中,绝对误差不能完全反映出观测精度的高低。例如,分别丈量了 AB 段 100 m 和 CD 段 200 m 两段距离,中误差均为 ± 0.02 m。虽然两者的中误差相同,但就单位长度而言,两者精度并不相同,后者显然优于前者。为了客观反映实际精度,常采用相对误差。

观测值中误差 m 的绝对值与相应观测值 S 的比值称为相对中误差。它是一个无名数,常用分子为 1 的分数表示,即:

$$K = \frac{|m|}{S} = \frac{1}{\frac{S}{|m|}}$$

可见 AB 段的相对中误差为 $\frac{1}{5\,000}$,CD 段为 $\frac{1}{10\,000}$,表明后者精度高于前者。

对于真误差或容许误差,有时也可用相对误差来表示。例如,距离测量中的往返测较差与距离值之比称为相对较差,也就是所谓的相对真误差,即:

$$\frac{|D_{往} - D_{返}|}{D_{平均}} = \frac{1}{\frac{D_{平}}{\Delta D}} \tag{7-8}$$

它反映的只是往返测的符合程度,显然,相对较差越小,观测结果越可靠。

7.3 误差传播定律及其应用

当对某量进行了一系列的观测后,观测值的精度可用中误差来衡量。但在实际工作中,往往会遇到某些量的大小并不是直接测定的,而是由观测值通过一定的函数关系间接计算出来的。例如,水准测量中,在一测站上测得后、前视读数分别为 a、b,则高差 $h=a-b$,这时高差 h 就是直接观测值 a、b 的函数。当 a、b 存在误差时,h 也受其影响而产生误差,这就是所谓的误差传播。阐述观测值中误差与观测值函数中误差之间关系的定律称为误差传播定律。

7.3.1 误差传播定律

1) 函数中误差的计算方法

设 Z 是一组独立的直接观测值 $x_1, x_2, \cdots, x_n$ 的函数,即 $z = f(x_1, x_2, \cdots, x_n)$,各直接观测值对应的真误差分别为 $\Delta_1, \Delta_2, \cdots, \Delta_n$,对该函数进行全微分并按泰勒级数展开,则有:

$$\mathrm{d}z = \frac{\partial f}{\partial x_1}\mathrm{d}x_1 + \frac{\partial f}{\partial x_2}\mathrm{d}x_2 + \cdots + \frac{\partial f}{\partial x_n}\mathrm{d}x_n \tag{7-9}$$

当 x_i 具有真误差 Δ_i 时,函数 Z 则产生相应的真误差 Δ_z。因为真误差 Δ 是一微小量,所以可用真误差来代替式(7-9)中的 $\mathrm{d}z$, $\mathrm{d}x_1$, $\mathrm{d}x_2$, $\cdots$, $\mathrm{d}x_n$,得到:

$$\Delta z = \frac{\partial f}{\partial x_1}\Delta x_1 + \frac{\partial f}{\partial x_2}\Delta x_2 + \cdots + \frac{\partial f}{\partial x_n}\Delta x_n \tag{7-10}$$

式中：$\frac{\partial f}{\partial x_i}$ 是函数对 x_i 取的偏导数并用观测值代入算出的数值，它们是常数。因此，上式变成了线性函数。

对于微小量 Δ，其正、负符号出现的机会相同，它们之间的乘积之和趋近于 0，式(7-10)可改写为：

$$\Delta_z^2 \approx \left[\frac{\partial f}{\partial x_1}\right]^2\Delta_1^2 + \left[\frac{\partial f}{\partial x_2}\right]^2\Delta_2^2 + \cdots + \left[\frac{\partial f}{\partial x_n}\right]^2\Delta_n^2 \tag{7-11}$$

用中误差 m 代替真误差 Δ，代入上式，整理得到函数中误差计算公式：

$$m_z = \pm\sqrt{\left[\frac{\partial f}{\partial x_1}\right]^2 m_1^2 + \left[\frac{\partial f}{\partial x_2}\right]^2 m_2^2 + \cdots + \left[\frac{\partial f}{\partial x_n}\right]^2 m_n^2} \tag{7-12}$$

【例 7-2】 丈量得到某一段斜距 $S=106.28$ m，测得斜距的竖直角 $\delta=8°30'$，已知中误差 $m_s=\pm5$ cm、$m_\delta=\pm20''$，求改算后的平距的中误差 m_D。

【解】

$$D = S \cdot \cos\delta$$

全微分化成线性函数，用“Δ”代替“d”，得：

$$\Delta_D = \cos\delta \cdot \Delta_s - S\sin\delta\Delta_\delta$$

应用式(7-12)后，得：

$$\begin{aligned} m_D^2 &= \cos^2\delta\, m_s^2 + (S\cdot\sin\delta)^2\left(\frac{m_\delta}{\rho''}\right)^2 \\ &= (0.989)^2(\pm5)^2 + (1\,570.918)^2\left(\frac{20}{206\,265}\right)^2 \\ &= 24.45 + 0.02 \\ &= 24.47 \\ m_D &= \pm4.9\ \text{cm} \end{aligned}$$

注意：在上式计算中将单位统一为厘米，$\left(\frac{m_\delta}{\rho''}\right)$是将角值的单位由秒化为弧度。

2) 特殊函数中误差的计算方法

(1) 倍数函数

设有函数

$$z = kx \tag{7-13}$$

式中：k 为常数，x 为直接观测值，其中误差为 m_x，求观测值函数 z 的中误差 m_z。

该函数的全微分 $dz = kdx$，由式(7-12)可求得：

$$m_z = \pm k m_x \tag{7-14}$$

即观测值倍数函数的中误差，等于观测值中误差乘倍数(常数)。

【例 7-3】 用视距测量方法测量 AB 距离，已知视线水平，观测视距间隔的中误差 $m_l = \pm 1\text{cm}$，$k=100$，求平距的中误差 m_D。

【解】 水平视距公式

$$D = k \cdot l$$

则平距的中误差

$$m_D = 100 \cdot m_l = \pm 1\ \text{m}。$$

(2) 和差函数

设有函数

$$z = x \pm y \tag{7-15}$$

式中：x、y 为独立的直接观测值，对应的中误差分别为 m_x 和 m_y，求观测值函数 Z 的中误差 m_z。该函数的全微分 $\mathrm{d}z = \mathrm{d}x \pm \mathrm{d}y$，由式(7-12)可求得：

$$m_z = \pm\sqrt{m_x^2 + m_y^2} \tag{7-16}$$

即观测值和差函数的中误差等于两观测值中误差的平方之和的平方根。

【例 7-4】 对△ABC 观测了 A、B 两个角，测角中误差分别为 $m_A = \pm 3''$，$m_B = \pm 4''$，求按公式 $\angle C = 180° - \angle A - \angle B$ 计算得到的第三个角的中误差 m_C。

【解】 对于公式 $\angle C = 180° - \angle A - \angle B$，则 $\angle C$ 的中误差 $m_C = \pm\sqrt{m_A^2 + m_B^2} = \pm 5''$。

(3) 线性函数

设有线性函数

$$z = k_1 x_1 \pm k_2 x_2 \pm \cdots \pm k_n x_n \tag{7-17}$$

式中：x_1，x_2，…，x_n 为独立的直接观测值，对应的中误差分别为 m_{x_1}，m_{x_2}，…，m_{x_n}，k_1，k_2，…，k_n 为常数，则综合式(7-14)和式(7-16)可得：

$$m_z = \pm\sqrt{k_1^2 m_{x_1}^2 + k_2^2 m_{x_2}^2 + \cdots + k_n^2 m_{x_n}^2} \tag{7-18}$$

【例 7-5】 有一函数 $z = 2x_1 + x_2 + 3x_3$，其中 x_1、x_2、x_3 为独立的直接观测值，其对应的中误差分别为 ± 3 mm、± 2 mm、± 1 mm，求函数 z 的中误差 m_z。

【解】 由已知得 $\mathrm{d}z = 2\mathrm{d}x_1 + \mathrm{d}x_2 + 3\mathrm{d}x_3$，则 $m_z = \pm\sqrt{2^2 \cdot 3^2 + 1^2 \cdot 2^2 + 3^2 \cdot 1^2} = \pm 7$ mm。

应用误差传播定律求观测值的中误差时，首先要按要求写出函数式，函数式中的各个观测值应相互独立；再对函数式进行全微分，求出函数与观测值真误差的关系式，再按式(7-12)计算结果。对于倍数函数、和差函数、线性函数则分别按式(7-14)、式(7-16)、式(7-18)求解。

7.3.2 误差传播定律的应用

1）钢尺分段量距的精度

【例 7-6】 在相同的观测条件下，某段距离 D 用钢尺分成 n 段丈量，各段丈量结果为 l_1，l_2，…，l_n，已知各段的中误差分别为 m_1，m_2，…，m_n，求距离 D 的中误差。

【解】 $D = l_1 + l_2 + \cdots + l_n$，由式(7-16)得：$m_D = \pm\sqrt{m_1^2 + m_2^2 + \cdots + m_n^2}$。

如果 $m_1 = m_2 = \cdots = m_n = m$，那么 $m_D = \pm\sqrt{n} \cdot m$。

2）一般水准测量的精度

（1）水准尺读数中误差

影响水准尺读数的主要误差有整平误差、照准误差和估读误差，如果视距为 100 m，$m_{平} = \pm 0.73$ mm，$m_{照} = \pm 1.16$ mm，$m_{估} = \pm 1.50$ mm，则水准尺读数中误差为：

$$m_{读} = \pm\sqrt{m_{平}^2 + m_{照}^2 + m_{估}^2} = \pm\sqrt{0.73^2 + 1.16^2 + 1.50^2} = \pm 2.0 \text{ mm}$$

（2）一测站的高差中误差

一测站高差等于后视读数与前视读数之差，即 $h = a - b$，在相同观测条件下 $m_a = m_b = m_{读}$，则一测站的高差中误差为：

$$m_{站} = \pm\sqrt{m_a^2 + m_b^2} = \pm\sqrt{2} \cdot m_{读}$$

（3）依据测站数计算高差中误差

若一条山区的水准路线共观测了 n 个测站，累计高差 $\sum h = h_1 + h_2 + \cdots + h_n$，在相同观测条件下每个测站的高差中误差均为 $m_{站}$，则此水准路线的高差中误差为：

$$m_h = \pm\sqrt{n} \cdot m_{站}$$

（4）依据线路长度计算高差中误差

在地形平坦地区，每千米设站数基本相同，若每千米高差中误差为 m_{km}，整个线路长为 L_{km}，则此水准线路的高差中误差为：

$$m_h = \pm\sqrt{L} \cdot m_{km}$$

（5）往返测所得高差闭合差的容许值

设往返测量一条水准路线，往、返测得路线高差的较差（即高差闭合差），$f_h = \sum h_{往} - \sum h_{返}$，在相同观测条件下，往测和返测的高差中误差均为 m_h，则往返测得高差闭合差的中误差为：

$$m_{f_h} = \pm\sqrt{2} \cdot m_h$$

在图根水准测量中除考虑读数误差以外，还应考虑其他误差的影响（如外界环境的影响、视准轴误差影响等），因此以 3 倍往返测所得高差闭合差作为容许误差，则高差闭合差的容许值为：

$$f_{h容} = \pm 3\sqrt{2} \cdot m_h = \pm 6\sqrt{n} \cdot m_{读} \quad 或 \quad f_{h容} = \pm 3\sqrt{2L} \cdot m_{km}$$

3）经纬仪测量水平角的精度

（1）半测回方向值中误差

DJ_6 经纬仪测量水平角一测回的方向中误差 $m_{回方}=\pm 6''$，而一测回方向值是上、下半测回方向值的平均值，即 $\alpha_{回方}=\frac{1}{2}(\alpha_{方上}+\alpha_{方下})$，等精度观测时半测回方向值中误差均为 $m_{半方}$，所以有 $m_{回方}=\frac{m_{半方}}{\sqrt{2}}$，则半测回方向中误差为：

$$m_{半方}=\pm\sqrt{2}\cdot m_{回方}=\pm\sqrt{2}\cdot 6''\approx\pm 8.5''$$

（2）半测回角值中误差

两个半测回方向值之差等于半测回角值，即 $\beta_{半}=\alpha_2-\alpha_1$，等精度观测时 α_1，α_2 对应的半测回方向值中误差均为 $m_{半方}$，则半测回角值中误差为：

$$m_{\beta半}=\pm\sqrt{2}\cdot m_{半方}=\pm 2m_{回方}$$

（3）上、下半测回角值之差的中误差

上、下半测回方向值之差 $\Delta\beta=\beta_{半上}-\beta_{半下}$，等精度观测时 $\beta_{半上}$、$\beta_{半下}$ 对应的半测回角值中误差均为 $m_{\beta半}$，则上、下半测回角值之差的中误差为：

$$m_{\Delta\beta}=\pm\sqrt{2}\cdot m_{\beta半}=\pm 2\sqrt{2}\cdot m_{回方}$$

（4）一测回角值中误差

一测回角值等于两个半测回角值的平均值，即 $\beta=\frac{1}{2}(\beta_{半上}+\beta_{半下})$，等精度观测时 $\beta_{半上}$、$\beta_{半下}$ 对应的半测回角值中误差均为 $m_{\beta半}$，则一测回角值之差的中误差为：

$$m_{\beta}=\frac{m_{\beta半}}{\sqrt{2}}=\pm\sqrt{2}\cdot m_{回方}$$

7.4 等精度观测值的精度评定

等精度观测值的精度评定是指在相同观测条件下对某量进行 n 次观测，通过数据处理求出被观测量的最或是值，并且评定该值的精度。根据最小二乘法原理，被观测量真值的最或是值即是一组等精度观测值的算术平均值。

7.4.1 算术平均值

设在相同的观测条件下对某量进行了 n 次等精度观测，观测值为 L_1, L_2, …, L_n，其真值为 X，真误差为 Δ_1, Δ_2, …, Δ_n。由式(7-1)可写出观测值的真误差公式为：

$$\Delta_i=L_i-X \qquad (i=1,2,\cdots,n) \tag{7-19}$$

将上式叠加后，得 $\sum\Delta_i=\sum L_i-nX$，即：

$$[\Delta] = [L] - nX$$

整理得，

$$X = \frac{[L]}{n} - \frac{[\Delta]}{n} \tag{7-20}$$

以 x 表示上式中右边第一项的观测值的算术平均值，即：

$$x = \frac{[L]}{n} \tag{7-21}$$

式(7-20)右边第二项是真误差的算术平均值，由偶然误差的第四特性可知，当观测次数 n 无限增多时，$\lim\limits_{n\to\infty}\frac{[\Delta]}{n} = 0$，则有$\lim\limits_{n\to\infty} x = X$，即算术平均值就是被观测量的真值。

在实际测量中，观测次数总是有限的。根据有限个观测值求出的算术平均值 x 与其真值 X 仅差一微小量$\frac{[\Delta]}{n}$，故算术平均值是观测量的最可靠值，通常也称为最或是值。

7.4.2 观测值改正数

由于观测值的真值 X 一般无法知道，真误差 Δ 也难以计算，故而常常不能直接应用式(7-4)求观测值的中误差。而观测值的算术平均值 x 总是可求的，所以可利用观测值的最或是值 x 与各观测值之差 V 来计算中误差。V 称为改正数，定义为：

$$V = x - L \tag{7-22}$$

设对某量进行了 n 次等精度观测，观测值为 L_1，L_2，…，L_n，观测值的算术平均值为 x，则观测值的改正数 v_i 分别为：

$$\begin{aligned} v_1 &= x - L_1 \\ v_2 &= x - L_2 \\ &\cdots\cdots \\ v_n &= x - L_n \end{aligned} \tag{7-23}$$

将等式两端分别求和，得：

$$[v] = nx - [L] \tag{7-24}$$

将式(7-21)代入上式，得：

$$[v] = 0 \tag{7-25}$$

上式说明在相同观测条件下，一组观测值改正数之和恒等于零，此式可以作为计算工作的校核。

7.4.3 等精度观测值的中误差

将式(7-19)与式(7-23)联立，得：

$$\Delta_i = (x - X) - v_i \quad (i = 1, 2, \cdots, n) \tag{7-26}$$

将式(7-26)两端分别自乘相加，得：

$$[\Delta\Delta] = n(x - X)^2 + [vv] - 2(x - X)[v]$$

将式(7-25)代入上式，则有：

$$[\Delta\Delta] = n(x - X)^2 + [vv]$$

将上式两边同除 n，得：

$$\frac{[\Delta\Delta]}{n} = (x - X)^2 + \frac{[vv]}{n} \tag{7-27}$$

式中：$(x-X)^2$ 为算术平均值的真误差的平方，则有：

$$(x - X)^2 = \left(\frac{[L]}{n} - X\right)^2 = \left(\frac{[L] - nX}{n}\right)^2 = \frac{1}{n^2}[\Delta]^2 = \frac{1}{n^2}[\Delta\Delta] + \frac{2}{n^2}(\Delta_1\Delta_2 + \Delta_2\Delta_3 + \cdots)$$

由于 $\Delta_1, \Delta_2, \cdots, \Delta_n$ 是相互独立的偶然误差，所以当 $n \to \infty$ 时，$(\Delta_1\Delta_2 + \Delta_2\Delta_3 + \cdots)$ 也趋近于 0。这样式(7-27)可写成：

$$\frac{[\Delta\Delta]}{n} = \frac{[\Delta\Delta]}{n^2} + \frac{[vv]}{n} \tag{7-28}$$

由中误差的定义式(7-4)又可将上式写为：

$$m^2 = \frac{m^2}{n} + \frac{[vv]}{n}$$

整理得：

$$m = \pm\sqrt{\frac{[vv]}{n-1}} \tag{7-29}$$

式中：$[vv] = v_1^2 + v_2^2 + \cdots + v_n^2$；

n—— 观测次数；

m—— 观测值中误差。

7.4.4 算术平均值中误差

在求出观测值的中误差 m 后，就可应用误差传播定律求观测值算术平均值的中误差 M_x，推导如下：

$$x = \frac{[L]}{n} = \frac{L_1}{n} + \frac{L_2}{n} + \cdots + \frac{L_n}{n}$$

应用误差传播定律有：

$$M_x^2 = \left(\frac{1}{n}\right)^2 m^2 + \left(\frac{1}{n}\right)^2 m^2 + \cdots + \left(\frac{1}{n}\right)^2 m^2 = \frac{1}{n}m^2$$

$$M_x = \pm\frac{m}{\sqrt{n}} \tag{7-30}$$

式中：M_x——算术平均值的中误差；

其他符号同前。

由上式可知，算术平均值的中误差等于观测值中误差的$\frac{1}{\sqrt{n}}$倍，增加观测次数能削弱偶然误差对算术平均值的影响，提高其精度。但因观测次数与算术平均值中误差并不是线性比例关系，所以，当观测次数达到一定数目后，即使再增加观测次数，精度却提高得很少。因此，除适当增加观测次数外，还应选用适当的观测仪器和观测方法，选择良好的外界环境，才能有效的提高精度。

【例 7-7】 对某段距离进行了 5 次等精度观测，观测结果列于表 7-2，试求该段距离的算术平均值、观测值中误差、算术平均值中误差及算术平均值相对中误差。

表 7-2 等精度距离测量成果计算表

<table>
<tr><th>序号</th><th>L(m)</th><th>v(cm)</th><th>vv</th><th>精 度 评 定</th></tr>
<tr><td>1</td><td>251.52</td><td>−3</td><td>9</td><td rowspan="6">算术平均值：$x=\frac{[L]}{n}=251.49$ m
观测值中误差：
$m=\pm\sqrt{\frac{[vv]}{n-1}}=\pm\sqrt{\frac{20}{5-1}}\approx\pm2.2$ cm
算术平均值中误差：
$M_x=\frac{m}{\sqrt{n}}=\pm\frac{2.2}{\sqrt{5}}=1.0$ cm $=0.01$ m
算术平均值相对中误差：
$K=\frac{\mid M_x\mid}{x}=\frac{1}{\frac{251.49}{0.01}}\approx\frac{1}{25\,149}$
最后结果可写成 $x=251.49\pm0.01$(m)</td></tr>
<tr><td>2</td><td>251.46</td><td>+3</td><td>9</td></tr>
<tr><td>3</td><td>251.49</td><td>0</td><td>0</td></tr>
<tr><td>4</td><td>251.48</td><td>−1</td><td>1</td></tr>
<tr><td>5</td><td>251.50</td><td>+1</td><td>1</td></tr>
<tr><td></td><td>$x=\frac{[L]}{n}=251.49$</td><td>$[v]=0$</td><td>$[vv]=20$</td></tr>
</table>

7.5 非等精度观测值的精度评定

如前所述，非等精度观测值是对同一个量在不同的观测条件下进行的各次观测结果。例如对某一量进行了两组不等精度观测，第一组对该量观测了四次，其观测值为 l_1、l_2、l_3、l_4；第二组对该量观测了两次，其观测值为 l_1'、l_2'；若它们每一次的观测精度相同，并取每组的算术平均值作为最后观测值，即：

$$x_1=\frac{l_1+l_2+l_3+l_4}{4}；\ x_2=\frac{l_1'+l_2'}{2}$$

显然 x_1、x_2是非等精度的，当各观测量的精度不相同时，不能按式(7-4)、式(7-29)及式(7-30)来计算被观测量的最或是值和评定其精度。

对于这类非等精度观测量的最或是值计算时应考虑到各观测值的质量（精度和可靠程度），显然对精度较高的观测值，在计算最或是值时应占有较大的比重，反之，精度较低的应占较小的比重，为此对各个观测值要给定一个数值来比较它们的可靠程度，这个数值在测量计算中被称为观测值的权。显然，观测值的精度愈高，中误差就愈小，权就愈大；反之亦然。

7.5.1　权的概念

权是指非等精度观测中衡量观测值可靠程度的数值。在测量计算中，权的定义公式为：

$$P_i = \frac{\lambda^2}{m_i^2} \qquad (i = 1,\ 2,\ \cdots,\ n) \tag{7-31}$$

式中：P_i——第 i 个观测值的权；

λ——任意常数；

m_i——第 i 个观测值的中误差；

n——观测次数。

当用上式求一组观测值的权 P_i 时，必须采用同一个 λ 值。

当取 $P_i=1$ 时，λ 就等于 m_i，等于 1 的权通常称为单位权，单位权对应的观测值为单位权观测值。单位权观测值对应的中误差为单位权中误差，用 μ 表示。

当已知一组非等精度观测值的中误差时，可以先设定 λ 值，然后按式(7-31)计算各观测值的权。

例如：对某角度在不同条件下进行了 3 次观测，3 个角度观测值的中误差分别为 $m_1 = \pm 3''$、$m_2 = \pm 4''$、$m_3 = \pm 5''$，则它们的权分别为：

$$P_1 = \frac{\lambda^2}{3^2},\ P_2 = \frac{\lambda^2}{4^2},\ P_3 = \frac{\lambda^2}{5^2}$$

假设 $\lambda = \pm 3''$，则 $P_1 = 1$，$P_2 = 0.56$，$P_3 = 0.36$；假设 $\lambda = \pm 1''$，则 $P_1' = 0.11$，$P_2' = 0.06$，$P_3' = 0.04$。λ 值取得不同，权值也不同，但 $P_1 : P_2 : P_3 = P_1' : P_2' : P_3' = 1 : 0.56 : 0.36$，所以不同精度观测值的权可视为一组数值，其比例关系不变。本例中当 $\lambda = \pm 3''$ 时，P_1 就是单位权，$m_1 = \pm 3''$ 就是单位权中误差。

测量工作中常用的定权方式为：水准测量，不同路线高差观测值的权可取为路线的测站数 n（或路线的千米数 L）的倒数。钢尺测量距离，不同路线的距离观测值的权可取为路线千米数的倒数。角度测量，角度观测值的权可取为其测回数。

对于一般函数 $y = f(L_1,\ L_2,\ \cdots,\ L_n)$，$L_1,\ L_2,\ \cdots,\ L_n$ 为独立的直接观测值，对应的中误差分别为 $m_1,\ m_2,\ \cdots,\ m_n$，对应的权分别为 $P_1,\ P_2,\ \cdots,\ P_n$。则根据式(7-31)，函数 y 的权 $P_y = \frac{\mu^2}{m_y^2}$。由式(7-12) 可知：

$$m_y^2 = \left[\frac{\partial f}{\partial L_1}\right]^2 m_1^2 + \left[\frac{\partial f}{\partial L_2}\right]^2 m_2^2 + \cdots + \left[\frac{\partial f}{\partial L_n}\right]^2 m_n^2$$

则

$$\frac{\mu^2}{P_y}=\left[\frac{\partial f}{\partial L_1}\right]^2\frac{\mu^2}{P_1}+\left[\frac{\partial f}{\partial L_2}\right]^2\frac{\mu^2}{P_2}+\cdots+\left[\frac{\partial f}{\partial L_n}\right]^2\frac{\mu^2}{P_n}$$

即

$$\frac{1}{P_y}=\left[\frac{\partial f}{\partial L_1}\right]^2\frac{1}{P_1}+\left[\frac{\partial f}{\partial L_2}\right]^2\frac{1}{P_2}+\cdots+\left[\frac{\partial f}{\partial L_n}\right]^2\frac{1}{P_n} \tag{7-32}$$

式(7-32)就是权倒数传播定律。

7.5.2 权与中误差的关系

中误差是用来反映观测值的绝对精度，而权是用来比较各观测值相互之间的精度高低。权的意义在于它们之间所存在的比例关系，而不在于它本身数值的大小。一般而言，中误差越小，对应的权值越大；反之亦然。

对某量进行了 n 次非等精度观测，观测值分别为 L_1、L_2、…、L_n，相应的观测值中误差为 m_1、m_2、…、m_n，相应的权为 P_1、P_2、…、P_n，则加权平均值 x 就是非等精度观测值的最或是值，计算公式为：

$$x=\frac{P_1L_1+P_2L_2+\cdots+P_nL_n}{P_1+P_2+\cdots+P_n}=\frac{[PL]}{[P]} \tag{7-33}$$

将上式改写成线性函数的形式：

$$x=\frac{P_1}{[P]}L_1+\frac{P_2}{[P]}L_2+\cdots+\frac{P_x}{[P]}L_x$$

根据线性函数的误差传播公式，得到加权平均值的中误差为：

$$m_x=\pm\sqrt{\left(\frac{P_1}{[P]}\right)^2m_1^2+\left(\frac{P_2}{[P]}\right)^2m_2^2+\cdots+\left(\frac{P_n}{[P]}\right)^2m_n^2}$$

上式中 $P_im_i^2=\mu^2$，则上式可化为：

$$m_x=\pm\mu\sqrt{\frac{P_1}{[P]^2}+\frac{P_2}{[P]^2}+\cdots+\frac{P_n}{[P]^2}}$$

因此，加权平均值的中误差为：

$$m_x=\pm\frac{\mu}{\sqrt{[P]}} \tag{7-34}$$

加权平均值的权为所有观测值的权之和，即：

$$P_x=[P] \tag{7-35}$$

7.5.3 单位权中误差的计算

观测值的权和加权平均值的中误差需要根据单位权中误差来计算。单位权中误差一般取某一类观测值的基本精度，例如，水平角观测的一测回的中误差等。根据一组对同一量的不等精度观测，可以估算本类观测值的单位权中误差。

对某量进行 n 次不等精度观测，则单位权中误差为：

$$\begin{aligned}\mu^2 &= P_1 m_1^2 \\ \mu^2 &= P_2 m_2^2 \\ &\vdots \\ \mu^2 &= P_n m_n^2\end{aligned} \tag{7-36}$$

将等式两端分别求和并除以 n，得到

$$\mu^2 = \frac{[Pm^2]}{n} = \frac{[Pmm]}{n} \tag{7-37}$$

用真误差 Δ_i 代替中误差 m_i，得到用真误差求单位权中误差的公式：

$$\mu = \pm\sqrt{\frac{[P\Delta\Delta]}{n}} \tag{7-38}$$

在观测值的真值未知的情况下，用观测值的加权平均值 x 代替真值 X，用观测值的改正数 v_i 代替真误差 Δ_i，得到按不等精度观测值的改正数计算单位权中误差的公式：

$$\mu = \pm\sqrt{\frac{[Pvv]}{n-1}} \tag{7-39}$$

7.5.4　非等精度观测值精度评定算例

【例 7-8】 如图 7-4 所示，从已知水准点 A、B、C 经 3 条水准路线，测得 E 点的观测高程 H_i 及水准路线长度 S_i，数据见表 7-3。求 E 点的最或是高程及其中误差。

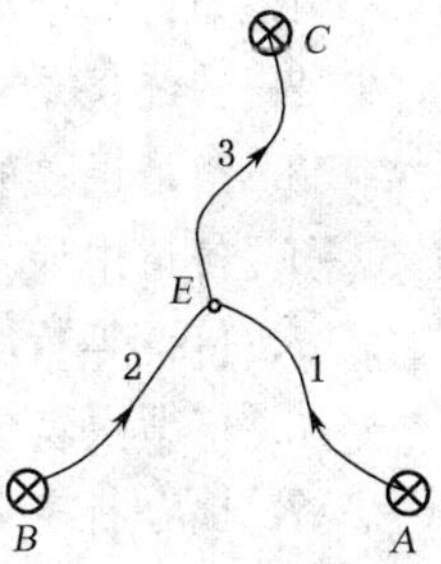

图 7-4　水准路线

【解】 见表 7-3。

表 7-3　水准测量非等精度观测平差计算

路线	E 点高程 H_i (m)	路线长 S_i (km)	$P=\frac{1}{S_i}$	v_i (mm)	$P_{v_i v_i}$	精度评定
1	527.459	4.5	0.22	10	22.00	$\mu=\pm\frac{\sqrt{122}}{2}=7.81$ mm $m_E=\pm\frac{7.81}{\sqrt{0.78}}=8.84$ mm ≈ 0.009 m 最后结果可写成 $H_E=527.469\pm0.009$(m)
2	527.484	3.2	0.31	−15	69.75	
3	527.458	4.0	0.25	11	30.25	
	x=527.469		0.78		122	

【例 7-9】 对某水平角进行了三组观测，各组分别观测 2，4，6 测回，观测数据见表 7-4。计算该水平角的加权平均值及其中误差。

表 7-4　角度测量非等精度观测平差计算

组号	测回数	各组平均值 L_i ° ′ ″	权 P_i	v_i ″	$P_{v_i v_i}$
1	2	40　20　14	2	4	32
2	4	40　20　17	4	1	4
3	6	40　20　20	6	−2	24
$\sum$			12		60

加权平均值 $x=\dfrac{[PL]}{[P]}=40°20'18''$

加权平均值的权 $P_x=[P]=12$

单位权中误差 $\mu=\pm\sqrt{\dfrac{[Pvv]}{n-1}}=\pm\sqrt{\dfrac{60}{3-1}}=\pm5.5''$

加权平均值的中误差 $m_x=\pm\dfrac{\mu}{\sqrt{[P]}}=\pm\dfrac{5.5}{\sqrt{12}}=\pm1.6''$

习题与思考题

1. 如何检验测量误差的存在？产生误差的原因是什么？
2. 系统误差有哪些特点？如何预防和减少系统误差对观测成果的影响？
3. 测量误差的主要来源有哪些？偶然误差具有哪些特性？
4. 何谓中误差？何谓容许误差？何谓相对误差？
5. 何谓等精度观测？何谓非等精度观测？权的定义和作用是什么？
6. 何谓误差传播定律？
7. 试分析表 7-5 角度测量、水准测量中的误差类型及消除、减小、改正方法。

表 7-5　角度测量及水准测量误差分析表

测量工作	误差名称	误差类型	消除、减小、改正方法
角度测量	对中误差 目标倾斜误差 瞄准误差 读数估读不准 管水准轴不垂直于竖轴 视准轴不垂直于横轴 照准部偏心差		
水准测量	附合气泡居中不准 水准尺未立直 前后视距不等 标尺读数估读不准 管水准轴不平行于视准轴		

8. 某圆形建筑物直径 $D=34.50$ m，$m_D=\pm0.01$ m，求建筑物周长及中误差。

9. 测得一正方形的边长 $a=65.37$ m±0.03 m。试求正方形的面积及其中误差。

10. 测量△ABC 的内角，测得∠$A=30°00'42''\pm3''$，∠$B=60°10'00''\pm4''$，试计算∠C 及其中误差 m_C。

11. 水准路线 A、B 两点之间的水准测量有 9 个测站，若每个测站的高差中误差为 ±3 mm，求：(1) A 至 B 往测的高差中误差；(2) A 至 B 往返测的高差平均值中误差。

12. 对某一距离进行了 6 次等精度观测，其结果为：398.772 m，398.784 m，398.776 m，398.781 m，398.802 m，398.779 m。试求其算术平均值、一次丈量中误差、算术平均值中误差和相对中误差。

13. 用同一台经纬仪分三次观测同一角度，其结果为 $\beta_1=30°24'36''$（6 测回），$\beta_2=30°24'34''$（4 测回），$\beta_3=30°24'38''$（8 测回）。试求单位权中误差、加权平均值中误差、一测回观测值的中误差。

14. 按表 7-6 的各水准路线长度 D 和高程 H 计算 Q 点的加权平均值及中误差。

表 7-6　水准测量非等精度观测计算表

水准路线名称	起点	起点测至 Q 点高程 H_i(m)	路线长 D_i(km)	权 $P_i=c/D_i(c=10\text{ km})$	v_i $(X-H_i)$ (mm)
L1	A	48.421	14.2		
L2	B	48.350	10.9		
L3	C	48.392	12.6		

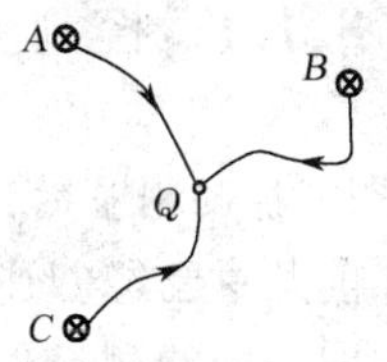

8　小区域控制测量

【本章知识要点】控制测量；坐标方位角的推算；象限角；坐标正算；坐标反算；导线测量的外业；导线测量的内业计算；交会测量；三、四等水准测量的外业和内业计算；三角高程测量观测与计算。

8.1　控制测量概述

8.1.1　控制测量的意义和方法

1）控制测量的意义

前几章已经叙述了由于观测条件的限制使得在测量过程中误差是不可避免的，因此必须采取正确的测量程序和方法，即遵循“由高级到低级，由整体到局部，先控制后碎部”的原则进行测量作业，以防止误差的积累并提高作业效率。

2）控制测量的方法

控制测量包括平面控制测量和高程控制测量。测定点位的(x, y)坐标为平面控制测量，其测量方法主要采用导线测量、三角测量和GPS测量；测定点位的H坐标为高程控制测量，其测量方法采用水准测量或三角高程测量。平面控制测量和高程控制测量一般是独立布设的，但它们的点也可以共用，即一个点既可以是高程控制点，同时也可以是平面控制点。

8.1.2　国家控制网的概念

为了统一全国各地区的测量工作，必须进行全国性的控制测量，以建立国家控制网，供整个国民经济规划和国防建设等使用。国家控制网同样可分为平面控制网和高程控制网。

1）国家平面控制网

在全国范围内建立的平面控制网称为国家平面控制网。如图8-1所示，国家控制网也是按照“由高级到低级，由整体到局部”的原则布设的，传统的国家控制网主要是采用三角测量方法建立的，按其精度可分为一、二、三、四等4个等级。

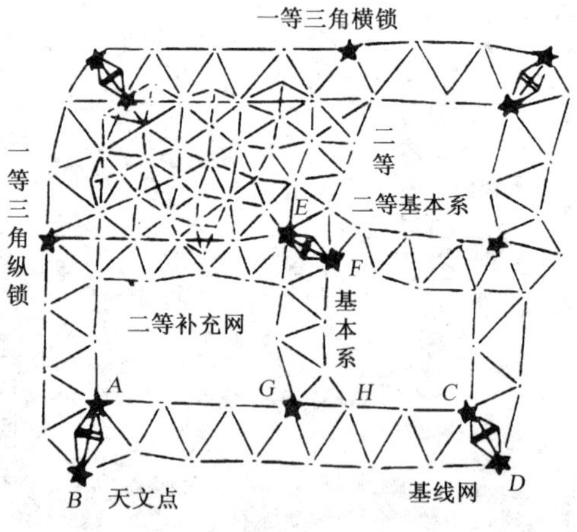

图8-1　国家平面控制网

一等三角网是国家控制网的骨干，其作用主要是控制二等以下各级三角测量，并为研究地球的形状和大小提供资料，而控制测图不是它的主要任务。因此，一等三角网主要考虑精度问题，沿经纬度布设纵横交叉的骨干三角锁，在锁的交叉处设置了基线并测定天文点和天文方位角。每个锁段的长度为 200 km 左右，平均边长约为 25 km。

二等三角网以 13 km 左右的边长布设在一等三角锁环内，构成全面的三角网。二等三角网作为一等三角网的加密网，是扩展三、四等三角网的基础。

三、四等三角网的边长分别为 8 km 和 4 km 左右，是二等三角网的进一步加密网，以插网或插点的方式布设。

国家控制网的建立，除了三角测量和导线测量以外，还有惯性大地测量、卫星大地测量(GPS)，这些控制测量方法不仅精度高，而且可以单独测定某点坐标，具有很多优越性。

2) 国家高程控制测量

国家高程控制主要是水准测量，分成一、二、三、四等四个等级，低一级受高一级控制，逐级布设。一、二等水准测量是用高精度水准仪和精密水准测量方法施测，其成果作为全国范围内的高程控制和进行科学研究之用。三、四等水准测量除用于国家高程控制网加密外，在小地区常用作建立首级高程控制网的依据。图 8-2 为国家水准网布设的示意图。

为城市建设及各种工程建设需要所建立的高程控制网分为二、三、四等水准测量及图根水准测量等几个等级，其技术要求列于表 8-1。

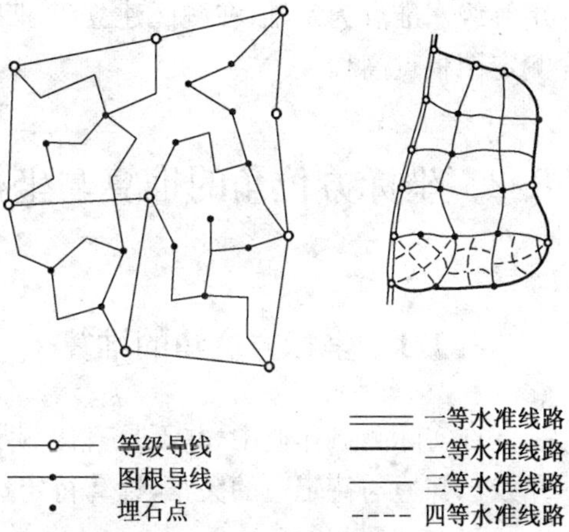

图 8-2 国家水准网布设形式

表 8-1 水准测量及图根水准测量主要技术要求

等级	每千米高差中误差(mm)	附合或环线路线长度(km)	水准仪型号	水准尺	观测次数(附合或环行)	往返较差或环线闭合差(mm)	
						平地	山地
二等	±2		DS_1	铟瓦	往返观测	$\pm 4\sqrt{L}$	—
三等	±6	45	DS_3	双面		$\pm 12\sqrt{L}$	$\pm 4\sqrt{n}$
四等	±10	15	DS_3	双面	单程测量	$\pm 20\sqrt{L}$	$\pm 6\sqrt{n}$
图根	±20	5	DS_3			$\pm 40\sqrt{L}$	$\pm 12\sqrt{n}$

注：L 为水准路线长度，以公里为单位；n 为测站数。

在丘陵或山区水准测量有困难时，也可采用三角高程测量的方法来建立高程控制网，这种方法不受地形起伏的影响，工作速度快。由于测距仪和全站仪的广泛使用，光电测距三角高程测量精度也较高。

8.1.3 小地区控制测量

在 10 km^2 范围内为地形测图或工程测量所建立的控制网称为小区域控制网。在这个范围内，水准面可视为水平面，可采用独立平面直角坐标系计算控制点的坐标，而不需将测量成果归算到高斯平面上。小区域控制网应尽可能以国家控制网或城市控制网联测(城市控制网是指在城市地区建立的控制网,它属于区域控制网,是国家控制网的发展和延伸),将国家或城市控制网的高级控制点作为小区域控制网的起算和校核数据。如果测区内或测区附近没有高级控制点,或联测较为困难,也可建立独立平面控制网。

小区域控制网同样也包括平面控制网和高程控制网两种。平面控制网的建立主要采用导线测量和小三角测量,高程控制网的建立主要采用三、四等水准测量和三角高程测量。

小区域平面控制网,应根据测区的大小分级建立测区首级控制网和图根控制网。直接为测图而建立的控制网称为图根控制网,其控制点称为图根点。图根点的密度应根据测图比例尺和地形条件而定。

小区域高程控制网,也应根据测区的大小和工程要求采用分级建立。一般以国家或城市等级水准点为基础,在测区建立三、四等水准路线或水准网,再以三、四等水准点为基础,测定图根点高程。

8.2 坐标方位角的推算与坐标计算

8.2.1 坐标方位角的推算

在实际测量作业中,并不是直接测定各条边的坐标方位角,而是通过已知边的坐标方位角及已知边与待定边的夹角,计算待定边的坐标方位角。

1) 正、反坐标方位角

如图 8-3 所示,以 A 为起点、B 为终点的直线 AB 的坐标方位角 α_{AB},称为直线 AB 的坐标方位角。而直线 BA 的坐标方位角 α_{BA},称为直线 AB 的反坐标方位角。由图 8-3 中可以看出正、反坐标方位角间的关系为:

$$\alpha_{AB} = \alpha_{BA} \pm 180° \tag{8-1}$$

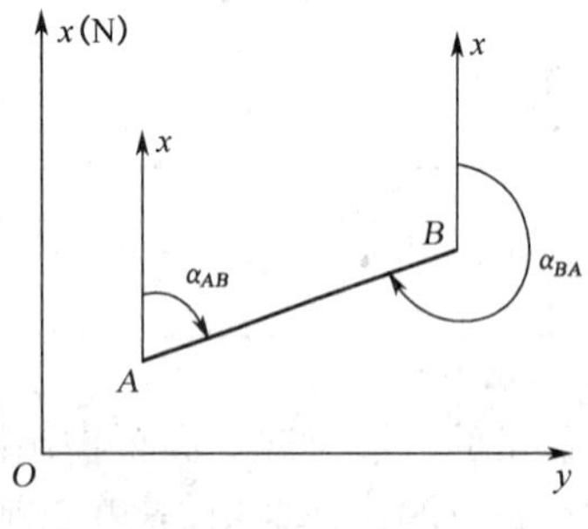

图 8-3 正、反坐标方位角

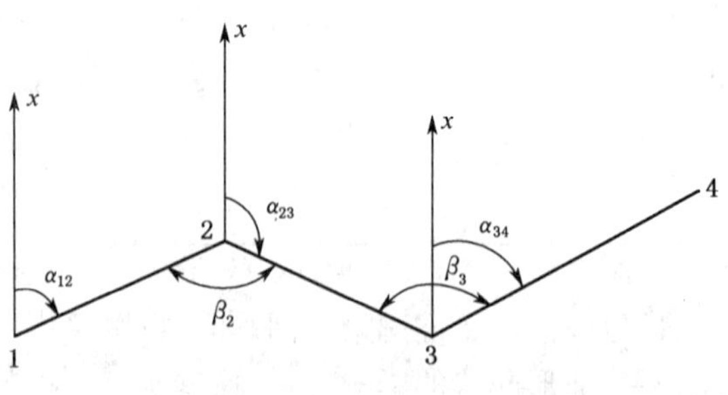

图 8-4 坐标方位角的推算

2) 坐标方位角的推算

在实际工作中并不需要测定每条直线的坐标方位角,而是通过与已知坐标方位角的直线连测后,推算出各直线的坐标方位角。如图 8-4 所示,已知直线 12 的坐标方位角 α_{12},观测了水平角 β_2 和 β_3,要求推算直线 23 和直线 34 的坐标方位角。

由图 8-4 可以看出：

$$\alpha_{23}=\alpha_{21}-\beta_2=\alpha_{12}+180^\circ-\beta_2$$

$$\alpha_{34}=\alpha_{32}+\beta_3=\alpha_{23}+180^\circ+\beta_3$$

因 β_2 在推算路线前进方向的右侧，该转折角称为右角；β_3 在左侧，称为左角。从而可归纳出推算坐标方位角的一般公式为：

$$\alpha_{前}=\alpha_{后}+180^\circ+\beta_{左} \tag{8-2}$$

$$\alpha_{前}=\alpha_{后}+180^\circ-\beta_{右} \tag{8-3}$$

计算中，如果 $\alpha_{前}>360^\circ$，应自动减去 360°；如果 $\alpha_{前}<0^\circ$，则自动加上 360°。

8.2.2 象限角

1）象限角

由坐标纵轴的北端或南端起，沿顺时针或逆时针方向量至直线的锐角，称为该直线的象限角，用 R 表示，其角值范围为 0°～90°。如图 8-5 所示，直线 01、02、03 和 04 的象限角分别为北东 R_{01}、南东 R_{02}、南西 R_{03} 和北西 R_{04}。

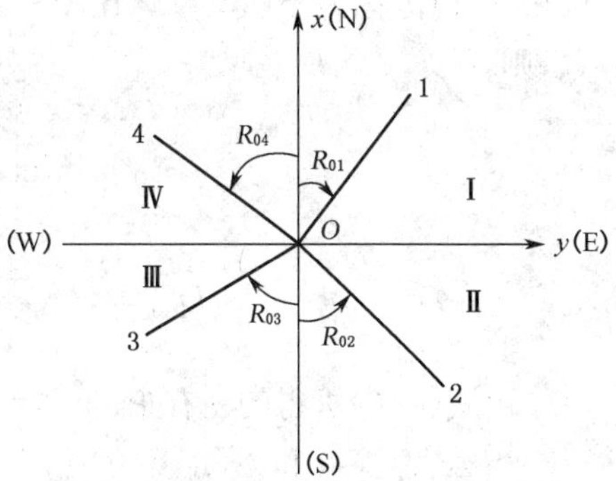

图 8-5 象限角

2）坐标方位角与象限角的换算关系

由图 8-6 可以看出坐标方位角与象限角的换算关系。

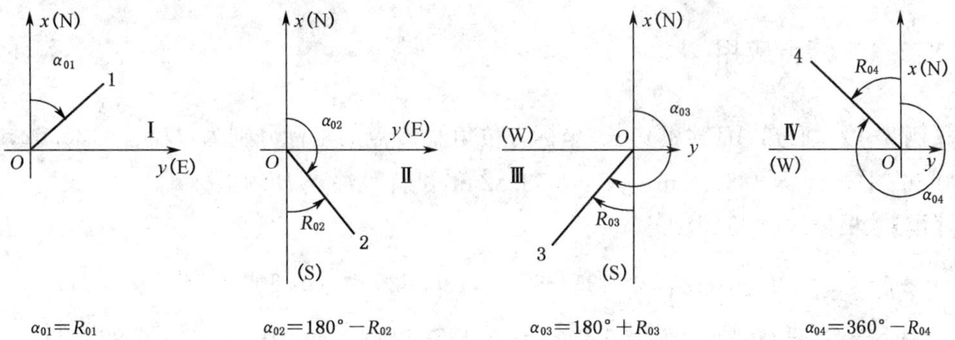

图 8-6 坐标方位角与象限角的换算关系

8.2.3 坐标正算和反算

1）坐标正算

根据已知点坐标、已知点至未知点的边长及坐标方位角，计算未知点坐标，称为坐标正算。如图 8-7，设 A 点坐标（x_A、y_A），并已知 A、B 之间的距离 D_{AB} 和方位角 α_{AB}，则 B 点坐标（x_B、y_B）就可以用下列公式进行计算。

$$\left.\begin{aligned}\Delta x_{AB} &= D_{AB} \cdot \cos\alpha_{AB} \\ \Delta y_{AB} &= D_{AB} \cdot \sin\alpha_{AB}\end{aligned}\right\} \quad (8\text{-}4)$$

$$\left.\begin{aligned}x_B &= x_A + \Delta x_{AB} = x_A + D_{AB} \cdot \cos\alpha_{AB} \\ y_B &= y_A + \Delta y_{AB} = y_A + D_{AB} \cdot \sin\alpha_{AB}\end{aligned}\right\} \quad (8\text{-}5)$$

上式中 α_{AB} 为 AB 边坐标方位角，Δx_{AB}、Δy_{AB} 为 A 到 B 的纵、横坐标增量，其正、负号是根据 $\cos\alpha_{AB}$ 和 $\sin\alpha_{AB}$ 确定的。

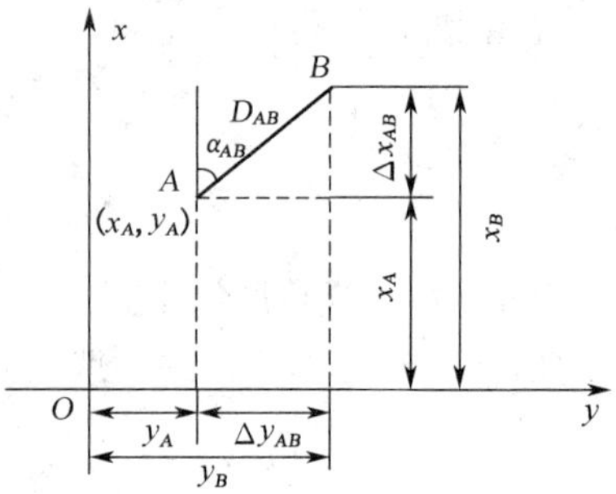

图 8-7 坐标正算和反算

2) 坐标反算

由两个已知点的坐标反算两点之间的边长和坐标方位角的计算，称为坐标反算。在图8-7中，设 A、B 为两已知点，其坐标分别为 x_A、y_A、x_B、y_B，则：

$$\alpha = \arctan\frac{\Delta y_{AB}}{\Delta x_{AB}} = \arctan\frac{y_B - y_A}{x_B - x_A} \quad (8\text{-}6)$$

$$D_{AB} = \sqrt{\Delta x_{AB}^2 + \Delta y_{AB}^2} = \frac{\Delta x_{AB}}{\cos\alpha_{AB}} = \frac{\Delta y_{AB}}{\sin\alpha_{AB}} \quad (8\text{-}7)$$

由式(8-6)求得的 α 有正、负号，还要考虑下列几种情况：

当 $\Delta x_{AB} > 0$ 和 $\Delta y_{AB} > 0$ 时，$\alpha_{AB} = \alpha$；

当 $\Delta x_{AB} < 0$ 时，$\alpha_{AB} = \alpha + 180°$；

当 $\Delta x_{AB} > 0$ 和 $\Delta y_{AB} < 0$ 时，$\alpha_{AB} = \alpha + 360°$。

8.2.4 综合应用

【例 8-1】 已知 AB 边的边长、坐标方位角及 A 点的坐标分别为：$D_{AB} = 135.62$ m，$\alpha_{AB} = 80°36'54''$，$x_A = 435.56$ m，$y_A = 658.82$ m，试计算终点 B 的坐标。

【解】 根据式(8-5)得：

$$x_B = x_A + D_{AB}\cos\alpha_{AB} = 435.56\ \text{m} + 135.62\ \text{m} \times \cos 80°36'54'' = 457.68\ \text{m}$$

$$y_B = y_A + D_{AB}\sin\alpha_{AB} = 658.82\ \text{m} + 135.62\ \text{m} \times \sin 80°36'54'' = 792.62\ \text{m}$$

【例 8-2】 已知 A、B 两点的坐标分别为：$x_A = 342.99$ m，$y_A = 814.29$ m，$x_B = 304.50$ m，$y_B = 525.72$ m，试计算 AB 的边长及坐标方位角。

【解】 计算 A、B 两点的坐标增量：

$$\Delta x_{AB} = x_B - x_A = 304.50 - 342.99 = -38.49\ \text{m}$$

$$\Delta y_{AB} = y_B - y_A = 525.72 - 814.29 = -288.57\ \text{m}$$

根据式(8-6)和式(8-7)得：

$$D_{AB} = \sqrt{\Delta x_{AB}^2 + \Delta y_{AB}^2} = \sqrt{(-38.49)^2 + (-288.57)^2} = 291.13\ \text{m}$$

$$\alpha_{AB} = \arctan\frac{\Delta y_{AB}}{\Delta x_{AB}} = \arctan\frac{-288.57}{-38.49} = 82°24'09''$$

因为 $\Delta x_{AB}<0$，所以 $\alpha_{AB}=80°36'54''+180°=262°24'09''$。

8.3　导线测量

导线测量是建立小地区平面控制网常用的一种方法，主要用于隐蔽地区、带状地区、城建区、地下工程、公路、铁路和水利工程等控制点的测量。

将相邻控制点连成直线而构成的折线称为导线，控制点称为导线点，折线边称为导线边。

导线测量就是依次测定各导线边的长度和各转折角，根据起算数据，推算各边坐标方位角，从而求出各导线点的坐标。

8.3.1　导线布设形式

随着测绘科学技术的不断发展、电磁波测距和电子计算技术的广泛应用，以导线测量的方法建立平面控制网得到了广泛应用。依据不同的情况和要求，导线的布设形式有闭合导线、附合导线和支导线等多种形式。

1）闭合导线

如图 8-8 所示，导线从已知控制点 B 和已知方向 BA 出发，经过 1、2、3、4 最后仍回到起点 B，形成一个闭合多边形，这样的导线称为闭合导线。闭合导线本身存在着严密的几何条件，具有检核作用。

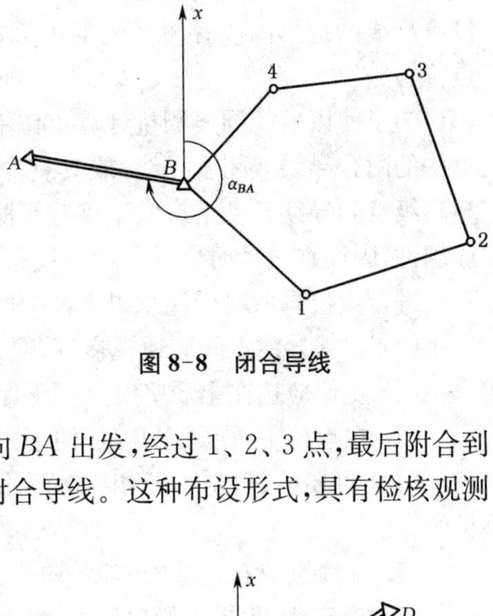

图 8-8　闭合导线

2）附合导线

如图 8-9 所示，导线从已知控制点 B 和已知方向 BA 出发，经过 1、2、3 点，最后附合到另一已知点 C 和已知方向 CD 上，这样的导线称为附合导线。这种布设形式，具有检核观测成果的作用。

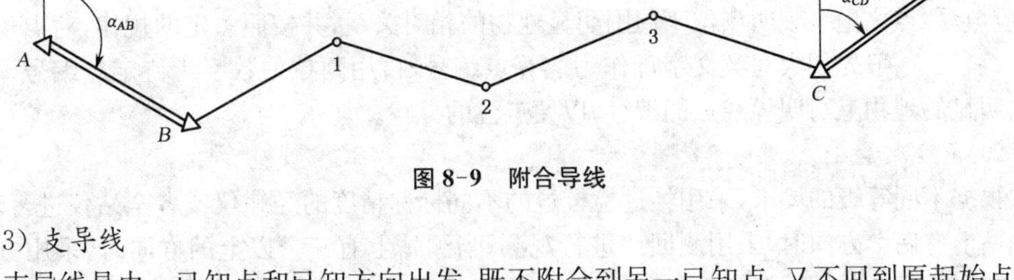

图 8-9　附合导线

3）支导线

支导线是由一已知点和已知方向出发，既不附合到另一已知点，又不回到原起始点的导线。如图 8-10，B 为已知控制点，α_{AB} 为已知方向，1、2 为支导线点。

在具体生产实践中，要根据实际情况进行导线的灵活布设，可能出现更复杂的形式，但其均是以上导线的演绎，处理方式基本相同。

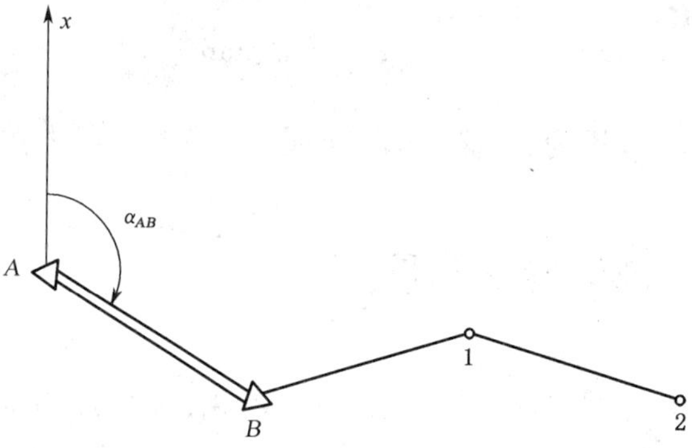

图 8-10　支导线

8.3.2　导线测量外业

导线测量的外业工作主要包括：踏勘选点、角度测量、边长测量和起始边方位角的测定。

1）踏勘选点

在选点前，必须对导线进行整体的设计。由于不同的测量目的，对形式、平均边长、导线总长以及导线点的位置都有一定的要求。为了能够更好地满足这些要求，应尽可能根据测区现有的最大比例尺地形图来设计。首先在图上标出已有的控制点和测区范围，再根据地形条件和测量的具体要求来计划导线测量的路线和导线点的位置；然后到实地勘察，查看所计划的路线和导线点位置是否合适；如有必要，应作适当的改动并在计划图上注明。若测区没有现成的地形图或者测区范围不大，可以到实地边勘察、边选择导线测量的路线和确定点位。

为了使以后的导线测量计算工作不过于复杂和繁重，计划导线的路线时，应尽量布设成单一的附合导线或闭合导线，或具有少量结点的导线网。通常，导线网中结点与结点、结点与高级点间导线长度不应大于该等级所规定导线总长的 0.7 倍。由于直伸导线具有较大的优越性，因而在设计时要尽量使导线布成直伸形状。

进行点位选取时应注意以下几个问题：

(1) 相邻导线点间应通视良好，便于角度测量和距离测量。

(2) 点位应选在土质坚实并便于保存标志和安置仪器的地方。

(3) 在点位上，视野应开阔，便于测绘周围的地物和地貌。

(4) 导线边长度应参照相应的测量规范规定，相邻边长应大致相等，最长不超过平均边长的 2 倍。

(5) 导线点应有足够的密度，均匀分布在测区，便于控制整个测区。

点位选定后，根据不同级别的导线，进行不同类别标石的埋设，同时，为了以后寻找的方便，应填写“点之记”，表明点位于周围明显地物的相对关系，并按照一定的规律，对点位进行统一编号。一般先用大写英文字母作为起算点编号，再用阿拉伯数字为待定点编号。用油漆在明显的地物上写明导线点的编号，以便点位的寻找。

2）角度测量

根据不同等级的要求，采用经过检校过的不同标称精度的经纬仪或者全站仪进行观测。当测站上有两个方向时，采用测回法进行观测；当测站上有三个以上的方向时，采用方向法进行观测。但针对不同精度的测量仪器，不同等级的导线，测回数不同，且为了减少度盘分划误差，不同测回观测的初始度盘值应平均分划 180°。对于附合导线，一般测量导线的左角，闭合导线汇总均测内角。对于不同等级的导线测角技术要求列于表 8-2 中。

表 8-2 导线及图根导线的主要技术要求

等级	测角中误差（″）	方向角闭合差（″）	附合导线长度（km）	平均边长（m）	测距中误差（mm）	全长相对闭合差	备注
一级	±5	$\pm 10\sqrt{n}$	3.6	300	±15	1∶1.4 万	光电测距导线
二级	±8	$\pm 16\sqrt{n}$	2.4	200	±15	1∶1 万	
三级	±12	$\pm 24\sqrt{n}$	1.5	120	±15	1∶6 000	
图根	±30	$\pm 60\sqrt{n}$				1∶2 000	钢尺量距导线

注：n 为测站数。

测角时，一定要严格安置仪器，对中整平，并且观测过程中应该注意照准部长水准气泡的偏移情况，如偏移超出一格，应重新安置仪器进行观测。同时，为了便于瞄准，可在已埋设的标志上用标杆、测钎或觇牌作为照准标志。在瞄准时，应瞄准目标物的几何中心或者标杆、测钎的底部，以减少照准误差。在角度观测外业工作结束后，必须将外业成果做仔细的检查，尤其要注意手簿的记录和计算是否合乎规范要求，严禁涂改，其精度是否在规定的限差以内，表 8-3 给出了方向观测的各项限差。

表 8-3 方向观测法的各项限差（″）

经纬仪等级	再次重合读数差	半测回归零差	一测回内 2c 互差	同一方向各测回互差
DJ_2	3	8	13	9
DJ_6		18		24

外业测角结束后，应按下式评定测角精度：

$$m_\beta = \pm\sqrt{\frac{1}{N}\left[\frac{f_\beta f_\beta}{n}\right]} \tag{8-8}$$

式中：m_β——导线测角中误差；

f_β——附合导线或闭合环的角度闭合差；

n——计算 f_β 时的测站数；

N——f_β 的个数。

3）边长测量

图根导线的边长用检定过的钢尺往返丈量，相对误差不得大于 1/3 000，在地形条件复杂的困难地区允许达到 1/1 000。如量的是斜距，应改正为水平距离。目前已广泛采用光电测距仪测定导线边长。对图根导线，通常只需在各导线边的一个端点上安置仪器测一个测回，无需气象改正即可满足精度要求。对一、二级导线，应在导线边的一端测两个测回，或在两端各测一个测回，取其平均值，并加气象改正，作为该导线边边长。

4）起始边方位角的测定

与高级已知点连接的导线，因有已知边方位角，只需观测连接角便可以推算各边的方位角，然后推算各点的坐标。对于不与高级已知点连接的导线，则用罗盘仪测定一条起始边的磁方位角，便可推算其他各边的方位角，并推算各点的坐标。

8.3.3 导线测量内业计算

1）概述

经纬仪导线在野外施测完毕后，即可进行内业计算。计算前应该先做以下工作：

（1）整理和检查导线测量的记录。

（2）将倾斜改正数加到导线边的实测长度上，得出导线边的最后边长。

（3）将已知数据和整理好的测量成果填入坐标计算表中。

（4）根据导线边长和角度按比例绘制导线略图。

这些成果整理工作很重要，应予以重视。

2）内业计算步骤

经纬仪导线计算的目的是求得各导线点的坐标，并根据求得的各点坐标精确地绘制导线图。导线计算一般可分为以下五个步骤进行：①角度闭合差的计算和调整；②坐标方位角的推算；③坐标增量的计算；④坐标增量闭合差的计算和调整；⑤计算各导线点的坐标。

3）闭合导线的计算

现以图 8-11 所注的数据为例，结合“闭合导线坐标计算表”的使用，说明闭合导线坐标计算的步骤。

（1）角度闭合差的计算与调整

① 计算角度闭合差

如图 8-11 所示，n 边形闭合导线内角和的理论值为：

$$\sum \beta_{理} = (n-2) \times 180° \quad (8\text{-}8)$$

式中：n——导线边数或转折角数。

由于观测水平角不可避免地含有误差，致使实测的内角之和 $\sum \beta_{测}$ 不等于理论值 $\sum \beta_{理}$，两者之差，称为角度闭合差，用 f_β 表示，即：

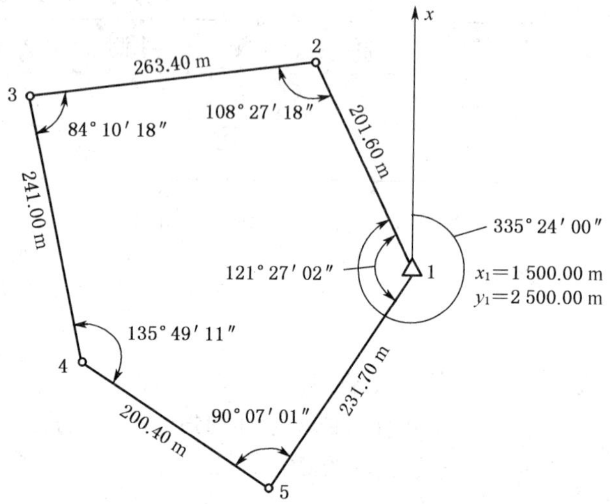

图 8-11 闭合导线略图

$$f_\beta = \sum \beta_{测} - \sum \beta_{理} = \sum \beta_{测} - (n-2) \times 180° \quad (8\text{-}9)$$

② 计算角度闭合差的容许值

角度闭合差的大小反映了水平角观测的质量。导线计算中的闭合差是由于观测值中存在误差而产生的，因此闭合差的大小将反映出观测值的误差大小。如果闭合差过大，则表明观测值中的误差太大。为了限制观测值的误差值，在导线计算中常对闭合差给以一个容许值，通常称为限差。

各级导线角度闭合差的容许值 f_{β} 见表 8-2，其中图根导线角度闭合差的容许值 $f_{\beta限}$ 的计算公式为：

$$f_{\beta限} = \pm 60'' \sqrt{n} \tag{8-10}$$

如果 $|f_{\beta}| > |f_{\beta限}|$，说明所测水平角不符合要求，应对水平角重新检查或重测。

如果 $f_{\beta} \leqslant |f_{\beta限}|$，说明所测水平角符合要求，可对所测水平角进行调整。

③ 计算水平角改正数

如角度闭合差不超过角度闭合差的容许值，则将角度闭合差反符号平均分配到各观测水平角中，也就是每个水平角加相同的改正数 v_{β}。v_{β} 的计算公式为：

$$v_{\beta} = -\frac{f_{\beta}}{n} \tag{8-11}$$

当 f_{β} 不能被 n 整除时，在有效数字位内允许凑整。

计算检核：水平角改正数之和应与角度闭合差大小相等符号相反，即：

$$\sum v_{\beta} = -f_{\beta}$$

④ 计算改正后的水平角

改正后的水平角 $\beta_{改}$ 等于所测水平角加上水平角改正数：

$$\beta_{改} = \beta_i + v_{\beta} \tag{8-12}$$

计算检核：改正后的闭合导线内角之和应为$(n-2)\times 180°$，本例为 540°。

本例中 f_{β}、$f_{\beta限}$ 的计算见表 8-4 辅助计算栏，水平角的改正数和改正后的水平角见表 8-4 第 2 栏。

(2) 推算各边的坐标方位角

根据起始边的已知坐标方位角及改正后的水平角，按式(8-2)和式(8-3)推算其他各导线边的坐标方位角。

本例观测左角，按式(8-2)推算出导线各边的坐标方位角，填入表 8-4 的第 4 栏内。

计算检核：最后推算出起始边坐标方位角，它应与原有的起始边已知坐标方位角相等，否则应重新检查计算。

(3) 坐标增量的计算

根据已推算出的导线各边的坐标方位角和相应边的边长，按坐标正算公式即式(8-4)计算各边的坐标增量。例如，导线边 1～2 的坐标增量为：

$$\Delta x'_{12} = 201.60 \times \cos 335°24'00'' = 183.302$$

$$\Delta y'_{12} = 201.60 \times \sin 335°24'00'' = -83.922$$

用同样的方法，计算出其他各边的坐标增量值，填入表 8-4 的第 6、7 两栏的相应格内。

(4) 坐标增量闭合差的计算和调整

① 计算坐标增量闭合差

如图 8-12(a)所示，闭合导线，纵、横坐标增量代数和的理论值应为零，即：

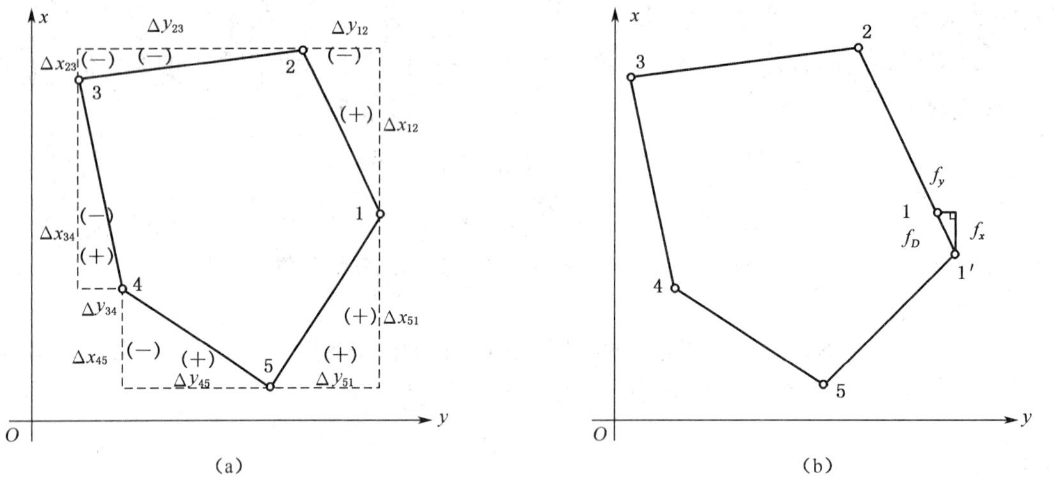

图 8-12　坐标增量闭合差

$$\left.\begin{aligned}\sum \Delta x_{理} = 0\\ \sum \Delta y_{理} = 0\end{aligned}\right\} \tag{8-13}$$

实际上由于导线边长测量误差和角度闭合差调整后的残余误差，使得实际计算所得的 $\sum \Delta x_{测}$、$\sum \Delta y_{测}$ 不等于零，从而产生纵坐标增量闭合差 f_x 和横坐标增量闭合差 f_y，即：

$$\left.\begin{aligned}f_x = \sum \Delta x_{测} - \sum \Delta x_{理}\\ f_y = \sum \Delta y_{测} - \sum \Delta y_{理}\end{aligned}\right\} \tag{8-14}$$

② 计算导线全长闭合差 f_D 和导线全长相对闭合差 f_k

从图 8-12(b)可以看出，由于坐标增量闭合差 f_x、f_y 的存在，使导线不能闭合，1−1′之长度 f_D 称为导线全长闭合差，并用下式计算：

$$f_D = \sqrt{f_x^2 + f_y^2} \tag{8-15}$$

仅从 f_D 值的大小还不能说明导线测量的精度，衡量导线测量的精度还应该考虑到导线的总长。将 f_D 与导线全长 $\sum D$ 相比，以分子为 1 的分数表示，称为导线全长相对闭合差 f_k，即：

$$f_k = \frac{f_D}{\sum D} = \frac{1}{\dfrac{\sum D}{f_D}} \tag{8-16}$$

以导线全长相对闭合差 f_k 来衡量导线测量的精度，f_k 的分母越大，精度越高。不同等级的导线，其导线全长相对闭合差的容许 $f_{k限}$ 值参见表 8-2，图根导线的 $f_{k限}$ 为 1/2 000。

如果 $f_k > f_{k限}$，说明成果不合格，此时应对导线的内业计算和外业工作进行检查，必要时须重测。

如果 $f_k \leqslant f_{k限}$，说明测量成果符合精度要求，可以进行调整。

本例中 f_x、f_y、f_D 及 f_k 的计算见表 8-4 辅助计算栏。

③ 调整坐标增量闭合差

调整的原则是将 f_x、f_y 反号，并按与边长成正比的原则，分配到各边对应的纵、横坐标增量中去。以 v_{xi}、v_{yi} 分别表示第 i 边的纵、横坐标增量改正数，即：

$$\left.\begin{aligned} v_{xi} &= -\frac{f_x}{\sum D} \times D_i \\ v_{yi} &= -\frac{f_y}{\sum D} \times D_i \end{aligned}\right\} \tag{8-17}$$

本例中导线边 1 ～ 2 的坐标增量改正数为：$v_{x12} = +0.010$，$v_{y12} = -0.013$

用同样的方法，计算出其他各导线边的纵、横坐标增量改正数，填入表 8-4 的第 6、7 栏坐标增量值相应方格的上方。

计算检核：纵、横坐标增量改正数之和应满足下式：

$$\left.\begin{aligned} \sum v_{xi} &= -f_x \\ \sum v_{yi} &= -f_y \end{aligned}\right\} \tag{8-18}$$

④ 计算改正后的坐标增量

各边坐标增量计算值加上相应的改正数，即得各边的改正后的坐标增量。

$$\left.\begin{aligned} \Delta x_{i改} &= \Delta x_i + v_{xi} \\ \Delta y_{i改} &= \Delta y_i + v_{yi} \end{aligned}\right\} \tag{8-19}$$

本例中导线边1～2 改正后的坐标增量为：

$$\Delta x_{12} = 183.302 + (+0.010) = 180.312$$

$$\Delta y_{12} = -83.922 + (-0.013) = -83.935$$

用同样的方法，计算出其他各导线边改正后坐标增量，填入表 8-4 的第 8、9 栏内。

计算检核：改正后纵、横坐标增量之代数和应分别为零。

(5) 计算各导线点的坐标

根据起始点 1 的已知坐标和改正后各导线边的坐标增量，按下式依次推算出各导线点的坐标：

$$\left.\begin{aligned} x_i &= x_{i-1} + \Delta x_{i-1改} \\ y_i &= y_{i-1} + \Delta y_{i-1改} \end{aligned}\right\} \tag{8-20}$$

将推算出的各导线点坐标，填入表 8-4 中的第 10、11 栏内。

最后还应再次推算起始点 1 的坐标，其值应与原有的已知值相等，以作为计算检核。

以上整个计算过程见表 8-4。

4) 附合导线的计算

附合导线的坐标计算与闭合导线的坐标计算步骤和方法基本相同，只是在计算角度闭合差与计算坐标增量闭合差的公式稍有差别。

(1) 角度闭合差的计算与调整

① 角度闭合差的计算

附合导线的角度闭合差为从一已知边方位角出发，使用观测角推算另一条已知边，推算方位角和已知方位角之差。如图 8-13 所示，根据起始边 AB 的坐标方位角 α_{AB} 及观测的各右角，按式(8-3)推算 CD 边的坐标方位角 α_{CD}。

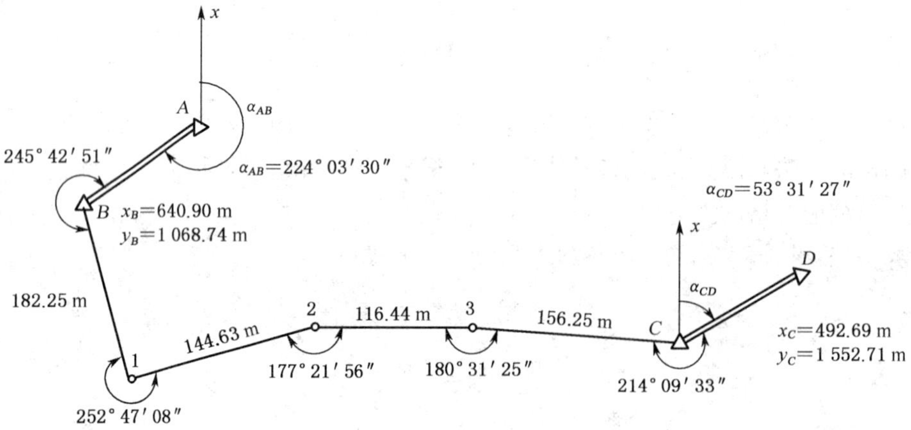

图 8-13　附合导线略图

$$\alpha_{B1} = \alpha_{AB} + 180° - \beta_B$$

$$\alpha_{12} = \alpha_{B1} + 180° - \beta_1$$

$$\alpha_{23} = \alpha_{12} + 180° - \beta_2$$

$$\alpha_{3C} = \alpha_{23} + 180° - \beta_3$$

$$\alpha_{CD} = \alpha_{3C} + 180° - \beta_C$$

将上式相加，得：

$$\alpha_{CD} = \alpha_{AB} + 5 \times 180° - \sum \beta_{右}$$

写成一般公式，右角观测值之理论值应满足：

$$\sum \beta_{右}^{理} = \alpha_{始} - \alpha_{终} + n \times 180° \tag{8-21}$$

若观测左角，则左角观测值之理论值应满足：

$$\sum \beta_{左}^{理} = \alpha_{终} - \alpha_{始} + n \times 180° \tag{8-22}$$

附合导线的角度闭合差 f_β 为：

$$f_\beta = \sum \beta_{测} - \sum \beta_{理} \tag{8-23}$$

② 调整角度闭合差

当角度闭合差在容许范围内，则将角度闭合差反号平均分配到各角。

（2）坐标方位角的推算

根据起始边的已知坐标方位角及改正后的水平角，按式(8-2)和式(8-3)推算其他各导线边的坐标方位角。

（3）坐标增量的计算

根据导线各边的方位角和边长，计算各坐标增量，计算方法和闭合导线相同。

（4）坐标增量闭合差的计算与分配

因为附合导线的起点与终点不一致，所以理论上的纵横坐标增量之和不等于零，而是等于两端已知点的纵横坐标之差，即：

$$\sum \Delta x_{理} = x_{终} - x_{始}$$

$$\sum \Delta y_{理} = y_{终} - y_{始}$$

表 8-4　闭合导线解算表

观测时间：　　　　　　　　　　　　　　　　观测者：　　　　　　记录者：

点号	观测角 β °′″	改正后角值 β °′″	方位角 α °′″	距离 D m	纵坐标增量 $\Delta x'$ m	横坐标增量 $\Delta y'$ m	改正后 Δx m	改正后 Δy m	纵坐标 x m	横坐标 y m
	(1)	(2)	(3)	(4)	(5)	(6)	(7)	(8)	(9)	(10)
1									1 500.00	2 500.00
			335 24 00	201.60	+0.010 183.302	−0.013 −83.922	183.312	−83.935		
2	−10″ 108 27 18	108 27 08							1 683.312	2 416.065
			263 51 08	263.40	+0.012 −28.208	−0.017 −261.885	−28.196	−261.902		
3	−10″ 84 10 18	84 10 08							1 655.116	2 154.163
			168 01 16	241.00	+0.011 −235.752	−0.015 50.020	−235.741	50.005		
4	−10″ 135 49 11	135 49 01							1 419.375	2 204.168
			123 50 17	200.40	+0.010 −111.592	−0.013 166.455	−111.582	166.442		
5	−10″ 90 07 01	90 06 51							1 307.793	2 370.610
			33 57 08	231.70	+0.011 192.196	−0.015 129.405	192.207	129.390		
1	−10″ 121 27 02	121 26 52							1 500.00	2 500.00
2										
总和				1 138.1	−0.054	0.073	0	0		

辅助计算：

$\sum \beta_{测} = 540°50''$　$f_\beta = \sum \beta_{测} - (n-2) \cdot 180° = +50''$　$f_{\beta限} = \pm 60''\sqrt{5} = \pm 134.0''$　$\sum D = 1\,138.1\ \text{m}$

$f_x = -0.054\ \text{m}$；$f_y = 0.073\ \text{m}$　　$f_D = \sqrt{f_x^2 + f_y^2} = 0.091\ \text{m}$　　$f_k = \dfrac{0.091}{1\,138.1} = \dfrac{1}{12\,540} < \dfrac{1}{2\,000}$

由于测角和量边都存在误差，计算得到的纵横坐标增量的总和$\sum \Delta x_{测}$、$\sum \Delta y_{测}$与其理论值不一致，而是产生坐标增量闭合差f_x、f_y，即：

$$f_x = \sum \Delta x_{测} - \sum \Delta x_{理} = \sum \Delta x_{测} - (x_{终} - x_{始})$$

$$f_y = \sum \Delta y_{测} - \sum \Delta y_{理} = \sum \Delta y_{测} - (y_{终} - y_{始})$$

(5) 坐标的计算

坐标增量闭合差分配以后，根据导线一端的高级控制点的坐标，以及改正后的坐标增量，按照导线坐标计算的方法，逐点计算各导线点的坐标。最后算出的另一端的高级控制点的坐标，应与其已知值相同，以此作为检核。整个附合导线的计算过程参见表 8-5。

表 8-5　附合导线解算表

时间：　　　　　　　　　　　　　　　　　观测者：　　　　　　记录者：

点号	角度 ° ′ ″	改正数 ″	方位角 ° ′ ″	平距 m	坐标增量				平差后坐标	
					Δx (m)	改正数 (m)	Δy (m)	改正数 (m)	x(m)	y(m)
A										
			224 03 30							
B	245 42 51	−10							640.90	1 068.74
			158 20 49	182.25	−169.390	0.004	67.248	0.006		
1	252 47 08	−10							471.514	1 135.994
			85 33 51	144.63	11.186	0.004	144.197	0.005		
2	177 21 56	−10							482.704	1 280.196
			88 12 05	116.44	3.655	0.003	116.383	0.004		
3	180 31 25	−10							486.362	1 396.583
			87 40 50	156.25	6.324	0.004	156.122	0.005		
C	214 09 33	−10							492.69	1 552.71
			53 31 27							
D										
Σ	1 070 32 53	−50		599.57	−148.225	0.015	483.95	0.020		

$f_{限} = \pm 60'' \sqrt{n} = \pm 60'' \sqrt{5} = 133.92''$　　$f_x = \sum \Delta x - (x_C - x_B) = -0.015\ \text{m}$　　$f_y = \sum \Delta y - (y_C - y_B) = -0.020\ \text{m}$

$f_\beta = \sum \beta - (\alpha_{AB} - \alpha_{CD} + n \times 180°) = +50''$　　$v_{\beta i} = -\dfrac{f_\beta}{n} = -10''$　　$f_D = \sqrt{f_x^2 + f_y^2} = 0.025\ \text{m}$

$f_K = \dfrac{f_D}{\sum D} = \dfrac{1}{23\,900} < \dfrac{1}{2\,000}$　　$v_{\Delta x_{ij}} = -\dfrac{f_x}{\sum D} \cdot D_{ij}$　　$v_{\Delta y_{ij}} = -\dfrac{f_y}{\sum D} \cdot D_{ij}$

8.4　交会测量

当导线点的密度不能满足大比例尺测图要求，而加密的点位不多时，可采用交会定点的方法加密图根点。常用的方法有前方交会、测边交会、全站仪自由设站法等。

如果已知 A、B 两点的坐标(图 8-14)，为了计算未知点 P 的坐标，只要观测 α 和 β，通过计算求得未知点 P 平面坐标的方法，称为前方交会。

在测定未知点 P 的平面坐标时，也可采用测量边长 S_a、S_b 的方法，称为测边交会法(图 8-15)，又称距离交会。

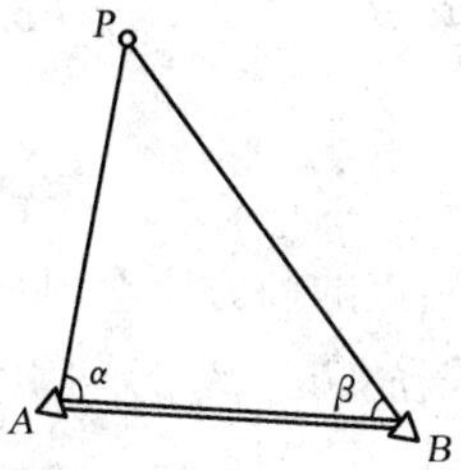

图 8-14　前方交会

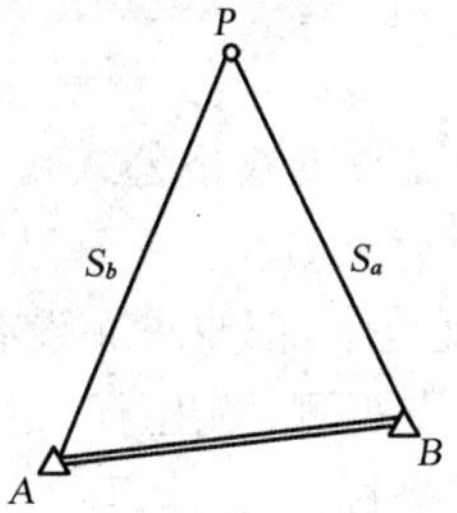

图 8-15　测边交会

8.4.1　前方交会

如图 8-14，在三角形 ABP 中已知点 A、B 的坐标为 x_A、y_A 和 x_B、y_B。在 A、B 两点设站，测得 α、β 两角，即可按坐标正算公式求得 P 点的坐标，即：

$$x_P = x_A + S_{AP}\cos\alpha_{AP}$$

$$y_P = y_A + S_{AP}\sin\alpha_{AP}$$

考虑到 $\alpha_{AP} = \alpha_{AB} - \alpha$，并由：

$$\cos\alpha_{AB} = \frac{x_B - x_A}{S_{AB}},\ \sin\alpha_{AB} = \frac{y_B - y_A}{S_{AB}}$$

可得：

$$x_P - x_A = S_{AP}\frac{\sin\alpha}{S_{AB}}\{(x_B - x_A)\cot\alpha + (y_B - y_A)\}$$

$$y_P - y_A = S_{AP}\frac{\sin\alpha}{S_{AB}}\{(y_B - y_A)\cot\alpha - (x_B - x_A)\}$$

由正弦定理得：

$$\frac{S_{AP}}{S_{AB}} = \frac{\sin\beta}{\sin(\alpha+\beta)} \tag{8-24}$$

则：

$$\frac{S_{AP}\sin\alpha}{S_{AB}} = \frac{\sin\alpha\sin\beta}{\sin(\alpha+\beta)} = \frac{1}{\cot\alpha + \cot\beta} \tag{8-25}$$

因此有：

$$x_P - x_A = \frac{(x_B - x_A)\cot\alpha + y_B - y_A}{\cot\alpha + \cot\beta}$$

$$y_P - y_A = \frac{(y_B - y_A)\cot\alpha - (x_B - x_A)}{\cot\alpha + \cot\beta}$$

移项化简即得：

$$
\left.\begin{aligned}
x_P &= \frac{x_A \cot\beta + x_B \cot\alpha + y_B - y_A}{\cot\alpha + \cot\beta} \\
y_P &= \frac{y_A \cot\beta + y_B \cot\alpha + x_A - x_B}{\cot\alpha + \cot\beta}
\end{aligned}\right\} \tag{8-26}
$$

上式称为余切公式(或变形的戎格公式)。

必须指出：

(1) 在一般测量规范中，都要求布设有3个起始点的前方交会(见图8-16)。这时在A、B、C 3个已知点向P点观测，测出了4个角值：α_1、β_1、α_2、β_2，分两组计算P点坐标。计算时可按$\triangle ABP$求P点坐标x'_P、y'_P，再按$\triangle BCP$求P点坐标x''_P、y''_P。当这两组坐标的较差在容许限差内，则取它们的平均值作为P点的最后坐标。在一般测量规范中，对于地形控制点，上述限差是这样规定的：要求两组算得的点位较差不大于两倍比例尺精度，用公式表示为：

$$
\Delta S = \sqrt{\Delta x^2 + \Delta y^2} \leqslant 2 \times 0.1M(\text{mm}) \tag{8-27}
$$

式中：$\Delta x = x'_P - x''_P$，$\Delta y = y'_P - y''_P$；

M—— 测图比例尺分母。

(2) 在测角交会的图形中，由未知点至相邻两起始点间方向的夹角称为交会角。当交会角过小(或过大)时，由于A和B角含有误差$\Delta\alpha$和$\Delta\beta$，将使P点有较大的位移PP'(见图8-17)。所以要求交会角一般应大于30°并小于150°。

举例说明：为了求得地形控制点P(图8-16)的坐标，分别在已知点A、B、C设站观测了四个角，试按前方交会计算P点坐标。

在$\triangle ABP$中$\angle PAB = \alpha_1$，$\angle ABP = \beta_1$；在$\triangle BCP$中$\angle PBC = \alpha_2$，$\angle BCP = \beta_2$。按式(8-25)求得P点的两组坐标：$x'_P = 37\,194.57$ m，$y'_P = 16\,226.42$ m；$x''_P = 37\,194.54$ m，$y''_P = 16\,226.42$ m。所以$\Delta x = 0.03$ m，$\Delta y = 0.00$ m，则$\Delta S = \sqrt{\Delta x^2 + \Delta y^2} = 0.03$ m。设$M = 10\,000$，则$2 \times 0.1M(\text{mm}) = 2$ m，由于$\Delta S < 2 \times 0.1M(\text{mm})$，故取两组坐标的平均值作为$P$点的最或然坐标，$x_P = 37\,194.56$ m，$y_P = 16\,226.42$ m。

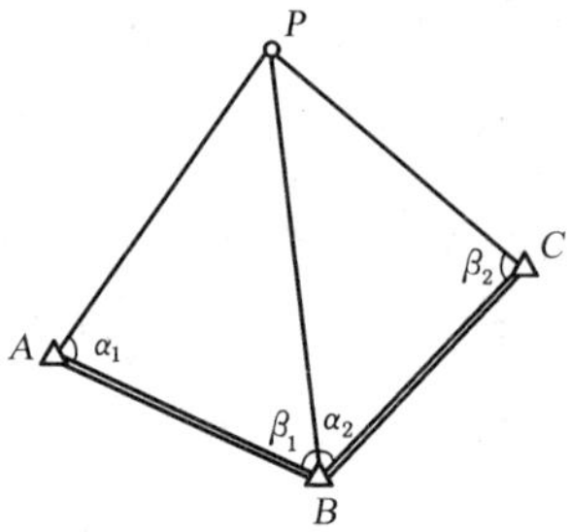

图8-16 三边前方交会

8.4.2 测边交会

求算未知点的平面坐标，除了测角交会法外，结合电磁波测距仪已在测量工作中普遍采用，所以可以通过测量边长S_a、S_b(图8-15)，算出P点坐标，这种方法称为测边交会法。为检核P点的可靠性以及提高点位精度，实际工作中通常是采用三边交会法(图8-18)。其中两条边是求P点坐标的，另外一条边作为检核。或者用四边交会法(图8-19)，这时可以组成两个各有两条观测边的图形，求得P点的两组坐标(x'_P, y'_P)；(x''_P, y''_P)。当这两组相

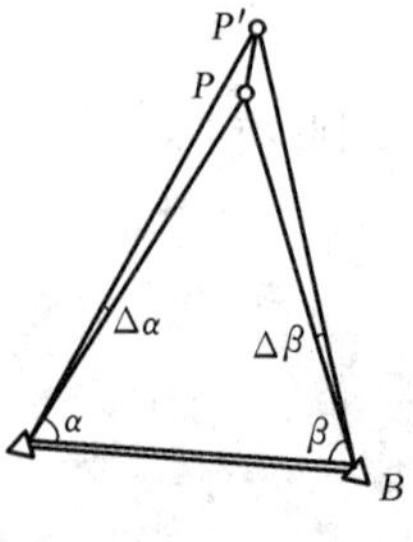

图8-17 交会角度分析图

应坐标之差在一定范围内时,取其平均值作为 P 点的最后坐标。

由两条观测边长推算 P 点坐标的公式(图 8-15),推导如下:

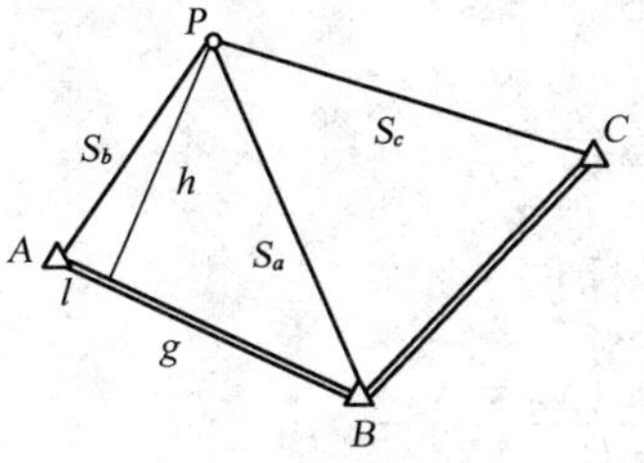

图 8-18　三边交会

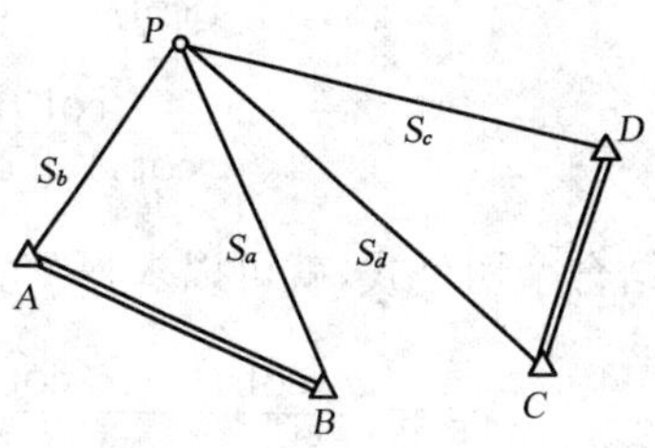

图 8-19　四点交会

设已知点 A、B 的坐标为$(x_A,\ y_A)$和$(x_B,\ y_B)$,A、B 的已知边长为 S_{AB},测量了边长 S_a、S_b。在$\triangle ABP$ 中,AB 边的高为 h,而高将 AB 边分成 l 和 g 两段,显然 $l+g=S_{AB}$。推导公式的思路是这样的:由已知边 S_{AB} 和观测边长 S_a、S_b,推出 l、g、h,从而算出$\angle A$、$\angle B$,并按余切公式求 P 点坐标。

由图可见:

$$h^2+l^2=S_b^2$$

$$h^2+g^2=S_a^2$$

$$l+g=S_{AB}$$

由第三式知:$l=S_{AB}-g$,将此等式两边平方后代入第一式,得:

$$h^2+g^2-2gS_{AB}=S_b^2-S_{AB}^2 \tag{8-28}$$

将上式减去第二式,整理后得:

$$g=\frac{S_{AB}^2-S_b^2+S_a^2}{2S_{AB}} \tag{8-29}$$

将 g 代入得:

$$l=\frac{S_{AB}^2+S_b^2-S_a^2}{2S_{AB}}$$

$$h=\sqrt{S_b^2-l^2}=\sqrt{S_a^2-g^2}$$

这样就可以算出 l、g、h。而

$$\cot A=\frac{l}{h}$$

$$\cot B=\frac{g}{h}$$

则:

$$\frac{1}{\cot A+\cot B}=\frac{h}{l+g}=\frac{h}{S_{AB}} \tag{8-30}$$

以及

$$\frac{\cot A}{\cot A+\cot B}=\frac{l}{S_{AB}}$$

$$\frac{\cot B}{\cot A+\cot B}=\frac{g}{S_{AB}}$$

上述两式结合余切公式，就可以求得 P 点坐标：

$$\begin{aligned}x_P&=\frac{x_A\cot B+x_B\cot A+(y_B-y_A)}{\cot A+\cot B}\\&=\frac{g}{S_{AB}}x_A+\frac{l}{S_{AB}}x_B+\frac{h}{S_{AB}}(y_B-y_A)\\&=\frac{g+l}{S_{AB}}x_A+\frac{l}{S_{AB}}(x_B-x_A)+\frac{h}{S_{AB}}(y_B-y_A)\end{aligned}$$

即：

$$x_P=x_A+L(x_B-x_A)+H(y_B-y_A)$$

$$y_P=y_A+L(y_B-y_A)+H(x_B-x_A)$$

同样可得出：

$$L=\frac{l}{S_{AB}}=\frac{S^2+S_{AB}^2-S_a^2}{2S_{AB}^2}$$

$$H=\frac{h}{S_{AB}}=\sqrt{\frac{S_b^2}{S_{AB}^2}-L^2}=\sqrt{\frac{S_a^2}{S_{AB}^2}-G^2}$$

$$G=\frac{g}{S_{AB}}=\frac{S_a^2+S_{AB}^2-S_b^2}{2S_{AB}^2}$$

对于三边交会(图 8-18)来说，为了提高 P 点点位精度，一般可取两条近似正交的边计算坐标，而取第三条测量边长 S_C 作为检核。这时可以由 C、P 点坐标反算出 PC 边长：

$$S_{C算}=\sqrt{(x_P-x_C)^2+(y_P-y_C)^2} \tag{8-31}$$

PC 的测量边长 S_C 与其计算值 $S_{C算}$ 的较差为：

$$\Delta S_C=S_{C算}-S_C \tag{8-32}$$

对于地形控制点，当 ΔS_C 不大于比例尺精度的两倍，即 $\Delta S_C\leqslant 2\times 0.1\,M(\text{mm})$时，可认为外业成果合格。一般说来，由于电磁波测距仪精度极高，只要观测和计算中没有错误，上式是肯定能得到满足的。

对于四点交会(图 8-19)来说，可以组成两组图形，即 $\triangle ABP$ 和 $\triangle CDP$，求出 P 点两组坐标(x'_P, y'_P)；(x''_P, y''_P)。一般要求两组算得的点位较差不大于两倍比例尺精度，即：

$$\Delta S_C=\sqrt{\Delta x^2+\Delta y^2}\leqslant 2\times 0.1\,M(\text{mm}) \tag{8-33}$$

式中：$\Delta x=x'_P-x''_P$，$\Delta y=y'_P-y''_P$。则取两组坐标的平均值作为 P 点的最后坐标。对于一

般电磁波测距仪来说，上式是容易满足的。

举例说明：为了求出 P 点坐标，自已知点 A、B、C 向 P 点测了三条边长 S_a、S_b、S_c，试求 P 点坐标。

全部计算在表 8-6 中进行。

表 8-6　三边测边交会计算

计算者　　　　检查者　　　　日期　　　　　　　　　　　　　　　　　　天气

<table>
<tr><td colspan="2">示意图</td><td colspan="2"></td><td colspan="2">公式</td></tr>
<tr><td colspan="2">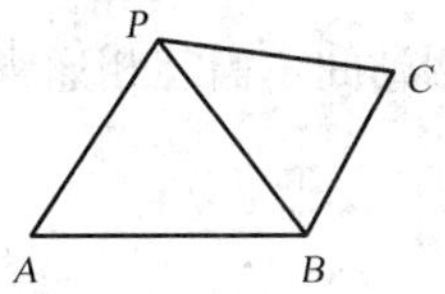
</td><td colspan="2"></td><td colspan="2" rowspan="5">$L = l/S_{AB}$
$G = g/S_{AB}$
$H = h/S_{AB}$
$x_P = x_A + L(x_B - x_A) + H(y_B - y_A)$
$y_P = y_A + L(y_B - y_A) + H(x_B - x_A)$</td></tr>
<tr><td>x_B</td><td>3 400 367. 42</td><td>y_B</td><td>536 076. 44</td></tr>
<tr><td>x_A</td><td>3 401 438. 75</td><td>y_A</td><td>533 934. 58</td></tr>
<tr><td>$x_B - x_A$</td><td>−1 071. 33</td><td>$y_B - y_A$</td><td>5 141. 86</td></tr>
<tr><td>S_b</td><td>2 957. 30</td><td>S_a</td><td>2 586. 82</td></tr>
<tr><td>S_{AB}</td><td>2 394. 85</td><td>L</td><td>0. 6 790 650</td><td rowspan="5">$S_{C算}$
S_C
ΔS_C</td><td rowspan="5">3 949. 14 m
3 949. 12
0. 02 m</td></tr>
<tr><td>1−1</td><td>1. 031 380 3</td><td>G</td><td>0. 3 209 350</td></tr>
<tr><td>$L(x_B - x_A)$</td><td>−727. 503</td><td>$L(y_B - y_A)$</td><td>+1 454. 462</td></tr>
<tr><td>$H(y_B - y_A)$</td><td>+2 209. 072</td><td>$H(x_A - x_B)$</td><td>+1 104. 948</td></tr>
<tr><td>x_P</td><td>3 402 920. 32</td><td>y_P</td><td>536 493. 99</td></tr>
</table>

8. 4. 3　全站仪自由设站法

自由测站是一种较新颖的测量方法，以一测站为一坐标系（称“测站坐标系”或“局部坐标”），不同的观测站具有不同的测站坐标系，最后将各测站坐标系转换至相同之坐标系（称“全区坐标系”或“全域坐标系”），故施测时可以任意点为测站，任意方向为北方，观测的是测站附近各点以测站坐标系为基准之坐标值。

1）基本原理

定义自由测站法各种点的关系如下：

（1）测站点：整置仪器之点。

（2）共同点：为了使全区有统一坐标，故部分的点位须被两个或多个测站所观测，以求得各测站之转换关系，此种被两个以上之测站所观测之点称为共同点。

（3）控制点：已知全区坐标之点称为控制点。若欲以已知坐标系为全区坐标系，则部分测站须观测控制点。

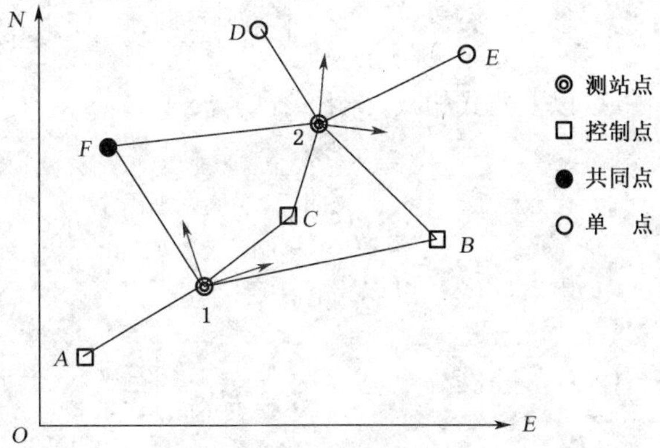

图 8-20　自由设站原理图

(4) 单点:即非控制点,且仅被某一测站所观测,则称为单点(Single Point)。通常为地物或地形要点。

图 8-20 中有 2 个测站点,3 个控制点(A, B, C),1 个共同点(F)及 2 个单点(D, E),以自由测站法施测后可得二个不同测站坐标系,经坐标转化后可得全区坐标系。

2) 自由测站优点

(1) 施测时

① 可以任意点设置站,不需置于控制点,故可在欲测区域附近设测站,方便细部测量实施。

② 可以任意方向为北方,可免除对点定方位之操作,故测站与测站间不需互相通视。

③ 控制点不需先行检测。

④ 控制测量与细部测量可同时施测。

(2) 平差时

① 观测值即为平差程式之输入值,不需寻找各测站或观测量之关系,故观测值不需再加整理。若使用具有自动记录功能之全站仪,则可直接输入自由测站法之平差程式,而避免人为之错误。

② 不需先行计算各点之近似坐标。

③ 不需计算投影改正。

③ 全区平差解算,点位精度甚为均匀。

3) 自由测站之计算

如果有 2 个以上点既具有全区坐标(X_g, Y_g),又具有测站坐标(x_l, y_l),且测站坐标原点相对于全区坐标为($X_{g/l}$, $Y_{g/l}$),则可利用「坐标转换」将所有测点的测站坐标转换成全区坐标,其坐标转换如下:

$$\begin{pmatrix} X_g \\ Y_g \end{pmatrix} = \begin{pmatrix} X_{l/g} \\ Y_{l/g} \end{pmatrix} + \begin{pmatrix} \cos\theta & -\sin\theta \\ \sin\theta & \cos\theta \end{pmatrix} \begin{pmatrix} x_l \\ y_l \end{pmatrix}$$

由 A、B 两个点位代入可得:

$$\begin{pmatrix} X_{Ag} \\ Y_{Ag} \end{pmatrix} = \begin{pmatrix} X_{l/g} \\ Y_{l/g} \end{pmatrix} + \begin{pmatrix} \cos\theta & -\sin\theta \\ \sin\theta & \cos\theta \end{pmatrix} \begin{pmatrix} x_{Al} \\ y_{Al} \end{pmatrix} \tag{8-34}$$

$$\begin{pmatrix} X_{Bg} \\ Y_{Bg} \end{pmatrix} = \begin{pmatrix} X_{l/g} \\ Y_{l/g} \end{pmatrix} + \begin{pmatrix} \cos\theta & -\sin\theta \\ \sin\theta & \cos\theta \end{pmatrix} \begin{pmatrix} x_{Bl} \\ y_{Bl} \end{pmatrix} \tag{8-35}$$

以上两式相减,得下式:

$$\begin{pmatrix} X_{Ag} - X_{Bg} \\ Y_{Ag} - Y_{Bg} \end{pmatrix} = \begin{pmatrix} \cos\theta & -\sin\theta \\ \sin\theta & \cos\theta \end{pmatrix} \begin{pmatrix} x_{Al} - x_{Bl} \\ y_{Al} - y_{Bl} \end{pmatrix} \tag{8-36}$$

由式(8-34)可以得:

$$(x_{Al} - x_{Bl} \quad y_{Al} - y_{Bl}) \begin{pmatrix} X_{Ag} - X_{Bg} \\ Y_{Ag} - Y_{Bg} \end{pmatrix} = (x_{Al} - x_{Bl} \quad y_{Al} - y_{Bl}) \begin{pmatrix} \cos\theta & -\sin\theta \\ \sin\theta & \cos\theta \end{pmatrix} \begin{pmatrix} x_{Al} - x_{Bl} \\ y_{Al} - y_{Bl} \end{pmatrix} \tag{8-37}$$

可得：

$$\cos\theta=(x_{Al}-x_{Bl}\quad y_{Al}-y_{Bl})\begin{pmatrix}X_{Ag}-X_{Bg}\\Y_{Ag}-Y_{Bg}\end{pmatrix}/(x_{Al}-x_{Bl}\quad y_{Al}-y_{Bl})\begin{pmatrix}x_{Al}-x_{Bl}\\y_{Al}-y_{Bl}\end{pmatrix}\tag{8-38}$$

$$\sin\theta=(y_{Bl}-y_{Al}\quad x_{Al}-x_{Bl})\begin{pmatrix}X_{Ag}-X_{Bg}\\Y_{Ag}-Y_{Bg}\end{pmatrix}/(x_{Al}-x_{Bl}\quad y_{Al}-y_{Bl})\begin{pmatrix}x_{Al}-x_{Bl}\\y_{Al}-y_{Bl}\end{pmatrix}\tag{8-39}$$

8.5　三、四等水准测量

8.5.1　技术指标

国家三、四等水准测量的精度要求较普通水准测量的精度高，其技术指标见表 8-7。三、四等水准测量的水准尺，通常采用木质的两面有分划的红黑两面标尺，表 8-7 中黑红面读数差是指一根标尺的两面读数去掉常数之后所容许的差数。

表 8-7　三、四等水准测量技术指标

等级	高差闭合差的限差(mm)		视线长度(m)	前后视距差(m)	前后视距累积差(m)	黑红面读数差(mm)	黑红面高差之差(mm)
	附合、闭合路线	往返测					
三	$\pm12\sqrt{L}$	$\pm12\sqrt{K}$	≤65	≤3	≤6	≤2	≤3
四	$\pm20\sqrt{L}$	$\pm20\sqrt{K}$	≤80	≤5	≤10	≤3	≤5

注：L、K 的单位为千米(km)。

8.5.2　三、四等水准测量方法

1) 测站观测程序

三、四等水准测量的观测应在通视良好，望远镜成像清晰稳定的情况下进行。三、四等水准测量的记录手簿见表 8-8。在一测站上的观测程序如下：

① 选择合适的地点进行观测，测站点应大致在前后视中间，以保持前后视距差不超过限差，然后将仪器整平。

② 瞄准后视水准尺黑面，使仪器精平，按下、上、中丝读取读数，并记入手簿(1)、(2)、(3)栏中。

③ 瞄准前视读数水准尺黑面，按下、上、中丝读取读数，并记入手簿(4)、(5)、(6)栏中。

④ 瞄准前视水准尺红面，使符合水准气泡居中，读取中丝读数，并记入手簿(7)中。

⑤ 瞄准后尺红面，气泡符合后读取中丝读数，并记入手簿(8)栏中。

这样的顺序简称“后前前后”，概括起来，每个测站需读取 8 个读数，然后立即进行测站

计算与检核，满足三、四等水准测量的有关技术要求后即可迁站。

表 8-8　三、四等水准测量观测手簿

测站编号	后尺 下丝	前尺 下丝	方向及尺号	标尺读数		K+黑减红	高差中数
	后尺 上丝	前尺 上丝		黑面	红面		
	后距	前距					
	视距差 d	$\sum d$					
	(1)	(4)	后	(3)	(8)	(14)	
	(2)	(5)	前	(6)	(7)	(13)	
	(9)	(10)	后一前	(15)	(16)	(17)	(18)
	(11)	(12)					
1	1 571	6 739	后	1 384	6 171	0	
	1 197	6 363	前	0551	5 239	−1	
	374	376	后一前	+0833	+0932	+1	+0832.5
	−0.2	−0.2					
2	2 121	2 196	后	1 934	6 621	0	
	1 747	1 821	前	2 008	6 796	−1	
	374	375	后一前	−0074	−0175	+1	−0074.5
	−0.1	−0.3					
3	1 914	2 055	后	1 726	6 513	0	
	1 539	1 678	前	1 866	6 554	−1	
	375	377	后一前	−0140	−0041	+1	−0140.5
	−0.2	−0.5					

2）*现场数据计算和检核*

现场进行数据的计算和检核主要包括：

① 视距计算与检核

根据前、后视的下、上丝的读数，计算前、后视距：

后视距离(9)＝[(1)－(2)]×100

前视距离(10)＝[(4)－(5)]×100

计算前、后视距差(11)＝(9)－(10)，三等水准测量，不得超过 3 m；四等水准测量，不得超过 5 m。

计算前、后视距累计差(12)＝本站的前后视距差＋上站的视距差之和，三等水准测量不得超过 6 m，四等水准测量不得超过 10 m，否则须返工重测。

② 尺常数检核

同一水准尺红、黑面中丝读数之差，应等于该尺红、黑面的常数差 K(4 687 mm 或 4 787 mm)。红、黑读数差计算式为：

$$前视尺(13)=(6)+K_{前}-(7)$$

$$后视尺(14)=(3)+K_{后}-(8)$$

对于三等水准测量,(13)、(14)的值不得超过 2 mm;对于四等水准测量,不得超过 3 mm。

③ 高差的计算与检核

按前、后视水准尺红、黑面中丝读数分别计算该测站高差:

$$黑面高差(15)=(3)-(6)$$

$$红面高差(16)=(8)-(7)$$

红、黑面高差之差(17)=(15)-(16)±100 mm=(14)-(13),三等水准测量,此项不得超过 3 mm;四等水准测量不得超过 5 mm。

红、黑面高差之差在允许范围内时取两者平均值,作为该站的观测高差,即:

$$(18)=\frac{1}{2}\{(15)+(16)\pm 100\ \text{mm}\}$$

④ 每页水准测量记录计算检核

高差检核 $\sum(3)-\sum(6)=\sum(15)$

$\sum(8)-\sum(7)=\sum(16)$

$\sum(15)+\sum(16)=2\sum(18)$(偶数站)

或 $\sum(15)+\sum(16)=2\sum(18)\pm 100\ \text{mm}$(奇数站)

视距检核: $\sum(9)-\sum(10)=$ 末站(12)-前页末站(12)

本页总视距 $=\sum(9)+\sum(10)$

8.5.3 成果整理

测站检核只能检查每一个测站所测高差是否正确,对于整条水准路线而言,还不能说明它的精度是否符合要求。例如在仪器搬站期间,转点的尺垫被碰动、下沉等引起的误差,在测站检核中无法发现,而在水准路线的闭合差中却能反映出来。因此,水准测量外业结束后,首先应复查记录手簿,然后按水准路线布设形式进行成果整理。整理的内容包括:水准路线高差闭合计算与校核;高差闭合差的分配和计算改正后的高差;计算各点的高程(具体方法与步骤见第 2 章 2.3.4 节)。

8.6 光电测距三角高程测量

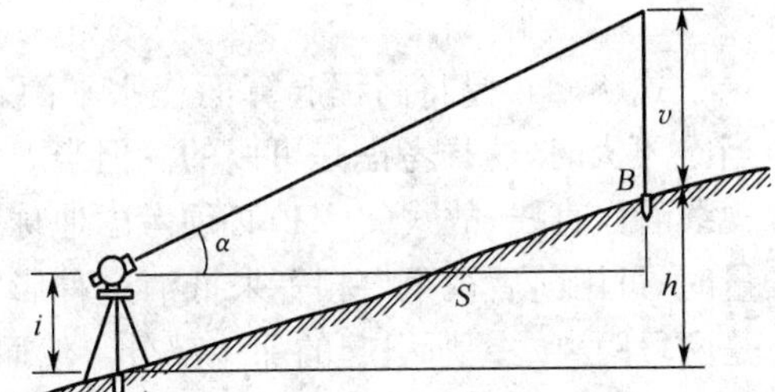

图 8-21 三角高程测量原理图

用水准测量测定高差精度较高,但在山区和煤矿井下主要斜巷中进行水准测量比较困难。在这种情况下,可以采用三角高程测量方法。如图 8-21，斜坡上存在 A、B 两点，可采用三角高程测量的方法测量并计算出 A、B 点的高差。

8.6.1 三角高程测量计算方法

三角高程测量的原理是：根据两点间的水平距离和竖直角（视线方向与水平面的夹角），应用三角学的公式，计算出两点间的高差。如图 8-22 所示，设已知 A 点的高程为 H_A，今欲求 B 点的高程 H_B。在 A 点安置经纬仪，在 B 点竖立标杆，用望远镜中丝照准觇标顶端，测出视线的竖直角 α，再量出望远镜转轴距地面 A 点的高度 i（称为仪器高）和觇标的高度 v（称为觇标高）。若已知 A、B 两点间的水平距离 S，则 A、B 两点间的高差 h_{AB} 为：

$$h_{AB} = S \cdot \tan\alpha + i - v \tag{8-40}$$

B 点的高程为：

$$H_B = H_A + h_{AB} = H_A + S \cdot \tan\alpha + i - v \tag{8-41}$$

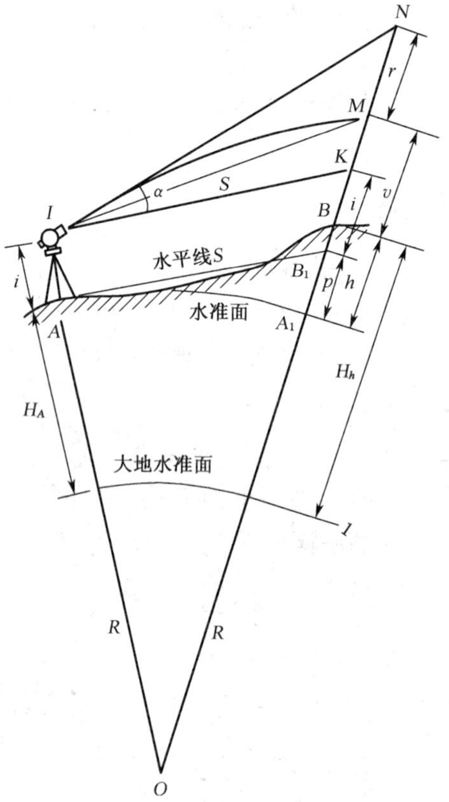

图 8-22　考虑球气差后三角高程原理图

应用上面两个公式时，要注意竖直角 α 的正负号。当视线方向位于水平面之上时，竖直角 α 称为仰角，取正号，$S \cdot \tan\alpha$ 为正；当视线方向位于水平面之下时，α 称为俯角，取负号，$S \cdot \tan\alpha$ 亦为负。这种仅用中丝测定竖直角的方法称为中丝测高法，简称中丝法。

在进行三角高程测量时，如果仪器设在已知点，而向未知点观测，测定已知点和未知点间的高差，称为直觇；如果仪器设在未知点，而向已知点观测，测定未知点和已知点间的高差，则称为反觇。三角高程测量，一般要进行往返观测（即直觇和反觇），称为对向观测或双向观测。若对向观测的高差较符合要求，则取两次高差的平均值。

8.6.2 两差

式(8-41)是将高程起算面作水平面，视线当作直线时的三角高程测量高差计算公式。当 S 不大时，这样考虑是可以的。但当 S 较大时，既不能把高程起算面看作平面，也不能把视线看作直线，故式(8-41)必须考虑地球曲率和大气折光“两差”对高差的影响。在水准测量时，可用前后视距离相等来抵消这种影响，即使前后视距离不等，产生的球气差影响也只是两段距离之差所引起的那一部分。然而，三角高程测量，虽然也可以在两点分别安置仪器进行对向观测（直、反觇），并计算各自所得的高差，而后取平均，以消除球气差的影响，但有时只有单向观测，没有抵消的条件。因此，球气差的影响就难以消除。

如图 8-22 所示，A、B 为地面两点，I 为 A 点的仪器中心；$IK = AB_1$ 为过 A 的水平线。AA_1 为过 A 的水准面。由图可知，A、B 两点间的高差为 $h = A_1B$；若用水平线 AB_1 代替 AA_1，则求得的高差为 B_1B，两者之差 $p = A_1B_1$，即为球差改正。又 IN 为视准轴方向，IM 为大气折光影响下的实际视线，即由于实际视线照准的不是 N 而是 M，故 $NM = r$，即为气差改正。与水准测量时的情况完全一样，球差使高差减小，气差使高差增大，地球曲率与大气折光对一个目标读数的联合影响仍用 f 代表，则两差为：

$$f = p - r = (1 - K)S^2/2R \tag{8-42}$$

由图 8-22 得知：

$$h + v + r = p + i + KN \tag{8-43}$$

在 $\triangle INK$ 中，$\angle IKN = 90°$，即 $\triangle INK$ 为近似直角三角形，故可以认为 $NK = S\tan\alpha$，则 A 点到 B 点的高差为：

$$h = S \cdot \tan\alpha + i - v + f \tag{8-44}$$

式(8-44)即为考虑了球气差改正的三角高程测量高差计算的公式。

实际计算时，两差改正 f 是以距离 S 为引数，在球气差改正数表中查取(见表 8-9)。

表 8-9 球气差改正数 f 表

S f(m) S(m)	0	100	200	300	400	500	600	700	800	900
0	0	0.001	0.003	0.006	0.011	0.017	0.024	0.033	0.043	0.055
1 000	0.07	0.08	0.10	0.12	0.14	0.16	0.18	0.20	0.23	0.25
2 000	0.28	0.31	0.34	0.37	0.40	0.44	0.47	0.51	0.55	0.59

8.6.3 三角高程测量观测与计算

1) 布设形式

三角高程测量的布设形式决定于平面控制的布设形式。例如，在导线测量中，可以在观测水平角的同时进行竖直角观测，并量取仪器高和觇标高，以便确定点的高程。当某些点不便包括在上述的高程路线中时，也可以布成独立高程点。高程路线应起闭于水准点，而独立高程点则可以高程路线点为起算点。

2) 外业观测

三角高程测量的外业工作，主要是观测竖直角。一个测站的操作程序如下：

(1) 在测站上安置经纬仪。量取仪器高 i。

(2) 观测竖直角 α。

(3) 量取觇标高 v。

为了防止测量发生错误和提高测定高差的精度，凡组成三角高程路线的各边，应进行直、反觇观测，而后取直、反觇高差的平均值作为最后的结果。

3) 内业计算

外业观测结束后，首先检查外业成果有无错误，观测精度是否合乎要求，所需的各项

数据如 a、i、v、S 和已知点高程是否齐全等。在资料检查无误无缺后，即可进行高程计算。

计算三角高程路线上各点的高程时，首先计算直、反觇的高差。若直、反觇高差较差符合要求，即可根据各边的直、反觇高差的平均值计算路线高程闭合差。当高程闭合差在允许范围内时，可按与边长成比例配赋之。最后，根据已知高程和平差后的高差，计算各点的高程。具体方法与水准路线的计算相同。

【例 8-3】 有一三角高程路线（见表 8-10 中之插图），已知点的高程和各边的水平距离标于图中。点的高程计算，见表 8-11。

表 8-10　三角高程路线高程之计算

路线示意图

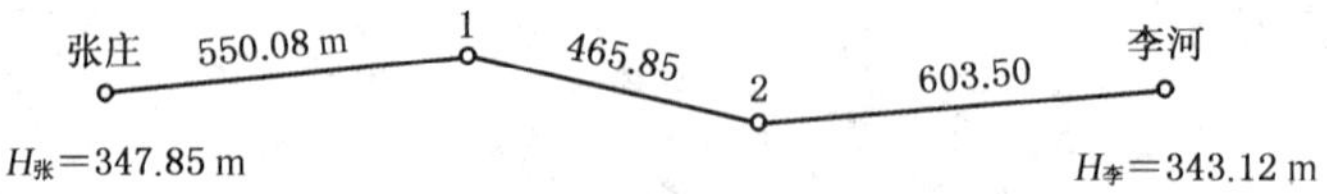

高 差 计 算

测站 觇点 觇法	张庄 1 直	1 张庄 反	1 2 直	2 1 反	2 李河 直	李河 2 反
α	$-2°28'54''$	$+2°32'20''$	$+4°07'12''$	$-4°05'54''$	$-1°17'42''$	$+1°22'21''$
S	550.08	550.08	465.85	465.85	603.50	603.50
$S\cdot\tan\alpha$	−23.84	+23.39	+33.56	−33.38	−13.64	+14.46
i	+1.34	+1.30	+1.30	+1.32	+1.32	+1.30
u	−2.00	−1.30	−1.30	−1.50	−1.50	−2.00
v	+0.02	+0.02	+0.01	+0.01	+0.02	+0.02
h	−24.48	+24.41	+33.57	−33.55	−13.80	+13.78
$H_{中}$	−24.44		+33.56		−13.79	

高 程 计 算

点名	距离 (m)	高差中数 (m)	改正数 (m)	改正后高差 (m)	高程 (m)	备注
张庄					347.85	
	550.08	−24.44	−0.02	−24.46		
1					323.39	
	465.85	+33.56	−0.02	+33.54		
2					356.93	
	603.50	−13.79	−0.02	−13.81		
李河					343.12	

$\sum S = 1\,619.43$　$\sum h = -4.67$

$f_n = \sum h - (H_{张} - H_{李}) = -4.67 - (-4.73) = +0.06$ m

习题与思考题

1. 控制测量包括哪些内容？是按什么原则布设的？

2. 坐标方位角和象限角如何换算？

3. 导线的布设形式有几种？选择导线点应注意哪些问题？导线测量的外业工作包括哪些内容？

4. 附合导线和闭合导线计算有哪两点不同？

5. 根据图 8-23 中所示数据，计算图根附合导线各点坐标。

6. 根据表 8-11 中所列数据，计算图根闭合导线各点坐标。

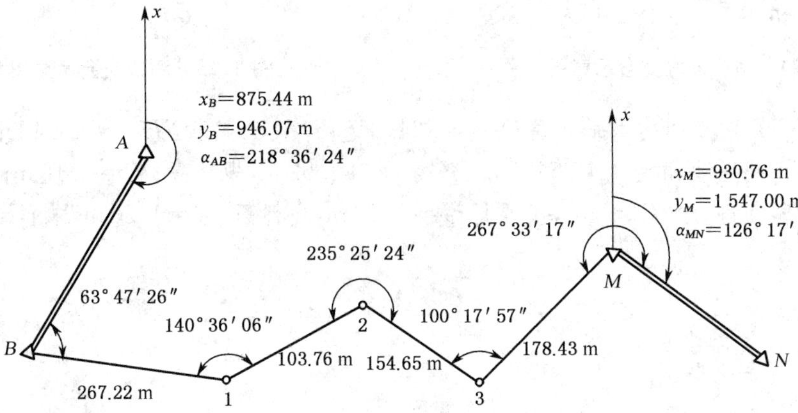

图 8-23 图根附合导线示意图

表 8-11 闭合导线的已知数据

点号	角度观测值(右角) ° ′ ″	坐标方位角 ° ′ ″	边长(m)	坐标 x(m)	坐标 y(m)
1				500.00	600.00
		42 45 00	103.85		
2	139 05 00				
			114.57		
3	94 15 54				
			162.46		
4	88 36 36				
			133.54		
5	122 39 30				
			123.68		
1	95 23 30				

7. 角度前方交会观测的数据如图 8-24 所示，已知 x_A=1 112.342 m，y_A=351.727 m，x_B=659.232 m，y_B=355.537 m，x_C=406.593 m，y_C=654.051 m，求 P 点坐标。

8. 测边交会观测的数据如图 8-25 所示，已知 x_A = 1 223.453 m，y_A = 462.838 m，x_B =770.343 m，y_B = 466.648 m，x_C = 517.704 m，y_C = 765.162 m，求 P 点坐标。

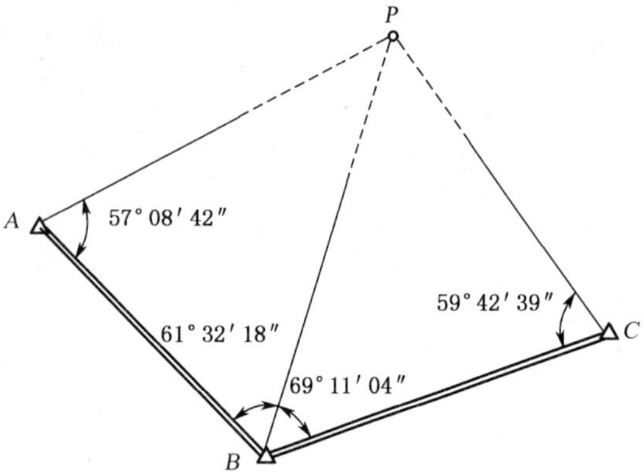

图 8-24　角度前方交会示意图

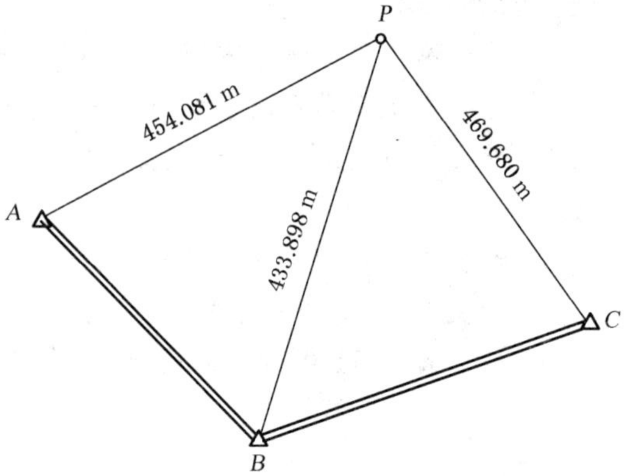

图 8-25　测边交会示意图

9. 已知 A、B 两点间的水平距离 $D_{AB}=224.346\,\text{m}$，A 点的高程 $H_A=40.48\,\text{m}$。在 A 点设站照准 B 点测得垂直角为 $+4°25'16''$，仪器高 $i_A=1.52\,\text{m}$，觇标高 $v_B=1.10\,\text{m}$；B 点设站照准 A 点测得垂直角为 $-4°35'40''$，仪器高 $i_B=1.50\,\text{m}$，觇标高 $v_A=1.20\,\text{m}$。求 B 点的高程。

9 地形图测绘

【本章知识要点】 地形图的比例尺；比例尺精度及其作用；地形图的分幅与编号；地物；地貌；地物符号；地貌符号；等高线；等高距和等高线平距；经纬仪测绘法测图；数字化测图基本原理。

9.1 地形图的基本知识

通过测量的手段确定了地面点的坐标和高程后，最形象直观的描述这些点位置以及这些点代表什么样的物体的方法就是绘制地形图。地球表面上有各种各样的物体和复杂多样的地表形态，在地形图测绘中可概括为地物和地貌两种要素。地物是指地面天然或人工形成的各种固定物体，如河流、森林、草地、房屋、道路、农田等；地貌是指地表面高低起伏的各种形态，如高山、丘陵、平原、洼地等。地形是地物和地貌的总称。为了便于绘图和读图，在地形图中各种地物是以简化、概括的符号表示，地貌是以高程相同的一系列点构成的曲线表示。为此国家测绘局统一制定了《地形图图式》作为地形图绘图和读图的标准。

通过一定的测量方法，按照一定的精度，将地面上各种地物的平面位置按一定比例尺，用规定的符号缩绘在图纸上，这种图称为平面图；如果是既表示出各种地物的平面位置，又用等高线表示出地貌形态，称为地形图。

地形图真实地反映了地面的各种自然状况，在地形图上，可以直接确定点的坐标、点与点之间的水平距离和直线间夹角、直线的方位等。地形图是工程建设必不可少的基础性资料，无论是国土整治、资源勘查、土地利用及规划，还是工程设计、军事指挥等，都离不开地形图。因此在每一项新的工程建设之前，都要先进行地形测量工作，以获得规定比例尺的现状地形图。

9.1.1 地形图的比例尺

常规的纸质地形图是将地表上的地物和地貌实际尺寸缩小描绘在图纸上的。地形图上任意一线段的长度与地面上相应线段的实际水平距离之比，称为该地形图的比例尺。

1) 比例尺种类

按照表示方法的不同，比例尺一般可分为数字比例尺和图示比例尺两种。

(1) 数字比例尺

数字比例尺是用分子为 1，分母为整数的分数形式表示。设图上一段直线的长度为 d，地面上相应线段的水平距离为 D，则该图的比例尺为：

$$\frac{d}{D}=\frac{1}{M} \tag{9-1}$$

式中 M 为比例尺分母，M 越小，则比例尺就越大，它在图上表示的地物、地貌也越详细。通常使用的有 1∶500、1∶1 000、1∶2 000 等比例尺地形图。按照地形图图式的规定，数字比例尺标注在图幅下方(南面图廓外)正中处。

地形图按其比例尺大小分为三类，通常把 1∶500、1∶1 000、1∶2 000、1∶5 000、1∶10 000比例尺的地形图称为大比例尺地形图；1∶2.5 万、1∶5 万、1∶10 万的地形图称为中比例尺地形图；1∶25 万、1∶50 万、1∶100 万的地形图称为小比例尺地形图。

(2) 图示比例尺

在有些地形图图廓下方绘有图示直线比例尺，作为图的组成部分，如图 9-1 为 1∶1 000 地形图绘制的直线比例尺，取 2 cm 为比例尺的基本单位，每基本单位所代表的实地长度为 20 m，并将左边一个基本单位分为 10 等份，便于直接读取基本单位的 1/10，估读到 1/100。使用时可用分规直接在图上量取直线段，并与图示直线比例尺进行比较，可直接读取该线段的实际水平距离。直线比例尺除便于使用外，还具有随图纸伸缩的特点，因此它可以避免因图纸伸缩而引起的误差。

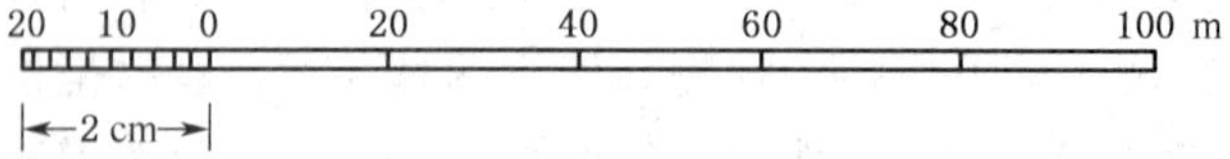

图 9-1　直线比例尺

2) 比例尺精度

一般认为正常情况下人们用肉眼能够分辨出图上的最小距离是 0.1 mm，因此地形图测绘中将地形图上 0.1 mm 所代表的实地水平距离称为比例尺精度，即 0.1 mm 与比例尺分母的乘积。不同比例地形图的比例尺精度见表 9-1 所示。比例尺越大，地形图表示地表的情况就越详细，相应的测量精度也就要求越高。比例尺精度的概念对测图和用图都有重要的指导意义。

表 9-1　比例尺精度

比例尺	1∶500	1∶1 000	1∶2 000	1∶5 000	1∶10 000
比例尺精度	0.05 m	0.1 m	0.2 m	0.5 m	1.0 m

根据比例尺精度，可以确定：

(1) 距离测量的精度

有了比例尺精度就可以确定在测图时距离测量应该准确到什么程度。例如在按 1∶1 000的比例尺测图时，比例尺精度为 0.1 m，则实地地物量距只需取到 0.1 m，因为测量得再精确，图上也无法表示出来。

(2) 合理的测图比例尺

当按设计规定多大的地物需在图上表示出来或测量地物要求精确到什么程度时，根据比例尺精度可以确定合理的测图比例尺。例如某项工程建设，要求在图上能反映地面上 5 cm 的精度，则所选图的比例尺就不能小于 1∶500。图的比例尺愈大，测绘工作量会成倍地增加，所以应该按城市规划和工程建设、施工的实际需要合理选择地形图的比例尺。

9.1.2 地形图的分幅与编号

对于范围广大的地区用常规的方法测绘纸质地形图，由于每幅地形图所包含的地面面积有一定的限度，需要若干幅地形图拼接成一幅完整的地形图。为了便于测绘、管理和使用，需要将地形图进行统一的分幅和编号。地形图的分幅方法有两种：一种是按经纬线分幅的梯形分幅法；另一种是按坐标格网分幅的矩形分幅法。

1）梯形分幅与编号

国家基本比例尺地形图（1∶100 万～1∶5 000）是按经纬线进行梯形分幅，地形图的图廓线由经纬线构成。各比例尺地形图的分幅均是以 1∶100 万比例尺地形图图幅为基础，按规定的经差和纬差划分图幅，不同比例尺的图幅行列数和图幅数成简单的倍数关系，并采用国际统一方法编号。

（1）1∶100 万比例尺地形图的分幅与编号

按国际上的规定，1∶100 万的世界地图实行统一的分幅和编号。即自赤道向北或向南分别按纬差 4°分成 22 个横列，各列由低纬向高纬依次用 A、B、…、V 表示。自经度 180°开始起算，自西向东按经差 6°分成 60 个纵行，各行依次用 1、2、…、60 表示。每一幅图的编号由其所在的横列字母与纵行的数字按先横列后纵行的次序组成，一幅图的编号写成"横列-纵行"。例如某地的经度为东经 117°41′56″，纬度为北纬 39°56′55″，则其所在的 1∶100 万比例尺图的图号为 J-50，见图 9-2。

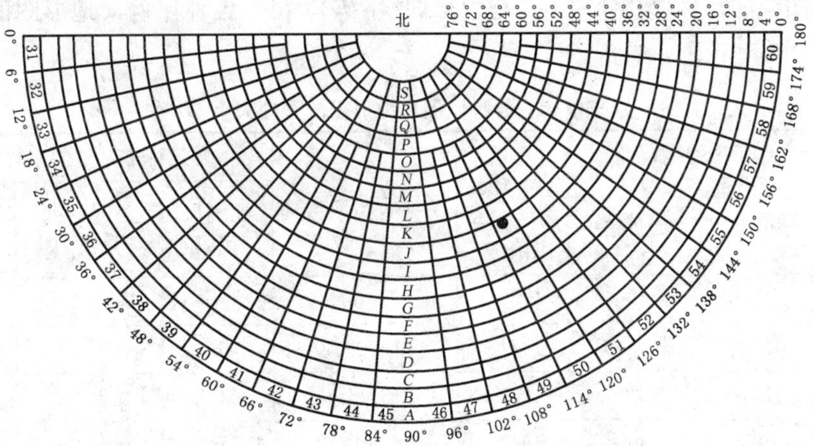

图 9-2 1∶100 万比例尺图的分幅与编号

以上分幅规定仅适用于纬度 60°以下，当纬度在 60°～76°时，以经差 12°、纬差 4°分幅，纬度在 76°～88°时，以经差 24°、纬差 4°分幅。

（2）1∶10 万比例尺图的分幅和编号

将一幅 1∶100 万的图，按经差 30′，纬差 20′分为 144 幅 1∶10 万的图。按图 9-3 所示顺序，某地的 1∶10 万图的编号为 J-50-8。

（3）1∶5 万和 1∶2.5 万比例尺图的分幅和编号

这两种比例尺图的分幅编号都是以 1∶10 万比例尺图为基础的。每幅 1∶10 万的图，划分成 4 幅 1∶5 万的图，分别在 1∶10 万的图号后写上各自的代号 A、B、C、D。每幅 1∶5 万的图又可分为 4 幅 1∶2.5 万的图，分别以 1、2、3、4 编号。某地上述两种比例尺图的图幅编号见表 9-2。

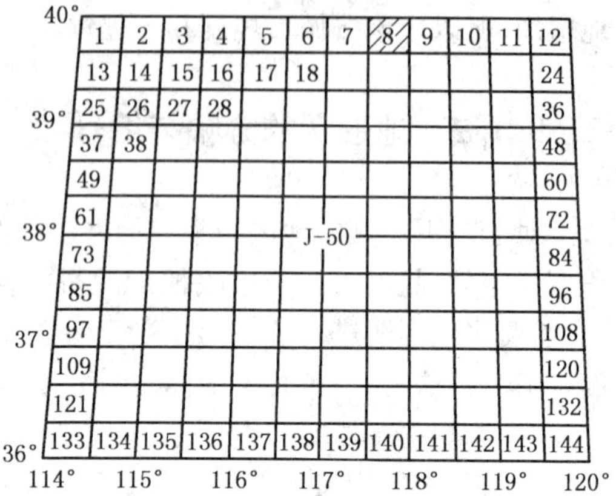

图 9-3　1∶10 万比例尺图的编号

(4) 1∶10 000 和 1∶5 000 比例尺图的分幅编号

1∶10 000 和 1∶5 000 比例尺图的分幅编号也是在 1∶10 万比例尺图的基础上进行的。每幅 1∶10 万的图分为 64 幅 1∶10 000 的图，分别以(1)、(2)、…、(64)表示。每幅 1∶10 000 的图分为 4 幅 1∶5 000 的图，分别在 1∶10 000的图号后面写上各自的代号 a、b、c、d。

1992 年 12 月我国发布实施的 GB/T 13989—92《国家基本比例尺地形图分幅和编号》标准对地形图的分幅和编号作了新的相应规定。按照该标准，1∶100 万的分幅仍按国际统一规定进行，但其编号的行和列的称谓相反，即其图号由该图所在的行号(字符码)与列号(数字码)组成，如某地所在的地形图编号为 J50。1∶50 万～1∶5 000 国家基本比例尺地形图的分幅则全部在 1∶100 万地形图的基础上，逐次加密划分而成，其编号均为五个元素 10 位代码组成，即 1∶100 万地形图的行号(字符码)1 位，列号(数字码)2 位，比例尺代码(字符)1 位，该图幅的行号(数字码)3 位与列号(数字码)3 位。各种比例尺地形图的图幅大小及编号见表 9-2。

表 9-2　各种比例尺地形图的图幅大小

比例尺	图幅大小		一幅 1∶100 万图包含图幅数	某地的图幅编号	新标准某地的图幅编号		
	纬度差	经度差			比例尺代码	行号与列号范围	编号示例
1∶100 万	4°	6°	1	J-50		A-V;1-60	J50
1∶50 万	2°	3°	4	J-50-B	B	001-002	J50B001002
1∶25 万	1°	1°30′	16	J-50-B-1	C	001-004	J50C001003
1∶10 万	20′	30′	144	J-50-8	D	001-012	J50D001008
1∶5 万	10′	15′	576	J-50-8-A	E	001-024	J50E001015
1∶2.5 万	5′	7′30″	2304	J-50-8-A-2	F	001-048	J50F001030
1∶10 000	2′30″	3′45″	9216	J-50-8-(12)	G	001-096	J50G002060
1∶5 000	1′15″	1′52.5″	36 864	J-50-8-(12)-a	H	001-192	J50H003119

2) 矩形分幅与编号

传统纸质大比例尺地形图通常采用矩形分幅法，图廓线是平行于直角坐标轴的坐标格网线，以整千米或百米坐标进行分幅。图幅大小如表 9-3 所示。

表 9-3 大比例尺地形图的图幅大小

比例尺	图幅大小(cm×cm)	实地面积(km^2)	1∶5 000 图幅内的分幅数
1∶5 000	40×40	4	1
1∶2 000	50×50	1	4
1∶1 000	50×50	0.25	16
1∶500	50×50	0.062 5	64

矩形分幅地形图的编号一般采用图幅西南角坐标公里数编号法，x 坐标在前，y 坐标在后，中间用短线连接。如图 9-4，某 1∶5 000 图幅西南角的坐标值 $x=32$ km，$y=56$ km，则其图幅编号为"32-56"。比例尺为 1∶500 地形图编号时，坐标值取至 0.01 km，而 1∶1 000、1∶2 000 地形图取至 0.1 km。同一地区不同比例尺地形图也可以 1∶5 000 比例尺图为基础进行编号。例如以图 9-4 某 1∶5 000 图幅图号作为该图幅中的其他较大比例尺所有图幅的基本图号。在 1∶5 000 图号的末尾分别加上罗马字Ⅰ、Ⅱ、Ⅲ、Ⅳ，就是 1∶2 000 比例尺图幅的编号，如图 9-4 中的甲图幅，其编号为"32-56-Ⅰ"。同样，在 1∶2 000 图幅编号的末尾分别再加上Ⅰ、Ⅱ、Ⅲ、Ⅳ，就是 1∶1 000 图幅的编号，如图 9-4 中的乙图幅，其编号为"32-56-Ⅳ-Ⅱ"。在 1∶1 000 比例尺的图号末尾再加上Ⅰ、Ⅱ、Ⅲ、Ⅳ，就是 1∶500 图幅的编号。如图 9-4 中的丙图幅，其编号为"32-56-Ⅳ-Ⅲ-Ⅲ"。

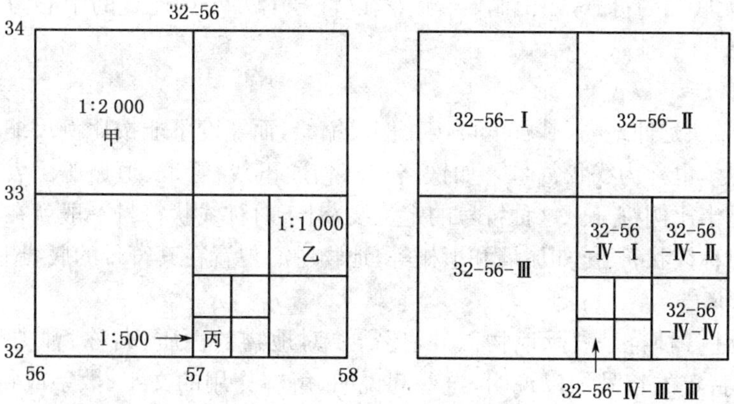

图 9-4 矩形分幅与编号

9.1.3 地物符号

地面上的地物一般可分为两大类：一类是自然地物，如河流、湖泊、森林、草地等；另一类是人工地物，如房屋、道路、桥梁、管线、路灯等。由于地物种类繁多、形状不一，在图上所表示的是经过综合取舍，按一定要求和测图比例尺，以其平面投影的轮廓或特定的符号绘制在地形图上。为了便于测图和用图，地形图上绘制的各种地物和地貌，应严格按照国家测绘总局颁发的《地形图图式》中规定的符号描绘于图上，因此测绘和使用地形图时，应参阅《地形图图式》并熟悉其中常见图式符号表示方法和含义。其中地物符号有下列几种：

1）比例符号

若地物的轮廓较大，可将其形状和占据地面面积的大小均按测图比例尺缩小，并用规定的符号描绘在图纸上，这种符号称为比例符号，也称为面状符号。如房屋、湖泊和森林等，都采用比例符号绘制。表 9-4 中，从 1 号到 12 号都是比例符号。

2）非比例符号

若地物的轮廓较小，无法将其形状和大小按比例缩绘到图上，而该地物又具有重要的特殊意义，必须采用相应的规定符号表示在该地物的中心位置上，这种特殊的符号称为非比例符号，也称为点状符号。如路灯、水塔和测量控制点等。表 9-4 中，从 27 号到 40 号都为非比例符号。非比例符号均按直立方向描绘，即与南图廓垂直。

非比例符号的中心位置与该地物实地的中心位置关系，随各种不同的地物而异，在测图和用图时应注意下列几点：

（1）规则的几何图形符号，如圆形、正方形、三角形等，以图形几何中心点为实地地物的中心位置。

（2）底部为直角形的符号，如独立树、路标等，以符号的直角顶点为实地地物的中心位置。

（3）宽底符号，如烟囱、岗亭等，以符号底部中心为实地地物的中心位置。

（4）几种图形组合符号，如路灯、消火栓等，以符号下方图形的几何中心为实地地物的中心位置。

（5）下方无底线的符号，如山洞、窑洞等，以符号下方端点连线的中心为实地地物的中心位置。

3）半比例符号

若地物为带状延伸地物，其长度可按比例尺缩绘，而宽度不能按比例尺缩小表示的符号称为半比例符号，也称为线状符号。如铁路、公路、通讯线、管道、垣栅等。表 9-4 中，从 13 号到 26 号都是半比例符号。这种符号的定位线，对于对称线状符号一般就在其实地地物的中心位置；不对称线状符号，如城墙和垣栅等，地物中心位置在其符号的底线上。

4）地物注记

除采用上述各种符号表示地物以外，还需要对地物的性质、名称、种类或数量等用文字和数字或者特定的符号加以说明，这些起说明、解释作用的文字、数字或特有符号，称为地物注记。诸如城镇、学校、河流、道路等地理名称，森林、果树的类别，房屋的结构等特征，桥梁的长宽及载重量，江河的流向、流速及深度，道路的去向等，都以文字或特定符号加以说明。

表 9-4　地物符号

编号	符号名称	图例	编号	符号名称	图例
1	坚固房屋 4-房屋层数	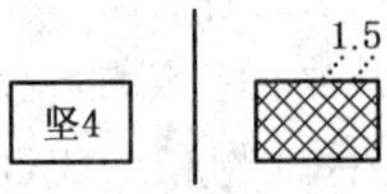	2	普通房屋 2-房屋层数	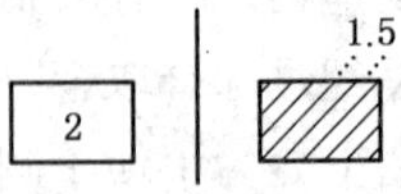

续表 9-4

编号	符号名称	图例	编号	符号名称	图例
3	窑洞 1. 住人的 2. 不住人的 3. 地面下的	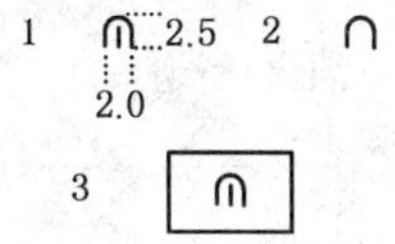	14	低压线	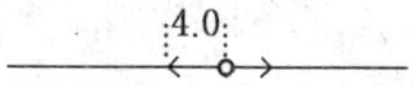
4	台阶	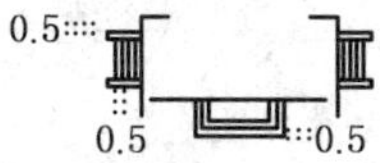	15	电杆	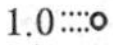
5	花圃	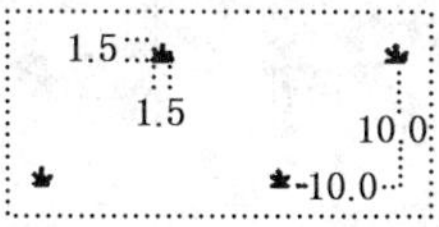	16	电线架	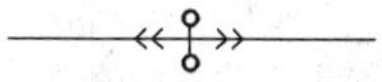
6	草地	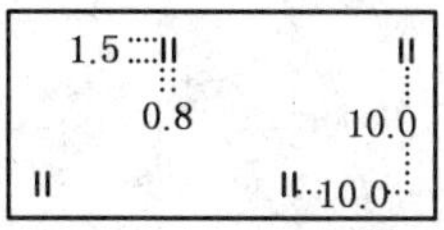	17	砖、石及混凝土围墙	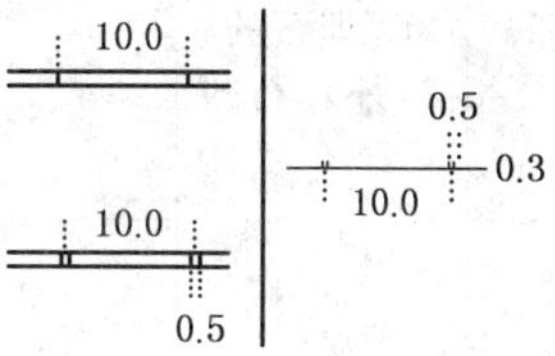
7	经济作物地	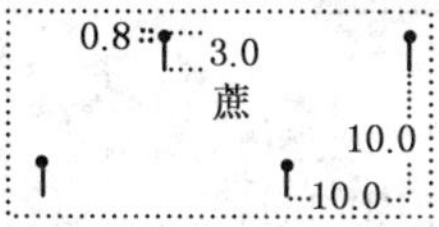	18	土围墙	
8	水生经济作物地	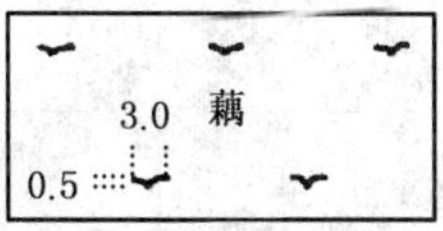	19	栅栏、栏杆	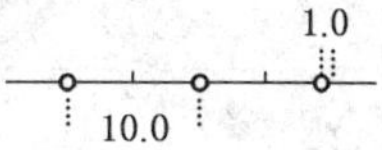
9	水稻田	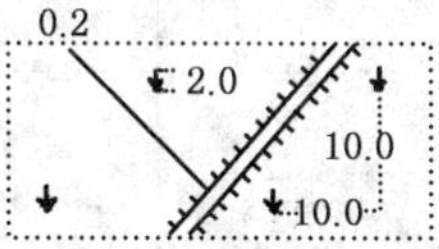	20	篱笆	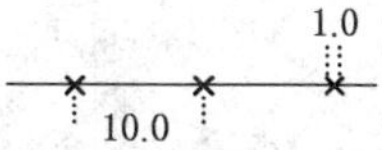
10	旱地	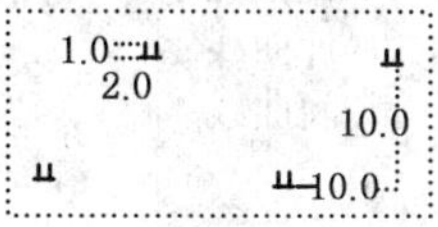	21	活树篱笆	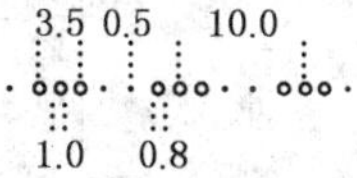
11	灌木林	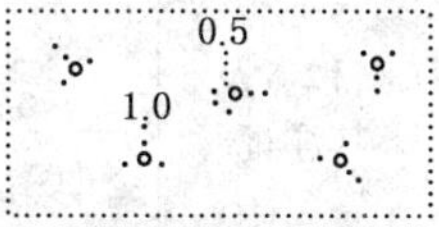	22	沟渠 1. 有堤岸的 2. 一般的 3. 有沟堑的	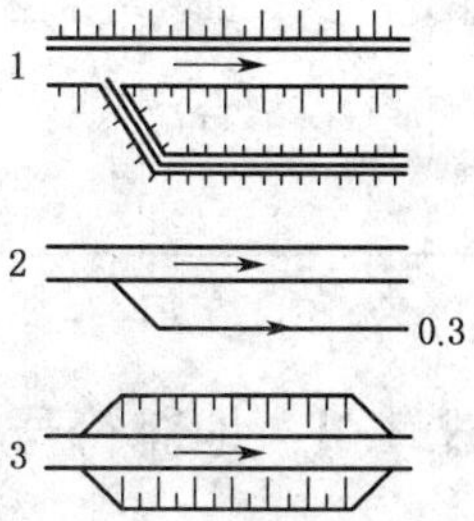
12	菜地	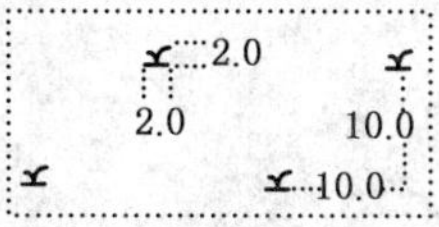			
13	高压线	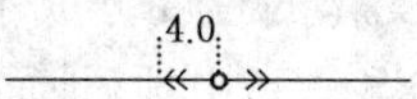	23	公路	

续表 9-4

编号	符号名称	图例	编号	符号名称	图例
24	简易公路	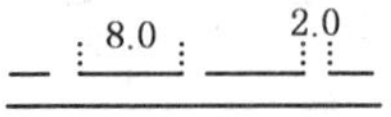	34	消火栓	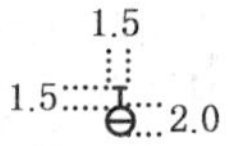
25	大车路	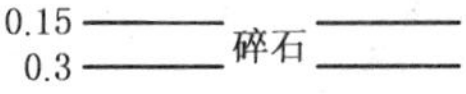	35	阀门	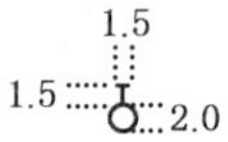
26	小路	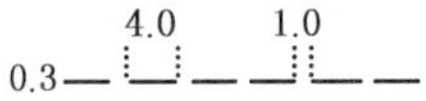	36	水龙头	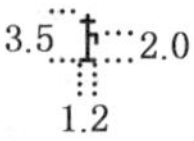
27	三角点 凤凰山-点名 394.468-高程	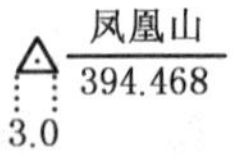	37	钻孔	
28	图根点 1. 埋石的 2. 不埋石的	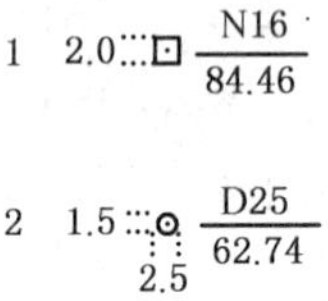	38	路灯	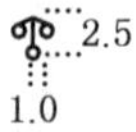
29	水准点	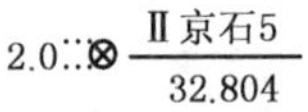	39	独立树 1. 阔叶 2. 针叶	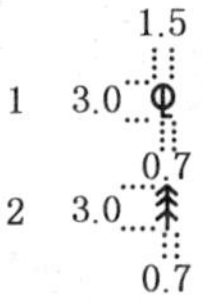
30	旗杆	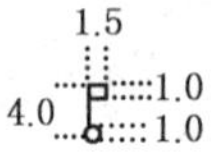	40	岗亭、岗楼	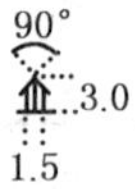
31	水塔	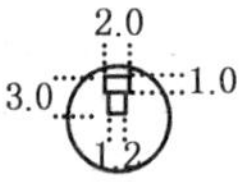	41	等高线 1. 首曲线 2. 计曲线 3. 间曲线	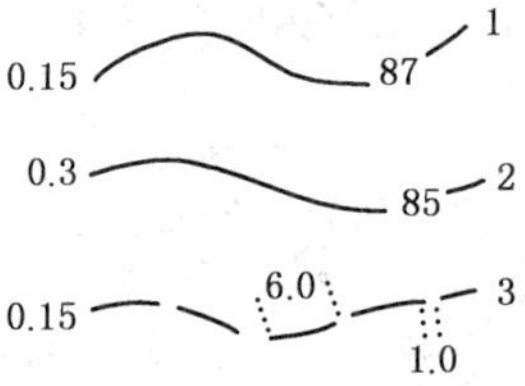
32	烟囱	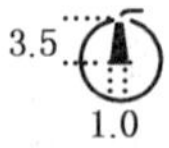			
33	气象站(台)	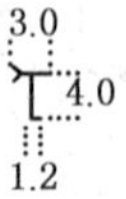	42	高程点及 其注记	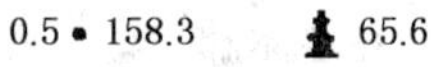

9.1.4 地貌符号

地貌是指地表面的高低起伏形态，可按其起伏变化的程度分成平地（地面坡度在 2°以下）、丘陵地（地面坡度 2°～6°）、山地（地面坡度 6°～25°）、高山地（地面坡度在 25°以上）等几种类型。四周高中间低的地方称为盆地，很小的盆地则称为洼地。地貌是地形图要表示的重要信息之一，地形图上一般是用等高线法表示地貌。等高线不但能表示地面起伏形态，还能科学地表示地面坡度和地面高程，可以满足实际用图的需要。对于不能用等高线表示的地方，如峭壁、冲沟、梯田等特殊地形则可用特殊的地貌符号来表示。

1）典型地貌的名称

地表形态千变万化，但地貌的基本形态可以归纳为几种典型地貌：①山丘；②洼地；③山脊；④山谷；⑤鞍部；⑥绝壁等（见图 9-5）。了解和熟悉典型地貌的等高线，有助于正确地识读、应用和测绘地形图。

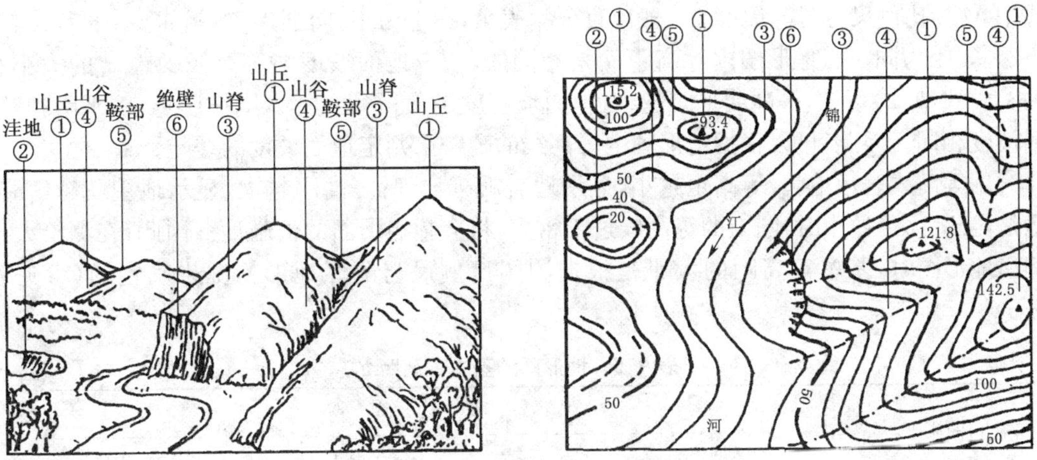

图 9-5　综合地貌及其等高线表示

凸起而高于四周的高地称为山丘，凹入而低于四周的低地称为洼地。山的最高部位称为山顶。山的倾斜面称为山坡。山坡上隆起的从山头沿一个方向延伸到山脚的凸棱称为山脊，山脊上的最高棱线称为山脊线；两山坡之间的凹地称为山谷，山谷中最低点的连线称为山谷线；山脊线和山谷线均称为地性线，代表地形的变化。近于垂直的山坡称为绝壁，上部凸出、下部凹入的绝壁称为悬崖，相邻两个山头之间的最低处呈马鞍形的低凹部分称为鞍部，它的位置是两个山脊线和两个山谷线交会之处。

2）等高线的概念

等高线是地面上高程相同的相邻各点所连接而成的闭合曲线。如图 9-6 所示，可以设想有一座位于平静水面的小山头，山顶被湖水淹没时的水面高程为 80 m。然后水位下降 5 m，露出山头，此时水面与山坡就有一条交线，而且是闭合曲线，曲线上各点的高程是相等的，这就是高程为 75 m 的等高线。随后水位又下降 5 m，山坡与水面又有一条交线，这就是高程为 70 m 的等高线。以此类推，水位每降落 5 m，水面就与地表面相交留下一条等高线，从而得到一组相邻高差为 5 m 的等高线。设想把这组实地上的等高

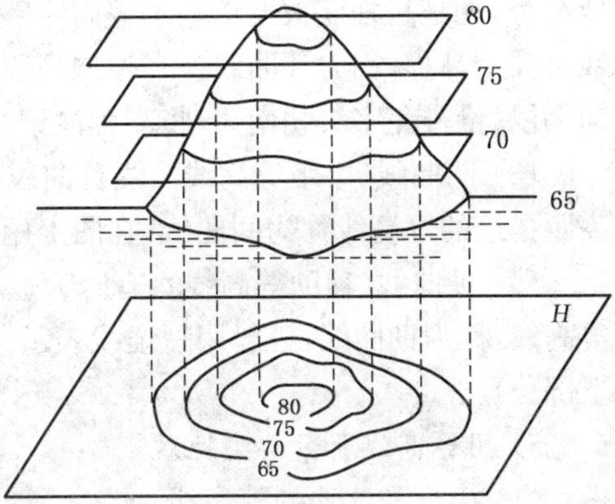

图 9-6　等高线

线沿铅垂线方向投影到水平面 H 上，并按规定的比例尺缩绘到图纸上，就得到用等高线表示该山头地貌的等高线图。

3）等高距和等高线平距

地形图上相邻等高线之间的高差称为等高距，常以 h 表示。图 9-6 中的等高距为 5 m。在同一幅地形图上，等高距 h 是相同的。相邻等高线之间的水平距离称为等高线平距，常以 d 表示，其大小随着地面的起伏情况而改变。h 与 d 的比值就是地面坡度 i：

$$i = \frac{h}{d \cdot M} \tag{9-2}$$

式中 M 为比例尺分母。坡度 i 一般以百分率表示，向上为正，向下为负，例如 $i=+5\%$、$i=-2\%$。因为同一张地形图内等高距 h 是相同的，所以地面坡度与等高线平距 d 的大小有关。由式(9-2)可知，等高线平距越小，地面坡度就越大；平距越大，则坡度越小；平距相等，则坡度相同。因此，可以根据地形图上等高线的疏密来判定地面坡度的缓陡。

用等高线表示地貌，等高距越小，显示地貌就越详细；等高距越大，显示地貌就越简略。但是，当等高距过小时，图上的等高线过于密集，将会影响图面的清晰度。因此，在测绘大比例尺地形图时，基本等高距的大小是根据测图比例尺与测区地形情况来确定的(参见表 9-5)。

表 9-5　地形图的基本等高距 h　（单位：m）

比例尺	地形类别			
	平地	丘陵	山地	高山
1∶500	0.5	0.5	0.5 或 1.0	1.0
1∶1 000	0.5	0.5 或 1.0	1.0	1.0 或 2.0
1∶2 000	0.5 或 1.0	1.0	2.0	2.0

4）等高线的分类

(1) 首曲线(基本等高线)：在同一幅地形图上，按规定的基本等高距描绘的等高线称为首曲线，用宽度为 0.15 mm 的细实线绘制。

(2) 计曲线(加粗等高线)：地形图上有时不可能对每条首曲线都注记高程，为了便于读取高程，凡是高程能被五倍基本等高距整除的等高线加粗(线宽 0.3 mm)绘制，并在该等高线上注上高程，称为计曲线。在注记高程处将所注记的加粗等高线断开，字头朝向上坡的方向，并尽量避免字头朝南，宜将高程注记在等高线适当的部位。

(3) 间曲线(半距等高线)：当首曲线不能很好地显示地貌的特征时，按二分之一基本等高距描绘的等高线称为间曲线，在图上用长虚线表示。

(4) 助曲线(辅助等高线)：有时为显示局部地貌的需要，按四分之一基本等高距描绘的等高线，称为助曲线，一般用短虚线表示。间曲线和助曲线可不闭合(见图 9-6 地形图的左下部分)。

5）用等高线表示典型地貌

(1) 山丘和洼地的等高线

图 9-5 中的①处为山丘的等高线，图 9-5 中的②处为洼地的等高线。它们都是一组闭

合曲线，从高程注记中可以区分这些等高线所表示的是山丘还是洼地，山丘的等高线由外圈向内圈高程逐渐增加，洼地的等高线由外圈向内圈高程逐渐减小，也可通过等高线上的示坡线（图 9-5 左上部分垂直于等高线的短线）来区分，示坡线的方向指向低处。

（2）山脊和山谷的等高线

山脊的等高线是一组凸向低处的曲线（图 9-5 中的③处），各条曲线方向改变处的连接线（图中点划线）即为山脊线。山谷的等高线为一组凸向高处的曲线（图 9-5 中的④处），各条曲线方向改变处的连接线（图中虚线）即为山谷线。等高线经过山脊或山谷时改变方向，因此山脊线与山谷线应和改变方向处的等高线的切线垂直相交。山脊和山谷的两侧为山坡，山坡近似于一个倾斜平面，因此山坡的等高线近似于一组平行线。

山脊线又称为分水线，山谷线又称为合水线。在地区规划及建筑工程设计时经常要考虑到地面的水流方向、分水线、合水线等问题，因此，山脊线和山谷线在地形图测绘和地形图应用中具有重要的意义。

（3）鞍部的等高线

典型的鞍部是在相对的两个山脊和山谷的会聚处（图 9-5 中的⑤处）。它的左右两侧的等高线是相对称的两组山脊线和两组山谷线。鞍部在山区道路的选线中是一个关节点，越岭道路常需经过鞍部。

（4）绝壁和悬崖符号

绝壁和悬崖都是由于地壳产生断裂运动而形成的。绝壁有比较高的陡峭岩壁，等高线非常密集，因此在地形图上要用特殊符号来表示绝壁（图 9-5 中的⑥处）。悬崖是近乎直立而下部凹入绝壁，若干等高线投影到地形图上会相交（图 9-7），俯视时隐蔽的等高线用虚线表示。

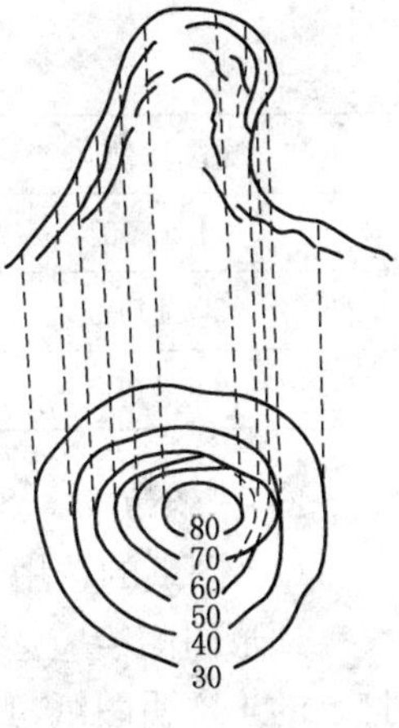

图 9-7　悬崖的等高线

6）等高线的特性

为了掌握用等高线表示地貌时的规律性，现将等高线的特性归纳如下：

（1）同一条等高线上各点的高程都相同。

（2）等高线是闭合曲线，闭合的范围有大有小，如果不在本幅图内闭合，则必在相邻的其他图幅内闭合。

（3）除在悬崖和绝壁处外，等高线在图上不能相交，也不能重合。

（4）等高线平距小表示坡度陡，平距大表示坡度缓，平距相同表示坡度相等。

（5）等高线与山脊线、山谷线成正交。

9.2　地形图传统测绘方法

地形图的测绘又称碎部测量，它是依据已知控制点的平面位置和高程，使用测绘仪器和方法来测定地物、地貌的特征点的平面位置和高程，按照规定的图式符号和测图比例尺，将地物、地貌缩绘成地形图的工作。传统地形测量的主要成果是展绘到白纸（绘图纸或聚酯薄膜）上的地形图，所以又俗称白纸测图或模拟法测图。本节所讨论的是有关大比例尺

(1∶500、1∶1 000、1∶2 000、1∶5 000)传统地形图测绘的各项工作。

测图前除做好仪器、工具和有关测量资料的准备外,还应进行控制点的加密工作(图根控制测量),以及图纸准备、坐标格网绘制和控制点的展绘等准备工作。

9.2.1 测图前的准备工作

1) 图根控制测量

图根点是直接提供测图使用的平面或高程控制点。测图前应先进行现场踏勘并选好图根点的位置,然后进行图根平面控制和图根高程控制测量。图根控制的测量方法和内业数据处理方法已在第8章中作了介绍。为保证测量精度,根据测图比例尺和地形条件对图根点(测站点)到地形点的距离有所限制,对于平坦开阔地区的图根点密度不宜低于表9-6的规定。

表9-6 平坦开阔地区图根点的密度

测图比例尺	每幅图的图根点数	每平方公里图根点数
1∶500	9	150
1∶1 000	12	50
1∶2 000	15	15

2) 图纸的准备

(1) 图纸的选用

地形图测绘应选用质地较好的图纸,如聚酯薄膜、普通优质绘图纸等。聚酯薄膜是一面打毛的半透明图纸,其厚度约为0.07～0.1 mm,经热处理后,其伸缩率很小,且坚韧耐湿,沾污后可洗,在图纸上着墨后,可直接复晒蓝图。但聚酯薄膜图纸易燃,有折痕后不能消除,在测图、使用、保管时要多加注意。普通优质的绘图纸容易变形,为了减少图纸伸缩,可将图纸裱糊在铝板或胶合木板上。

(2) 绘制坐标格网

控制点是在测图前根据其直角坐标值 x, y 展绘在图纸上的,为了准确地在图纸上绘出控制点位置,以及日后用图的方便,首先要精确地绘制10 cm×10 cm的直角坐标方格网。格网线的宽度为0.15 mm,绘制方格网一般可使用坐标格网尺,也可以用长直尺按对角线法绘制方格网,如图9-8所示。绘制坐标格网线还可以有多种工具和方法,如坐标格网尺法、直角坐标仪法、格网板画线法、刺孔法等。此外,测绘用品商店还有印刷好坐标格网的聚酯薄膜图纸出售。

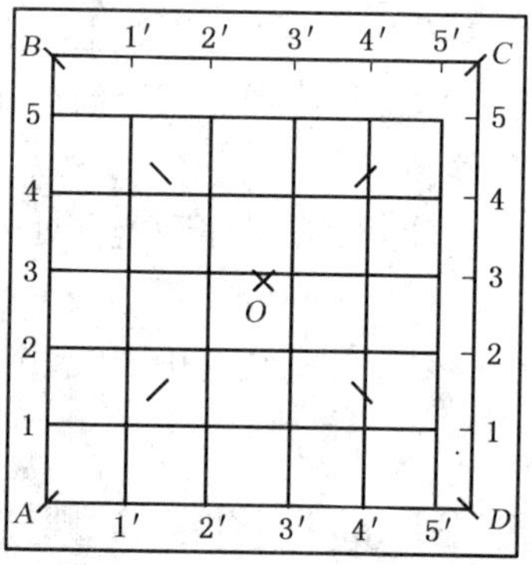

图9-8 对角线法绘制方格网

(3) 展绘控制点

展点时,首先要确定控制点(导线点)所在的方格。如图9-9所示(设比例尺为1∶1 000),导线点1的坐标为:$x_1=624.32$ m,$y_1=686.18$ m,由坐标值确定其位置应在 $klmn$ 方格内。然后从 k 向 n 方向、从 l 向 m 方向各量取86.18 m,得出 a、b 两点。同样再从 k 和

n 点向上量取 24.32 m，可得出 c、d 两点，连接 ab 和 cd，其交点即为导线点 1 在图上的位置。

同法将其他各导线点展绘在图纸上。最后用比例尺在图纸上量取相邻导线点之间的距离和已知的距离相比较，作为展绘导线点的检核，其最大误差在图纸上应不超过±0.3 mm，否则导线点应重新展绘。经检验无误，按图式规定绘出导线点符号，并注上点号和高程，这样就完成了测图前的准备工作。

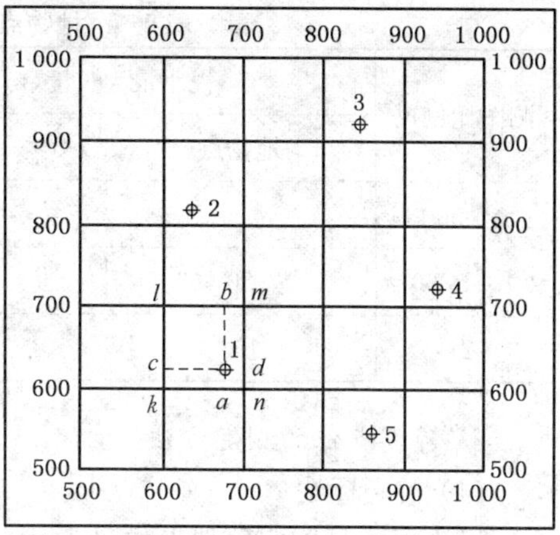

图 9-9 导线点的展绘

9.2.2 碎部点的测定方法

反映地物轮廓和几何位置的点称为地物特征点，简称地物点。地貌可以近似的看作由许多形状、大小、坡度方向不同的斜面所组成，这些斜面的交线称为地貌特征线，简称地性线，如山脊线、山谷线等。地貌特征线上的点称为地貌特征点，简称地形点。地物点和地形点统称为碎部点。碎部测量就是要测定碎部点的平面位置和高程，并将它们标绘在图纸上，勾绘出地物和地貌。

1）碎部点的选择

地形图测绘的质量和速度在很大程度上取决于立尺员能否正确合理地选择碎部点。对于地物，碎部点主要是其轮廓线的转折点，如房角点、道路中心线或边线的转折点、河岸线的转折点以及独立地物的中心点，连接这些特征点，便可得到与实地相似的地物形状。主要的特征点应独立测定，一些次要的特征点可以用量距、交会、推平行线等几何作图方法绘出。一般规定，凡主要建筑物轮廓线的凹凸长度在图上大于 0.4 mm、简单房屋大于 0.6 mm 时均应表示出来。对于独立地物，如能依比例尺在图上显示出来，应实测外廓；如图上不能表示出来，如水井、独立树等，应测其中心位置，用规定的图式符号表示。以下按 1∶500 和 1∶1 000比例尺测图的要求提出一些取点原则。

(1) 对于房屋，可只测定其主要房角点（至少 3 个），然后量取与其有关的数据，按其几何关系用作图方法画出轮廓线。

(2) 对于圆形建筑物，可测定其中心位置并量其半径后作图绘出；或在其外廓测定 3 点，然后用作图法定出圆心而作圆。

(3) 对于公路，应实测两侧边线，而大路或小路可只测其一侧的边线，另一侧边线可按量得的路宽绘出；对于道路转折处的圆曲线边线，应至少测定 3 点（起点、终点和中点）。

(4) 围墙应实测其特征点，按半比例符号绘出其外围的实际位置。

对于地貌，碎部点应选在最能反映地貌特征的山顶、鞍部、山脊（线）、山谷（线）、山坡、山脚等坡度变化及方向变化处。根据这些特征点的高程勾绘等高线，即可将地貌在图上表示出来。

按照 1999 年《城市测量规范》（CJJ 8—99）的规定，地物点、地形点视距和测距的最大长度应符合表 9-7 的要求。

表 9-7　地物点、地形点视距和测距的最大长度

测图比例尺	视距最大长度(m)		测距最大长度(m)	
	地物点	地形点	地物点	地形点
1∶500	—	70	80	150
1∶1 000	80	120	160	250
1∶2 000	150	200	300	400

2）*碎部点位的测定方法*

（1）极坐标法

极坐标法是测定碎部点位最常用的一种方法。如图 9-10 所示，测站点为 A，定向点为 B，通过观测水平角 β_1 和水平距离 D_1 就可确定碎部点 1 的位置。同样，由观测值 β_2，D_2 又可测定点 2 的位置。这种定位方法即为极坐标法。

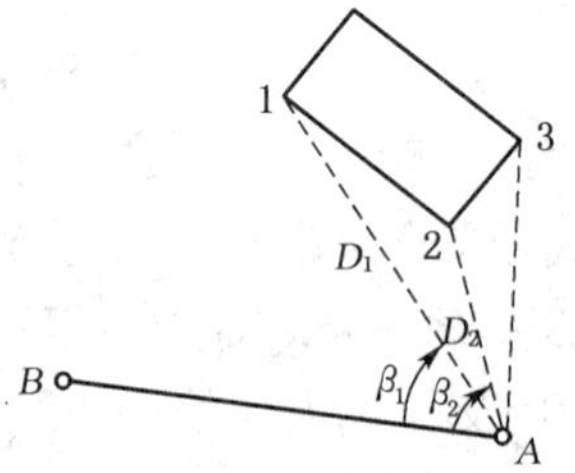

图 9-10　极坐标法测绘地物

对于已测定的地物点应该连接起来的要随测随连，例如房屋的轮廓线 1-2、2-3 等，以便将图上测得的地物与地面上的实体相对照。这样，测图时如有错误或遗漏，就可以及时发现，并及时予以修正或补测。

（2）方向交会法

当地物点距离较远，或遇河流、水田等障碍不便丈量距离时，可以用方向交会法来测定。如图 9-11 所示，设欲测绘河对岸的特征点 1、2、3 等，自 A、B 两控制点与河对岸的点 1、2、3 等量距不方便，这时可先将仪器安置在 A 点，经过对中、整平和定向以后，测定 1、2、3 各点的方向，并在图板上画出其方向线，然后再将仪器安置在 B 点。按同样方法再测定 1、2、3 点的方向，在图板上画出方向线，则其相应方向线的交会点，即为 1、2、3 点在图板上的位置，并应注意检查交会点位置的正确性。

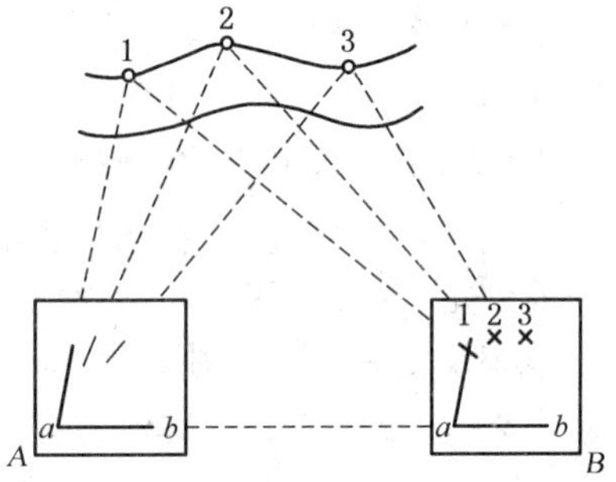

图 9-11　方向交会法测绘地物

（3）距离交会法

在测完主要房屋后，再测定隐蔽在建筑群内的一些次要的地物点，特别是这些点与测站不通视时，可按距离交会法测绘这些点的位置。如图 9-12 所示，图中 P、Q 为已测绘好的地物点，若欲测定 1、2 点的位置，具体测法如下：用皮尺量出水平距离 D_{P1}、D_{P2} 和 D_{Q1}、D_{Q2}，然后按测图比例尺算出图上相应的长度。在图上以 P 为圆心，用两脚规按 D_{P1} 长度为半径作圆弧，再在图上以 Q 为圆心，用 D_{Q1} 长度为半径作圆弧，两圆弧相交可得点 1；再按同法交会出点 2。连接图上的 1、2 两点即得地物一条边的位置。如果再量出房屋宽度，就可以在图上用推平行线的方法绘出该地物。

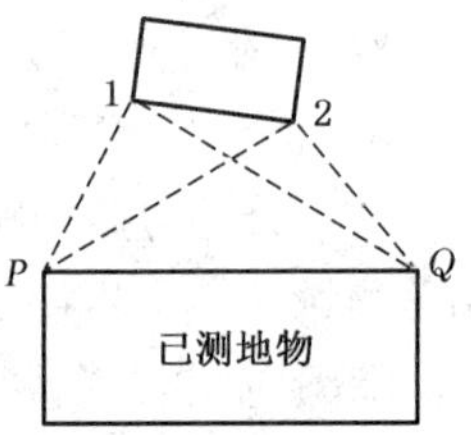

图 9-12　距离交会法测绘地物

(4) 直角坐标法

如图 9-13 所示，P、Q 为已测建筑物的两房角点，以 PQ 方向为 y 轴，找出地物点在 PQ 方向上的垂足，用皮尺丈量 y_1 及其垂直方向的支距 x_1，便可定出点 1。同法可以定出 2、3 等点。与测站点不通视的次要地物靠近某主要地物，地形平坦且在支距 x 很短的情况下，适合采用直角坐标法来测绘。

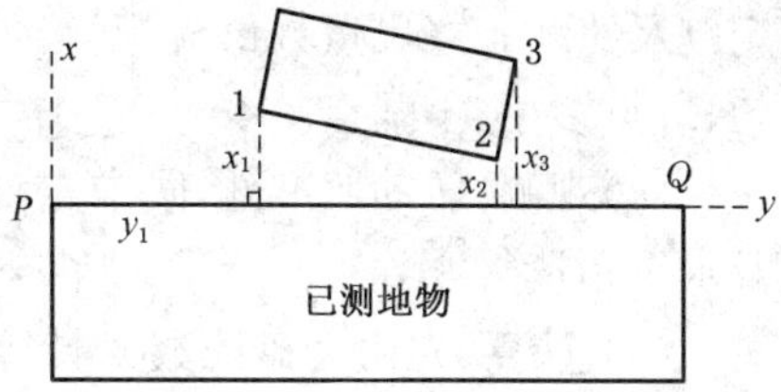

图 9-13 直角坐标法测绘地物

(5) 方向距离交会法

与测站点通视但量距不方便的次要地物点，可以利用方向距离交会法来测绘。方向仍从测站点出发来测定，而距离是从图上已测定的地物点出发来量取，按比例尺缩小后，用分规卡出这段距离，从该点出发与方向线相交，即得欲测定的地物点。这种方法称为方向距离交会法。

如图 9-14 所示，P 为已测定的地物点，现要测定点 1、2 的位置，从测站点 A 瞄准点 1、2，画出方向线，从 P 点出发量取水平距离 D_{P1} 与 D_{P2}，按比例求得图上的长度，即可通过距离与方向交会得出点 1、2 的图上位置。

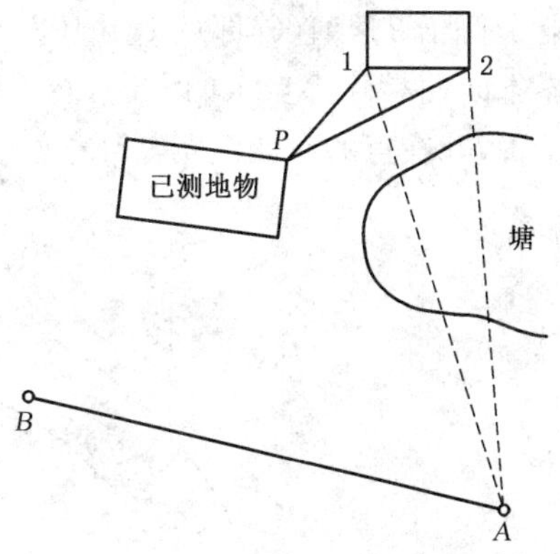

图 9-14 方向距离交会法测绘地物

9.2.3 经纬仪测绘法

1) 测站操作步骤

经纬仪测绘法是用经纬仪按极坐标法测量碎部点的平面位置和高程。根据测定的数据，用量角器和比例尺将碎部点的位置展绘在图纸上，并在点的右侧注明其高程，再对照实地勾绘地形图，这种方法称为模拟法成图。

经纬仪测绘法是将经纬仪安置在测站上，绘图板安置于测站旁，用经纬仪测定碎部点的方向与已知方向之间的水平夹角、测站点至碎部点的距离和碎部点的高程。水平距离和高差均用视距测量方法测量。此法操作简单、灵活，适用于各类地区的地形图测绘，而且是在现场边测边绘，便于检查碎部有无遗漏及观测、计算错误。

经纬仪测绘法在一个测站上的操作步骤如下：

(1) 安置仪器：如图 9-15 所示，安置仪器于测站点(控制点)A 上，量取仪器高 i。

(2) 定向：后视另一控制点 B，置水平度盘读数为 0°00′00″。

(3) 立尺：立尺员依次将标尺立在地物、地貌特征点上。立标尺前，立尺员应弄清实测范围和实地情况，初步拟定立尺点，并与观测员、绘图员共同商

图 9-15 经纬仪测绘法

定跑尺路线。立尺点数量应视测区的地物、地貌的分布情况而定，一般要求立尺点分布均匀、一点多用、不漏点。

(4)观测：转动照准部，瞄准点 1 上的标尺，读取视距间隔 l，中丝读数 v，竖盘盘左读数 L 及水平角读数 β。

(5) 计算：先由竖盘读数 L 计算竖直角 $\alpha=90°-L$，按视距测量方法用计算器计算出碎部点的水平距离和高程。

(6) 展绘碎部点：用细针将量角器的圆心插在图纸上测站点 a 处，转动量角器，将量角器上等于 β 角值(碎部点 1 为 $102°00'$)的刻划线对准起始方向线 ab(图 9-16)，此时量角器的零方向便是碎部点 1 的方向，然后用测图比例尺按测得的水平距离在该方向上定出点 1 的位置，并在点的右侧注明其高程。

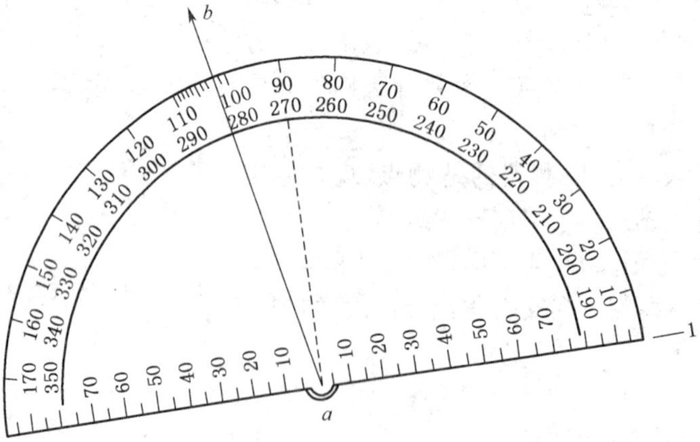

图 9-16　地形测量量角器

同法，测出其余各碎部点的平面位置与高程，绘于图上，并随测随绘等高线和地物。

为了检查测图质量，仪器搬到下一测站时，应先观测前站所测的某些明显碎部点，以检查由两个测站测得该点平面位置和高程是否相符。如相差较大，则应查明原因，纠正错误，再继续进行测绘。

若测区面积较大，可分成若干图幅，分别测绘，最后拼接成全区地形图。为了相邻图幅的拼接，每幅图应测出图廓外 10 mm。

在测图过程中，应注意以下事项：

① 为方便绘图员工作，观测员在观测时，应先读取水平角，再读取视距尺的三丝读数和竖盘读数；在读取竖盘读数时，要注意检查竖盘指标水准管气泡是否居中；读数时，水平角估读至 $5'$，竖盘读数估读至 $1'$即可，每观测 20～30 个碎部点后，应重新瞄准起始方向检查其变化情况，经纬仪测绘法起始方向水平度盘读数偏差不得超过 $3'$，定向边的边长不宜短于图上 10 cm。

② 立尺人员在跑点前，应先与观测员和绘图员商定跑尺路线；立尺时，应将标尺竖直，并随时观察立尺点周围情况，弄清碎部点之间的关系，地形复杂时还需绘出草图，以协助绘图人员做好绘图工作。

③ 绘图人员要注意图面正确、整洁，注记清晰，并做到随测点，随展绘，随检查。

④ 当每站工作结束后，应进行检查，在确认地物、地貌无测错或漏测时，方可迁站。

2）测站点的增设

在测图过程中，由于地物分布的复杂性，往往会发现已有的图根控制点还不够用，此时可以用支点法等方法临时增设（加密）一些测站点。

（1）支点法

在现场选定需要增设的测站点，用极坐标法测定其在图上的位置，称为支点法。由于测站点的精度必须高于一般地物点，因此规定：增设支点前必须对仪器（经纬仪、平板仪、全站仪等）重新检查定向；支点的边长不宜超过测站定向边的边长；支点边长要进行往返丈量或两次测定，其差数不应大于 1/200。对于增设测站点的高程，则可以根据已知高程的图根点用水准仪或经纬仪视距法测定，其往返高差的较差不得超过 1/7 等高距。

（2）内、外分点法

内、外分点法，是一种在已知直线方向上按距离定位的方法。这种方法主要用在通视条件好、便于量距和设站的任意两控制点连线（内分点）或其延长线（外分点）上增补测站点。利用已知边内、外分点建立测站，不需要观测水平角，控制点至测站点间的距离、高差的测定与检核，均与支点法相同。

9.2.4 地形图的绘制

在外业工作中，当碎部点展绘在图上后，就可对照实地随时描绘地物和等高线。如果测区较大，由多幅图拼接而成，还应及时对各图幅衔接处进行拼接检查，最后再进行图的清绘与整饰。

1）地物描绘

地物要按地形图图式规定的符号表示。房屋轮廓需用直线连接起来，而道路、河流的弯曲部分则是逐点连成光滑的曲线。对于不能按比例描绘的地物，用相应的非比例符号表示。

2）等高线勾绘

在地形图上为了既能详细地表示地貌的变化情况，又不使等高线过密而影响地形图的清晰，等高线必须按规定的间隔（称为基本等高距）进行勾绘。

勾绘等高线时，首先用铅笔轻轻描绘出山脊线、山谷线等地性线，再根据碎部点的高程勾绘等高线。不能用等高线表示的地貌，如绝壁、悬崖、冲沟等，应按图式规定的符号表示。由于碎部点是选在地面坡度变化处，因此相邻点之间可视为均匀坡度。这样可在两相邻碎部点的连线上，按平距与高差成比例的关系，内插出两点间各条等高线通过的位置。

（1）解析法

如图 9-17 所示，A、B 为地面上两个立尺点，两点间地面为同一坡度，测定两点的高程分别为 57.6 m 和 61.3 m，等高距为 1 m，则其间有 58 m、59 m、60 m 和 61 m 四条等高线通过。A、B 的图上位置为 a、b，可以用内插法求得 ab 连线上的上述四条等高线通过的点位。

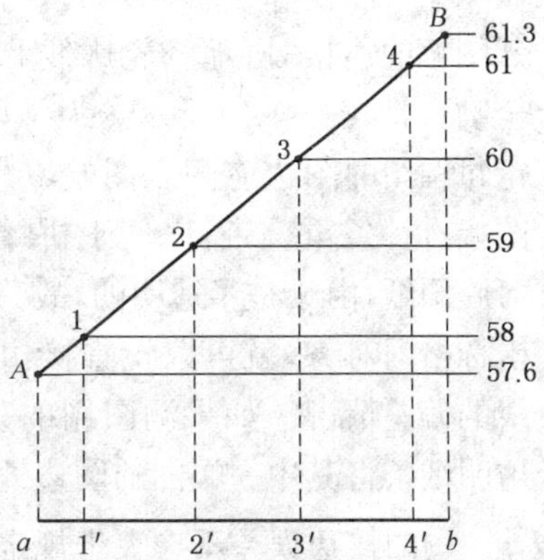

图 9-17 等高线的内插

设量得图上 ab 的距离 $d=34$ mm，则每米高差在图上的平距为 $d_0=d/(H_B-H_A)=9.2$ mm，从图 9-17 可以看出，A、1 之间的高差和 4、B 之间的高差不足 1 m，其图上距离可分别计算：

$$a1'=h_{A1}\cdot d_0=(58.0-57.6)\times 9.2=3.7\ \text{mm}$$

$$4'b=h_{4B}\cdot d_0=(61.3-61.0)\times 9.2=2.8\ \text{mm}$$

按上述计算数据便可在图上定出 1′、2′、3′和 4′的位置。

(2) 图解法

按照相似三角形原理，可用图解法勾绘等高线：在一张透明纸上绘一组等间隔的平行线，并在线两端注以数字，如图 9-18 所示。使用时在图上移动透明纸，使 a、b 两点分别位于线条的 57.6 和 61.3 处，ab 线与各平行线相交的点，即 ab 之间各整米等高线通过之处，用铅笔尖刺于图纸上。

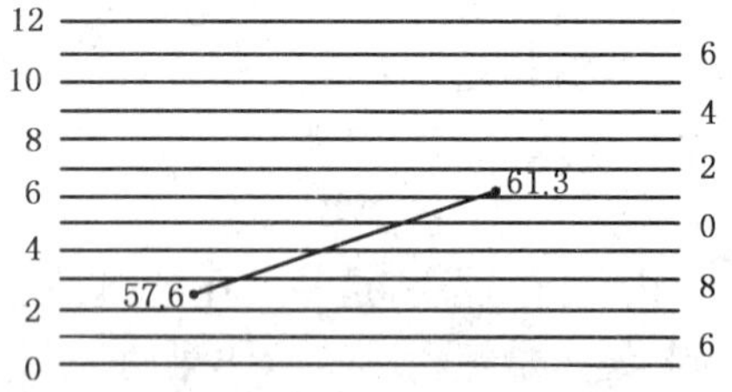

图 9-18　透明纸图解法内插等高线

(3) 目估法

根据解析法原理，可用目估法来确定等高线通过的位置，其方法是“先确定头尾，后等分中间”。如上例，先算出 A、B 之高差为 3.7 m，估计每米高差之平距值，先取 0.4 与 0.3，定出 58 m 和 61 m 的位置，再将中间分成三等份即可。此法在现场常用。

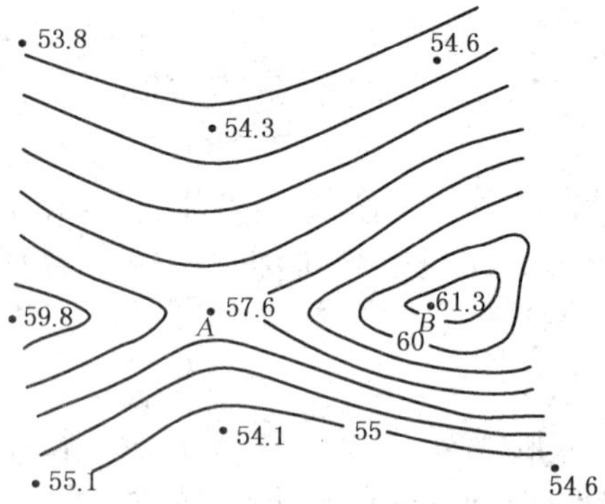

图 9-19　等高线的勾绘

图 9-19 是根据地形点的高程用内插法求得整米高程点，然后用光滑曲线连接等高点勾绘而成的局部等高线地形图。勾绘等高线应在测图现场进行，至少应将计曲线勾绘好，以控制等高线走向，以便与实地地形相对照，如有错误或遗漏可以当场发现并及时纠正。

3) 地形图的拼接

由于测量和绘图误差的存在，分幅测图在相邻图幅的连接处，地物轮廓线和等高线都不会完全吻合，如图 9-20 所示。为了图的拼接，规范规定每幅图的图边应测出图幅以外 10 mm，使相邻图幅有一条重叠带，以便于拼接检查。对于聚酯薄膜图纸，由于是半透明的，故只需把两张图纸的坐标格网对齐，就可以检查接边处的地物和等高线的偏差情况。如果测图用的是图画纸，则需用透明纸条将其中一幅图的图边地物等描下来，然后与另一幅图进行拼接检查。

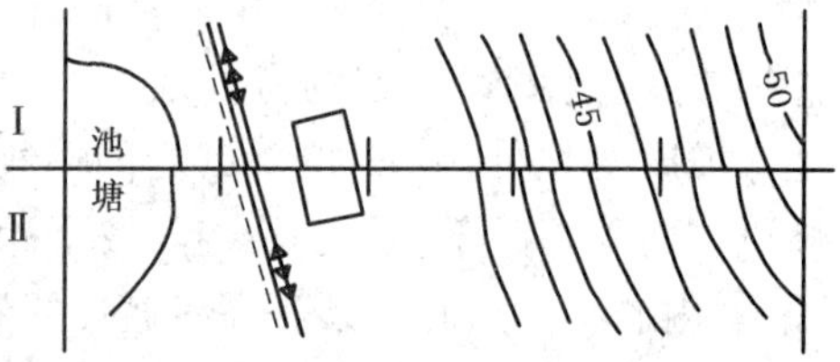

图 9-20　地形图的拼接

图的接边误差不应大于规定的碎部点平面、高程中误差的 $2\sqrt{2}$ 倍。在大比例尺测图中，关于碎部点的平面位置和按等高线插求高程的中误差如表 9-8 和表 9-9 所规定。图的拼接误差小于限差时可以平均配赋(即在两幅图上各改正一半),改正时应保持地物、地貌相互位置和走向的正确性。拼接误差超限时,应到实地检查后再改正。

表 9-8　地物点点位中误差

地区分类	点位中误差(mm)(图上)
建筑区、平地及丘陵地	≤0.5
山地及旧街坊内部	≤0.75

表 9-9　等高线插求点的高程中误差

地形分类	平地	丘陵地	山地	高山地
高程中误差(等高距)	≤1/3	≤1/2	≤2/3	≤1

4) 地形图的检查

为了确保地形图质量,除施测过程中加强检查外,在地形图测完后,必须对成图质量做一次全面检查。地形图的检查包括图面检查、野外巡视和设站检查。

(1) 图面检查

检查图面上坐标格网、轮廓线、各级控制点展绘是否准确,各种符号、注记是否正确,包括地物轮廓线有无矛盾、等高线是否清楚、名称注记有否弄错或遗漏。如发现错误或疑点,应到野外进行实地检查修改。

(2) 野外巡视

根据室内图面检查的情况,有计划地确定巡视路线,进行实地对照查看。野外巡视中发现的问题,应当场在图上进行修正或补充。

(3) 设站检查

根据室内检查和巡视检查发现的问题,到野外设站检查,除对发现的问题进行修正和补测外,还要对本测站所测地形进行检查,看所测地形图是否符合要求。如果发现点位的误差超限,应按正确的观测结果修正。

5) 地形图的整饰

地形图经过上述拼接、检查和修正后,还应进行清绘和整饰,使图面更为清晰、美观,然后作为地形图原图保存。地形图整饰的次序是先图框内、后图框外,先注记、后符号,先地物、后地貌(等高线注记和地物应断开)。图上的注记、地物符号、等高线等均应按规定的地形图图式进行描绘和书写。最后,在图框外应按图式要求写出图名、图号、接图表、比例尺、坐标系统及高程系统、施测单位、测绘者及测绘日期等。

9.3　数字化测图

随着科学技术的进步,计算机硬件和软件技术的迅猛发展,人类进入信息时代。信息时代的特征就是数字化,数字化技术是信息时代的基础平台。数字化技术对测绘学科也产生了深刻的影响,特别是全站仪和 GPS 的广泛应用以及计算机图形技术的迅速发展和普及,测量的数据采集和绘图方法发生了重大的变化,促进了地形图测绘的自动化,地形测量从传统的白纸测图变革为数字化测图,测量的成果不仅是绘制在纸上的地形图,更重要的是提交可供传输、处理、共享的数字地形信息,即以计算机磁盘为载体的数字地形图,这将成为信息时代不可缺少的地理信息的重要组成部分。

9.3.1 数字化测图概述

数字化测图经过数据采集、计算机处理、图形编辑与地形图绘制等阶段。数据采集是计算机绘图的基础,这一工作主要在外业期间完成。内业进行数据的图形处理,在人机交互方式下进行图形编辑,生成数字化地形图文件,由绘图仪绘制大比例尺地形图。

数字化测图的工作过程主要有:数据采集、数据处理、图形编辑、成果输出和数据管理。一般经过数据采集、数据编码和计算机处理、自动绘制两个阶段。数据采集和编码是计算机绘图的基础,这一工作主要在外业期间完成。内业进行数据的图形处理,在人机交互方式下进行图形编辑,生成绘图文件,由绘图仪绘制地形图。

1) 数字测图系统的构成

数字化测图系统是指实现数字化测图功能的所有因素的集合。广义地讲,数字化测图系统是硬件、软件、人员和数据的总和。

数字化测图系统的硬件主要有两大类:测绘类硬件和计算机类硬件。前者主要指用于外业数据采集的各种测绘仪器;后者包括用于内业处理的计算机及其标准外设(如显示器、打印机等)和图形外设(如用于录入已有图形的数字化仪和用于输出图纸的绘图仪)。另外,实现外业记录和内、外业数据传输的电子手簿则既可能是测绘仪器(如全站仪)的一个部分,也可能是用某种掌上电脑开发的独立产品。

从一般意义上讲,数字化测图系统的软件包括为完成数字化测图工作用到的所有软件,即各种系统软件(如操作系统:Windows)、支撑软件(如计算机辅助设计软件:AutoCAD)和实现数字化测图功能的应用软件或者叫专用软件。

数字化测图系统的人员是指参与完成数字化测图任务的所有工作与管理人员。数字化测图对人员提出了较高的技术要求,他们应该是既掌握了现代测绘技术又具有一定的计算机操作和维护经验的综合性人才。

数字化测图系统中的数据主要指系统运行过程中的数据流,它包括采集(原始)数据、处理(过渡)数据和数字地形图(产品)数据。采集数据可能是野外测量与调查结果(如控制点、碎部点坐标、土地等级等),也可能是内业直接从已有地形图或航测像片数字化或矢量化得到的结果(如地形图数字化数据和扫描矢量化数据等)。处理数据主要是指系统运行中的一些过渡性数据文件。数字地形图数据是指生成的数字地形图数据文件,一般包括空间数据和非空间数据两大部分,有时也考虑时间数据。数字化地形成图系统中数据的主要特点是结构复杂、数据量庞大,这也是开发数字化地形成图系统时必须考虑的重点和难点之一。

(1) 数字化测图常用硬件

数字化测图工作中常用的硬件设备包括全站仪、计算机、数字化仪、扫描仪、绘图仪等,下面简单介绍它们的功能以及在数字地形测量系统中的地位和作用。

① 计算机

计算机是数字化测图系统中不可替代的主体设备。它的主要作用是运行数字化地形成图软件，连接数字化地形成图系统中的各种输入输出设备。在数字化地形成图系统中，室内处理工作一般用台式机完成；在野外需要计算机时可用笔记本电脑，例如采用“电子平板”作业模式在野外同时完成采集与成图两项工作。但是，笔记本电脑对于野外工作环境的适应性问题还有待解决。掌上电脑(PDA)是新发展起来的一种性能优越的随身电脑，它的便携性、长时间待机、笔式输入、图形显示等特点，有效地解决了困扰数字化测图数据采集中的诸多问题。

② 全站仪

全站仪是由测距仪、电子经纬仪和微处理器组成的一个智能性测量仪器。全站仪的基本功能是在仪器照准目标后，通过微处理器的控制自动地完成距离、水平方向和天顶距的观测、显示与存贮。除这些基本功能外，不同类型的全站仪一般还具有一些各自独特的功能，如平距、高差和目标点坐标的计算等。

③ 数字化仪

数字化仪是数字化测图系统中的一种图形录入设备。它的主要功能是将图形转化为数据，所以，有时它又被称为图数转换设备。在数字化地形成图工作中，对于已经用传统方法施测过地形图的地区，只要它的精度和比例尺能满足要求，就可以利用数字化仪将其输入到计算机中，经编辑、修补后生成相应的数字地形图。

④ 扫描仪

扫描仪是以“栅格方式”实现图数转换的设备。所谓栅格方式就是以一个虚拟的格网对图形进行划分，然后对每个格网内的图形按一定的规则进行量化。每一个格网叫做一个“像元”或“像素”。所以，栅格方式数字化实际上就是先将图形分解为像元，然后对像元进行量化。其结果的基本形式是以栅格矩阵的形式出现的。

实际应用时，扫描仪得到的是栅格矩阵的压缩格式，扫描仪一般都支持多种压缩格式(如BMP、PIF、PCX等)，用户可根据自己的需要进行选择。数字化地形成图中对栅格数据的处理主要有两种方式：一种是利用矢量化软件将栅格形式的数据转换为矢量形式，再供给数字化地形成图软件使用；另一种是在数字化地形成图软件中直接支持栅格形式的数据。目前，国内的数字化地形成图软件还未见有直接支持栅格数据的，因此实际工作中基本上都采用前一种处理方式。

⑤ 绘图仪

绘图仪是数字化测图中一种重要的图形输出设备——输出“白纸地形图”，又称“可视地形图”或数字地形图的“硬拷贝”。在数字化测图系统中，尽管能得到数字地形图，且数字地形图具有许多优良的特性，但白纸地形图仍然是不可替代的。这一方面是在很多情况下白纸地形图使用更加方便，另一方面利用数字地形图(地形图数据库)得到回放图也是数字地形图质量检查的一个基本依据。因此，在数字化地形图编辑好以后，一般都要在绘图仪上输出白纸地形图。

(2) 数字化成图软件

数字化地形成图软件是数字化测图系统中一个极其重要的组成部分，软件的优劣直接影响数字化成图系统的效率、可靠性、成图精度和操作的难易程度。

2) 地形点的描述

传统的地形图测绘是用仪器测量水平角、垂直角、距离确定地形点的三维坐标，由绘图员按坐标(或角度与距离)将点展绘到图纸上,然后根据跑尺员的报告和对实际地形的观察,知道了测的是什么点(如房角点),这个(房角)点应该与哪个(房角)点连接等,绘图员当场依据展绘的点位按图式符号将地物(房子)描绘出来,就这样一点一点地测和绘,最后经过整饰,一幅地形图也就生成了。这个过程实际上已经利用到了三种类型的数据,即空间数据(测点坐标)、属性数据(房子)、拓扑数据(测点之间的连接关系)。数字测图是将野外采集的成图信息经过计算机软件自动处理(自动识别、自动检索、自动连接、自动调用图式符号等),经过编辑,最后自动绘出所测的地形图。因此,对地形点必须同时给出点位信息及绘图信息,以便计算机识别和处理。

综上所述,数字测图中地形点的描述必须具备三类信息:

(1) 测点的三维坐标,确定地形点的空间位置,是地形图最基本的原始信息。

(2) 测点的属性,即地形点的类型及特征信息,绘图时必须知道该测点是什么点,是地貌特征点还是地物点,如陡坎上的点、房角点、路灯等,才能调用相应的图式符号绘图。

(3) 测点的连接关系,据此可将相关的点连成一个地物。

第一项是定位信息,后两项则是绘图信息。测点的点位是用测量仪器在外业测量中测得的,最终以 X、Y、$Z(H)$三维坐标表示。在进行野外测量时,对所有测点按一定规则进行编号,每个测点编号在一项测图工程中是唯一的,系统根据它可以提取点位坐标。测点的属性是用地形编码表示的,有编码就知道它是什么类型的点,对应的图式符号怎样表示。测点的连接信息,是用连接点和连接线型表示的。

野外测量测定了点位后,知道了测点的属性,就可以当场给出该点的编号和编码并记录下来,同时记下该测点的连接信息;计算机成图时,利用测图系统中的图式符号库,只要知道编码,就可以从库中调出与该编码对应的图式符号成图。也就是说,如果测得点位,又知道该测点应与哪个测点相连,还知道它们对应的图式符号,那么,就可以将所测的地形图绘出来了。这一少而精、简而明的测绘系统工作原理,正是由面向目标的系统编码、图式符号、连接信息一一对应的设计原则所实现的。

3) 数字化测图模式

数字化测图时,野外数据采集的方法按照使用的仪器和数据记录方式的不同可以分为草图法数字测记模式、一体化数字测图模式、GPS RTK 测量模式。

(1) 草图法数字测记模式

草图法数字测记模式是一种野外测记、室内成图的数字测图方法。使用的仪器是带内存的全站仪,将野外采集的数据记录在全站仪的内存中,同时配画标注测点点号的工作草图,到室内再通过通信电缆将数据传输到计算机,结合工作草图利用数字化成图软件对数据进行处理,再经人机交互编辑形成数字地形图。这种作业模式的特点是精度高、内外业分工明确,便于人员分配,从而具有较高的成图效率。对于具有自动跟踪测量模式的全站仪(也称为测量机器人),测站可以无人操作,而在镜站遥控开机测量,全站仪自动跟踪、照准、数据记录,还可在镜站遥控进行检查和输入数据。

(2) 一体化数字测图模式

一体化数字测图模式也称为电子平板测绘模式,是将安装有数字化测图软件的笔记本电脑通过电缆与全站仪连接在一起,测量数据实时传入笔记本电脑,现场加入地理属性和连接关系后直接成图。该测绘模式的笔记本电脑类似于模拟法测图时的小平板,因此,采用笔记本电脑记录模式测图，也被人们称为“电子平板法”测图或“电子图板法”测图。“电子平板法”是一种基本上将所有工作放在外业完成的数字地形测量方法，实现了数据采集、数据处理、图形编辑现场同步完成。随着笔记本电脑价格的降低、重量的减轻、待机时间的延长、抗外界环境的性能增强及笔记本电脑整体性能的提高，该测绘模式在地面数字测图野外数据采集时将会被越来越多的采用。

为了综合上述两种数据采集模式的优点，目前也有采用基于 WindowsCE 操作系统的 PDA(掌上型电脑)作为电子手簿，并在 PDA 上安装与在笔记本电脑上类似的测图系统，从而既可以及时看到所测的全图(实现所测即所现)，又可以克服笔记本电脑的一些弱点(如硬件成本高、耗电、携带不方便等)。PDA 的缺陷是屏幕显示尺寸较小，对于较复杂的地区，野外图形显示及编辑时没有笔记本电脑方便。

(3) GPS RTK 测量模式

当采用 GPS RTK 技术进行地形细部测量时，仅需一人背着 GPS 接收机在待测点上观测一二秒钟即可求得测点坐标，通过电子手簿记录(配画草图，室内连码)或 PDA 记录(记录显示图形并连码)，由数字地形测图系统软件输出所测的地形图。采用 RTK 技术进行测图时，无需测站点与待测点间通视，仅需一人操作，便可完成测图工作，可以大大提高工作效率。但应注意对 RTK 测量结果的有效检核，且在影响 GPS 卫星信号接受的遮蔽地带，还需将 GPS 与全站仪结合，二者取长补短，更快更简洁地完成测图工作。

随着 RTK 技术的进一步发展、系列化产品的不断改进(更轻便化)以及价格的降低，GPS 测量模式在比较开阔地区的地形细部测量野外数据采集将会得到越来越多的应用。

9.3.2 草图法数字测图

用全站仪进行实地测量，将野外采集的数据自动传输到全站仪存储卡内记录，并在现场绘制地形(草)图，到室内将数据自动传输到计算机；人机交互编辑后，由计算机自动生成数字地形图，并控制绘图仪自动绘制地形图。这种方法是从野外实地采集数据的，又称地面数字测图。由于测绘仪器测量精度高，而电子记录又如实地记录和处理，所以地面数字测图是数字测图方法中精度最高的一种，也是城市地区的大比例尺(尤其是 1∶500)测图中最主要的测图方法。现在各类建设使城市面貌日新月异，在已建(或将建)的城市测绘信息系统中，多采用野外数字测图作为测量与更新系统，发挥地面数字测图机动、灵活、易于修改的特点，局部测量，局部更新，始终保持地形图的现势性。按草图法全站仪在一个测站采集碎部点的操作过程如下：

(1) 测站安置仪器

在测站上安置全站仪，进行对中、整平，其具体做法与常规测量仪器的对中整平工作相同，仪器对中偏差应小于 5 mm。并在测量前量取仪器高，取至毫米。

(2) 打开电源

参照仪器使用说明书中开启电源的方法将全站仪的电源开关打开，显示屏显示，所有点阵发亮，即可进行测量。早期的全站仪还须设置垂直零点：松开垂直度盘制动钮将望远镜上下转动，当望远镜通过水平线时，将指示出垂直零点，并显示垂直角。对于带有内存的全站仪，应在全站仪提供的工作文件中选取一个文件作为“当前工作文件”，用以记录本次测量成果。测量第一个碎部点前应将仪器、测站、控制点等信息输入内存当前工作文件中。

(3) 仪器参数设置

仪器参数是控制仪器测量状态、显示状态数据改正等功能的变量，在全站仪中可根据测量要求通过键盘进行改变，并且所选取的选择项可存储在存储器中一直保存到下次更改为止，不同厂家的仪器参数设置方法有较大差异，具体操作方法参见仪器使用说明书，但数字化测图时一般不需要进行仪器参数设置，使用厂家内部设置即可。

(4) 定向

取与测站相邻且相距较远的一个控制点作为定向点，输入测站点和定向点坐标后由全站仪反算出定向方向的坐标方位角，将全站仪准确照准定向点目标，然后将全站仪水平度盘方向值设置为该坐标方位角值，也可用水平制动和微动螺旋转动全站仪使其水平角为要求的方向值，然后用“锁定”键锁定度盘，转动照准部瞄准定向目标，再用“解锁”键解除锁定状态，完成初始设置。与测站相邻的另一个控制点作为检核点，用全站仪测定该点的位置，算得检核点的平面位置误差不大于 $0.2\times M\times 10^{-3}$(m)($M$ 为测图比例尺分母)，高程较差不大于 1/5 等高距。

(5) 碎部点坐标测量

在碎部点放置棱镜，量取棱镜高，取至毫米。全站仪准确照准待测碎部点进行坐标测量，在完成测量后全站仪将根据用户的设置在屏幕上显示测量结果，核查无误后将碎部点的测量数据保存到内存或电子手簿中。

(6) 绘制工作草图

在进行数字测图时，如果测区有相近比例尺的地形图，可利用旧图或影像图并适当放大复制，裁成合适的大小作为工作草图。在没有合适的地形图作为工作草图的情况下，应在数据采集时绘制工作草图。草图上应绘制碎部点的点号、地物的相关位置、地貌的地性线、地理名称和说明注记等。绘制时，对于地物、地貌，原则上应尽可能采用地形图图式所规定的符号绘制，对于复杂的图式符号可以简化或自行定义。草图上标注的测点编号应与数据采集记录中测点编号严格一致，地形要素之间的相关位置必须准确。地形图上需注记的各种名称、地物属性等，草图上也必须标记清楚正确。草图可按地物相互关系一块块地绘制，也可按测站绘制，地物密集处可绘制局部放大图。

(7) 结束测站工作

重复(5)、(6)两步直到完成一个测站上所有碎部点的测量工作。在每个测站数据采集工作结束前，还应对定向方向进行检测。检测结果不应超过定向时的限差要求。

按照草图法数字测记模式在野外采集了数据后，将全站仪通过电缆连接到计算机，经过数据通讯将全站仪内存的数据传输到计算机，生成符合数字化成图软件格式的数据文件，就可以用成图软件在室内绘制地形图了。在人机交互方式下根据草图调用数字化成图软件定制好的地形图图式符号库进行地形图的绘制和编辑，生成数字化地形图的图形文件。

人机交互编辑形成的数字地形图图形文件可以用磁盘贮存和通过绘图仪绘制地形图。计算机制图一般采用联机方式，将计算机和绘图仪直接连接，计算机处理后的数据和绘图指令送往绘图仪绘图。

绘图过程中，计算机的数据处理和图形的屏幕显示处理基本相同。但由于绘图仪有它本身的坐标系和绘图单位，因此需将图形文件中的测量坐标转换成绘图仪的坐标。驱动绘图仪绘图可以利用绘图仪的基本图形指令，如抬笔、落笔，绘直线段、折线和圆弧等指令。

打印机是测量成果报表的输出设备。此外，打印机也可以打印图形，这时将打印机设置为图形工作方式。打印机绘制的图形精度低，仅是一种粗略的图解显示，也可绘制工作草图，用于核对检查。

9.3.3 等高线自动绘制

等高线是在建立数字地面模型的基础上由计算机自动勾绘的，计算机勾绘的等高线能够达到相当高的精度。

数字地面模型是地表形态的一种数字描述，简称 DTM(Digital Terrain Model)。DTM 是以数字的形式按一定的结构组织在一起，表示实际地形特征的空间分布，也就是地形形状大小和起伏的数字描述。数字表示方式包括离散点的三维坐标(测量数据)、由离散点组成的规则或不规则的格网结构、依据数字地面模型及一定的内插和拟合算法自动生成的等高线(图)、断面(图)、坡度(图)等。

DTM 的核心是地形表面特征点的三维坐标数据，和一套对地表提供连续描述的算法。最基本的 DTM 至少包含了相关区域内平面坐标(x,y)与高程 z 之间的映射关系，即：

$$z = f(x, y) \qquad x, y \in \text{DTM 所在区域} \tag{9-3}$$

通过 DTM 可得到有关区域中任一点的地形情况，计算出任一点的高程并获得等高线。DTM 的应用极其广泛，它既可以最终产品的形式直接应用于工程设计、城镇规划等领域，计算区域面积，划分土地，计算土方工程量，获取地形断面和坡度信息等，同时也是数字地形图和地理信息系统的一种基础性资料，更确切地说本身就是数字地形图中描述地形起伏的一种形式。

在数字测图系统中，地面起伏的可视化表达方式主要是等高线。在大比例数字测图系统的开发中必须解决如何用观测平面位置和高程的地形碎部点生成等高线的问题。一般的方法是先利用地形碎部点建立某种形式的 DTM，然后利用 DTM 内插出等高线。

数字测图系统自动绘制等高线的步骤如下：

(1) 建立 DTM。

(2) 内插等高线上的点。

(3) 跟踪等高线上的点以形成等高线。

(4) 对已形成的等高线进行光滑。

建立 DTM 是绘制等高线的基础。建立 DTM 的方法与 DTM 的形式密切相关。在大比例数字测图系统中，由于精度、速度等方面的原因，一般采用不规则三角网的形式，直接利用原始离散点建立数字高程模型。三角网法直接利用原始数据，对保持原始数据精度，引用各种地性线信息非常有用；尤其是对于地面测量获得的数据，其数据点大多为地形特征点、地物点，它们的位置含有重要的地形信息。对于数字测图直接利用原始离散点建立数字高程模型是比较合适的。

习题与思考题

1. 什么是比例尺精度？它在测绘工作中有何作用？

2. 地物符号有几种？各有何特点？

3. 何谓等高线？在同一幅图上，等高距、等高线平距与地面坡度三者之间的关系如何？

4. 测图前有哪些准备工作？控制点展绘后，怎样检查其正确性？

5. 简述经纬仪测绘法在一个测站测绘地形图的工作步骤。

6. 为了确保地形图质量，应采取哪些主要措施？

7. 根据图9-21上各碎部点的平面位置和高程，试勾绘等高距为1 m的等高线。图中点划线表示山脊线，虚线表示山谷线。

8. 何谓数字地形图？

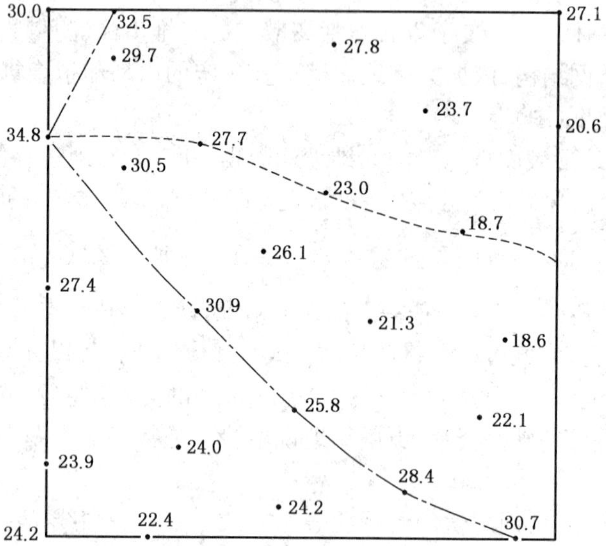

图9-21 勾绘等高线练习

10 地形图的应用

【本章知识要点】 地形图的识读；地形图上坐标、高程、距离、方位角、坡度、面积及土方量计算方法。

地形图提供了工程建设地区的地形和环境条件等资料，是工程建设必不可少的重要依据和基础性资料。无论是国土整治、资源勘察、土地利用及规划还是工程设计、军事指挥等都离不开地形图。尤其是在国民经济建设和国防建设中，进行各项工程建设的规划、设计时，需要利用地形图进行工程建(构)筑物的平面、高程布设和量算工作，使得规划、设计符合实际情况。

10.1 地形图应用的基本内容

为了正确地应用地形图，首先要能看懂地形图，地形图是用各种规定的符号和注记表示地物、地貌及其他有关资料。通过对这些符号的注记的识读，可使地形图成为展现在人们面前的实地立体模型，以判断其相互关系和自然形态。其次在工程建设规划设计时，往往要用解析法或图解法在地形图上求出任意点的坐标和高程，确定两点之间的距离、方向和坡度，利用地形图绘制断面图等，这就是地形图应用的基本内容。

10.1.1 地形图识读

1）图外注记识读

识读一幅地形图首先要了解这幅图的图名和图号。图名是用本幅图内最著名的地名，或最大的村庄，或最突出的地物、地貌等的名称来命名的。除图名之外还要注明图号，图号是根据统一的分幅进行编号的。图号、图名注记在北图廓上方的中央。其次要准确地确认图的比例尺、图的方向以及采用什么坐标系统和高程系统等图的数学要素，这样就可以确定图幅所在的位置、图幅所包括的面积和长宽等。通常，在每幅图的南图框外的中央均注有测图的数字比例尺，下方也可绘出直线比例尺。地形图所使用的坐标系统和高程系统均用文字注明于地形图的左下角。对地形图的测绘时间和图的类别也要了解清楚，地形图反映的是测绘时的现状，对于未能在图纸上反映的地面上的新变化，应组织力量予以修测与补测，以免影响设计工作。

在图廓左上方绘有接图表，中间一格画有斜线的代表本图幅。接图表用来说明本图幅与相邻图幅的关系。如图 10-1 所示，四邻分别注明相应的图名(或图号)，按照接图表就可方便地找到相邻的图幅。

2）地物识读

要知道地形图使用的是哪一种图例，要熟悉一些常用的地物符号，了解符号和注记的确切含义。根据地物符号，了解主要地物的分布情况，按照先主后次、由大到小的次序认识地物，即先找大的居民点、主要的道路和重要的地物，然后再识别小的居民点、次要道路和一般地物。注意地物分布与人的活动的相关性，综合形成对人的活动环境的整体认识。如图 10-1 为黄村的地形图，房屋东侧有一条公路，向南过一座小桥，桥下为双清河，河水流向是由西向东，图的西半部分有一些土坎。

3）地貌识读

要正确理解等高线的特性，根据等高线，了解图内的地貌情况，首先要知道等高距是多少，然后根据典型地貌等高线的特点，正确判读图上各种地貌，如山头、洼地、山脊、山谷等。对于山地，要重点掌握山脉的走势、坡度的变化、地性线的分布、重要地形点的高程，进而从总体上把握图内地貌的分布特点和变化趋势。由图 10-1 中可以看出：整个地形以丘陵山地为主，西北高东南低，西北边为一山头，南部为平地，等高距为 1 m，一条公路贯穿南北，东西向有一条河流。

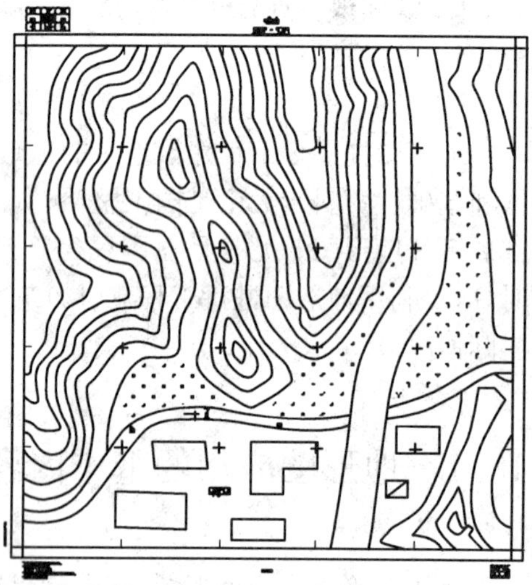

图 10-1　地形图识读

10.1.2　地形图应用基本内容

1）确定图上点的坐标

图 10-2 是比例尺为 1∶1 000 的地形图坐标格网的示意图，以此为例说明求图上 A 点坐标的方法。首先根据 A 的位置找出它所在的坐标方格网 $abcd$，过 A 点作坐标格网的平行线 ef 和 gh。然后用直尺在图上量得 $ag = 75.3$ mm，$ae = 65.4$ mm；由内、外图廓间的坐标标注知：$x_a = 20.1$ km，$y_a = 12.1$ km。则 A 点坐标为：

$$x_A = x_a + ag \cdot M$$
$$= 20\,100\text{ m} + 75.3\text{ mm} \times 1\,000$$
$$= 20\,175.3\text{ m}$$

$$y_A = y_a + ae \cdot M$$
$$= 12\,100\text{ m} + 65.4\text{ mm} \times 1\,000$$
$$= 12\,165.4\text{ m}$$

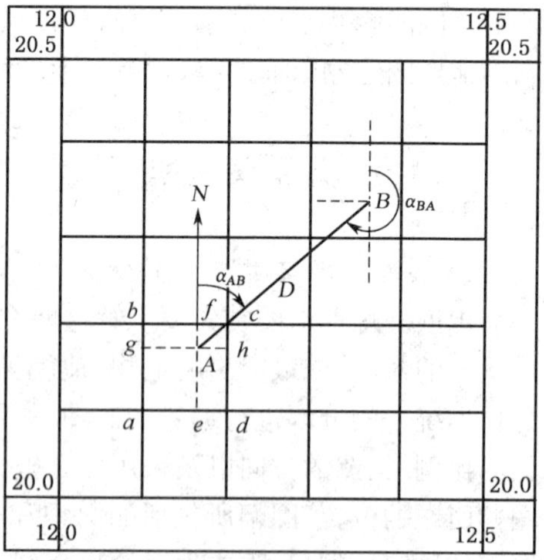

图 10-2　地形图的应用

式中：M——比例尺分母。

如果图纸有伸缩变形，为了提高精度，可按下式计算：

$$\left.\begin{aligned} x_A &= x_a + ag \cdot M \cdot \frac{l}{ab} \\ y_A &= y_a + ae \cdot M \cdot \frac{l}{ad} \end{aligned}\right\} \qquad (10\text{-}1)$$

式中：l——方格 $abcd$ 边长的理论长度，一般为 10 cm；

ad、ab——是分别用直尺量取的方格边长。

2）确定两点间的水平距离

如图 10-2 所示，欲确定 AB 间的水平距离，可用如下两种方法求得：

(1) 直接量测(图解法)

用卡规在图上直接卡出线段长度，再与图示比例尺比量，即可得其水平距离。也可以用刻有毫米的直尺量取图上长度 d_{AB} 并按比例尺(M 为比例尺分母)换算为实地水平距离，即：

$$D_{AB} = d_{AB} \cdot M \qquad (10\text{-}2)$$

或用比例尺直接量取直线长度。

(2) 解析法

按式(10-1)，先求出 A、B 两点的坐标，再根据 A、B 两点坐标由公式计算：

$$D_{AB} = \sqrt{(x_B - x_A)^2 + (y_B - y_A)^2} \qquad (10\text{-}3)$$

3）确定两点间直线的坐标方位角

欲求图 10-2 上直线 AB 的坐标方位角，可有下述两种方法：

(1) 解析法

首先确定 A、B 两点的坐标，然后按式(10-4)确定直线 AB 的坐标方位角 α_{AB} 为：

$$\alpha_{AB} = \arctan\frac{\Delta y_{AB}}{\Delta x_{AB}} = \arctan\frac{y_B - y_A}{x_B - x_A} \qquad (10\text{-}4)$$

(2) 图解法

在图上先过 A、B 点分别作出平行于纵坐标轴的直线，然后用量角器分别度量出直线 AB 的正、反坐标方位角 α'_{AB} 和 α'_{BA}，取这两个量测值的平均值作为直线 AB 的坐标方位角，即：

$$\alpha_{AB} = \frac{1}{2}(\alpha'_{AB} + \alpha'_{BA} \pm 180^\circ) \qquad (10\text{-}5)$$

式中，若 $\alpha'_{BA} > 180^\circ$，取“$-$”号；若 $\alpha'_{BA} < 180^\circ$，取“$+$”号。

4）确定点的高程

利用等高线，可以确定点的高程。如图 10-3 所示，A 点在 28 m 等高线上，则它的高程为 28 m。M 点在 27 m 和 28 m 等高线之间，过 M 点作一直线基本垂直这两条等高线，得交点 P、Q，则 M 点高

$$H_M = H_P + \frac{d_{PM}}{d_{PQ}} \cdot h \qquad (10\text{-}6)$$

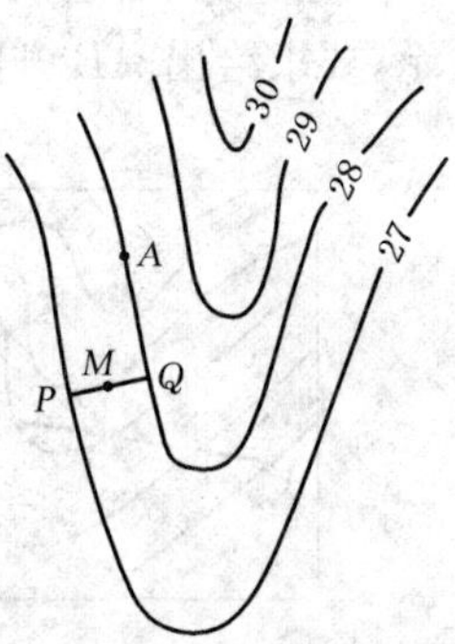

图 10-3　确定点的高程

式中：H_P——P 点高程；

h——等高距；

d_{PM}、d_{PQ}——分别为图上 PM、PQ 线段的长度。

例如，设用直尺在图上量得 $d_{PM}=5\ \text{mm}$、$d_{PQ}=12\ \text{mm}$，已知 $H_P=27\ \text{m}$，等高距 $h=1\ \text{m}$，把这些数据代入式(10-6)得：

$$h_{PM}=\frac{5}{12}\times 1=0.4\ \text{m}$$

$$H_M=27+0.4=27.4\ \text{m}$$

5）确定两点间直线的坡度

如图 10-4 所示，A、B 两点间的高差 h_{AB} 与水平距离 D_{AB} 之比，就是 A、B 间的平均坡度 i_{AB}，即：

$$i_{AB}=\frac{h_{AB}}{D_{AB}}\times 100\%=\frac{h_{AB}}{d\cdot M}\times 100\% \qquad (10-7)$$

例如：$h_{AB}=H_B-H_A=86.5-49.8=+36.7\ \text{m}$，设 $D_{AB}=876\ \text{m}$，则 $i_{AB}=+36.7/876=+0.04=+4\%$。

坡度一般用百分率或千分率表示。$i_{AB}>0$ 表示上坡；$i_{AB}<0$ 表示下坡。若以坡度角 α 表示，则：

$$\alpha=\arctan\frac{h_{AB}}{D_{AB}} \qquad (10-8)$$

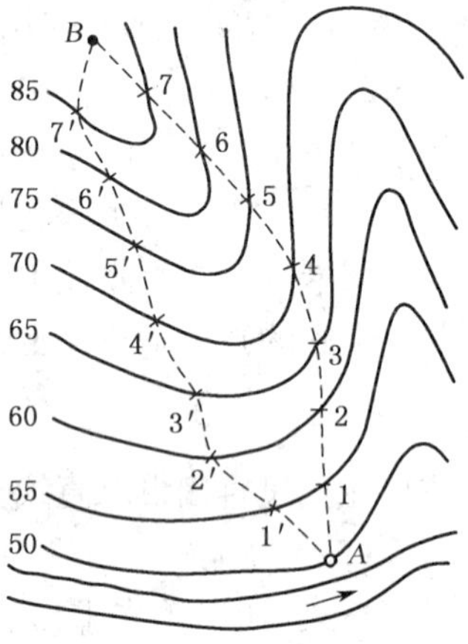

图 10-4　选定等坡路线

应该注意到，虽然 A、B 是地面点，但 A、B 连线坡度不一定是地面坡度。

6）按规定的坡度选定等坡路线

如图 10-4 所示，要从 A 向山顶 B 选一条公路的路线。已知等高线的基本等高距为 $h=5\ \text{m}$，比例尺 1∶10 000，规定坡度 $i=5\%$，则路线通过相邻等高线的平距应该是 $D=h/i=5/5\%=100\ \text{m}$。在 1∶10 000 图上平距应为 1 cm，用分规以 A 为圆心，1 cm 为半径，作圆弧交 55 m 等高线于 1 或 1′。再以 1 或 1′为圆心，按同样的半径交 60 m 等高线于 2 或 2′。同法可得一系列交点，直到 B。连接相邻点，即得两条符合设计要求的路线的大致方向。然后通过实地踏勘，综合考虑选出一条较理想的公路路线。

由图中可以看出，A—1′—2′—3′…线路的线形，不如 A—1—2—3…线路的线形好。

7）绘制已知方向纵断面图

在道路、管道设计和土方计算中常利用地形图绘制沿线方向的断面图。如图 10-5 所示，要求绘出 AB 方向的断面图。绘制方法是：

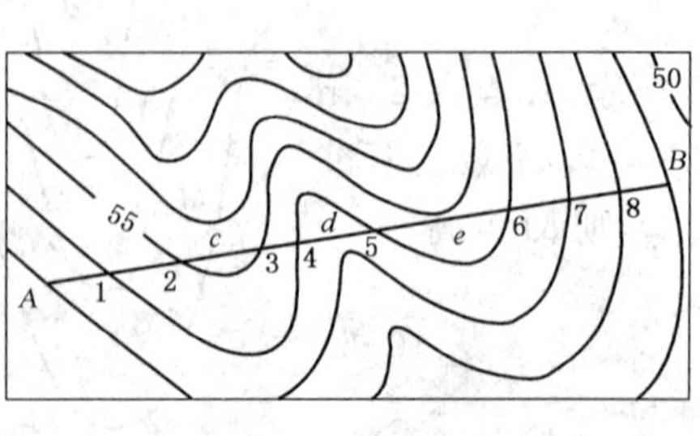

图 10-5　等高线图

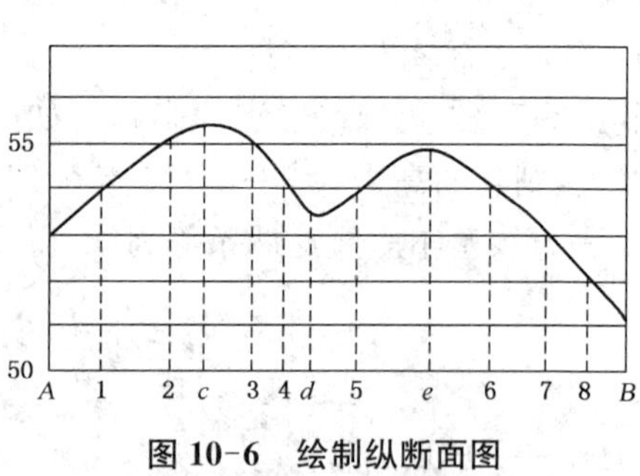

图 10-6　绘制纵断面图

(1) 在图 10-6 中绘出直角坐标系，横轴表示水平距离，纵轴表示高程。为了绘图方便，水平距离的比例尺一般选择与地形图比例尺相同；为了较明显地反映路线方向的地面起伏，以便于在断面图上作竖向布置，取高程比例尺是水平距离比例尺的 10 倍或 20 倍。

(2) 在图 10-5 中设直线 AB 与等高线的交点分别为 1、2、3、4、…，以线段 $A1$、$A2$、$A3$、…、AB 为半径，在图 10-6 的横轴上以 A 为起点，截得对应 1、2、3、…、B 点，即两图中同名线段一样长。

(3) 把图 10-5 中 A、1、2、…、B 点的高程作为图 10-6 中横轴上同名点的纵坐标值，这样就作出断面上的地面点，把这些点依次平滑地连接起来，就形成断面图。

为了较合理地反映断面的起伏，应根据相邻等高线 55 m 和 56 m 内插出 2、3 点之间的 c 点高程。同法内插出 d、e 点。此外应注意，在纵轴注记的起始高程 50 m 应比 AB 断面上最低点 B 的高程略小一些。这样绘出的断面线完全在横轴的上部。

8) 确定汇水面积的边界线

当在山谷或河流修建大坝、架设桥梁或敷设涵洞时，都要知道有多大面积的雨水汇集在这里，这个面积称为汇水面积。

汇水面积的边界是根据等高线的分水线(山脊线)来确定的。如图 10-7 所示，通过山谷，在 MN 处要修建水库的水坝，就须确定该处的汇水面积，即由图中分水线(点划线) AB、BC、CD、DE、EF 与 FA 线段所围成的面积；再根据该地区的降雨量就可确定流经 MN 处的水流量。这是设计桥梁、涵洞或水坝容量的重要数据。

图 10-7 确定汇水面积边界线

10.1.3 图上面积量算

在规划设计中，往往需要测定某一地区或某一图形的面积。例如，林场面积、农田水利灌溉面积调查，土地面积规划，工业厂区面积计算等。

设图上面积为 $P_{图}$，则：

$$P_{实} = P_{图} \times M^2 \tag{10-9}$$

式中：$P_{实}$——实地面积；

M——比例尺分母。

设图上面积为 10 mm²，比例尺为 1∶2 000，则实地面积 $P_{实} = 10 \times 2\,000^2 \div 10^6 = 40\ \text{m}^2$。

若待测图形为多边形，可根据多边形各个顶点的坐标用坐标解析法计算面积。由图10-8可知：多边形 1234 的面积等于梯形 $144'1'$ 面积 $P_{144'1'}$ 加梯形 $433'4'$ 面积减梯形 $233'2'$ 面积 $P_{233'2'}$ 减梯形 $122'1'$ 面积 $P_{122'1'}$，即：

$$P = P_{144'1'} + P_{433'4'} - P_{233'2'} - P_{122'1'}$$

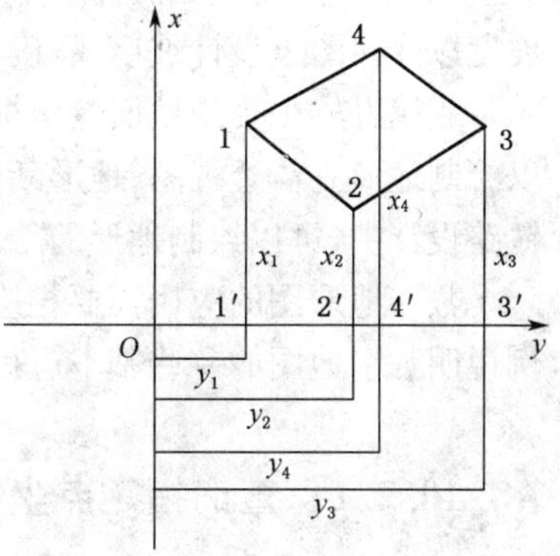

图 10-8 坐标解析法

设多边形顶点 1、2、3、4 的坐标分别为(x_1、y_1)、(x_2、y_2)、(x_3、y_3)、(x_4、y_4)。将上式中各梯形面积用坐标值表示，即：

$$P=\frac{1}{2}(x_4+x_1)(y_4-y_1)+\frac{1}{2}(x_3+x_4)(y_3-y_4)-\frac{1}{2}(x_3+x_2)(y_3-y_2)$$
$$-\frac{1}{2}(x_2+x_1)(y_2-y_1)$$
$$=\frac{1}{2}x_1(y_4-y_2)+\frac{1}{2}x_2(y_1-y_3)+\frac{1}{2}x_3(y_2-y_4)+\frac{1}{2}x_4(y_3-y_1)$$

即：
$$P=\frac{1}{2}\sum_{i=1}^{4}x_i(y_{i-1}-y_{i+1})$$

同理，可推导出 n 边形面积的坐标解析法计算公式为：

$$P=\frac{1}{2}\sum_{i=1}^{n}x_i(y_{i-1}-y_{i+1}) \quad (10\text{-}10)$$

或
$$P=\frac{1}{2}\sum_{i=1}^{n}y_i(x_{i+1}-x_{i-1}) \quad (10\text{-}11)$$

注意式中当 $i=1$ 时，令 $i-1=n$；当 $i=n$ 时，令 $i+1=1$。

应利用式(10-9)和式(10-10)计算同一图形面积，检核计算的正确性。采用以上两式计算多边形面积时，顶点 1、2、3、…、n 应按逆时针方向编号。若把顶点依顺时针编号，按上两式计算，面积计算值不变，仅符号相反。

10.2 数字化地形图的应用

随着计算机技术和数字化测绘技术的迅速发展，数字地形图已广泛地应用于国民经济建设、国防建设和科学研究的各个方面，如工程建设的设计、交通工具的导航、环境监测和土地利用调查等。

数字地形图与传统的纸质地形图相比，它的应用具有明显的优越性和广阔的发展前景。在数字化成图软件环境下，利用数字地形图可以很容易地获取各种地形信息，如量测各个点的坐标，量测点与点之间的水平距离，量测直线的方位角，确定点的高程和计算两点间高差、坡度以及在图上设计坡度线，确定汇水范围和计算面积等，而且精度高、速度快。

利用野外采集的地面点坐标(X, Y, Z)，可以建立数字地面模型(DTM)，在此基础上可以绘制地形立体透视图、地形断面图，确定场地平整的填挖边界和计算土方量等。在公路和铁路设计中，可以绘制地形的三维轴视图和纵、横断面图，进行自动选线设计。

数字地形图的应用需要相应软件支持，本节以南方测绘仪器公司的 CASS 测图软件为例说明数字地图的一些基本应用。

10.2.1 查询指定点坐标

打开数字地形图，用鼠标左键点取“工程应用⇨查询指定点坐标”菜单项，用鼠标选择所要查询的点。

命令区显示指定点的坐标计算结果：

测量坐标：X＝xxxx. xxx 米　Y＝xxxx. xxx 米　H＝0. 000 米

高程不能按该方法查询，显示的高程 H＝0. 000 m 不是该点的实际高程；屏幕左下角所显示的是 AutoCAD 坐标系的坐标，只是 X 和 Y 的顺序调了过来；用鼠标选择所要查询的点可打开对象捕捉的相关设置，便于准确定位。

10. 2. 2　查询两点间距离与方位

用鼠标左键点取“工程应用⇨查询两点距离及方位”菜单项，用鼠标分别捕捉第一点和第二点。

命令区显示两个指定点之间的实际水平距离和坐标方位角计算结果：

两点间距离＝xxxx. xxx 米，方位角＝xxx 度 xx 分 xx. xx 秒。

10. 2. 3　查询曲线长度

曲线的线长难以用普通方法测量，在数字地形图中可以很方便的采用近似计算的方法得到。用鼠标左键点取“工程应用⇨查询线长”菜单项，用鼠标点取所要查询的线性地物。

系统会出现“该线长度为 xxxx. x 米”的信息框，显示线性地物长度的计算结果，按“确定”后结束显示。

10. 2. 4　确定点的高程

利用绘制等高线时建立的 DTM，可以查询图面上建立 DTM 范围内任一点的坐标及高程。

用鼠标左键点取“等高线⇨查询指定点高程”菜单项，如第一次查询指定点高程，没有建立过 DTM，系统会出现“输入高程点数据文件名”对话框，输入建立 DTM 时所用的数据文件名。用鼠标点取所要查询的点，显示结果后，系统等待继续“指定点”查询其他点的高程，直至回车结束。

命令区显示查询点的坐标及高程计算结果：

指定点坐标：X＝xxxx. xxx 米　Y＝xxxx. xxx 米　H＝xxxx. xxx 米。

如果查询的点超出图面上建立 DTM 的范围，系统会出现“查询点在范围之外，请重新指定高程数据文件”信息框，按“确定”后，需重新本项操作。

10. 2. 5　地形图上面积的量算

1）查询实体面积

用鼠标左键点取“工程应用⇨查询实体面积”菜单项，用鼠标点取所要查询的实体或圆的边界线。

命令区显示指定实体或圆面积的计算结果：

实体面积为 xxxx. xxx 平方米。

查询面积的实体必须是由复合线或圆、多边形绘制的。在数字地形图中，大部分封闭的实体是由复合线绘制的，如果不是由复合线或圆绘制的图形，系统会提示“请选择复合线或圆”，因此在查询实体面积前，要用复合线沿待查面积的图形边界绘制一闭合的多边形，获取面积后再删去该多边形。查询实体面积时图形不一定是闭合的，但为了避免引起歧义，能够明确知道查询的是什么形状的实体面积，查询的实体以闭合的多边形为好。按多边形顶点坐标计算面积的原理可知，面积的计算与多边形顶点的方向是有关的，因此多边形不应有交叉边，否则计算的面积是几个多边形面积之差。

2）计算指定范围的面积

用鼠标左键点取“工程应用⇨计算指定范围的面积”菜单项，用鼠标选定要计算面积的地物，可用窗选、点选等方式，选好后回车，计算结果注记在地物重心上；若选择对统计区域加青色阴影线，系统计算被选中的由复合线构成的封闭地物的面积，并用青色阴影线填充，在每个地物重心上标注青色面积的计算结果“S = xxxx. xx”。

3）统计指定区域的面积

用鼠标左键点取“工程应用⇨统计指定区域的面积”菜单项，用鼠标拉一个窗口选取要统计的区域即可，选完后回车。

系统按窗口选取的区域，统计用“计算指定范围的面积”的方法计算并注记在实地的面积总和，并在命令区显示统计结果：

总面积 = xxxx. xx 平方米。

4）计算指定点所围成的面积

用鼠标左键点取“工程应用⇨指定点所围成的面积”菜单项，用鼠标按顺序指定想要计算的区域的各个顶点，底行将一直提示输入下一点，直到最后一点按鼠标的右键或回车键确认指定区域封闭（结束点和起始点并不是同一个点，系统将自动地封闭结束点和起始点）。

系统计算由鼠标指定的点所围成区域的面积，并在命令区显示计算结果：

指定点所围成的面积 = xxxxx. xxx 平方米。

10.2.6　土方计算

由 DTM 模型来计算土方量是根据实地测定的地面点坐标（X，Y，Z）和设计高程，通过生成三角网来计算每一个三棱锥的填挖方量，最后累计得到指定范围内填方和挖方的土方量，并绘出填挖方分界线。系统将显示三角网，填挖边界线和填挖土方量。

DTM 法土方计算共有两种方法：一种是进行完全计算；另一种是依照图上的三角网进行计算。完全计算法包含重新建立三角网的过程，又分为“根据坐标计算”和“根据图上高程点计算”两种方法，依照图上三角网法直接采用图上已有的三角形，不再重建三角网。

根据坐标数据文件和设计高程可以计算指定范围内填方和挖方的土方量。操作时应先定显示区并展绘高程点，用复合线在地形图上画出所要计算土方的区域，一定要用“C” 命令闭合，尽量不要拟合。因为拟合过的曲线在进行土方计算时会用折线迭代，影响计算结果的精度。

下面以 CASS 提供的演示数据文件 DGX. DAT 为例介绍 DTM 法土方计算的作业过程。

选取“绘图处理⇨展高程件”菜单项用数据文件 DGX. DAT 展绘高程点，将数据文件 DGX. DAT 中的高程点三维坐标展绘到当前图形中并显示在屏幕上，然后选取“工具⇨画复合线”菜单项，用复合线在地形图上画出所要计算土方的区域，如图 10-9 所示。

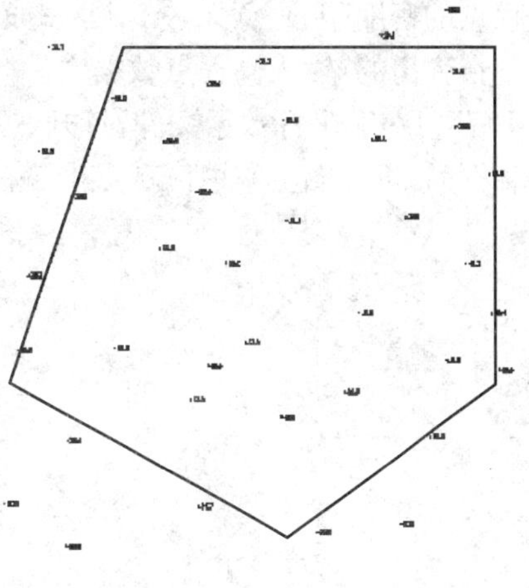

图 10-9　绘制计算土方的边界线

用鼠标左键点取“工程应用⇨DTM 法土方计算⇨根据坐标文件”菜单项，点取所画的闭合复合线，然后按照系统提示，根据工程需要输入边界插值间隔数据，本例取设定的默认值 20 m。一条边的长度如大于这个间隔，则每隔这个间隔内插一个点。在屏幕上弹出“输入高程点数据文件名”的对话框时，在对话框中选择所需坐标文件，本例选择打开 DGX. DAT 坐标数据文件，命令区提示：

平场面积＝ 9 729. 9 平方米。该值为复合线围成的多边形的水平投影面积。

平场标高(米)：39，回车。输入设计高程 39 米，命令行显示计算结果：

挖方量＝ 14 741. 8 立方米，填方量＝ 13 043. 5 立方米。

同时图上绘出所分析的三角网、填挖方的分界线(白色线条)。用鼠标在图上适当位置点击，在该处绘出一个土石方计算结果表格，包含平场面积、最大高程、最小高程、平场标高、填方量、挖方量和图形，如图 10-10 所示。

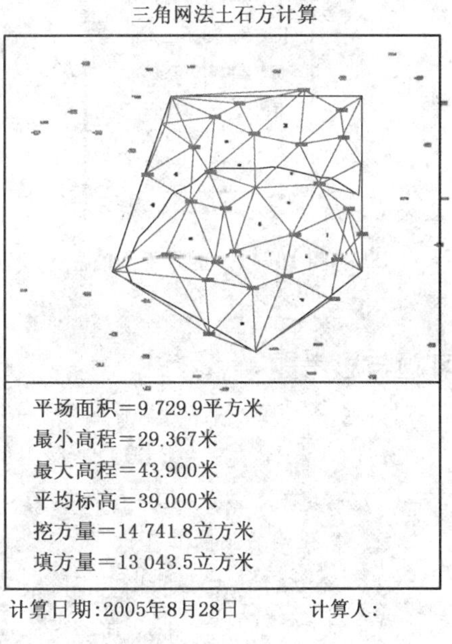

图 10-10　填挖方量计算结果

10. 2. 7　区域土方量平衡

土方平衡的功能常在场地平整时使用。当一个场地的土方平衡时，挖掉的土方量刚好等于填方量。以填挖方边界线为界，从较高处挖得的土石方直接填到区域内较低的地方，就可完成场地平整，在工程中称为填挖方量平衡原则，这样可以大幅度减少运输费用。

以数据文件 DGX. DAT 为例，首先用数据文件 DGX. DAT 定显示区并展绘高程点，然后用封闭复合线绘出需平整场地的范围，如图 10-9 所示。通过区域土方量平衡计算，自动算出待平整场地的目标高程，使需平整场地的填方和挖方相等。

用鼠标选取“工程应用⇨区域土方量平衡”菜单项，选择事先画好的封闭复合线，输入边界插值间隔，默认为 20 m。这个值将决定计算时在图上的取样密度，如果密度太大，超过了高程点的密度,实际意义并不大,一般用默认值即可。

在弹出的“输入高程点数据文件名”对话框中,选择所需计算的高程点数据文件,本例选择 DGX. DAT 坐标数据文件,打开,运算后将得到计算结果,屏幕上弹出如图 10-11 所示的信息框后,可在图上空白区域点击鼠标左键,系统在图上绘出计算结果表格,见图 10-12。

图 10-11　土方平衡信息

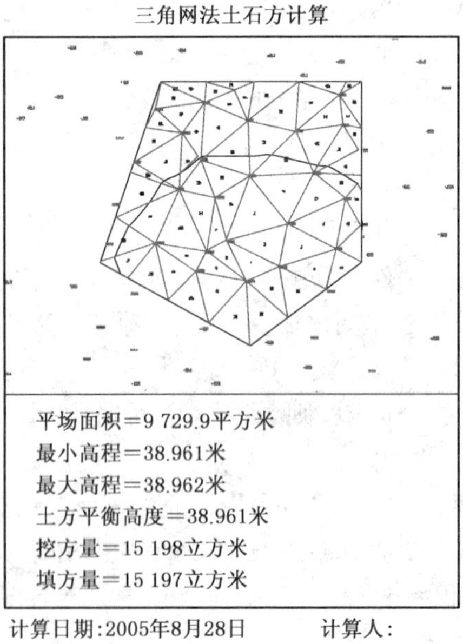

图 10-12　区域土方量平衡计算结果

习题与思考题

1. 地形图应用有哪些基本内容?

2. 图 10-13 是 1∶2 000 地形图的一部分,等高距为 1 m,完成下列作业:

(1) 确定 C、D 点的高程及两点间的平均坡度。

(2) 求导线点 61 和三角点 08 的坐标,两点间距离及坐标方位角。

(3) 绘出 MN 方向的断面图,水平比例尺 1∶2 000,垂直比例尺 1∶200。

(4) 按 5%的坡度自 A 点至导线点 61 选定等坡度路线。

(5) 以 AB 为水坝轴线确定其汇水面积。

(6) 按填、挖方量平衡的要求,拟把地形图左下方的矩形场地(200 m×200 m)改造成水平场地,计算其填、挖土方量。

11 施工测量的基本知识

【本章知识要点】施工测量的主要内容;施工坐标系和测量坐标系的换算;设计长度的测设;设计水平角度的测设;设计高程的测设;平面点位的测设方法;坡度测设。

11.1 施工测量概述

11.1.1 施工测量概述

任何土木工程建设都要经过勘测、设计、施工和竣工验收等几个阶段。勘测要进行地形测量工作,提供建筑场地的地形图或数字地图,以便在已有的地形信息的基础上进行设计。施工测量贯穿于整个施工过程中,从场地平整、建立施工控制网、建(构)筑物轴线放样、基础施工,到建(构)筑物主体施工以及构件与设备的安装等,都需要进行测量,才能使建(构)筑物各部分的尺寸、位置符合设计要求。有些工程竣工后,为了便于管理、维修和改扩建,还需要进行竣工图的编绘。对于某些高大或特殊的建筑物或构筑物,还需定期的进行变形观测,以便积累资料,掌握其沉降和变形规律,为今后建(构)筑物的设计、维护和安全使用提供依据。

施工测量的主要内容包括:施工控制测量、施工放样、竣工测量以及变形观测。

施工测量的基本任务是以地面控制点为基础,计算出各部分的特征点与控制点之间的距离、角度(或方位角)、高差等数据,按设计要求以一定的精度放样到地面上,作为施工的依据,并在施工过程中进行一系列的测量工作,以衔接和指导各工序间的施工。

11.1.2 施工测量的精度要求

施工测量的精度要求取决于建筑物或构筑物的大小、结构、用途和施工方法等因素。一般而言,测设的施工控制网的精度高于测图控制网的精度。在施工过程中,测量控制点的使用非常频繁,而且控制点范围小、密度大,因此,测量控制点应埋设在稳固、安全、醒目、便于使用和保存的地方。高层建筑物的测设精度高于低层建筑物;钢结构建筑物测设精度高于其他结构;装配式建筑物的测设精度高于非装配式;连续性自动设备厂房的测设精度高于独立厂房。此外,由于建筑物、构筑物的各部位相对位置关系的精度要求较高,因而工程的细部放样精度要求往往高于整体放样精度。对于同一建筑物,主轴线的测设如果有些误差,那也只是使整个建筑物的位置产生微小的偏移,但是一旦主轴线确定以后,相对于主轴线的细部位置则要求较严。因此,测设细部的精度往往比测设主轴线的精度高。这是与测图工作不一样的。

施工测量精度不够会造成质量事故,但是精度要求过高会导致人力、物力的浪费。因此,应选择合适的施工测量精度。

11.1.3 施工测量原则

由于施工现场各种建(构)筑物布置灵活,分布较广,且往往又不是同时开工兴建。为了保证各个建筑物、构筑物的平面位置和高程都符合设计要求,有统一的精度并互相连成统一的整体,施工测量和测绘地形图一样,也要遵循"从整体到局部,先控制后细部"的原则,即先在施工现场建立统一的平面控制网和高程控制网,然后以此为基础,测设出各个建筑物和构筑物的位置。除应遵循上述原则外,施工测量中的检校工作也很重要,必须采取各种不同方法随时对外业和内业工作进行检校,以保证施工质量。

11.1.4 施工测量准备工作

现代土木工程规模大,施工进度快,测量精度要求高,所以在施工测量前应做好一系列准备工作。在施工测量之前,应建立健全的测量组织和检查制度,并核对设计图纸,检查总尺寸和分尺寸是否一致,总平面图和各细部尺寸是否一致,不符之处要向设计单位提出,进行修正。然后对施工现场进行实地踏勘,根据实际情况编制测设详细计划,计算测设数据,并反复核对。对施工测量所使用的仪器、工具应进行检验、校正,否则不能使用,同时对测量人员进行安全培训,采取必要的安全措施等。

施工测量是直接为工程施工服务的,它必须与施工组织计划相协调。测量人员应与设计、施工人员密切联系,了解设计内容、性质及对测量精度的要求,随时掌握工程进度及现场的变动,使施工测量的速度和精度满足施工的需要。

11.1.5 施工坐标与测量坐标的换算

建筑施工控制测量的主要任务就是建立施工控制网。为了施工放样的方便,施工控制网坐标轴方向一般与建筑物主轴线方向平行,坐标原点一般选在场地西南角、中央或建筑物轴线的交点处。勘测设计阶段建立的控制网,可以作为施工放样的基准,但在勘测设计阶段,各种建筑物的设计位置尚未确定,无法满足施工测量的要求;在场地布置和平整中,大量土方的填挖也会损坏一些控制点;有些原先互相通视的控制点被新修建的建筑物阻挡而不能适应施工测量的需要。因此,在施工进行前,需要在原有控制网的基础上建立施工控制网,作为工程施工和建筑物细部放样的依据。这种坐标系往往与测量坐标系不一致,因此在建立施工控制网时需要进行两种坐标系之间的换算。

如图 11-1 中 XOY 为测量坐标系,AOB 为施工坐标系,施工坐标系原点 O 在测量坐标系中的坐标为$(x_O,\ y_O)$,A 轴在测量坐标系中的方位角为 α。设已知点 P 的施工坐标为$(A_P,\ B_P)$,则可按公式(11-1)将其换算为测量坐标$(x_P,\ y_P)$:

$$\left.\begin{aligned} x_P &= x_O + A_P\cos\alpha - B_P\sin\alpha \\ y_P &= y_O + A_P\sin\alpha + B_P\cos\alpha \end{aligned}\right\} \quad (11\text{-}1)$$

已知 P 点的测量坐标(x_P, y_P),则可按下式将其换算为施工坐标(A_P, B_P):

$$\left.\begin{aligned} A_P &= (x_P - x_O)\cos\alpha + (y_P - y_O)\sin\alpha \\ B_P &= -(x_P - x_O)\sin\alpha + (y_P - y_O)\cos\alpha \end{aligned}\right\} \quad (11\text{-}2)$$

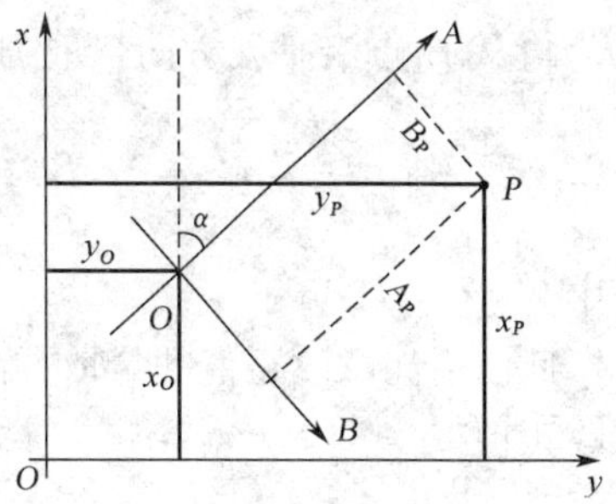

图 11-1 施工坐标与测量坐标的换算

11.2 测设的基本内容和方法

施工测量的基本任务就是点位放样,其基本工作包括设计水平角的测设、设计长度的测设和设计高程的测设,以及在此基础上的设计点位的测设、设计坡度的测设和铅垂线的测设等。

11.2.1 水平角测设

测设水平角通常是在某一控制点上,根据某一已知方向及水平角的角值,找出另一个方向,并在地面上标定出来。按测设精度要求不同分为正倒镜分中法和多测回修正法。

1) 正倒镜分中法

当角度测设精度要求不高时采用此法。如图 11-2(a)所示,O 为已知点,OA 为已知方向,欲标定 OB 方向,使其与 OA 方向之间的水平夹角等于设计角度 β。则 O 点安置经纬仪,盘左位置照准 A 点,配置水平度盘读数为 0,转动照准部使水平度盘读数恰好为 β,在此视线上定出 B' 点;倒转望远镜,用盘右位置,重复上述步骤定出 B'' 点。若 B'、B'' 不重合,且符合限差要求,取 B'、B'' 的中点 B,则 $\angle AOB$ 就是要测设的水平角。

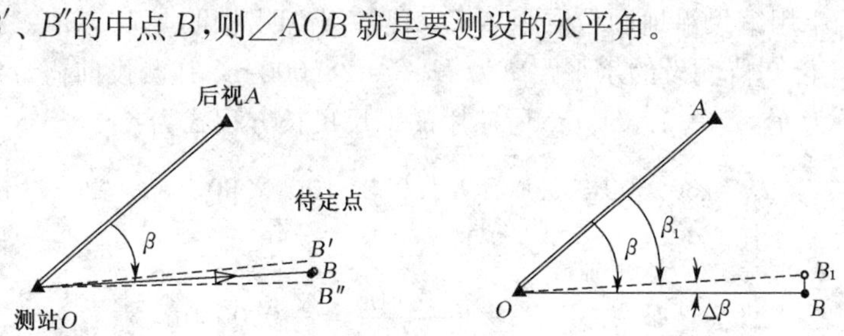

(a) (b)

图 11-2 水平角测设

2) 多测回修正法

当角度测设精度要求较高时,如测设大型厂房主轴线间的水平角度采用此法。如图 11-2(b)所示,在 O 点安置经纬仪,先用正倒镜分中法测设出方向并定出 B_1 点,然后较精确地测量 $\angle AOB_1$ 的角值,根据需要采用多个测回取平均值的方法,设平均值为 β',则角度差为:

$$\Delta\beta = \beta - \beta'$$

再从 B_1 点沿垂线方向量取 BB_1：

$$BB_1 = OB_1 \cdot \tan\Delta\beta = OB_1 \cdot \frac{\Delta\beta}{\rho''} \tag{11-3}$$

其中 $\rho'' = 206\,265''$。

此法需注意改正值的量取方向，当 $\Delta\beta$ 为负时，向内量取改正值；当 $\Delta\beta$ 为正时，则向外量取改正值。

11.2.2 水平距离测设

水平距离的测设是从一已知点出发，沿已知方向标出另一点的位置，使两点间的水平距离等于设计长度。根据施测工具的不同，可采用钢尺测设法和测距仪法进行设计长度的测设。

1）钢尺测设法

(1) 往返测设分中法

当测设精度要求不高时，可从已知点 A 开始，根据给定的方向，按设计的水平距离用钢尺丈量定出直线终点 B。为了校核和提高精度，应进行往返丈量。往返测较差在设计精度范围以内时，则可取其平均值作为最或是值，最后将终点沿标定的方向移动较差的一半，并用标志固定下来。当地面有起伏时，应将钢尺一端抬高拉平并用垂球投点进行丈量。

(2) 精确方法

当测设精度要求较高时，应使用检定过的钢尺，用经纬仪定线，根据设计的水平距离 D，经过尺长改正、温度改正和倾斜改正后，计算出沿地面应量取的倾斜距离 L。改正数的符号与精密量距时相反，即实地测设时的长度：

$$L = D - (\Delta L_d + \Delta L_t + \Delta L_h) \tag{11-4}$$

然后根据计算结果用钢尺沿地面量取距离 L。现举例说明测设过程。

【例 11-1】 已知待测设的水平距离为 $D_{AB} = 28.000\ \text{m}$，在测设前概量定出端点，并测得两点间的高差为 $h_{AB} = +1.380\ \text{m}$，所使用的钢尺尺长方程式为：

$$l_t = 30.000 - 0.005 + 1.25 \times 10^{-5} \times 30 \times (t - 20℃)\ \text{m}$$

测设时的温度为 $t = 10℃$

$$\Delta L_d = D\frac{\Delta L}{L} = 28 \times \frac{-0.005}{30} = -0.005\ \text{m}$$

$$\Delta L_t = 1.25 \times 10^{-5} \times (10 - 20℃) \times D = -0.004\ \text{m}$$

$$\Delta L_h = -\frac{h^2}{2D} = -\frac{1.38^2}{2 \times 28} = -0.034\ \text{m}$$

$$L = 28.000 - (0.005 - 0.004 - 0.034) = 28.033\ \text{m}$$

故测设时用钢尺沿 AB 方向实量 28.033 m 定出 B 点，要求测设两次求其位置并进行校核。

2）测距仪法

由于光电测距仪及全站仪的普及，长距离及地面不平坦时多采用光电测距仪或全站仪测设水平距离。如图 11-3 所示，光电测距仪安置于 A 点，沿已知方向前后移动反光棱镜，按施测时的温度、气压在仪器上设置改正值，并将倾斜距离算成平距并直接显示。当显示值等于设计的水平距离值或测量值与设计值的差值为零时，即可定出点 B。

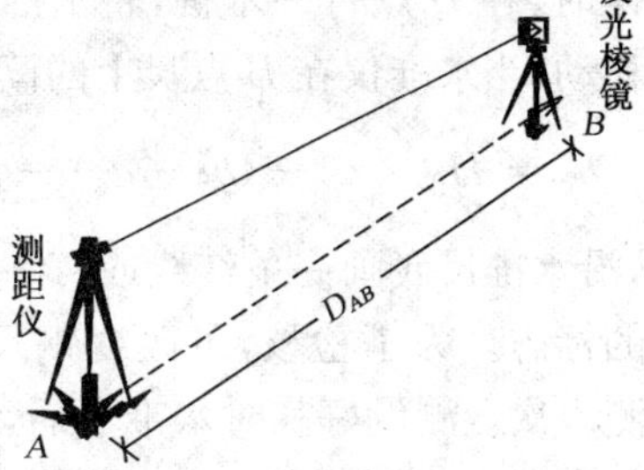

图 11-3　测距仪法测设距离

11.2.3　高程测设

根据已知水准点，在地面上标定出某设计高程的工作，称为高程测设。它和水准测量不同，它不是测定两固定点的高差，而是根据一个已知高程的水准点，来测设使另一点的高程为设计时所给定的数值。

1）视线高程法

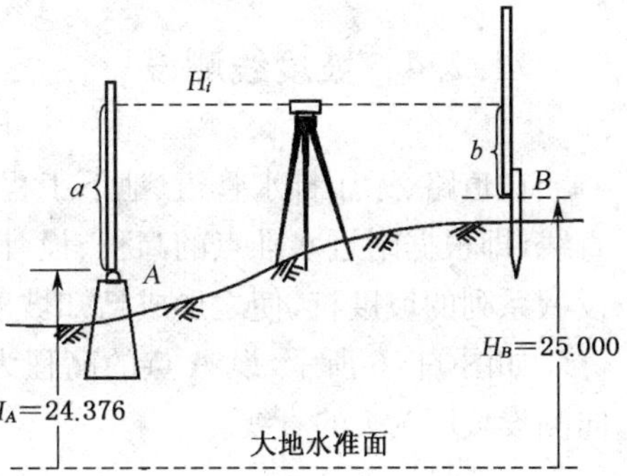

图 11-4　视线高程法高程测设

如图 11-4 所示，设水准点 A 的高程为 $H_A = 24.376$ m，今要测设 B 桩，使其高程为 $H_B = 25.000$ m。为此，在 A、B 两点间安置水准仪，在 A 点竖立水准尺，读取尺上读数 a，则视线高程为：

$$H_i = H_A + a \tag{11-5}$$

欲使 B 点的设计高程为 H_B，则竖立在 B 点水准尺上读数应为：

$$b = H_i - H_B \tag{11-6}$$

本例中　　$H_i = H_A + a = 24.376 + 1.428 = 25.804\ \text{m}$

则　　$b = H_i - H_B = 25.804 - 25.000 = 0.804\ \text{m}$

将 B 点水准尺紧靠木桩，在其侧面上下移动尺子，当读数正好为 0.804 m 时，在木桩上沿水准尺底部做一标记，为求醒目，通常在横线下用红油漆画一“▼”，此处高程即为设计高程 H_B。若 B 点为室内地坪，则在横线上注明±0.000。

2）钢尺与水准尺联合测设法（高程引测）

若待测设高程点的设计高程与水准点的高程相差很大，如测设较深的基坑标高或测设高层建筑物的标高，只用水准尺已无法测设。此时，可以用垂直悬挂的钢尺代替水准尺，将地面水准点的高程传递到在坑底或高楼上所设置的临时水准点上，这种工作称为高程的引测，然后再用临时水准点进行放样。

如图 11-5 所示，A 为地面上的已知水准点，欲将地面 A 点的高程传递到基坑临时水准点 B 上，在基坑一侧架设吊杆，杆上悬挂一把经过检定的钢尺，零点一端向下并挂 10 kg 重锤，在地面和坑内各安置一台水准仪，瞄准水准尺和钢尺读数得 $a_1 b_1$ 和 $b_2 a_2$，则 B 点标高为：

$$H_B = H_A + a_1 - (b_1 - a_2) - b_2 \tag{11-7}$$

放样时，在 B 点打一木桩，将水准尺沿木桩侧面上下移动，当水准仪在 B 点尺上的读数为：

$$b_2 = H_A + a_1 - (b_1 - a_2) - H_B \qquad (11\text{-}8)$$

时，沿水准尺底画一条红线或钉一小钉作为放样高程的标志。为了检核，可改变钢尺悬挂位置，同法再测一次。测设好临时水准点后，可测设基坑内的其他高程点。同样的方法可将高程从地面向高处引测。

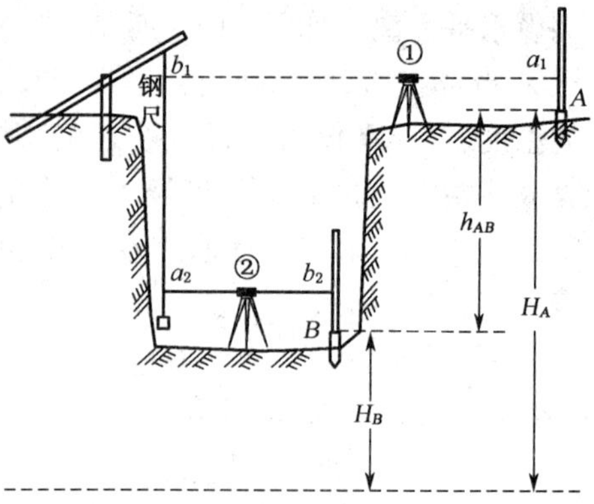

图 11-5　高程引测

11.2.4　坡度线测设

在道路、无压排水管道、地下工程、场地平整等工程施工中，都需要测设已知设计坡度的直线，即根据附近水准点的高程、设计坡度和坡度线端点的设计高程，用高程测设的方法测设一系列的坡度桩，使之形成已知坡度。

如图 11-6 所示，设 A 点的高程为 H_A，A、B 间的水平距离为 D，今欲从 A 点沿 AB 方向测设坡度为 i 的直线。

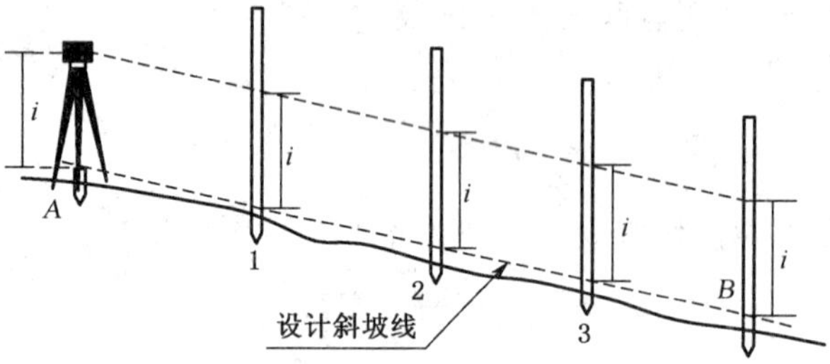

图 11-6　坡度线测设

测设时，先计算得 B 点的设计高程为：

$$H_B = H_A + i \times D \quad （向上 i 为正，向下 i 为负） \qquad (11\text{-}9)$$

再按水平距离和高程测设的方法测设出 B 点，此时 AB 直线即为设计的坡度线。然后在 A 点安置水准仪，量取仪器高，使一个脚螺旋在 AB 方向线上，另两个脚螺旋的连线大致与 AB 方向垂直，用望远镜瞄准 B 点的水准尺，转动在 AB 方向上的脚螺旋或微倾螺旋，使视线在 B 尺上的读数为仪器高 i，此时视线与设计坡度线平行。在 AB 方向线上测设中间点 1，2，…，使各中间点水准尺上的读数均为 i，并以木桩标记，这样桩顶连线即为所求坡度线。

11.3　点的平面位置测设方法

测设点的平面位置的常用方法有直角坐标法、极坐标法、角度交会法和距离交会法等，具体采用何种方法，应在施工过程中根据平面控制点的分布、地形情况、施工控制网布设形式、现场条件、所用仪器等因素确定。

11.3.1　直角坐标法

当施工场地有相互垂直的建筑基线或方格网，且量距比较方便时，多采用直角坐标法。

如图 11-7 所示，ABCD 为矩形施工控制网中的平面控制点，它们的方向与建筑物相应两轴线平行，现需测设建筑物角点 1、2、3、4。

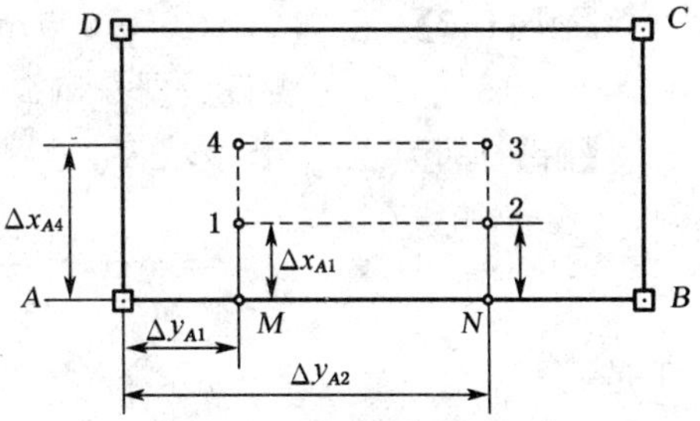

图 11-7　直角坐标法

测设步骤如下：

(1) 计算测设数据，$\Delta y_{A1}=y_1-y_A$，$\Delta y_{A2}=y_2-y_A$，$\Delta x_{A1}=x_1-x_A$，$\Delta x_{A4}=x_4-x_A$。

(2) 安置经纬仪于 A 点，瞄准 B，测设水平距离 Δy_{A1}、Δy_{A2}，定出 M、N 点。

(3) 安置经纬仪于 M 点，瞄准 B，左拨 90°，由 M 点沿视线方向测设 Δx_{A1}、Δx_{A4}，定出 1、4 点。

(4) 安置经纬仪于 N 点，瞄准 B，同法定出 2 点和 3 点。

最后检查建筑物各角是否等于 90°，各边的实测长度与设计长度之差是否在允许范围内。

直角坐标法只需量距和设置角度就可以，计算简单且工作方便，因此是广泛使用的一种方法。

11.3.2　极坐标法

极坐标法是根据一个角度和一段距离，测设点的平面位置。当已知控制点位置与建筑物角点较近且便于量距的情况下，宜采用极坐标法放样点位。近年来，由于测距仪和全站仪的发展和普遍使用，该方法在施工放样中应用得十分普遍，且工作效率和精度都较高。

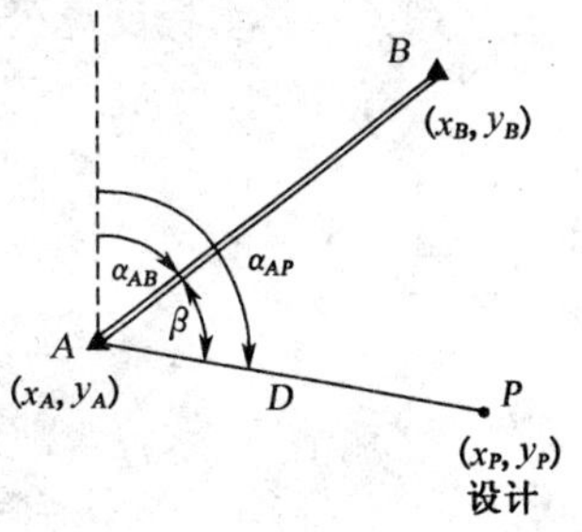

图 11-8　极坐标法

如图 11-8，A、B 为已有控制点，坐标分别为 (x_A, y_A) 和 (x_B, y_B)，P 为待定点，其设计坐标为 $P(x_P, y_P)$，极坐标法测设 P 点的具体步骤如下：

(1) 计算放样数据

① 根据坐标反算公式得：

$$\alpha_{AB}=\arctan\frac{y_B-y_A}{x_B-x_A}\qquad \alpha_{AP}=\arctan\frac{y_P-y_A}{x_P-x_A}\tag{11-10}$$

② 计算 AB 与 AP 间的夹角及 AP 间的水平距离：

$$\begin{cases} D_{AP} = \sqrt{(x_P - x_A)^2 + (y_P - y_A)^2} \\ \beta = \alpha_{AP} - \alpha_{AB} \end{cases} \tag{11-11}$$

(2) 在 A 点安置经纬仪，瞄准 B 点，按照第二节中的水平角测设的方法测设出 β 角，得 AP 方向后，沿此方向测设水平距离 D_{AP}，即得到 P 点平面位置。

【例 11-2】 已知 $x_P = 350.000\ \text{m}$，$y_P = 250.000\ \text{m}$；$x_A = 332.500\ \text{m}$，$y_A = 228.150\ \text{m}$，$\alpha_{AB} = 85°35'10''$，求测设数据 β 和 D_{AP}。

【解】 因为 $\Delta x_{AP} > 0$，$\Delta y_{AP} > 0$，所以：

$$\alpha_{AP} = \arctan\frac{250.000 - 228.150}{350.000 - 332.500} = 51°18'30''$$

于是：

$$\beta = \alpha_{AB} - \alpha_{AP} = 85°35'10'' - 51°18'30'' = 34°16'40''$$

$$D_{AP} = \sqrt{(350.000 - 332.500)^2 + (250.000 - 228.150)^2} = 27.994\ \text{m}$$

11.3.3 角度交会法

角度交会法也称方向交会法，是在两个或多个控制点上安置经纬仪，通过测设两个或多个已知水平角交会出待定点的平面位置。当待定点远离控制点或放样地区受地形限制量距困难时采用此法。

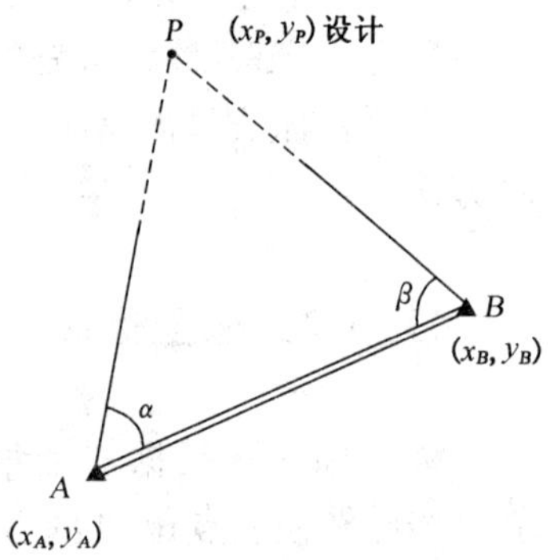

图 11-9 角度交会法

如图 11-9 所示，A、B 为控制点，P 为待测点，它们的坐标均已知，角度交会法具体步骤如下：

(1) 根据坐标反算公式分别计算出

$$\alpha_{AB} = \arctan\frac{y_B - y_A}{x_B - x_A}$$

$$\alpha_{AP} = \arctan\frac{y_P - y_A}{x_P - x_A}$$

$$\alpha_{BP} = \arctan\frac{y_P - y_B}{x_P - x_B}$$

然后计算测设数据 $\alpha = \alpha_{AB} - \alpha_{AP} \qquad \beta = \alpha_{BP} - \alpha_{BA}$ (11-12)

(2) 利用两台经纬仪同时分别安置在 A、B 两个控制点上，测设出 α、β 角，方向线 AP、BP 的交点即为待定点 P。角度交会放样在桥梁、码头、水利等工地上用得较多。

11.3.4 距离交会法

距离交会法也称为长度交会法，适用于场地平坦、量距方便且待测点到控制点距离不超过一整尺长时点的测设。

如图 11-10 所示，A、B 为控制点，P 为待测点，它们的坐标均已知。根据已知点用距离交会法测设 P 点的具体步骤如下：

(1) 利用控制点和待定点的平面坐标计算测设数据 D_{AP} 和 D_{BP}。

(2) 在实地分别同时用两把钢尺，以 A、B 点为圆心，以相应的 D_{AP} 和 D_{BP} 为半径画弧，两弧线的交点即为待定点 P。

此法不必使用仪器，但精度较低。若待定点精度要求不高，如地下管线转折点的点位、窨井中心等，测设数据可直接在图纸上图解量取。在施工中细部测设时多用此法。

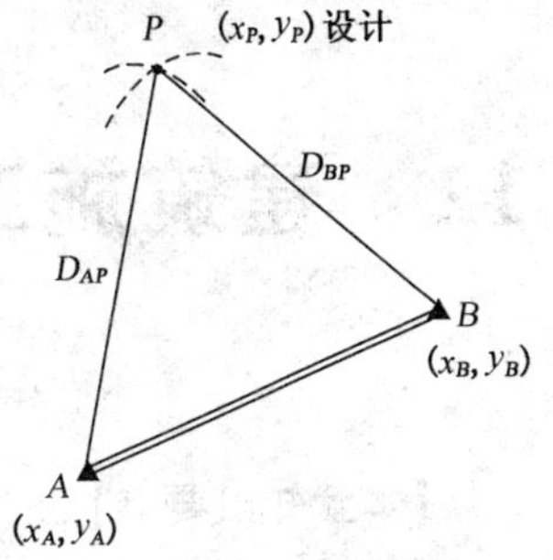

图 11-10　距离交会法

11.3.5　全站仪坐标放样法

全站仪坐标放样法的本质是极坐标法，它能适合各类地形情况，而且测设精度高，操作简便，在施工放样中受天气和地形条件的影响较小，在生产实践中已被广泛采用。

放样前，将全站仪置于放样模式，向全站仪输入测站点坐标、后视点坐标(或方位角)，再输入放样点坐标。准备工作完成之后，一人持反光棱镜立在待测设点附近，用望远镜照准棱镜，按坐标放样功能键，则可立即显示当前棱镜位置与放样点位置的坐标差。根据坐标差值，移动棱镜位置，直至坐标差值为零。这时，棱镜所对应的位置就是放样点位置。然后，在地面做出标志。具体内容与操作步骤参见第 5 章。

习题与思考题

1. 测设的基本工作有哪些？它们与量距、测角、测高程有何区别？

2. 施工测量为何也应按照“从整体到局部”的原则？

3. 测设点的平面位置有哪几种方法？各适用于什么场合？

4. 欲在地面上测设出直角。实测其角值为$90°00'28''$，已知其边长为 162 m，问在垂线方向上如何移动才能得到 90°的角？

5. 在地面上要测设一段 $D=48.200$ m 的水平距离 MN，用尺长方程式为 $l_t=30.000+0.004+1.25\times10^{-5}(t-20℃)$m 的钢尺施测，测设时的温度为 28℃，施于钢尺的拉力与检定钢尺时相同，MN 两点的高差 $h_{MN}=0.46$ m。试计算在地面上应测设的长度。

6. 设水准点 A 的高程为 216.472 m，欲测设 P 点，使其高程为 216.430 m，设水准仪读得 A 尺上的读数为 1.358 m，P 点上的水准尺读数应为多少？

7. 已知施工坐标系原点的测量坐标为 $x_O=175.800$ m，$y_O=128.000$ m，建筑方格网主轴线 C 点的施工坐标为 $A_C=135.000$ m，$B_C=100.000$ m，两坐标轴线间的夹角为 $24°00'00''$，试确定 C 点的测量坐标值。

8. 已知 A 点高程为 85.126 m，AB 间的水平距离为 48 m，设计坡度+10%，试述其测设过程。

9. 已知 A、B 两点的坐标分别为：A(1897.710 m，759.314 m)，B(1842.802 m，800.024 m)，设计点 P 的坐标为 P(1 865.611 m，759.305 m)。试计算在 A 点架设仪器，用极坐标法测设 P 点的放样数据。

12 建筑施工测量

【本章知识要点】 施工控制网的分类；建筑基线；建筑方格网；建筑物放线测量；墙体轴线投测；墙体标高传递；高层建筑轴线的竖向投测；高层建筑的高程传递；工业厂房施工测量；沉降观测；位移观测；倾斜观测；竣工总平面图的编绘。

第 11 章对施工测量的概念、精度要求、施工测量原则、施工测量仪器、坐标换算及准备工作等内容做了必要的介绍，本章主要介绍施工控制测量、民用建筑施工测量、高层建筑施工测量、工业厂房施工测量、建(构)筑物变形观测和竣工总平面图的编绘等内容。

12.1 施工控制测量

12.1.1 概述

施工控制测量的主要目的是建立施工控制网，包括平面和高程控制网。

由于在勘探设计阶段为测图而建立的控制网无法充分考虑施工的需要，所以控制点的分布、密度和精度都难以满足施工测量的要求；另外，在平整场地时，大多控制点被破坏。因此施工之前，在建筑场地应重新建立专门的施工控制网。

施工控制网的建立也应遵循“先整体，后局部”的原则，由高精度到低精度进行建立。

1）施工控制网的分类

施工控制网分为平面控制网和高程控制网两种。

(1) 施工平面控制网

一般来说，施工平面控制网可以布设成三角网、导线网、建筑方格网和建筑基线 4 种形式。

对于地势起伏较大，通视条件较好的施工场地，可采用三角网。

对于地势平坦，通视又比较困难的施工场地，可采用导线网。

对于建筑物多为矩形且布置比较规则和密集的施工场地，可采用建筑方格网。

对于地势平坦且又简单的小型施工场地，可采用建筑基线。

现在，由于 GPS 技术在测量上的广泛应用，大多数施工控制网已经被 GPS 网所取代，对于高精度的施工控制网，则采用 GPS 网与边角网或导线网相结合，使其优势互补，提高施工控制网的整体质量。

具体采用哪种形式布设施工控制网，应根据总平面设计和施工地区的地形条件来定。

(2) 施工高程控制网

施工场地高程控制网一般采用水准测量方法来建立。

通常用首级与加密两级布网方法构网，即用三等水准测量建立首级高程控制网，用四等水准建立加密高程控制网。

起伏较大地区的平面和高程控制网通常是分开布设，平坦地区，平面控制点通常可以兼作高程控制点。

2) 施工控制网的特点

与测图控制网相比，施工控制网具有以下特点：

(1) 控制范围小，控制点密度大，精度要求高。

(2) 使用频繁。

(3) 受施工干扰大。

(4) 控制网坐标系与施工坐标系一致。

(5) 投影面与工程的平均高程面一致。

(6) 分级布设，次级网精度可能比首级网高。

12.1.2　建筑基线

1) 建筑基线的布设形式

建筑基线的布设形式，应根据建筑物的分布、施工场地地形等因素来确定。常用的布设形式有“一”字形、“L”形、“十”字形和“T”形，如图12-1所示。

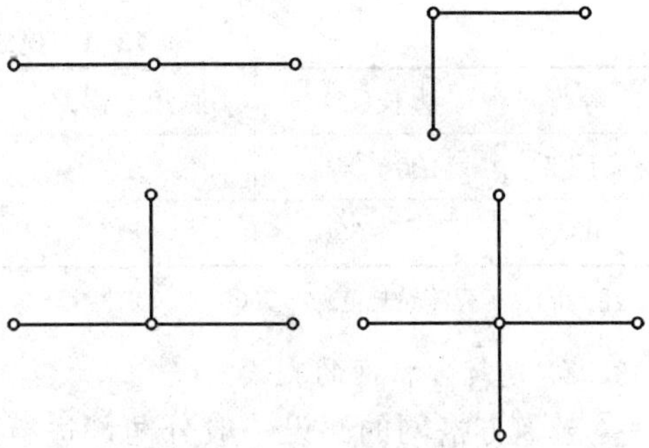

图 12-1　建筑基线的形式

2) 建筑基线的布设要求

(1) 建筑基线应尽可能靠近拟建的主要建筑物，并与其主要轴线平行，以便使用比较简单的直角坐标法进行建筑物的定位。

(2) 建筑基线上的基线点应不少于 3 个，以便相互检核。

(3) 建筑基线应尽可能与施工场地的建筑红线相连系。

(4) 基线点位应选在通视良好和不易被破坏的地方，为能长期保存，要埋设永久性的混凝土桩。

3) 建筑基线的测设方法

根据施工场地的条件不同，建筑基线的测设方法有以下两种：

(1) 根据建筑红线测设建筑基线

由城市测绘部门测定的建筑用地界定基准线，称为建筑红线。在城市建设区，建筑红线可用作建筑基线测设的依据。一般采用测设平行线或垂直线的方法来进行。

(2) 根据已有控制点测设建筑基线

利用建筑基线的设计坐标和附近已有控制点的坐标，用极坐标法测设建筑基线。

12.1.3 建筑方格网

1）建筑基线的设计

由正方形或矩形组成的施工平面控制网，称为建筑方格网，或称矩形网，如图12-2所示，它主要适用于按矩形布置的建筑群或大型建筑场地。

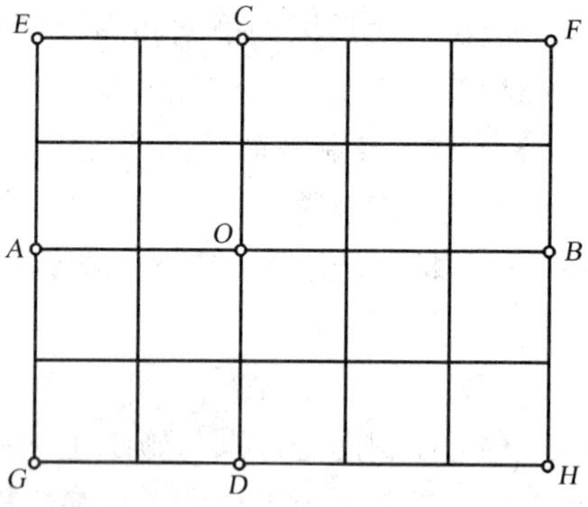

图12-2 建筑方格网

建筑方格网设计时，应根据总平面图上各建（构）筑物、道路及各种管线的布置，结合现场的地形条件来确定。建筑方格网的设计遵循由整体到局部的原则，即先确定能控制整个场地的主轴线，然后考虑辅助轴线。

方格网设计时应注意满足以下几点要求：

(1) 主轴线应尽量位于场地中央，并与拟建主要建筑物的基本轴线平行。

(2) 方格网纵横轴线应互相垂直。

(3) 方格网的边长、边长的相对精度应符合表12-1中的相关要求。

(4) 各轴线点应位于便于使用、便于保护和安全牢固的地方，以便长期保存。

表12-1 建筑方格网的主要技术要求

等级	边长(m)	测角中误差	边长相对中误差	测角检测限差	边长检测限差
Ⅰ级	100～300	5″	1/30 000	10″	1/15 000
Ⅱ级	100～300	8″	1/20 000	16″	1/10 000

注：引自《工程测量规范》GB 50026—2007。

2）建筑方格网的测设

建筑方格网的测设一般分两部进行，先确定方格网的主轴线，如图12-2中的A、O、B和C、O、D轴线，然后再布设辅助轴线，以构成方格网。

(1) 主轴线测设

主轴线点测设是根据场地的测量控制点来测设的。

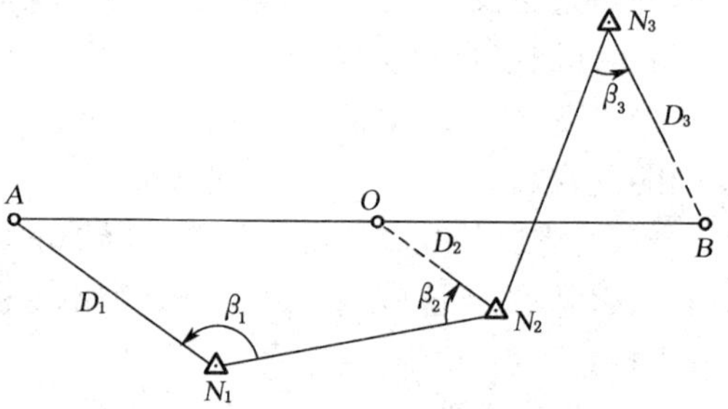

图12-3 主轴线测设

图12-3中，N_1、N_2、N_3为场地的测量控制点，A、B、O为待放样的主轴线点。根据主轴线点的设计坐标和已知点坐标，用仪器就可以放样出主轴线点。具体放样步骤如下：

① 测设主轴线点的概略位置A'、B'、O'

用全站仪、经纬仪配合测距仪放样测设主轴线点的概略位置A'、B'、O'，并用混凝土标定。混凝土标志制作时，在桩的顶部设置一块100 mm×100 mm的不锈钢板，供点位调整用。

② 测定角度$\angle A'O'B'$

由于测量和标定存在误差，此时主轴线点的概略位置A'、B'、O'一般不会在一条直线上，因此要精确测定$\angle A'O'B'$的角度，如果它和180°的差值超过±10″则应进行调整，使其回到一条直线上。

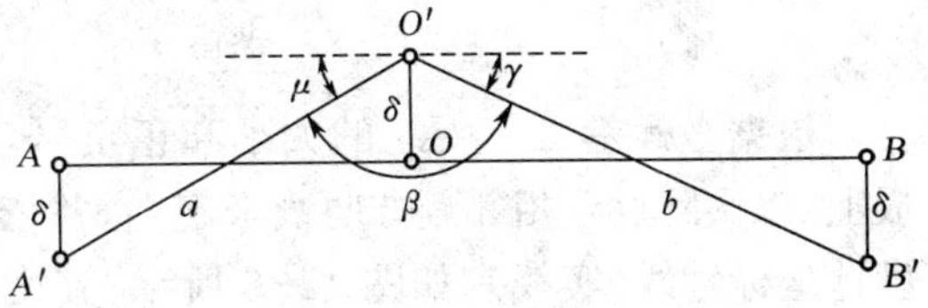

图 12-4　主轴线调整

③ 计算点位调整量δ

如图12-4所示，设3点在垂直于轴线的方向上移动一段微小距离为δ，则δ的大小可按下式计算：

$$\delta=\frac{ab}{2(a+b)}\cdot\frac{180^\circ-\beta}{\rho''} \tag{12-1}$$

在图12-4中，由于μ、γ均很小，则有：

$$\frac{\gamma}{\mu}=\frac{a}{b},\ \frac{\gamma+\mu}{\mu}=\frac{a+b}{b},\ \mu=\frac{2\delta}{a}\rho''$$

而

$$\mu+\gamma=180^\circ-\beta$$

因此，$\mu=\frac{b}{a+b}(180^\circ-\beta)=\frac{2\delta}{a}\rho''$，即式(12-1)得证。

④ 点位调整

按式(12-1)求出调整量后，精确调整主轴线点的位置，并注意各点上δ的调整方向。

⑤ 短轴线点的测设

在主轴线AOB确定之后，将仪器安置在O点上，测设与AOB轴线垂直的另一主轴线COD。实测时瞄准A点（或B点），分别向左、向右转90°，在实地用混凝土桩标定出C'、D'点，然后测定$\angle AOC'$和$\angle AOD'$，并计算它们与90°的差值ε_1、ε_2，如图12-5所示。要消除其差值，实际上要横向移动C'或D'，其移动距离（改正数）l_1、l_2可以按下式计算：

$$\left.\begin{aligned} l_1&=D_1\frac{\varepsilon_1''}{\rho''}\\ l_2&=D_2\frac{\varepsilon_2''}{\rho''}\end{aligned}\right\} \tag{12-2}$$

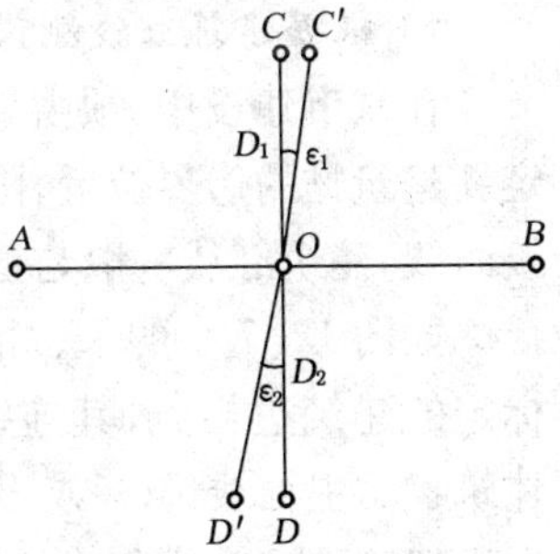

图 12-5　短轴线点测设

式中，D_1、D_2分别为OC'、OD'的水平距离。实地调整时注意方向，改正后再实测改正后的$\angle AOC$和$\angle AOD$，其角度与180°的差值应不超过±10″，否则应重新改正。

（2）方格网的测设

建筑方格网主轴线测设好以后，以主轴线为基础，将方格网点的设计位置进行初步放样，初步放样的点位用大木桩临时标定，然后，埋设永久标石，标石顶部固定钢板，以便最后在其上归化点位。

方格网点在实地初步定点后，然后用精确测量方法测定初步定点的方格网点的精确坐标，最后归化初步定点的位置。

现设方格网点的实测坐标为 x、y，设计坐标为 $x_{设计}$、$y_{设计}$，其坐标差为：

$$\left.\begin{aligned}\Delta x &= x - x_{设计}\\ \Delta y &= y - y_{设计}\end{aligned}\right\} \tag{12-3}$$

根据坐标差 Δx 、Δy 的大小和正负号，在标石顶部钢板上，以实际点至相邻点方向线来定向，并依据其数值标出设计坐标轴线(实线)，如图 12-6 所示，其交点即为方格点位。然后检测边长和角度，若符合规范要求，即可永久固定标志。

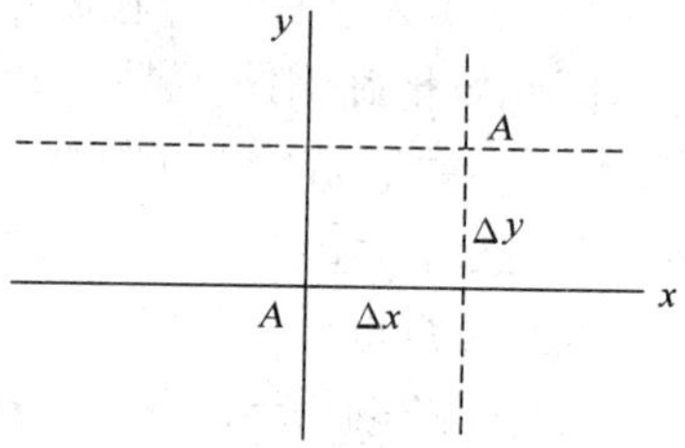

图 12-6　方格网点归化改正

12.2　民用建筑施工测量

民用建筑工程测量就是按照设计要求将民用建筑的平面位置和高程测设出来。过程主要包括建筑物的定位、细部轴线放样、基础施工测量和墙体施工测量等。

12.2.1　主轴线测量

无论哪种建筑物，都是由若干条轴线组成的，其中一条为主要的轴线，我们通常称其为主轴线。在建筑场地上，只要主轴线的位置确定了，那么建筑物的位置也就确定了。因此，建筑物的定位，实际上就是建筑物主轴线的测设。主轴线是确定建筑物其他部位位置的，主轴线的测设方法应根据设计要求和现场条件而定，归纳起来，主要有以下几种：

1) 根据建筑红线测设主轴线

在城市建设中，须由规划部门给设计单位或施工单位规定新建筑物的边界位置，限制建筑物边界位置的界线称为建筑红线，建筑红线一般与道路中心线相平行。

如图 12-7 中的Ⅰ、Ⅱ、Ⅲ3 点为由规划部门在地面上标定的建筑边界点，其连线Ⅰ—Ⅱ、Ⅱ—Ⅲ称为建筑红线。建筑物的主轴线 AO(或 BO)就是根据建筑红线来测设的，由于建筑物主轴线和建筑红线一般相平行或垂直，所以用直角坐标法来测设主轴线是比较方便的。

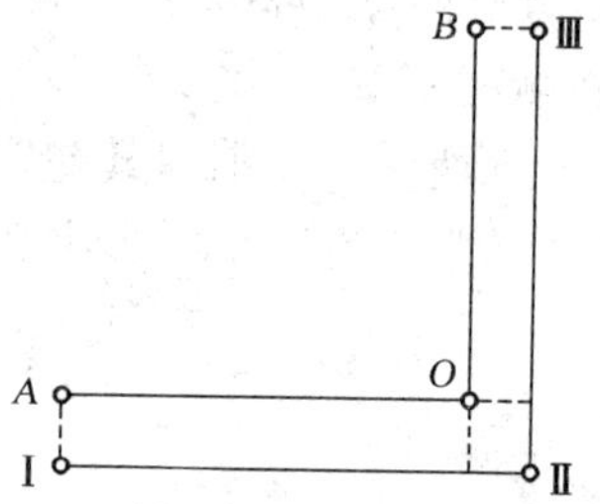

图 12-7　根据建筑红线测设主轴线

根据建筑红线在地面上标定 A、O、B 以后，还应在 O 点架设经纬仪，检查角度$\angle AOB$ 是否等于 90°(或设计角度值)，距离 AO、BO 也要进行测量，检查是否等于设计长度。如果误差在容许范围内，即可作合理调整。

2) 根据现有建筑物测设主轴线

在现有建筑物内新建或扩建时，设计图上通常给出了拟建的建筑物与原有建筑物的位置关系，建筑物的主轴线就可以根据给定的数据在现场测设。

图 12-8 中表示几种根据现有建筑物测设主轴线的情况，绘有晕线的为已有建筑物，未绘晕线的为拟建建筑物。

图 12-8(a)所示为拟建建筑物轴线 AB 在原有建筑物轴线 MN 的延长线上。测设直线 AB 的方法是，先作 MN 的垂线 MM' 及 NN'，并使 $MM' = NN'$，然后在 M' 处架设经纬仪作 $M'N'$ 的延长线 $A'B'$(并使 $N'A' = d_1$)，再在 A'、B' 处架设经纬仪作垂线得 A、B 两点，其连线即为所要测设的轴线；当距离较近，要求不高时，也可以用线绳紧贴 MN 进行穿线定向，在线绳的延长线上定出 AB 直线。

图 12-8(b)所示为拟建建筑物轴线与原有建筑物轴线垂直的情况。这时测设直线的方法是，按上法先定出 MN 的平行线 $M'N'$，在 $M'N'$ 的延长线上定出 O 点，在 O 点架设经纬仪作垂线，在垂线上定 A、B 两点，其连线 AB 即为所需测设的轴线。

图 12-8(c)中，若给出了拟建建筑物与道路中心线的位置关系数据，建筑物的主轴线就可以根据道路中心线来测定。由于建筑物主轴线一般与道路中心线平行或垂直，其测设方法是先定出道路中心线位置，然后用经纬仪测设垂线和量距，定出拟建建筑物的 AB、AC 轴线。

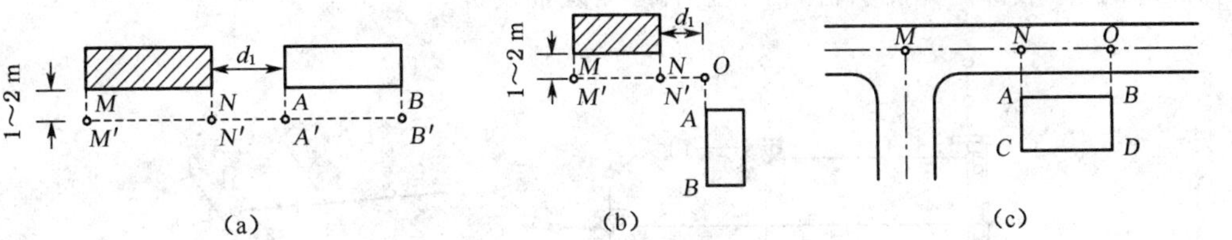

图 12-8 根据建筑红线测设主轴线

3) 根据控制点测设建筑物的主轴线

若建筑场地上已布设有控制点或方格网，又知道拟建建筑物轴线点的坐标，这时就可以根据控制点直接测设建筑物主轴线。当建筑场地上的控制网为建筑方格网或矩形网时，这时用直角坐标法测设主轴线是方便的；当为三角网、导线网或其他形式控制网时，可采用极坐标法、角度前方交会法、距离交会法等方法测设主轴线。具体操作方法可参看第 11 章的有关内容，此处不再赘述。

12.2.2 建筑物放线测量

建筑物放线的作业顺序是根据建筑物的主轴线控制点或其他控制点，首先将建筑物的外墙轴线交点测设到实地上，并用木桩固定，桩顶钉上小钉作为标志，然后测设其他各轴线交点位置，再根据基础宽度和放坡标出基槽开挖位置。

1) 建筑物各轴线交点的测设

在建筑物主轴线的测设完成后，再根据建筑物平面图，将建筑物其他轴线测设出来，如图 12-9(a)所示。测设的方法是，在角点设站，用经纬仪定向，用钢尺量矩，或用全站仪依次定出各轴线间的交点，并用木桩标定。然后轴线间的距离，其误差不得超过轴线长度的 1/2 000。最后根据中心轴线，用石灰在地面上撒出基槽开挖边线，以便开挖施工。

2) 龙门板的设置

由于施工开槽时轴线桩要被挖掉，为了施工与恢复轴线方便，一般民用建筑中，常在基槽开挖线外一定距离(1.5 m)处钉设龙门板，如图 12-9(b)所示。

设置龙门板步骤为：先钉设龙门桩，根据建筑场地的水准点，在每个龙门桩上测设±0高程线，然后根据±0高程线钉设龙门板，最后根据轴线桩，用经纬仪或全站仪将墙、柱的轴线投到龙门板顶面上，并钉小钉标示，所钉小钉作为轴线钉。在基槽开挖后，在轴线钉之间拉紧钢丝，吊垂球即可恢复轴线桩点，如图 12-9(b)所示。龙门板高程的测设容许误差为±5 mm；轴线点投点容许误差为±5 mm。

3）轴线控制桩的测设

由于龙门板在挖槽与施工时不易保存，现在实际施工中采用较少。采用较多的是轴线控制桩方法，作为以后恢复轴线的依据，如图 12-9(a)所示，轴线控制桩又称引桩。

引桩的位置应避免施工干扰和便于引测，一般应在基槽开挖边线 2 m 以外的地方。在多层建筑物施工中，引桩是向上层投测轴线的依据。为了便于向上投点，引桩应在较远的地方测设。附近如果有固定建筑物，最好把轴线投测到建筑物上。

为了保证轴线控制桩的精度，最好在测设轴线桩的同时一并测设轴线控制桩；在大型建筑物放样时，一般都是先测引桩，再根据引桩测设轴线桩。

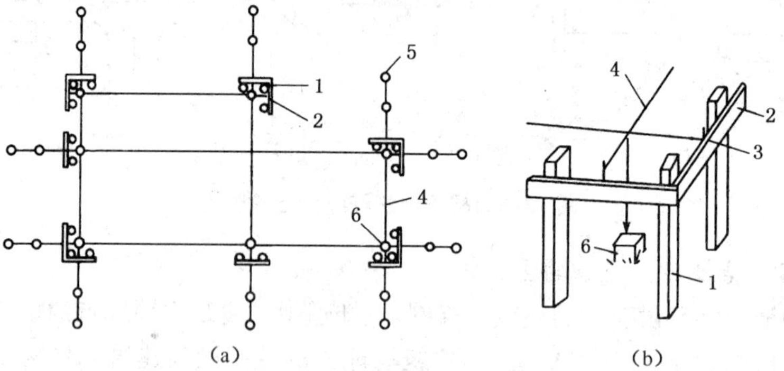

图 12-9 龙门板与轴线控制桩

1—龙门桩；2—龙门板；3—轴线钉；4—线绳；5—轴线控制桩；6—轴线桩

12.2.3 基础施工测量

基础施工测量的任务是控制基槽的开挖深度和宽度，在基础施工结束后，还要测量基础是否水平，其标高是否达到设计要求等。

1）基槽抄平

在建筑施工中，高程测设又称为抄平。为了控制基槽的开挖深度，当基槽开挖到离槽底设计高 0.3～0.5 m 时，应用水准仪在槽侧壁上测设一些水平桩，如图 12-10 所示，使木桩的上表面离基底的设计高程为一固定值(如 0.5 m)。必要时，可沿水平桩的上表面拉上白线绳，作为清理基底和打基础垫层时掌握高程的依据。

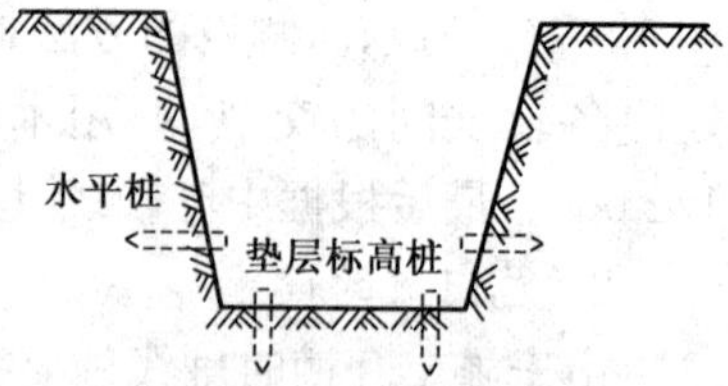

图 12-10 基槽高程测设

高程点的测量容许误差为±10 mm。

2）垫层中线投测与高程控制

垫层打好以后，根据轴线控制桩或龙门板上的轴线钉,用经纬仪把轴线投测到垫层面上,然后在垫层上用墨线弹出墙边线和基础边线,以便砌筑基础,如图 12-11 所示。由于这些线是基础施工的基准线,因此此项工作非常重要,弹线后要严格进行校核。

垫层高程可以在槽壁弹线或者在槽底钉小木桩控制,如果在垫层上有支模板,则可以直接在模板上弹出高程控制线。

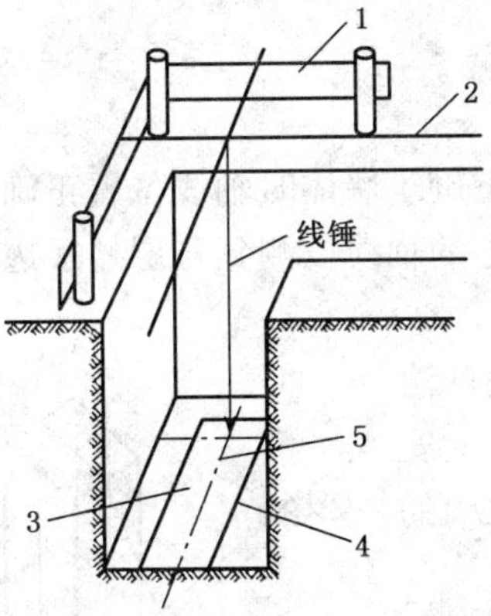

图 12-11 基槽底口和垫层轴线投测

1—龙门板;2—钢丝线;3—垫层;4—基础边线;5—墙中线

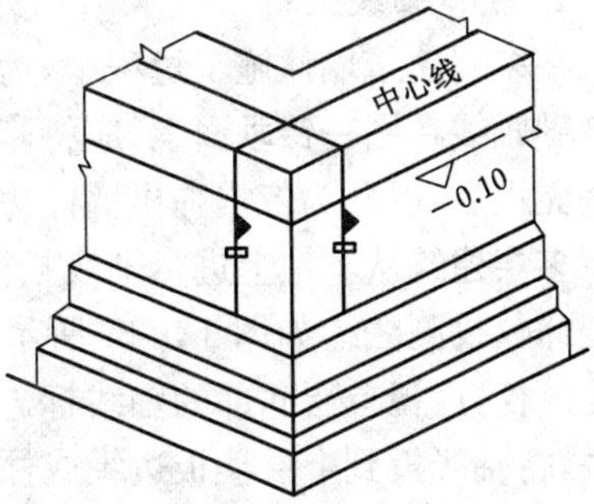

图 12-12 墙体轴线与标高线标注

3) 防潮层抄平与轴线投测

当基础墙砌筑到±0 高程下一层砖时,应用水准仪测设防潮层的高程,其测量容许测量误差为±5 mm。防潮层做好后,应根据轴线控制桩或龙门板上的轴线钉进行投点,将墙体轴线和边线用墨线弹到防潮层上,并把这些线加以延伸,画到基础墙的立面上,如图 12-12 所示。投点容许误差为±5 mm。

12.2.4 墙身皮数杆设置

墙体砌筑时,其标高一般可用墙身皮数杆控制。在皮数杆上根据设计尺寸,按砖和灰缝厚度画线,并标明门、窗、过梁、楼板等的标高位置,如图 12-13 所示。

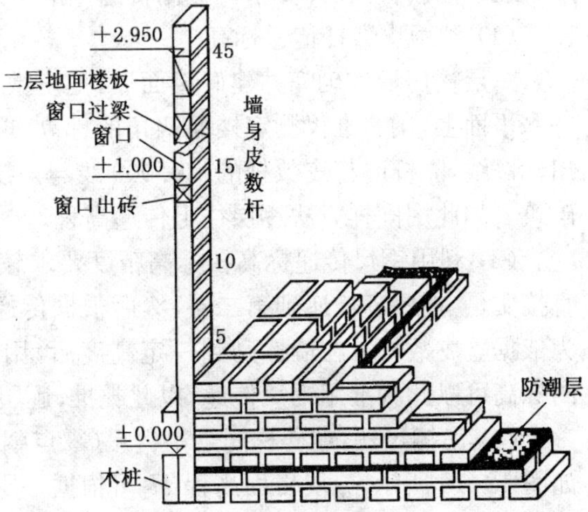

图 12-13 墙身皮数杆设置

墙身皮数杆一般立在建筑物的拐角和隔墙处,固定在木桩或基础墙上,作为砌墙时掌握高程和砖缝水平的主要依据。为了便于施工,采用里脚手架时,皮数杆立在墙的外边;采用外脚手架时,皮数杆应立在墙里边。立皮数杆时,先用水准仪在立杆处的木桩或基础墙上测设出±0.000 标高线,测量误差在±3 mm 以内,然后把皮数杆上的±0.000 线与该线对齐,用吊锤校正并用钉钉牢，必要时可在皮数杆上加两根钉斜撑，以保证皮数杆的稳定。

墙体砌筑到一定高度后(1.5 m 左右)，应在内、外墙面上测设出＋0.50 m 标高的水平墨线，即"＋50 线"。外墙的"＋50"线作为向上传递各楼层标高的依据，内墙的"＋50"线作为室内地面施工及室内装修的标高依据。

12.2.5 主体施工测量

1) 墙体轴线投测

在多层建筑墙体施工过程中，为了保证继续往上砌筑墙体时轴线位置正确，墙体轴线均与基础轴线在同一铅垂面上，应将基础或一层墙面上的轴线投测到各层楼板边缘或柱顶上，检查无误后，以此为依据弹出墙体边线，再往上砌筑。

多层建筑从下往上进行轴线投测的方法有挂垂球法与经纬仪投测法。如图 12-14 所示，在轴线控制桩上安置经纬仪，后视首层底部的轴线标志点，用正倒镜取中的方法，将轴线投到上层楼板边缘或柱顶上。

每层楼板中心线应测设长线(列线)1～2 条，短线(行线)2～3 条，其投测容许误差为±5 mm。然后根据由下层投测上来的轴线，在楼板上分间弹线。弹出墨线后，再用钢尺检查轴线间的距离，其相对误差不得大于 1/2 000。为了保证投测质量，使用的仪器一定要检验校正，安置仪器时一定要严格对中、整平。为了避免投点时仰角过大，经纬仪距建筑物的水平距离要大于建筑物高度，否则应采用正倒镜延长直线的方法将轴线向外延长，然后再向上投点。

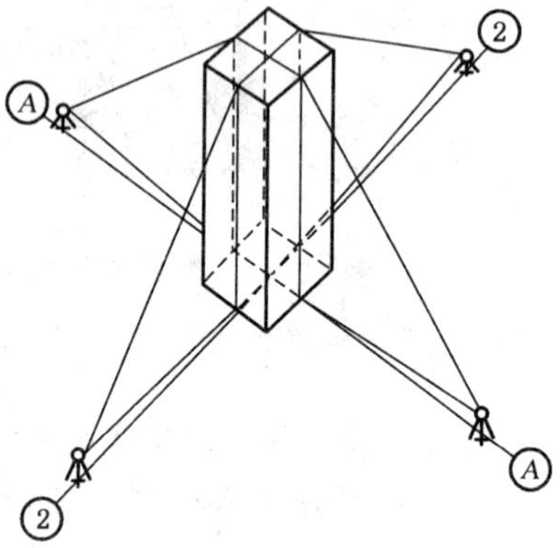

图 12-14 经纬仪竖向投测轴线

2) 墙体标高传递

多层建筑物施工中，要由下往上将标高传递到新的施工楼层，以便控制新楼层的墙体施工，使其标高符合设计要求。标高传递一般可采用以下几种方法进行：

(1) 利用皮数杆传递标高

一层楼房墙体砌完并建好楼面后，把皮数杆移到二层继续使用。为了使皮数杆立在同一水平面上，用水准仪测定楼面四角的标高，取平均值作为二楼的地面标高，并在立杆处绘出标高线，立杆时将皮数杆的±0.000 线与该线对齐，然后以皮数杆为标高的依据进行墙体砌筑。如此用同样方法逐层往上传递高程。

(2) 利用钢尺传递标高在标高精度要求较高时，可用钢尺从底层的＋50 标高线起往上直接丈量，把标高传递到第二层，然后根据传递上来的高程测设第二层的地面标高线，以此为依据立皮数杆。在墙体砌到一定高度后，用水准仪测设该层的＋50 标高线，再往上一层的标高可以此为准用钢尺传递，以此类推，逐层传递标高。

(3) 吊钢尺法：在楼梯间悬吊钢尺(零点朝下)，用水准仪读数，把下层高程传递到上层。如图 12-15 所示，二层楼面高程 H_2 可根据一层楼面高程 H_1 计算求得，即：

$$H_2 = H_1 + a + (c - b) - d \tag{12-4}$$

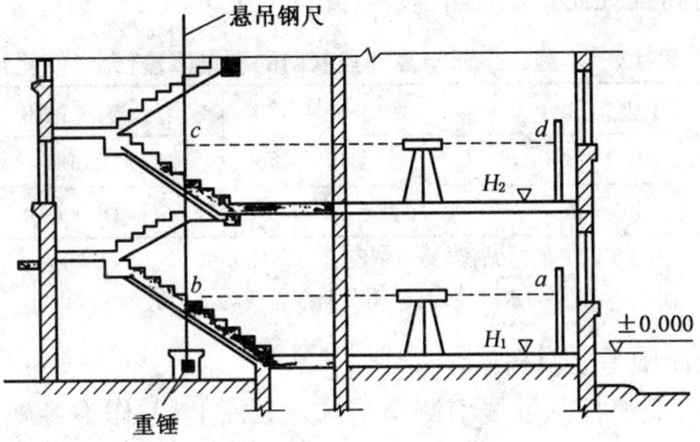

图 12-15 吊钢尺法传递高程

(4) 普通水准测量法:使用水准仪和标尺,按普通水准测量方法,通过楼梯间可将高程传递到各楼层面。

12.3 高层建筑施工测量

12.3.1 高层建筑施工测量的特点及精度要求

1) 高层建筑施工测量的特点

由于高层建筑的体形大、层数多、高度高、造型多样化、建筑结构复杂、设备和装修标准高,因此,在施工过程中对建筑物各部位的水平位置、轴线尺寸、垂直度和标高的要求都十分严格,对施工测量的精度要求也高。与多层民用建筑施工测量比较有如下特点:

(1) 施工前,应针对具体的高层建筑制定合理的施测方案,并经有关专家和上级部门审批后方可实施。

(2) 高层建筑施工测量中的主要问题是竖向偏差(垂直度),故施工测量中要求轴线竖向投测精度高,应结合现场条件、施工方法及建筑结构类型选用合适的投测方法。

(3) 高层建筑施工放线与抄平精度高,测量精度至毫米,应严格控制总的测量误差。

(4) 高层建筑施工周期长,要求施工控制点设置要稳定牢固,便于长期保持,直至工程竣工和后期的监测阶段都能使用。

(5) 高层建筑施工项目多,作业立体交叉,且受天气变化、建材的性质、施工方法等因素的影响,对施工测量产生较大的干扰。所以,施工测量必须精心组织,充分准备,快、准、稳、好的配合各个工序施工,提高效率。

(6) 高层建筑基坑深,自身荷载大,施工周期长,为了保证施工期间周围环境和自身安全,应按照国家有关施工规范要求,在施工期间进行相应项目的变形监测。

2) 高层建筑施工测量精度要求

《高层建筑混凝土结构技术规程》(GJG 3—2002)中对高层建筑施工测量的平面与高程控制网、轴线竖向投测、标高竖向传递等限差都有详细的规定,其主要技术指标如下:

(1) 施工平面与高程控制网的测量限差(允许偏差)

表 12-2　施工平面与高程控制网的测量限差(允许偏差)

平面网等级	边长(m)	测角中误差	边长相对精度	适用范围
一级	100～300	±15″	1/15 000	重要高层建筑
二级	50～200	±20″	1/10 000	一般高层建筑

注：1. 平面控制网施测应使用 5″以上的全站仪，测距精度应为±(3 mm+2 ppm×D)；

2. 高程控制网施测应使用 S_3 以上的水准仪，高差闭合差限差应为 $\pm 6\sqrt{n}$ mm 或 $\pm 20\sqrt{L}$ mm。

(2) 轴线竖向投测限差(允许偏差)

首层放线验收后，应将控制轴线引测至结构外表面上，并作为各施工层主轴线竖向投测的基准。轴线竖向投测限差(允许偏差)如表 12-3 所示。

表 12-3　轴线竖向投测、标高竖向传递限差(允许偏差)

项　　目		限差(mm)
每层(层间)		±3
建筑总高度(H/m)	$H \leqslant 30$	±5
	$30 < H \leqslant 60$	±10
	$60 < H \leqslant 90$	±15
	$90 < H \leqslant 120$	±20
	$120 < H \leqslant 150$	±25
	$150 < H$	±30

(3) 标高竖向传递限差

标高的竖向传递，应从首层竖直标高线量起，每栋建筑由三处分别向上传递，当三个点的标高差值小于 3 mm 时，应取其平均值。标高竖向传递限差(允许偏差)应符合表 12-3 中的相关要求。

需要说明的是，以上这些规定是要求施工中应控制的允许偏差，它包括测量误差和施工误差。那么测量误差为多少，应根据工程具体情况与特点，估算施工测量精度要求。在测量放线与投测中所提供的误差限值应该比这些数值更小，才能达到在允许偏差范围之内。因此，要求测量工作应更仔细、更认真，且对仪器精度要求亦更高。

高层建筑施工测量的工作内容很多，本书主要介绍建筑物定位、基础施工、轴线投测和高程传递等方面的测量工作。

12.3.2　建(构)筑物主要轴线的定位

1) 桩位放样及基坑标定

软土地基区的高层建筑常采用桩基，一般打入钢管桩或钢筋混凝土方桩。由于高层建筑的上部荷载主要由桩基承受，所以对桩位要求较高，其桩的定位偏差不得超过有关规范的精度要求与规定。因此，定桩位时，首先根据控制网(点)定出建筑物主轴线，再根据设计的桩位图和尺寸逐一定出桩位，如图 12-16 所示，桩位之间的尺寸必须严格校核，以防出错。

2) 基坑标定

高层建筑的基坑一般都较深，有的可达20余米，对于这样的深基坑，在开挖时，应根据规范和设计规定的精度（平面和高程）完成土方工程。

对于基坑下部轮廓的定线和土方工程的定线，既可根据建筑物的轴线进行，也可根据控制点来定，其定线的方法主要有以下几种：

(1) 投影法

在建筑物的轴线控制桩（图12-9）设置经纬仪，用投影交会测设出建筑物所有外围的轴线桩，然后据此定出其开挖的边界线（轮廓线）。

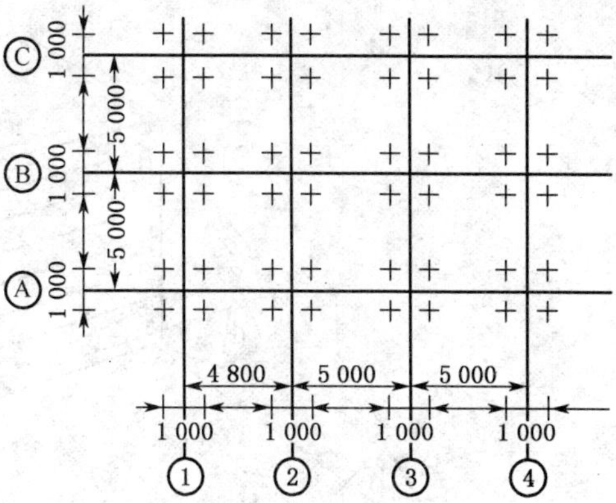

图12-16 桩位图（单位:mm）

(2) 主轴线法

按照建筑物柱列线或轮廓线与主轴线的关系，在建筑场地上定出主轴线后，根据主轴线逐一定出建筑物的轮廓线。

(3) 极坐标法

该方法的具体步骤是首先按设计要求确定轮廓线（点）与施工控制点的关系，然后用仪器（全站仪）逐一放样出各点，定出建筑物的轮廓线。

12.3.3 轴线的竖向投测

高层建筑物施工测量的主要问题是控制垂直度，保证轴线竖向投测精度。也就是将建筑物基础轴线准确地向高层引测，并保证各层相应轴线位于同一竖直面内，使其轴线向上投测的偏差不会超限。

高层轴线的竖向投测，常采用外控法和内控法。当建筑高度在50 m以下时，宜使用外控法；当建筑高度大于50 m时，宜使用内控法，内控法宜使用激光经纬仪和激光铅垂仪。

1) 外控法

外控法是在建筑物外部，使用经纬仪，根据建筑物的轴线控制桩来进行轴线竖向投测。高层建筑物基础施工完成后，将经纬仪安置在轴线控制桩上，把建筑物主轴线精确地投测到建筑物底部，并设立标志，以供下一步施工与竖向投测之用。随着建筑物的砌筑升高，就可以利用外控法把轴线向上一层层地投测。

如图12-17所示，当施工场地比较宽阔时，可使用经纬仪法进行竖向投测。安置经纬仪于轴线控制桩上，严格对中整平，盘左照准建筑物底部的轴线标志，往上转动望远镜，用其竖丝指挥在施工层楼面边缘上画一点，然后盘右再次照准建筑物底部的轴线标志。同法在该处楼面边缘上画出另一点，取两点的中间点作为轴线的端点。其他轴线端点的投测与此法相同。

当楼层建得较高时，经纬仪投测时的仰角较大，操作不方便，误差也较大，此时应将轴线控制桩用经纬仪引测到远处（大于建筑物高度）稳固的地方，然后继续往上投测更高楼层的轴线。如果周围场地有限，可将轴线引测到自身楼顶上，也可引测到附近建筑物的房顶上。

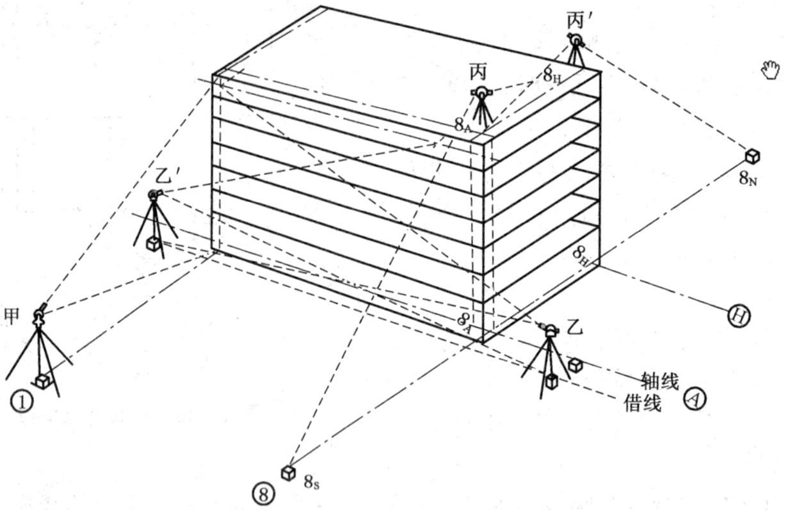

图 12-17 外控法轴线竖向投测

注意上述投测工作均应采用盘左、盘右取中法进行,以减少投测误差。

所有主轴线投测上来后,应进行角度和距离的检验,合格后再以此为依据测设其他轴线。

为了保证投测的质量,仪器必须经过严格的检验和校正,投测宜选在阴天、早晨及无风的时候进行,以尽量减少日照及风力带来的不利影响。

2) 内控法

在建筑物内部实测的轴线竖向投测目前大多采用的内控法有吊线坠法和垂准仪法。

(1) 吊线坠法

此法一般用于建筑物高度在 50~100 m 的施工中,使用 10~20 kg 重的特制线坠。当周围建筑物密集,施工场地窄小,无法在建筑物以外的轴线上安置经纬仪时,可采用此法进行竖向投测。该法与一般的吊锤线法的原理是一样的,只是线坠的质量更大,吊线(细钢丝)的强度更高。此外,为了减少风力的影响,应将吊锤线的位置放在建筑物内部。

(2) 垂准仪法

垂准仪法就是利用能提供铅直向上(或向下)视线的专用测量仪器进行竖向投测。常用的仪器有垂准经纬仪、激光经纬仪和激光垂准仪等。特别是用激光垂准仪法进行高层建筑的轴线投测,具有占地小、精度高、速度快的优点,在高层建筑施工中已得到广泛的应用。

如图 12-18 所示为苏州第一光学仪器厂生产的 JC100 型全自动激光垂准仪。该仪器具有电子自动安平、自动提供高精度的向上和向下的铅垂线、自动超范围报警等功能;同时配有红外遥控器,可对仪器所有的功能实行遥控。其主要技术指标为上下对点精度为±2″(其向上、下投测一测回垂直测量标准偏差为 1/10 万);上下激光有效射程均为 150 m,距出口 100 m 处的激光光斑直径<20 mm。

垂准仪法需要事先在建筑底层设置轴线控制网,建立稳固的轴线标志,在标志上方每层楼板都预留 30 cm×30 cm 的垂准孔,供视线通过,如图 12-19 所示。图 12-19(a)是向上做铅垂投点,图 12-19(b)是向下做铅垂投点。

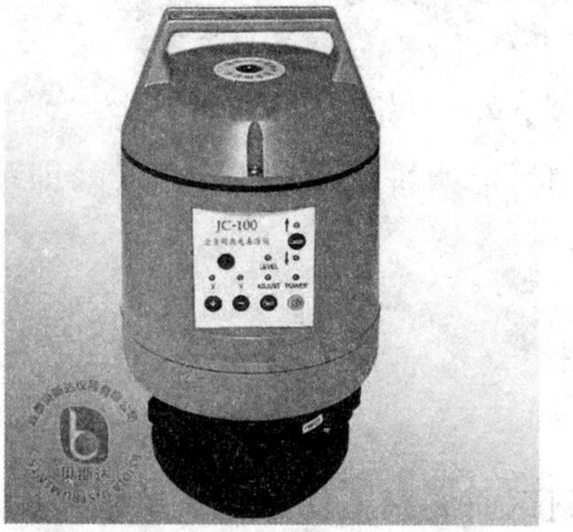

图 12-18 JC100 型全自动激光垂准仪

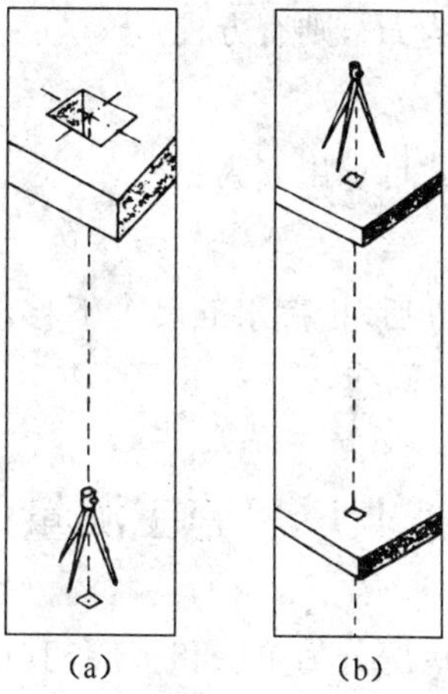

图 12-19 内控法轴线竖向投测

使用经纬仪和全站仪，配置弯管目镜也可以进行内控法轴线竖向投测。

12.3.4 高程传递

高层建筑施工的高程传递与多层建筑高程传递方法相同，如 12.2.5 中所述，可以采用皮数杆传递高程、利用钢尺直接传递高程、吊钢尺法和普通水准仪测量法等。对于超高层建筑，吊钢尺有困难时，可采用测距仪量测法。一般是在投测点或电梯井安置全站仪，通过对天顶方向测距的方法来引测高程，如图 12-20 所示。其具体操作步骤如下：

(1) 在首层投测点安置全站仪，获取仪器相对首层+50 mm标高线的仪器高 a_1。方法是将照准轴水平，读取立在首层+50 mm 标高线上的水准尺的读数即为仪器高。

(2) 测量仪器至引测层(第 i 层)的距离 d_i。作业方法是在引测层的垂准孔上设置棱镜，将望远镜指向天顶测距。棱镜设置在一块制作好的铁板上，大小为 40 cm×40 cm，中间开一个 ϕ30 mm 的圆孔，测距时使圆孔对准测距光线，见图 12-20 附图，计算时应考虑此时的棱镜常数 k。

(3) 引测第 i 层+50 mm 标高线。作业方法是在引测层(第 i 层)设置水准仪，在铁板和引测层(第 i 层)+50 mm 标高线处各立一水准尺，读取 a_i 和 b_i 后，设第 i 层楼面

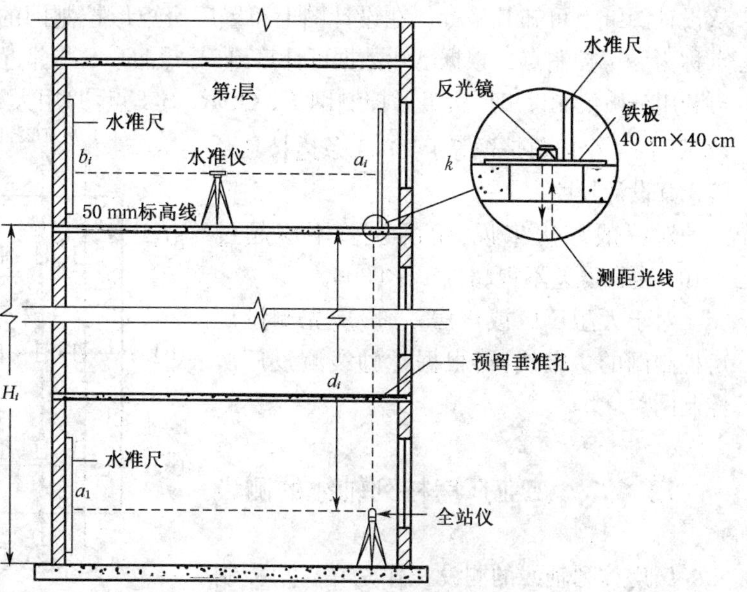

图 12-20 全站仪测距法传递高程

的设计高为 H_i，则有方程：

$$a_1 + d_i + k + (a_i - b_i) = H_i$$

由上式可求出 b_i 为：

$$b_i = a_1 + d_i + k + (a_i - H_i) \tag{12-5}$$

求出 b_i 后，指挥水准尺上下移动，读数为 b_i 时，沿水准尺底部在墙画线，即可得第 i 层 +50mm 标高线。

12.4 工业厂房施工测量

工业厂房分为单层和多层，其中以采用预制钢筋混凝土柱装配式单层厂房最为普遍。工业建筑施工测量主要包括建筑场地平整测量、厂房矩形控制网测设、厂房基础施工测量、厂房结构安装测量和建筑物变形观测等。

12.4.1 厂房矩形控制网建立

厂区已有控制点的密度和精度往往不能满足厂房施工放样的需要，因此对于单幢厂房，还应在厂区控制网的基础上，建立适应厂房规模大小、外形轮廓，以及能满足该厂房精度要求的控制网，作为厂房施工测量的基本控制。由于厂房控制网大多为矩形的，所以又称为厂房矩形控制网。

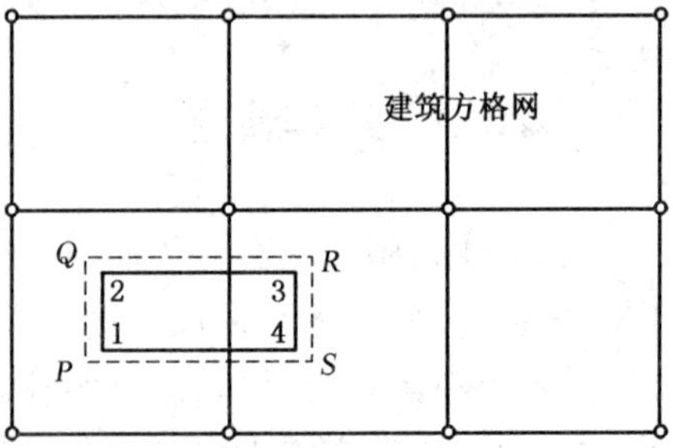

图 12-21　测设厂房控制网

厂房控制网建立方法较多，下面着重介绍依据建筑方格网，采用直角坐标法进行定位的方法。图12-21中 1、2、3、4 四点是厂房的房角点，从设计图纸上可知其坐标。在设计图上布置厂房矩形控制网的 4 个角点 P、Q、R、S，此 4 点称为厂房控制点。根据已知数据可计算出 P、Q、R、S 与邻近的建筑方格网点之间的关系，再利用全站仪测设出厂房矩形控制网 P、Q、R、S 4 点，并用大木桩标定。最后，检查四边形 $PQRS$ 的 4 个内角是否等于 90°，4 条边长是否等于其设计长度。

对一般厂房来说，角度误差不应超过 ±10″，边长误差不得超过 1/10 000。

对于大型厂区或厂房，一般应先测设厂房控制网的主轴线，再根据主轴线测设厂房控制网。

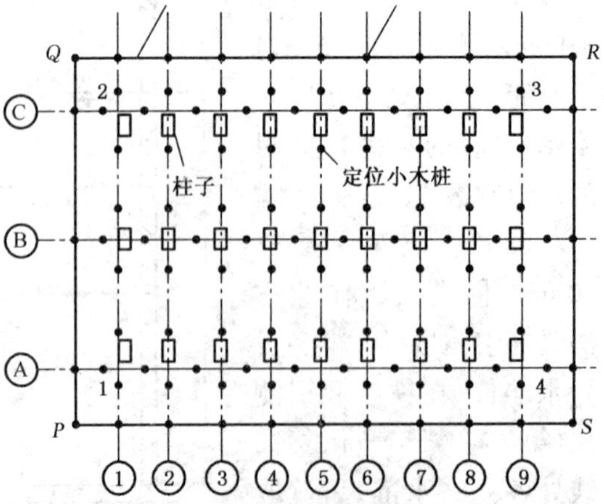

图 12-22　柱列轴线与柱基测设

12.4.2 工业厂房柱列轴线的测设

厂房柱列轴线的测设工作是在厂房控制网的基础上进行的。图 12-22 中 P、Q、R、

S是厂房矩形控制网的四个控制点，Ⓐ、Ⓑ、Ⓒ和①、②、…、⑨等轴线均为柱列轴线，其中定位轴线Ⓑ轴和⑤轴为主轴线。柱列轴线的测设可根据柱间距和跨间距用钢尺沿矩形网四边量出各轴线控制桩的位置，并打入大木桩，钉上小钉，作为测设基坑和施工安装的依据。

12.4.3 工业厂房柱基施工测量

1) 柱基的测设

柱基测设就是根据基础平面图和基础大样图的有关尺寸，把基坑开挖的边线用白灰标示出来以便开挖，如图 12-23 所示。实际测设时将两架经纬仪安置在相应的轴线控制桩上交会出各柱基的位置即可。

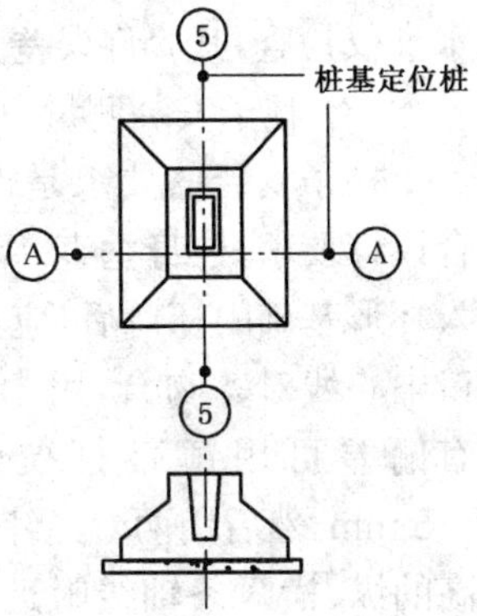

图 12-23 柱基测设

2) 基坑的高程测设

当基坑挖到一定深度时，应在坑壁四周离坑底设计高程 0.3～0.5 m 处设置几个水平桩，参看图 12-10，作为基坑修坡和清底的高程依据。

此外还应在基坑内测设出垫层的高程，即在坑底设置小木桩，使桩顶面恰好等于垫层的设计高程。

3) 基础模板的定位

打好垫层以后，根据坑边定位小木桩，用拉线的方法，吊垂球把柱基定位线投到垫层上，用墨斗弹出墨线，用红漆画出标记，作为柱基立模板和布置基础钢筋网的依据。立模时，将模板底线对准垫层上的定位线，并用垂球检查模板是否竖直。最后将柱基顶面设计高程测设在模板内壁。拆模后，用经纬仪根据控制桩在杯口面上定出柱中心线(如图 10-24)，再用水准仪在杯口内壁定出标高线，并画上“▼”标志，以此线控制杯底标高。

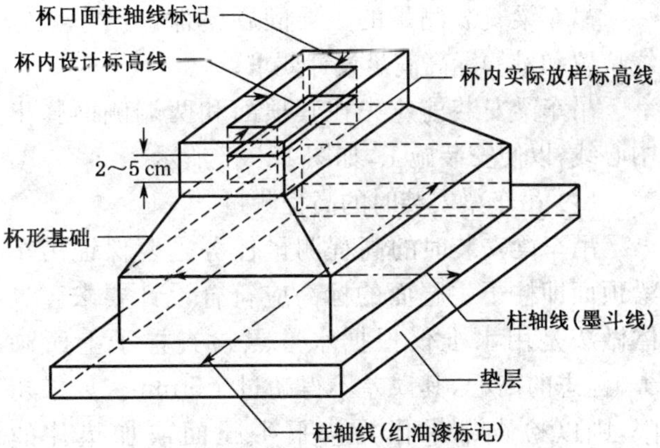

图 12-24 杯形基础

12.4.4 工业厂房构件的安装测量

1) 厂房柱子安装测量

(1) 柱子安装前的准备工作

安置柱子前，应对基础中心线及其间距、基础顶面高和杯底标高进行复核，把每根柱子按轴线位置进行编号，并检查各尺寸是否满足图纸设计要求，检查无误后才可以弹墨线。

在柱子的 3 个侧面上弹出中心线，并根据牛腿面设计高，用钢尺量出柱子下平线的标高线，如图 12-25 所示。

(2) 柱长检查与杯底抄平

牛腿在预制过程中，由于受到模板制作与变形等因素的影响，柱子的实际尺寸与设计尺寸不可能完全一致，特别是每根柱子的牛腿面至柱子底的长度 l_i 不同(见图 12-25)，安装时应根据每根柱子的 l_i 来确定其杯口内的抄平厚度。过高的应凿去一层，用水泥砂浆找平，过低的用碎石混凝土补平，最后用水准仪检查，其容许误差为±3 mm。

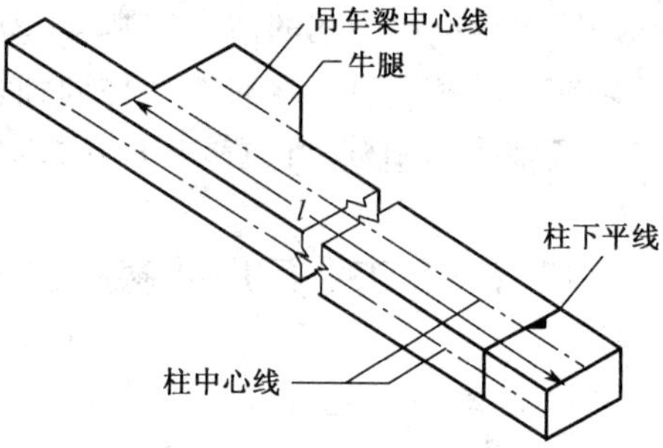

图 12-25　柱子轴线与标高线

(3) 柱子安装测量

柱子安装的要求是保证其平面和高程位置符合设计要求，柱身垂直。预制的钢筋混凝土柱子插入杯形基础的杯口后，应使柱子三面的中心线与杯口中心线对齐吻合，用木楔或钢楔做临时固定，如有偏差可用锤敲打楔子拨正，其容许偏差为±5 mm。然后用两台经纬仪安置在距离约 1.5 倍柱高的纵、横两条轴线附近，同时进行柱身的竖直校正，如图 12-26 所示。

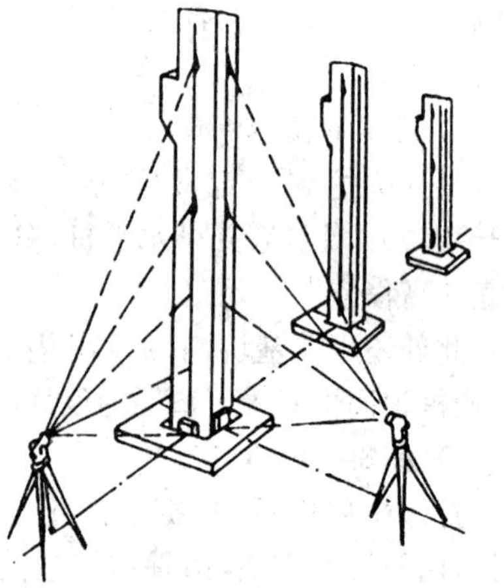

图 12-26　柱子的竖直校正

2) 吊车梁的安装测量

吊车梁安装测量的主要问题是保证吊车梁轴线位置和量的标高满足设计要求。

吊车梁安装前应先在其顶面和两端侧面弹出中心线，以便安装施工，如图 12-27 所示。

(1) 吊车梁安装时的高程测量

吊车梁安装时的高程测量任务是要保证吊车梁顶面即柱子牛腿面的标高应符合设计要求。具体做法是用水准仪根据水准点检查柱子上所画±0标志的高程，其误差不得超过±5 mm。如果超限，则以检查结果作为修平牛腿面或加垫片的依据。

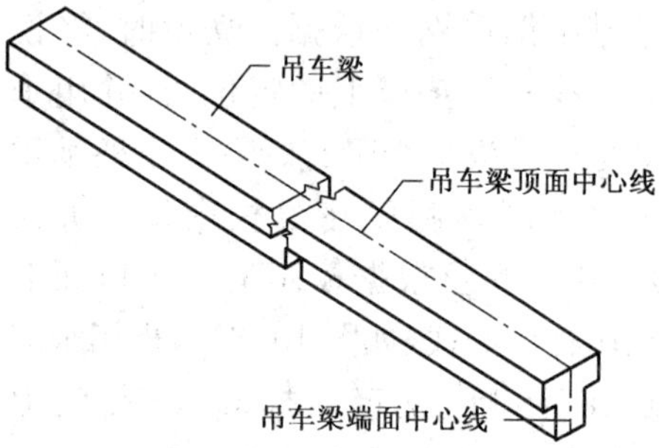

图 12-27　吊车梁中心线

(2)吊车梁安装时的中线测量

根据厂房控制网的控制桩或杯口柱列中心线，按设计数据在地面上定出吊车梁中心线的两端点(图 12-28 中 A、A'、B 和 B')，打大木桩标志。然后用经纬仪将吊车梁中心线投测到每个柱子的牛腿面边上，并弹以墨线，投点容许误差为±3 mm。吊车梁安装时，使吊车梁的中心线与牛腿面上的中心线对齐即可完成中线测量。

3) 吊车轨道安装测量

吊车轨道安装测量的目的是保证轨道中心线、轨顶标高均符合设计要求。

(1) 在吊车梁上测设轨道中心线

当吊车梁安装以后，再用经纬仪从地面把吊车梁中心线(亦即吊车轨道中心线)投到吊车梁顶上，如果与原来的梁顶中心线不一致，则按新的中心线作为轨道安装的依据。

在吊车梁上测设轨道中心线一般可用中心线平移法，如图 12-28 所示。具体做法是先在地面上设置平行于 AA' 的轴线 EE'，间距为 1 m，在 E 点设置经纬仪或全站仪，以 E' 定向；抬高望远镜使竖丝与从吊车梁顶面伸出的长度为 1 m 的直尺端点相切，则直尺的另一端即为吊车轨道中心线上的点，在梁上画线标志即可。

(2) 吊车轨道安装时的高程测量

在轨道安装前，要用水准仪检查梁顶的高程。每隔 3 m 在放置轨道垫块处测一点，以测得结果与设计数据之差作为加垫块或抹灰的依据。在安装轨道垫块时，应重新测出垫块高程，使其符合设计高程，以便安装轨道，轨道梁面垫块高程的测量容许误差为 ±2 mm。

(3) 吊车轨道检查测量

轨道安装完毕后，应全面进行一次轨道中心线、跨距及轨道高程的检查，以保证能安全架设和使用吊车。

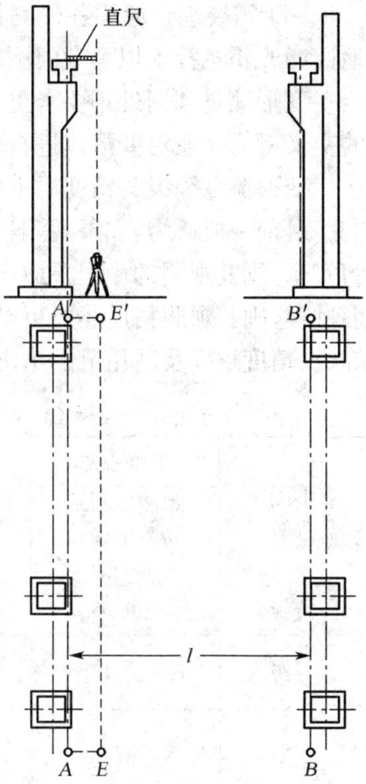

图 12-28 吊车梁与轨道安装

12.5 建筑变形测量

建筑变形是指建筑的地基、基础、上部结构及其场地受各种作用力而产生的形状或位置变化现象。在建筑物的施工及运营过程中，由于建筑物地基的地质构造不均匀，土壤的物理性质不同，大气温度变化，土基的整体变形，地下水位季节性和周期性的变化，建筑物本身的荷重，建筑物的结构、形式及动荷载(如风力、震动等)的作用，还有设计与施工中的一些主观原因，建筑物都会产生几何变形，包括沉降、位移、倾斜，并由此而产生的裂缝、构件挠曲、扭转等。

建筑变形测量是对建筑的地基、基础、上部结构及其场地受各种作用力而产生的形状或位置变化进行观测，并对观测结果进行处理和分析的工作。建筑变形测量的目的是要获取变形体的空间位置随时间变化的特征，同时要解释其变形原因，以保证建筑物在施工、使用与运营中的安全。

归纳起来讲，建筑变形测量分为沉降、位移和特殊变形测量三类。沉降测量包括建筑场地沉降、基坑回弹、地基土分层沉降、建筑沉降等观测；位移测量包括建筑主体倾斜、建筑水平位移、基坑壁侧向位移、场地滑坡及挠度等观测；特殊变形测量包括日照变形、风振、裂缝及其他动态变形测量等。

与工程建设中的地形测量和施工测量比较，变形测量有以下特点：

(1) 重复观测。这是变形测量的最大特点。重复观测的周期(频率)取决于变形的大小、速度及观测目的。

(2) 精度高。相比其他测量工作，变形测量精度要求高，典型的精度要求达到 1 mm 或相对精度达到 10^{-6}。但对于不同对象，精度要求有所差异。

(3) 需要综合应用各种测量方法。包括地面测量方法、空间测量技术、近境摄影测量、地面激光雷达技术以及专门测量手段等。

变形测量数据处理要求更加严密。变形测量数据处理和分析中,经常需要多学科知识的交叉融合才能对变形体进行合理的变形分析和物理解释。

变形测量等级与精度要求取决于变形体设计时允许的变形值大小和进行变形测量的目的。目前一般认为,如果观测目的是为了使变形值不超过某一允许的数值从而确保建筑物的安全,则其观测的中误差应小于允许变形值的 1/10～1/20;如果观测目的是为了研究其变形过程,则其观测精度还要更高。现行的《建筑变形测量规范》(JGJ 8—2007)对变形测量的等级、精度指标及适用范围给出了相应规定,如表 12-4 所示。

表 12-4 建筑变形观测的等级、精度要求及适用范围

变形测量等级	沉降观测	位移观测	适用范围
	观测点测站高差中误差 μ(mm)	观测点坐标中误差(mm)	
特级	±0.05	±0.3	特高精度要求的特种精密工程的变形测量
一级	±0.15	±1.0	地基基础设计为甲级的建筑的变形测量;重要的古建筑和特大型市政桥梁变形测量
二级	±0.50	±3.0	地基基础设计为甲、乙级的建筑的变形测量;场地滑坡测量;重要管线的变形测量;地下工程施工及运营中变形测量;大型市政桥梁变形测量等
三级	±1.50	±10.0	地基基础设计为乙、丙级的建筑的变形测量;地表、道路及一般管线的变形测量;中小型市政桥梁变形测量等

注:(1) 观测点测站高差中误差,系指几何水准测量测站高差中误差或静力水准测量相邻观测点相应测段间等价的相对高差中误差。
(2) 观测点坐标中误差,系指观测点相对测站点的坐标中误差、坐标中误差以及等价的观测点相对基准线的偏差值中误差、建筑物(构筑物)相对底部固定点的水平位移分量中误差。
(3) 观测点点位中误差为观测点坐标中误差的$\sqrt{2}$倍。
(4) 本规范以中误差作为衡量精度的标准,并以 2 倍中误差作为极限误差。

建筑变形测量涉及的内容较多,制定变形测量方案时应遵循技术先进、经济合理、安全适用、确保质量的原则。

本章节主要介绍建筑物沉降、位移、倾斜变形测量的基本方法。

12.5.1 沉降测量

沉降测量是观测建(构)筑物的基础和建(构)筑物本身在垂直方向上的位移,也称为垂直位移测量。沉降测量最常用的方法是水准测量,有时也采用液体静力水准测量。

对于工业与民用建筑,沉降测量的主要内容有场地沉降观测、基坑回弹观测、地基土分层沉降观测、建筑物基础及建筑物本身的沉降观测等;桥梁沉降观测主要包括桥墩、桥面、索塔及桥梁两岸边坡的沉降观测;对于混凝土坝沉降观测主要有坝体、临时围堰及船闸的沉降观测等。

1) 水准点和沉降观测点的设置

建筑物沉降测量的具体内容是在建筑物周围一定距离远的、基础稳固、便于观测的地方布设一些专用水准点，在建筑物的能反映沉降情况的位置设置一些沉降观测点，根据上部荷载的加载情况，每隔一定的时期观测基准点与沉降观测点之间的高差一次，据此计算与分析建筑物的沉降规律。

沉降观测的水准点分水准基点和工作基点。特级沉降观测的高程基准点数不应少于 4 个；其他级别沉降观测的高程基准点数不应少于 3 个。高程工作基点可根据需要设置。基准点和工作基点应形成闭合环或形成由附合路线构成的结点网。水准基点的标石，应埋设在基岩层或原状土层中。在建筑区内，点位与邻近建筑物的距离应大于建筑物基础最大宽度的 2 倍，其标石埋深应大于邻近建筑物基础的深度。在建筑物内部的点位，其标石埋深应大于地基土压层的深度。水准基点的标石，可根据点位所在处的不同地质条件选埋基岩水准基点标石（图 12-29(a)）、深埋钢管水准基点标石（图 12-29(b)）、深埋双金属管水准基点标石（图 12-29(c)）以及混凝土基本水准标石（图 12-29(d)）。

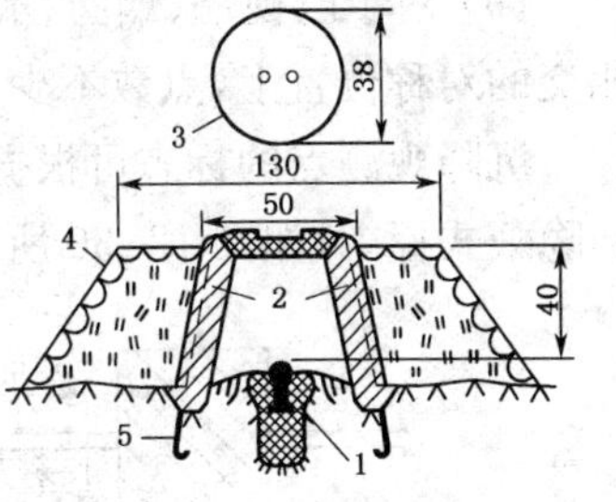

1—抗蚀的金属标志；2—钢筋混凝土上井圈；3—井盖；4—砌石土丘；5—井圈保护层

(a) 基岩水准基点标石（单位：cm）

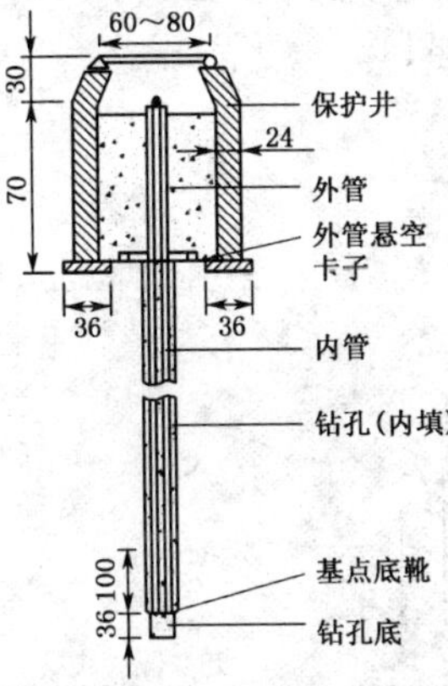

(b) 深埋钢管水准基点标石（单位：cm）

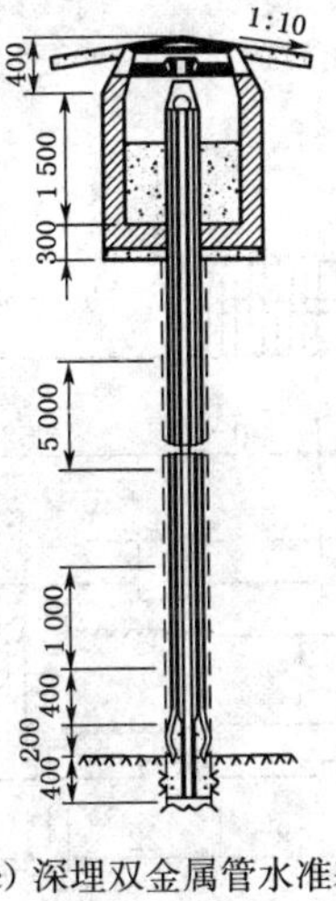

(c) 深埋双金属管水准基点标石（单位：mm）

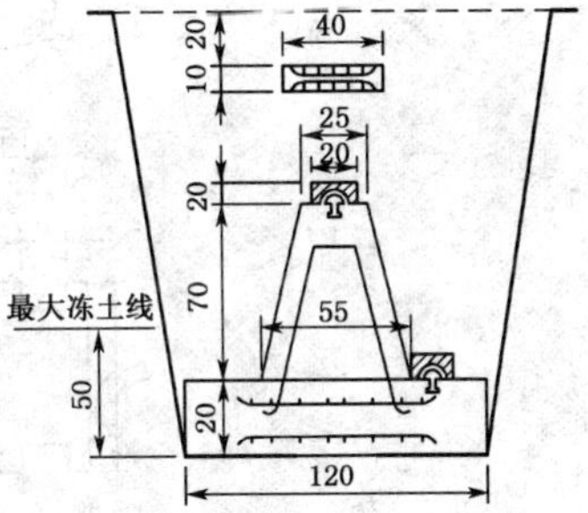

(d) 混凝土基本水准标石（单位：cm）

图 12-29 水准点标志类型

工作基点的标石，可按点位的不同要求选埋浅埋钢管水准标石、混凝土普通水准标石或墙角、墙上水准标志等。水准标石埋设后，应达到稳定后方可开始观测。稳定期根据观测要求与测区的地质条件确定，一般不宜少于 15 天。

沉降观测点设置时，其点位宜选择在下列位置：

(1) 建筑物的四角、大转角处及沿外墙每 10～15 m 处或每隔 2～3 根柱基上。

(2) 高低层建筑物、新旧建筑物、纵横墙等交接处的两侧。

(3) 建筑物裂缝和沉降缝两侧、基础埋深相差悬殊处、人工地基与天然地基接壤处、不同结构的分界处及填挖方分界处。

(4) 宽度大于等于 15 m 或小于 15 m 而地质复杂以及膨胀土地区的建筑物，在承重内隔墙中部设内墙点，在室内地面中心及四周设地面点。

(5) 邻近堆置重物处、受振动有显著影响的部位及基础下的暗浜(沟)处。

(6) 框架结构建筑物的每个或部分柱基上或沿纵横轴线设点。

(7) 筏形基础、箱形基础底板或接近基础的结构部分之四角处及其中部位置。

(8) 重型设备基础和动力设备基础的四角、基础形式或埋深改变处及地质条件变化处两侧。

(9) 对于电视塔、烟囱、水塔、油罐、炼油塔、高炉等高耸建筑,应设在沿周边与基础轴线相交的对称位置上,点数不少于 4 个。

沉降观测点的标志可根据建筑结构和材料的不同来选择,一般有墙(柱)标志、基础标志和隐蔽式标志,如图 12-30 所示。

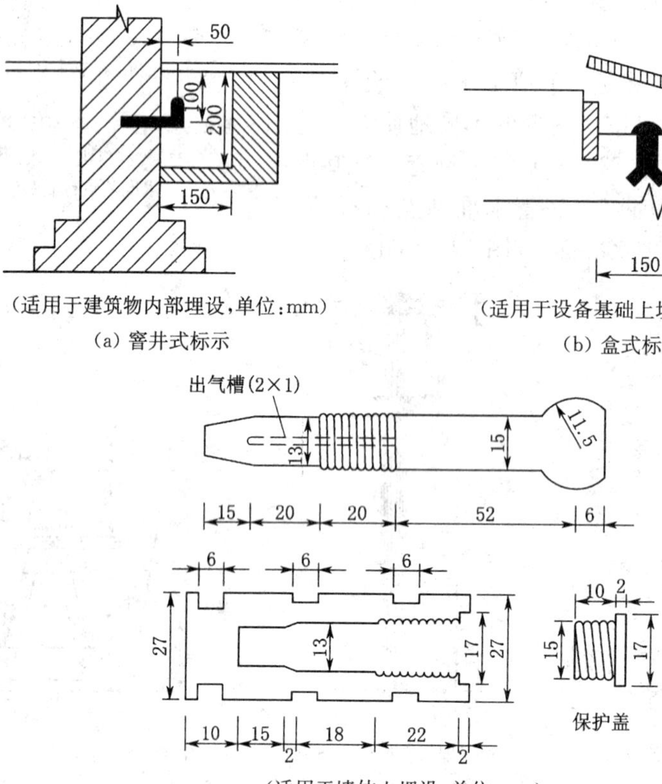

(适用于建筑物内部埋设,单位:mm)
(a) 窨井式标示

(适用于设备基础上埋设,单位:mm)
(b) 盒式标志

(适用于墙体上埋设,单位:mm)
(c) 螺栓式标志

图 12-30 沉降观测点标志类型

2) 沉降观测的一般规定

(1) 观测周期

① 建筑施工阶段的观测应随施工进度及时进行,普通建筑可在基础完工后或地下室砌完后开始观测,大型、高层建筑可在基础垫层或基础底部完成后开始观测;观测次数与间隔时间应视地基与加荷情况而定。

民用高层建筑可每加高 1～5 层观测一次,工业建筑可按回填基坑、安装柱子和屋架、砌筑墙体、设备安装等不同施工阶段分别进行观测。若建筑施工均匀增高,应至少在增加荷载的 25%、50%、75%和 100%时各测一次。

施工过程中若暂停工,在停工时及重新开工时应各观测一次。停工期间可每隔 2～3 个月观测一次。

② 建筑使用阶段的观测次数，应视地基土类型和沉降速率大小而定。除有特殊要求外，可在第一年观测 3～4 次，第二年观测 2～3 次，第三年后每年观测 1 次，直至稳定为止。

③ 在观测过程中，若有基础附近地面荷载突然增减、基础口周大量积水、长时间连续降雨等情况，均应及时增加观测次数。当建筑突然发生大量沉降、不均匀沉降或严重裂缝时，应立即进行逐日或 2～3 天一次的连续观测。

④ 建筑沉降是否进入稳定阶段，应由沉降量与时间关系曲线判定。当最后 100 天的沉降速率小于 0.01～0.04 mm/天时可认为已进入稳定阶段。具体取值宜根据各地区地基土的压缩性能确定。

（2）观测方法和精度要求

沉降观测是一项时间周期较长的连续观测工作，为了保证成果的一致性、规范性与正确性，应尽可能做到定人、定仪器、定路线和测站、定周期和作业方法进行沉降观测。

对于特级、一级沉降观测，都应进行往返观测；对二级、三级沉降观测，除建筑转角点、交接点、分界点等主要变形特征点外，允许使用间视法进行观测，但视线长度不得大于相应等级规定的长度。

观测时，仪器应避免安置在有空压机、搅拌机、卷扬机、起重机等振动影响的范围内；每次观测应记载施工进度、荷载量变动、建筑倾斜裂缝等各种影响沉降变化和异常的情况。

沉降观测采用水准测量方法时，相应的技术要求如表 12-5、12-6 所示。

表 12-5　水准观测的视线长度、前后视距差、视线高和使用仪器

<table>
<tr><th>级别</th><th>视线长度(m)</th><th>前后视距差(m)</th><th>前后视距差累积(m)</th><th>视线高(m)</th><th>观测仪器</th></tr>
<tr><td>特级</td><td>≤10</td><td>≤0.3</td><td>≤0.5</td><td>≥0.8</td><td rowspan="2">DSZ05、DS05</td></tr>
<tr><td>一级</td><td>≤30</td><td>≤0.7</td><td>≤1.0</td><td>≥0.5</td></tr>
<tr><td>二级</td><td>≤50</td><td>≤2.0</td><td>≤3.0</td><td>≥0.3</td><td>DS1、DS05</td></tr>
<tr><td>三级</td><td>≤75</td><td>≤5.0</td><td>≤8.0</td><td>≥0.2</td><td>DS3、DS1、DS05</td></tr>
</table>

注：（1）表中的视线高度为下丝读数。

（2）当采用数字水准仪观测时，最短视线长度不宜小于 3 m，最低水平视线高不应低于 0.6 m。

表 12-6　水准观测限差(mm)

<table>
<tr><th colspan="2">级别</th><th>基辅分划读数之差</th><th>基辅分划所测高差之差</th><th>往返较差及附合或环线闭合差</th><th>单程双测站所测高差之差</th><th>检测已测测段高差之差</th></tr>
<tr><td colspan="2">特级</td><td>0.15</td><td>0.2</td><td>$\leqslant 0.1\sqrt{n}$</td><td>$\leqslant 0.07\sqrt{n}$</td><td>$\leqslant 0.15\sqrt{n}$</td></tr>
<tr><td colspan="2">一级</td><td>0.3</td><td>0.5</td><td>$\leqslant 0.3\sqrt{n}$</td><td>$\leqslant 0.2\sqrt{n}$</td><td>$\leqslant 0.45\sqrt{n}$</td></tr>
<tr><td colspan="2">二级</td><td>0.5</td><td>0.7</td><td>$\leqslant 1.0\sqrt{n}$</td><td>$\leqslant 0.7\sqrt{n}$</td><td>$\leqslant 1.5\sqrt{n}$</td></tr>
<tr><td rowspan="2">三级</td><td>光学测微法</td><td>1.0</td><td>1.5</td><td rowspan="2">$\leqslant 3.0\sqrt{n}$</td><td rowspan="2">$\leqslant 2.0\sqrt{n}$</td><td rowspan="2">$\leqslant 4.5\sqrt{n}$</td></tr>
<tr><td>中丝读数法</td><td>2.0</td><td>3.0</td></tr>
</table>

注：（1）表中 n 为测站数。

（2）当采用数字水准仪观测时，对同一尺面的两次读数差不设限差，两次读数所测高差之差执行基辅分划所测高差之差的限差。

（3）沉降观测的成果处理

每周期观测后，应及时对观测资料进行整理，计算观测点的沉降量、沉降差以及本周期平均沉降量、沉降速率和累计沉降量。为了清楚地表示时间、荷载、沉降的关系，必须绘出各点的时间-荷载-沉降量曲线图，如图12-31所示；同时还应提交下列图表资料：

① 工程平面位置图及基准点分布图。

② 沉降观测点位分布图。

③ 沉降观测成果表。

④ 等沉降曲线图。

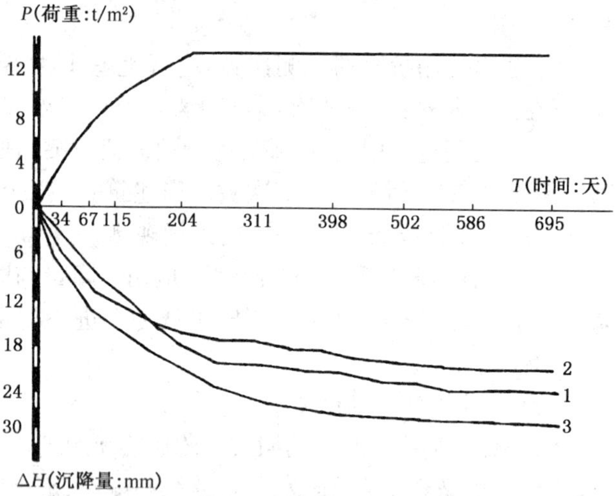

图12-31 建筑物沉降观测时间、荷载、沉降量曲线

12.5.2 位移观测

如前所述，位移测量包括建筑主体倾斜、建筑水平位移、基坑壁侧向位移、场地滑坡及挠度等观测，这里主要介绍建筑物水平位移观测方法。

位移观测的标志应根据不同建筑的特点进行设计，标志应牢固、适用、美观。若受条件限制或对于高耸建筑，也可选定变形体上特征明显的塔尖、避雷针、圆柱（球）体边缘等作为观测点。对于基坑等临时性结构或岩土体，标志应坚固、耐用、便于保护。

位移观测可根据现场作业条件和经济因素选用视准线法、测角交会法或方向差交会法、极坐标法、激光准直法、投点法、测小角法、测斜法、正倒垂线法、激光位移计自动测记法、GPS法、激光扫描法或近景摄影测量法等。

位移观测一般是在平面控制网的基础上进行的，所以，平面基准点、工作基点标志的形式及埋设应符合规范规定；平面控制测量可采用边角测量、导线测量、GPS测量及三角测量、三边测量等形式。三维控制测量可使用GPS测量及边角测量、导线测量、水准测量和电磁波测距三角高程测量的组合方法。

平面控制测量的精度应符合规范规定；除特级控制网和其他大型、复杂工程以及有特殊要求的控制网应专门设计外，对于一、二、三级平面控制网，其技术要求应符合表12-7规定的要求。

表12-7 平面控制网技术要求

级别	平均边长(m)	角度中误差(″)	边长中误差(mm)	最弱边边长相对中误差
一级	200	±1.0	±1.0	1∶200 000
二级	300	±1.5	±3.0	1∶100 000
三级	500	±2.5	±10.0	1∶50 000

注：(1) 最弱边边长相对中误差中未计及基线边长误差影响。

(2) 有下列情况之一时，不宜执行本规定，应另行设计：

① 最弱边边长中误差不同于表列规定时；

② 实际平均边长与表列数值相差较大时；

③ 采用边角组合网时。

水平位移测量是测定建(构)筑物这些变形体在水平方向上的位移大小。水平位移测量最常用的方法有地面测量方法、数字近景摄影测量、GPS技术及专用测量方法(如视准线法、激光准直法)等。

对于工业与民用建筑,水平位移测量的主要内容有建筑主体和支护边坡的水平位移测量。对于桥梁主要包括桥面、桥梁两岸边坡的水平位移测量;对于混凝土坝主要有坝体、临时围堰、船闸及边坡等的水平位移测量。

位移测量也包括建筑物裂缝观测和扰度观测等,裂缝观测比较简单,主要是观测裂缝的长度、宽度、深度随时间变化的情况;扰度观测可通过观测不同位置相对于底部的水平位移来计算或用扰度计、位移传感器等设备来观测。

位移观测点坐标中误差应按下列规定进行估算:

$$\mu = \frac{m_{\mathrm{d}}}{\sqrt{2Q_X}} \tag{12-6}$$

$$\mu = \frac{m_{\Delta\mathrm{d}}}{\sqrt{2Q_{\Delta X}}} \tag{12-7}$$

式中:m_{d}——位移分量d的测定中误差(mm);

$m_{\Delta\mathrm{d}}$——位移分量差Δd的测定中误差(mm);

Q_X——网中最弱观测点坐标的权倒数;

$Q_{\Delta X}$——待求观测点间坐标差的权倒数。

测定水平位移方法较多,应根据变形观测目的与现场条件而定。当测量地面观测点在特定方向的位移时,可使用视准线、激光准直、测边角等方法。测量观测点任意方向位移时,可视观测点的分布情况,采用前方交会或方向差交会及极坐标等方法。单个建筑亦可采用直接量测位移分量的方向线法,在建筑纵、横轴线的相邻延长线上设置固定方向线,定期测出基础的纵向和横向位移。对于观测内容较多的大测区或观测点远离稳定地区的测区,宜采用测角、测边、边角及GPS与基准线法相结合的综合测量方法。

小角法视准线测量水平位移方法简便,精度可靠,是工程监测中常见的方法之一,如大坝、基坑监测等。采用小角法进行视准线测量时,视准线应按平行于待测建筑边(轴)线布置,如图12-32所示,观测点P偏离视准线的偏角不应超过30″,只要定期测出观测点P与视准线的角度变化值$\Delta\beta$,其位移量可按下式计算:

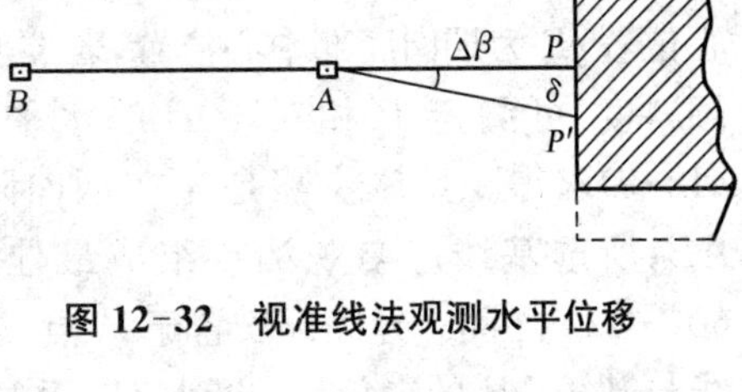

图12-32 视准线法观测水平位移

$$\delta = D_{AP} \cdot \frac{\Delta\beta''}{\rho''} \tag{12-8}$$

式中:D_{AP}——A、P两点间的水平距离。

12.5.3 倾斜观测

倾斜测量是各种高层建(构)筑物变形测量的主要内容之一,它分为相对于水平面的倾斜测量和相当于垂直面的倾斜测量两类。

相对于水平面的倾斜(如基础倾斜)可以测定两点间的相对沉降确定,最常用的方法有水准测量、液体静力水准测量和倾斜仪测量等方法。

相当于垂直面的倾斜测量(如建筑主体倾斜)是测定建筑顶部中心相当于底部中心的水平偏差来推算倾斜角,通常用倾斜度来表示。其采用测量方法有投点法、测水平角法、前方交会法、激光铅直仪观测法、激光位移计法和正、倒垂线法等。

建筑物倾斜的精度可按公式(12-6)、(12-7)观测点坐标中误差进行估算。

测定建筑物倾斜方法较多,应根据变形观测目的与现场条件而定。当从建筑或构件的外部观测主体倾斜时,宜选用投点法、测水平角法、前方交会法等经纬仪观测法。当利用建筑或构件的顶部与底部之间的竖向通视条件进行主体倾斜观测时,宜选用激光铅直仪观测法,激光位移计自动记录法,正、倒垂线法,吊垂球法。当利用相对沉降量间接确定建筑整体倾斜时,可选用倾斜仪测记法、测定基础沉降差法进行观测。当建筑立面上观测点数量多或倾斜变形量大时,可采用激光扫描或数字近景摄影测量方法,具体技术要求应另行设计。

1) 水准仪观测法

在基础上选设观测点,采用精密水准测量方法,以所测各周期基础的沉降差换算求得建筑整体倾斜度。如图 12-33 所示,定期测出基础两端点的不均匀沉降量 Δh,再根据两点间距离 L,即可算出基础的倾斜度 α:

$$\alpha = \frac{\Delta h}{L} \tag{12-9}$$

若建筑物高度为 H,则可以推算出建筑物顶部的位移值 δ:

$$\delta = \alpha \cdot H = \frac{\Delta h}{L} \cdot H \tag{12-10}$$

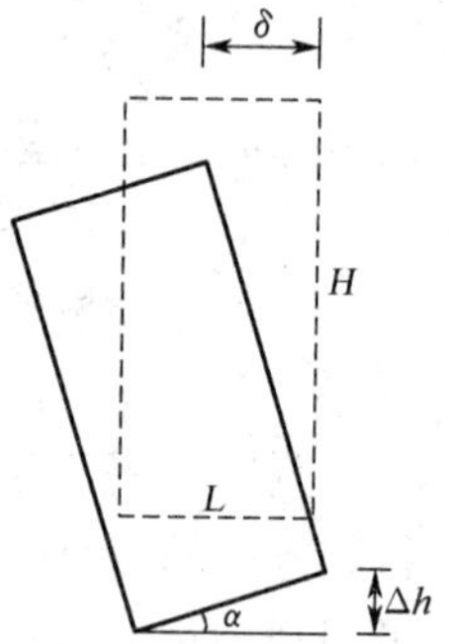

图 12-33 基础倾斜观测

2) 经纬仪观测法

(1) 角度前方交会法

如图 12-34 所示,P'为塔型建筑物(如烟囱)顶部中心位置,P 为烟囱底部中心位置,若要测定 P'相对于 P 的倾斜度,可测定 P'相对于 P 的水平位移量,然后按式(12-9)求得。具体步骤是先在烟囱附近布设一条基线 AB,所选基线应与观测点组成最佳构形,交会角宜在 60°～120°之间。经纬仪安置于 A 点,测定顶部 P'两侧切线与基线 AB 的夹角 α_1,再置仪器于 B 点,测定顶部 P'两侧切线与基线 BA 的夹角 β_1,用前方交会方法计算出 P'的坐标,同法可得 P 点坐标,再以其坐标差计算倾斜位移值。

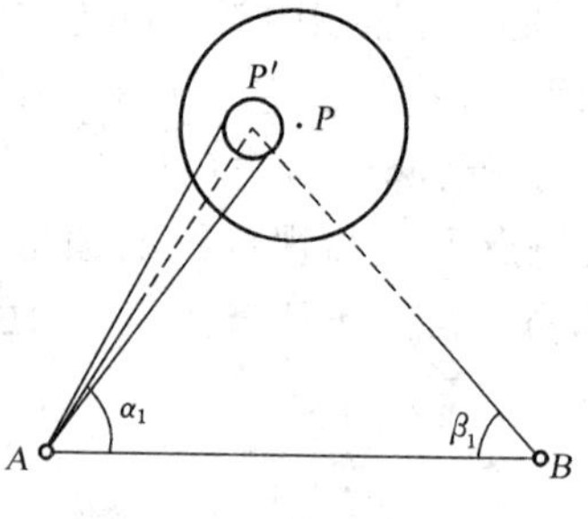

图 12-34 前方交会法测定水平位移

(2) 经纬仪投影法

此法是利用经纬仪交会投点的原理,将建筑物向外倾斜的一个上部点 P'在两个垂直方向上分别投影到平地,如图 12-35 所示。观测时,应在底部观测点位置安置水平读数尺等量测设施。在每测站安置经纬仪投影时，应按正倒镜法测出每对上下观测点标志间的水平位移分量 δ_x、δ_y，再按式(12-11)求得倾斜位移值。

$$\delta=\sqrt{\delta_x^2+\delta_y^2} \tag{12-11}$$

3) 激光铅直仪法

激光铅直仪法观测建筑物倾斜时，一般应在顶部适当位置安置接收靶，在其垂线下的地面或地板上安置激光铅直仪或激光经纬仪，按一定周期观测，在接收靶上直接读取或量出顶部的水平位移量和位移方向，根据建筑物的高度，从而确定建筑物的倾斜。作业中仪器应严格置平、对中，应旋转 180°观测两次取其中数。对超高层建筑，当仪器设在楼体内部时，应考虑大气湍流影响。

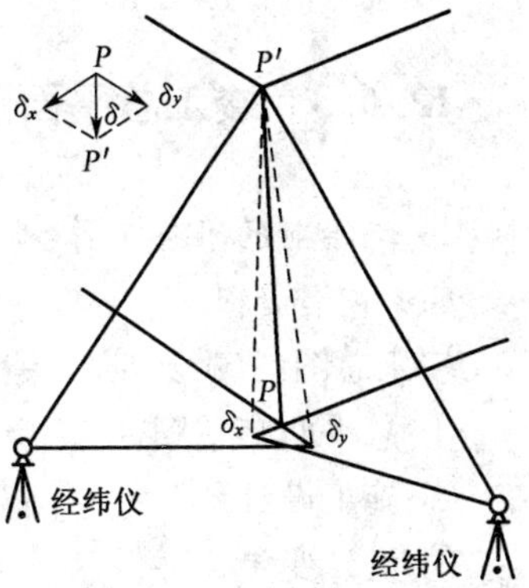

图 12-35 经纬仪投影法观测倾斜

倾斜观测完成后，应提交倾斜观测点位布置图、倾斜观测成果表、主体倾斜曲线图等资料。

12.6 竣工总平面图的编绘与实测

工业与民用建筑工程、桥梁、隧道、大坝等工程项目施工完成后，应根据工程需要编绘或实测竣工总图。竣工总图应根据设计和施工资料进行编绘。当资料不全无法编绘时，应进行实测。竣工总图，宜采用数字竣工图。

12.6.1 编绘竣工总平面图的目的

竣工总平面图的编绘与实测，其目的在于：

(1) 它是对建筑物竣工成果和质量的验收测量。

(2) 便于日后进行各种设施的维修工作，特别是地下管道等隐蔽工程的检查与维修。

(3) 为项目的扩建提供原有建筑物地上和地下各种管线及测量控制点的坐标、高程等资料。

12.6.2 编绘竣工总平面图的原则

竣工总图的编绘，应遵循下列规定：

(1) 竣工总图，应与竣工项目的实际位置、轮廓形状相一致。

(2) 地下管道及隐蔽工程，应根据回填前的实测坐标和高程记录进行编绘。

(3) 施工中，应根据施工情况和设计变更文件及时编绘。

(4) 对实测的变更部分，应按实测资料绘制。

(5) 当平面布置改变超过图上面积 1/3 时，不宜在原施工图上修改和补充，应重新编制。

12.6.3 竣工总平面图的编绘

1）编绘前的准备工作

（1）收集资料

竣工总图的编绘，应收集的资料主要有：

① 总平面布置图。

② 施工设计图。

③ 设计变更文件。

④ 施工检测记录。

⑤ 竣工测量资料。

⑥ 其他相关资料。

编绘前，应对所收集的资料进行实地对照检核。不符之处，应实测其位置、高程及尺寸。

（2）确定竣工总图比例尺与标准

竣工总图比例尺一般宜选用 1∶500；坐标系统、图幅大小、图上注记、线条规格，应与原设计图一致；图例符号，应采用现行的国家标准《总图制图标准》(GB/T 50103—2001)。

（3）竣工总图编绘

竣工编绘总图的绘制，应符合下列规定：

① 应绘出地面的建(构)筑物、道路、铁路、地面排水沟渠、树木及绿化地等。

② 矩形建(构)筑物的外墙角，应注明 2 个以上点的坐标。

③ 圆形建(构)筑物，应注明中心坐标及接地外半径。

④ 主要建筑物，应注明室内地坪高程。

⑤ 道路的起终点、交叉点，应注明中心点的坐标和高程；弯道处，应注明交角、半径及交点坐标；路面，应注明宽度及铺装材料。

⑥ 铁路中心线的起终点、曲线交点，应注明坐标；曲线上，应注明曲线的半径、切线长、曲线长、外矢矩、偏角等曲线元素；铁路的起终点、变坡点及曲线的内轨轨面应注明高程。

⑦ 当不绘制分类专业图时，给水管道、排水管道、动力管道、工艺管道、电力及通信线路等在总图上的绘制，应符合《工程测量规范》(GB 50026—2007)相关要求的规定。

当竣工总图中图面负载较大且管线不甚密集时，除绘制总图外，可将各种专业管线合并绘制成综合管线图。综合管线图绘制的技术要求，也应符合上述规范相关要求的规定。

12.6.4 竣工总图的实测

实测的竣工总图，宜采用全站仪测图及数字编辑成图的方法。

成图软件满足本规范的精度要求、功能齐全；操作简便、界面友好；具有通用数据、图形输出格式；具有用户开发功能；具有网络共享功能。使用的绘图仪的主要技术指标，应满足大比例尺成图精度的要求。

竣工总图实测时，建(构)筑物细部点的点位和高程中误差，应满足表 12-8 的规定。

表 12-8　细部坐标点的点位和高程中误差

地物类别	点位中误差(cm)	高程中误差(cm)
主要建(构)筑物	5	2
一般建(构)筑物	7	3

竣工总图的实测，应在已有的施工控制点上进行。当控制点被破坏时，应进行恢复。

对已收集的资料应进行实地对照检核。满足要求时应充分利用，否则应重新测量。

竣工总图实测的其他技术要求，应符合《工程测量规范》(GB 50026—2007)相关要求的规定。

竣工总图编绘完成后，应经原设计及施工单位技术负责人审核、会签。

习题与思考题

1. 何谓施工控制网，它有哪些特点？
2. 建筑方格网测设的主要步骤有哪些？
3. 在民用建筑施工测量时，主轴线测设有哪些方法？
4. 为了精确测设某建筑方格网的主轴线 AOB，先根据场地的测量控制点测设出其概略位置为 A'、O'、B'，然后用经纬仪精确测得 $\angle A'O'B' = 179°59'36''$，并已知 $AO = 700$ m，$OB = 600$ m，试计算调整 A'、O'、B' 三点点位的调整量 δ。
5. 设置龙门板或引桩的作用是什么？如何设置？
6. 一般民用建筑施工过程中要进行哪些测量工作？
7. 高层建筑施工测量的特点及精度要求有哪些？
8. 在高层建筑施工中，如何控制建筑物的垂直度和传递标高？
9. 工业建筑施工测量主要包括哪些内容？
10. 工业厂房柱子施工测量主要内容有哪些？
11. 变形测量有何特点，变形测量等级如何划分？
12. 建筑物沉降测量主要有哪些方法？
13. 建筑物位移测量主要有哪些方法？
14. 建筑物倾斜测量主要有哪些方法？
15. 简述建筑总平面图的作用。

13 道路施工测量

【本章知识要点】道路中线测量的任务；中桩的分类；圆曲线的要素计算；圆曲线控制点的里程计算；圆曲线控制点的测设方法；偏角法测设圆曲线；缓和曲线的特性；带有缓和曲线的圆曲线综合要素的计算；缓和曲线控制点里程计算；缓和曲线控制点的测设方法；偏角法测设缓和曲线连同圆曲线；纵断面测量内容及要求；横断面测量方法；道路边桩的放样；道路边坡的放样；竖曲线的测设。

13.1 道路工程测量概述

勘测设计阶段，道路工程测量的内容包括初测和定测。勘测前应搜集和掌握下列基本资料：各种比例尺的地形图、航测像片，国家及有关部门设置的三角点、导线点、水准点等资料；搜集沿线自然地理概况、地质、水文、气象、地震基本烈度等资料；搜集沿线农林、水利、铁路、航运、城建、电力、通讯、文物、环保等部门与本路线有关系的规划、设计、规定、科研成果等资料。然后，根据工程可行性研究报告拟定的路线基本走向方案，在 1：10 000～1：50 000 地形图上或航测像片上进行室内研究，经过对路线方案的初步比选，拟定出需勘测的方案（包括比较线）及需现场重点落实的问题，然后进行路线初测和定测。公路初测和定测的内容包括：路线平面控制测量、高程控制测量、带状地形图测绘、路线定线、纵横断面测量、水文调查、桥涵勘测等。

初测和定测之后便要进行施工，施工前设计单位把道路施工图通过业主移交给施工单位。道路施工图中包含道路测量的资料，如沿线的导线点资料、水准点资料、中线设计和测设资料、纵横断面资料及带状地形图等。施工单位在接到道路测量资料的同时，也必须到实地接受"交桩"工作。由设计单位将导线点、水准点和中桩点的实地位置在现场移交给施工单位，这个过程称为交桩。

公路工程施工测量是指道路工程施工过程中所要进行的各项测量工作，主要包括：中线测量、纵横断面测量、路基边桩与边坡放样以及竖曲线测设等。

13.2 道路中线测量

13.2.1 中线测量任务

中线测量的任务是把图纸上设计好的道路中心线在地面上标定出来，这项工作一般分两步进行，即“定线测量”和“中线测量”。

1）定线测量

把确定道路的交点和必要的转点测设到地面，这个工作称为定线或放线，它对标定道路的位置起着决定性的作用。如图 13-1，JD_1、JD_2、JD_3 是道路的交点，ZD_1、ZD_2、ZD_3、ZD_4 是道路直线上的转点，相邻点之间相互通视，定线测量就是根据这些交点和转点的设计位置在实地将它们放样出来。常用的定线测量方法有穿线法放线、拨角法放线和极坐标法放线。

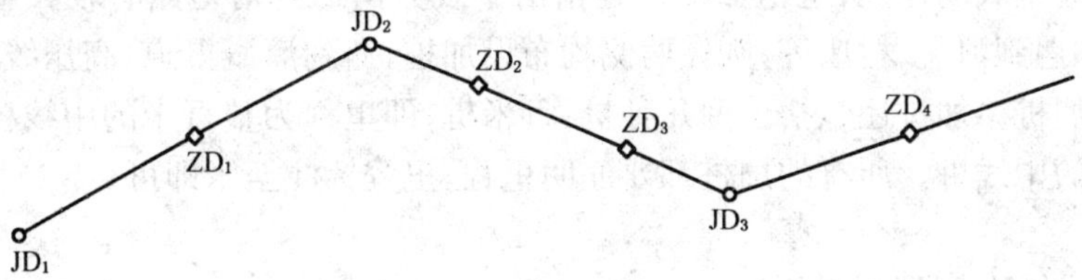

图 13-1 定线测量

2）中线测量

中线测量是在定线测量的基础上，将道路中线的平面位置在地面上详细地标定出来。它与定线测量的区别在于：定线测量中，只是将道路交点和直线段的必要转点标定出来；而在中线测量中，根据交点和转点用一系列的木桩将道路的直线段和曲线段在地面上详细标定出来。

13.2.2 道路中线在地面上的表示方法

1）中桩及其里程

地面上表示中线位置的桩点称为中线桩，简称中桩。中桩的密度根据地形情况而定，对于平坦地区，直线段间隔 50 m、曲线段间隔 20 m 一个中桩；对于地形较复杂地区，直线段间隔 20 m、曲线段间隔 10 m 一个中桩。中桩除了标定道路平面位置外，还标记道路的里程。所谓里程是指从道路起点沿道路方向计算至该中桩点的距离，其中曲线上的中桩里程是以曲线长计算的。具体表示方法是将整公里数和后面的尾数分开，中间用“＋”号连接。如离起点距离为 14 368.472 m 的中桩里程表示为 14＋368.472，在里程前还常常冠以字母 K 表示，即写成：K14＋368.472。

2）中桩的分类

道路上所有桩点分为三类：道路控制桩、一般中线桩和加桩。

(1) 道路控制桩

道路控制桩是指对道路位置起决定作用的桩点。主要包括直线上的交点 JD、转点 ZD、曲线上的曲线控制点和各个副交点。控制桩点通常用 5 cm×5 cm×(30～40) cm 的大方桩打入地面内，桩顶与地面相平，桩上要钉以小钉表示准确位置。同时，控制桩旁要设立标志桩。标志桩可用大板桩，上部露出地面 20 cm，写明该点的名称和里程。标志桩钉在控制桩的一侧约 30 cm 处，在直线上钉在左侧，曲线上钉在外侧，字面对着控制桩。

(2) 一般中线桩

一般中线桩是指中线上除控制桩以外沿直线和曲线每隔一段距离钉设的中线桩，它都钉设在整 50 m 或 20 m 的倍数处。中桩一般用 2 cm×5 cm×40 cm 的大板桩(又称竹片桩)表示,露出地面 20 cm,上面写明该点的里程,字母对着道路的起始方向,中桩一般不钉小钉。

(3) 加桩

加桩主要是沿道路中线上有特殊意义的地方钉设的中线桩,包括地形加桩和地物加桩。地形加桩是指沿中线方向地形起伏变化较大的地方钉设的加桩,它对于以后设计施工尤其是纵坡的设计起很大的作用;地物加桩则是指沿中线方向遇到对道路有较大影响的地物时布设的加桩,如遇到河流、村庄等,则在两侧均布设加桩,遇到灌溉渠道、高压线、公路交叉口等也都要布置加桩。加桩还包括下面几种桩:百米桩,即里程为整百米的中线桩;公里桩,即里程为整公里的中线桩。所有的加桩都要注明里程,里程标注至米即可。

13.2.3 中线测量的方法

1) 先定线测量后中线测量

(1) 直线段

直线上的中线测量比较简单,一般在交点或转点上安置经纬仪,以另一端交点或转点为零方向作为控制方向,然后沿经纬仪的视线方向按规定的距离钉设中桩。距离测量的方法一般有两种:一种是用全站仪,先根据欲测设点的里程与测站点的里程计算测设的距离,将反光镜安置在目测距离大致相等的地方,用全站仪测量距离,然后根据两个距离之差用钢尺修正,以确定正确的中桩位置;另一种测设方法是用钢尺丈量,根据已测设的中桩用钢尺量出欲测设的中桩位置,它的缺点是每个中桩不是独立测设,存在误差积累。在遇到需要布设加桩的地方也要量出加桩的里程,丈量至米。

(2) 曲线段

曲线的中线测量是在定线测量的基础上分两步进行:先由交点和转点测设曲线的控制点,然后在曲线控制点之间详细测设曲线。曲线包括圆曲线和缓和曲线,曲线的计算及测设方法将在第 13.3 节和第 13.4 节着重介绍。

2) 极坐标一次放样法

随着全站仪的普及,无论是设计单位还是施工单位,道路中线放样都采用全站仪用极坐标法来进行。这样就可以将定线测量和中线测量同时进行,所以称为一次放样法。

"极坐标一次放样法"的关键工作是计算中桩点坐标。直线段的中桩坐标计算方法是根据中桩里程在相邻交点之间内插。曲线段的中桩坐标计算相对复杂一些,有兴趣的读者可参看有关文献。

"极坐标一次放样法"具体实施步骤:①预先计算好路线所有中桩点的坐标(逐桩坐标表),一般按 10 m 或 20 m 间隔,通过软件计算得到;②收集沿线所有平面控制点的坐标;③利用路线中桩放样软件(很多全站仪均内置有该类软件),在实地放样时,只需输入测站点、定向点和中桩桩号及其坐标等相关信息即可显示放样数据,为提高野外工作效率,可事先将"逐桩坐标表"和"控制点坐标"导入全站仪中,放样时只需输入点号即可;④根据显示的放样数据,利用全站仪测量直接放样出该中桩点。

13.2.4　断链

中线测量一般是分段进行的。由于地形地质等各种情况常常会进行局部改线或者由于计算或丈量发生错误时，会造成已测量好的各段里程不能连续，这种情况称为断链。

如图 13-2，由于交点 JD_3 改线后移至 JD_3'，原中线改线至图中虚线位置，使得从起点至转点 ZD_{3-1} 的距离比原来减少。而从 ZD_{3-1} 往前已进行了中线测量，如将所有里程改动或重新进行中线测量，则外业工作量太大。为此，可在现场断链处即转点 ZD_{3-1} 的实地位置设置断链桩，用一般的中线桩钉设，并注明两个里程，将新里程写在前面，也称来向里程，将原来的里程写在后面，也称去向里程，并在断链桩上注明新线比原来道路长了或短了多少。如果由于改线后道路缩短，来向里程小于去向里程，这种情况称为短链。如果由于改线后新道路变长，则使得来向里程大于去向里程，那么就称为长链。

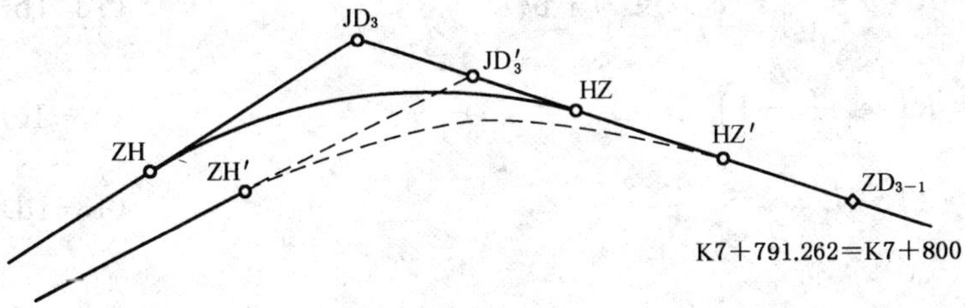

图 13-2　断链

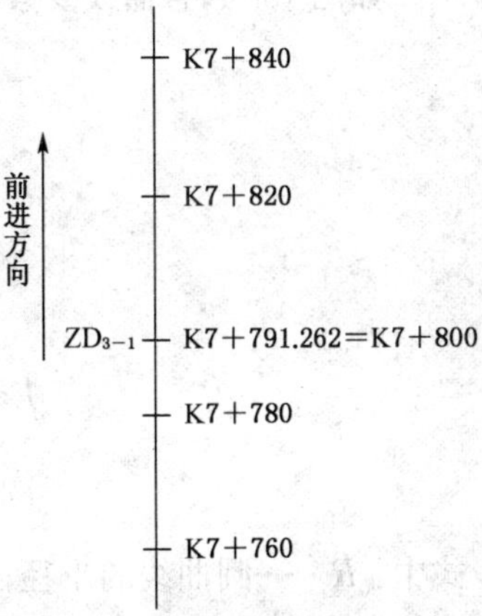

图 13-3　断链的处理方法

断链桩一般应设置在百米桩或 10 m 桩处，不要设置在有桥梁、村庄、隧道和曲线的范围内，并做好详细的断链记录，供初步设计和计算道路总长度时参考。

13.3　圆曲线测设

曲线是道路重要的组成部分，我国高速公路的平面线型中，曲线占 70%。道路放样工作重点也在曲线路段，曲线分为圆曲线和缓和曲线。圆曲线是一段具有固定半径的圆弧，是用来连接相邻两直线最简单的一种曲线。

13.3.1　圆曲线的要素计算

1）圆曲线的曲线控制点

交点是曲线最重要的曲线控制点，用 JD 来表示，如图 13-4 所示，圆曲线的其他 3 个控制点是：

（1）直圆点：即按线路前进方向由直线进入圆曲线的起点，用直圆两个汉字拼音的第一个字母 ZY 表示。

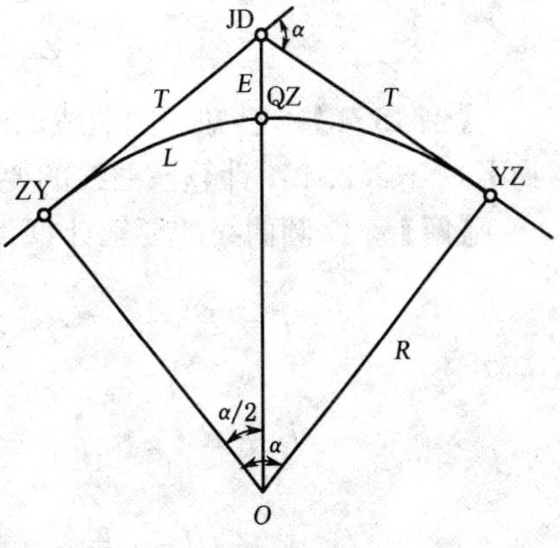

图 13-4　圆曲线的要素计算

(2) 曲中点:即整个曲线的中间点,用 QZ 表示。

(3) 圆直点:即由圆曲线进入直线的曲线终点,用 YZ 表示。

2) 圆曲线的要素

为了测设这些控制点并求出这些点的里程,必须计算圆曲线要素,主要有:

(1) 由交点至直圆点或圆直点之长,称切线长,用 T 表示。

(2) 由交点沿分角线方向至曲中点的距离,称外矢距,用 E 表示。

(3) 由直圆点沿曲线计算到圆直点之长,称曲线长,以 L 表示。

(4) 从 ZY 点沿切线到 YZ 点和从 ZY 点沿曲线到 YZ 点的长度是不相等的,它们的差值称为切曲差,用 D 表示。

如图 13-4,各曲线要素计算公式如下:

$$T = R \cdot \tan\frac{\alpha}{2} \tag{13-1a}$$

$$L = R \cdot \alpha \ (\alpha \text{ 以弧度为单位})$$
$$= R \cdot \alpha \cdot \frac{\pi}{180^\circ} \ (\alpha \text{ 以度为单位}) \tag{13-1b}$$

$$E = R\left(\sec\frac{\alpha}{2} - 1\right) \tag{13-1c}$$

$$D = 2T - L \tag{13-1d}$$

式中:R——圆曲线的半径;

α——转向角,其大小均由设计所定。

3) 圆曲线控制点的里程计算

圆曲线上各点的里程都是从一已知里程的点开始沿曲线逐点推算。一般已知 JD 点的里程(JD 里程是从前一直线段推算而得),再由它推算其他各控制点的里程。

$$\text{ZY(里程)} = \text{JD(里程)} - T \tag{13-2a}$$

$$\text{QZ(里程)} = \text{ZY(里程)} + L/2 \tag{13-2b}$$

$$\text{YZ(里程)} = \text{QZ(里程)} + L/2 \tag{13-2c}$$

检核公式:

$$\text{YZ(里程)} = \text{JD(里程)} + T - D \tag{13-3}$$

【例 13-1】 已知一圆曲线的转向角 $\alpha = 24°36'48''$,设计半径 $R = 500$ m,交点 JD 里程为 K12 + 382.40,计算该曲线的要素及曲线控制点里程。

【解】 ① 圆曲线的要素计算:

$$T = R \cdot \tan\frac{\alpha}{2} = 500 \times \tan\frac{24°36'48''}{2} = 109.08 \text{ m}$$

$$L = R \cdot \alpha \cdot \frac{\pi}{180^\circ} = 500 \times 24°36'48'' \times \frac{\pi}{180^\circ} = 214.79 \text{ m}$$

$$E = R\left(\sec\frac{\alpha}{2} - 1\right) = 500 \times \left(\sec\frac{24°36'48''}{2} - 1\right) = 11.76 \text{ m}$$

$$D = 2T - L = 2 \times 109.08 - 214.79 = 3.37\ \text{m}$$

② 曲线控制点里程计算及检核：

计算：

JD：	K12+382.40
$-T$	-109.08
ZY：	K12+273.32
$+L/2$	$+107.395$
QZ：	K12+380.715
$+L/2$	$+107.395$
YZ：	K12+488.11

检核计算：

JD：	K12+382.40
$+T$	$+109.08$
$-D$	-3.37
YZ	K12+488.11

13.3.2 圆曲线控制点的测设方法

(1) 在交点上安置经纬仪，瞄准前后两直线上的转点或交点。

(2) 在视线方向分别量出切线长 T，准确钉出 ZY 和 YZ 的位置。

(3) 把视线转到分角线方向上，即平分线路右角 β 的方向，如图 13-4 中交点至圆曲线的圆心方向（称为分角线方向）量出外矢距 E，钉出 QZ 点。

"极坐标一次放样法"测设时，在初测导线点上用极坐标法直接测设曲线控制点和曲线的细部点。

13.3.3 偏角法测设圆曲线

在测设曲线控制点的基础上，详细测设圆曲线的细部中桩点称为曲线的细部放样。常用的传统方法是偏角法。所谓偏角法，就是将经纬仪安置在曲线上任意一点（通常是曲线控制点），则曲线上所欲测设的各点可用相应的偏角 δ 和弦长 C_1 来测定。偏角是指安置经纬仪的测站点的切线和待定点的弦之间的夹角，即弦切角。如图 13-5 中，ZY 为测站点，以切线方向为零方向，第一点可用偏角 δ_1 和 1 点至 ZY 点的弦长 C_1 来测设，第二点可用偏角 δ_2 和从 1 点量至 2 点的弦长 C_2 来测设。以后各点均可用同样的方法测设。即用偏角来确定测设点的方向，而距离是从相应点上量出弦长而得到。该方法实际上是方向和距离交会法。由此可见，用偏角法测设圆曲线必须先计算出偏角 δ 和弦长 C。

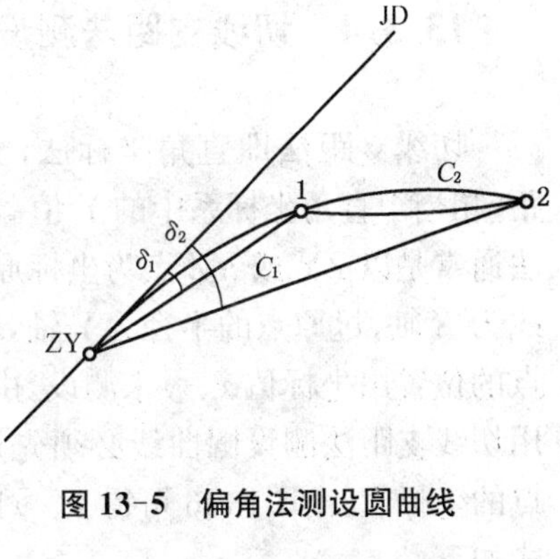

图 13-5 偏角法测设圆曲线

偏角 δ 即弦切角，它等于相应弦所对圆心角之半：

$$\delta=\frac{\alpha}{2}=\frac{L}{2R}(\text{弧度})=\frac{L}{2R}\cdot\frac{180^\circ}{\pi}(\text{度}) \tag{13-4}$$

式中：R——曲线的半径；

L——测站点到测设点的弧长。

由式(13-4)可知，对于半径 R 确定的圆曲线，偏角与弧长成正比。当弧长成倍增加时，相应的偏角也成倍增加；当弧长增加某一固定值时，偏角也相应增加一固定角值。这就是圆曲线上偏角的特性。

如图 13-5 中，ZY 点至 1 点的弧长 l_1 可通过两点里程求得，偏角 δ_1 为：

$$\delta_1=\frac{\alpha_1}{2}=\frac{l_1}{2R}\cdot\frac{180^\circ}{\pi}$$

而从第 1 点开始，通常都是弧长增加相等的值 l_0，则可以先求点 l_0 所对应的偏角 δ_0：

$$\delta_0=\frac{\alpha_0}{2}=\frac{l_0}{2R}\cdot\frac{180^\circ}{\pi}$$

以后每增加弧长 l_0，偏角就增加一个 δ_0，即：

$$\delta_2=\delta_1+\delta_0$$

$$\delta_3=\delta_1+2\delta_0$$

$$\vdots$$

$$\delta_i=\delta_1+(i-1)\cdot\delta_0$$

弦长的计算公式为：

$$C=2R\cdot\sin\delta$$

在实际操作中，用经纬仪拨偏角时，存在正拨和反拨的问题。当相邻为右转向时，偏角为顺时针方向，以切线方向为零方向时，经纬仪所拨角即为偏角值，此时为正拨；当线路为左转向时，偏角为逆时针方向，经纬仪所拨角应为 360°$-\delta$，此时为反拨。

13.3.4 切线支距法测设圆曲线

切线支距法即直角坐标法，支距即垂距，相当于直角坐标系中的 Y 值。切线支距法通常是以 ZY 或 YZ 点为坐标原点，以切线为 X 轴，过原点的半径为 Y 轴，曲线上各点的位置用坐标值 x、y 来测设。由此可见，用切线支距法测设圆曲线必须先计算出各点的坐标值。由图13-6 可得 x、y 的计算公式如下：

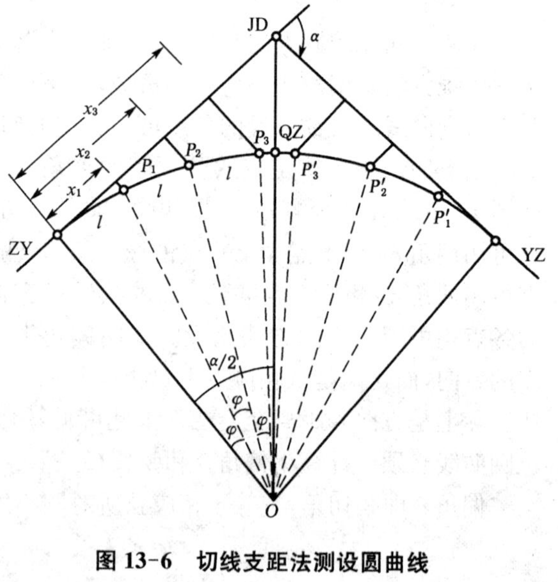

图 13-6　切线支距法测设圆曲线

$$\varphi_i = \frac{l_i}{R}(\text{弧度}) = \frac{l_i}{R} \cdot \frac{180^\circ}{\pi}(\text{度}) \quad (i = 1, 2, 3, \cdots) \tag{13-5}$$

$$\left.\begin{aligned} x_i &= R \cdot \sin \varphi_i \\ y_i &= R(1 - \cos \varphi_i) \end{aligned}\right\} \tag{13-6}$$

13.3.5 极坐标法测设圆曲线

如果知道了圆曲线上任意一点的坐标，而测量控制点的坐标是已知的，则可按第 11 章介绍的极坐标法来放样圆曲线上的细部点。测设数据的计算及测设过程可参看第 11 章。目前，由于全站仪的普及，测设圆曲线和缓和曲线已普遍采用“极坐标一次放样法”。圆曲线上任意一点的坐标计算，其计算公式相对复杂一些，有兴趣的读者可参看有关文献。

13.4 缓和曲线测设

13.4.1 缓和曲线的特性

缓和曲线是用于连接直线和圆曲线、圆曲线和圆曲线间的过渡曲线。它的曲率半径是沿曲线按一定的规律而变化的。设置缓和曲线使直线和圆曲线之间、圆曲线和圆曲线之间的连接更为合理，使车辆行驶平顺而安全。

1) 缓和曲线的性质

车辆在曲线上行驶会产生离心力，所以在曲线上要用外侧高、内侧低呈现单向横坡形式来克服离心力，称弯道超高。离心力的大小与曲线半径有关，半径愈小，离心力愈大，超高也就愈大，故一定半径的曲线上应有一定量的超高。此外，在曲线的内侧要有一定量的加宽。因此，在直线与圆曲线和两个半径相差较大的圆曲线中间，就要考虑如何设置超高和加宽的过渡问题。为了解决这一问题，在它们之间采用一段过渡的曲线。如在与直线连接处，它的半径等于∞，随着距离的增加，半径逐渐减小，到与圆曲线连接处，它的半径等于圆曲线的半径 R。同样，随着半径的逐渐减小，使相应的超高和加宽之间增大，起到过渡的作用，这种曲率半径处处都在改变的曲线称为缓和曲线。

缓和曲线可用多种曲线来代替，如回旋线、三次抛物线和双曲线等。我国公路部门一般都采用回旋线作为缓和曲线。从直线段连接处起，缓和曲线上各点的曲率半径 ρ 和该点离缓和曲线起点的距离 l 成反比。即：

$$\rho = \frac{C}{l} \tag{13-7}$$

C 是一个常数，称为缓和曲线变更率。在与圆曲线连接处，l 等于缓和曲线全长 l_0，ρ 等于圆曲线的半径 R，故：

$$C = R \cdot l_0 \tag{13-8}$$

C 一经确定，缓和曲线的形状也就确定。C 愈小，半径的变化愈快；反之，C 愈大，半径的变化愈慢，曲线也就愈平顺。当 C 为定值时，缓和曲线的长度视所连接的圆曲线半径而定（见图 13-7）。

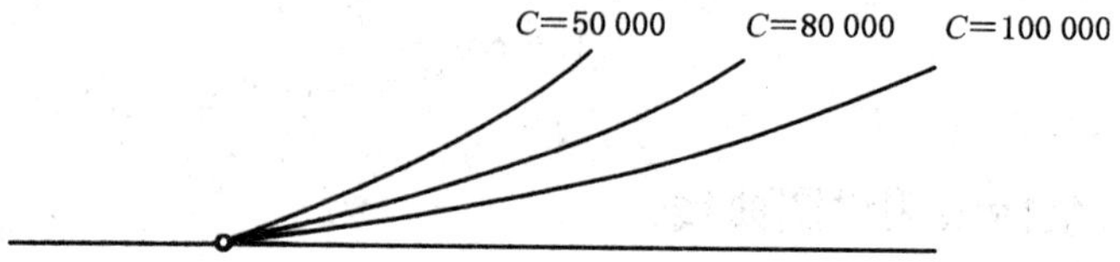

图 13-7　缓和曲线

2）缓和曲线方程式

由上述可知，缓和曲线是按线性规则变化的，其任意点的半径为：

$$\rho = \frac{C}{l} = \frac{Rl_0}{l} \tag{13-9}$$

在图 13-8 中：

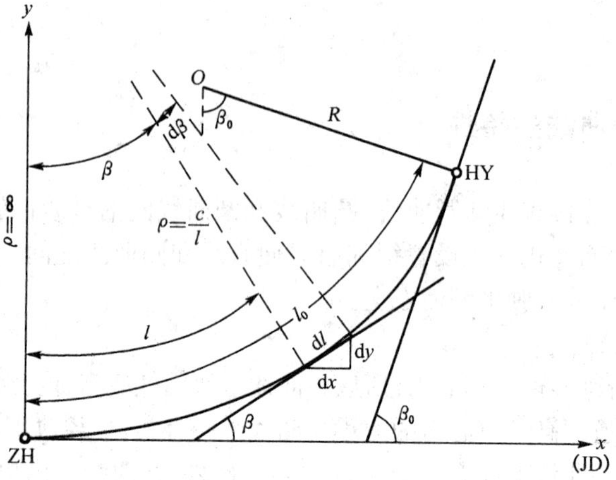

图 13-8　缓和曲线方程式

$$\begin{aligned} d\beta &= \frac{dl}{\rho} = \frac{l}{Rl_0} \cdot dl \\ \beta &= \int_0^l d\beta = \int_0^l \frac{l}{Rl_0} \cdot dl = \frac{l^2}{2Rl_0} \end{aligned} \tag{13-10}$$

当 $l = l_0$ 时，

$$\beta = \beta_0 = \frac{l_0}{2R} \tag{13-11}$$

即相当于圆曲线弧长 l_0 所对的圆心角的一半。由图 13-8 中又可得出：

$$dx = dl \cdot \cos\beta$$

$$dy = dl \cdot \sin\beta$$

将 $\sin\beta$ 和 $\cos\beta$ 用泰勒级数展开得：

$$dx = dl \cdot \left(1 - \frac{\beta^2}{2!} + \frac{\beta^4}{4!} - \cdots\right)$$

$$dy = dl \cdot \left(\beta - \frac{\beta^3}{3!} + \frac{\beta^5}{5!} - \cdots\right)$$

以 $\beta = \frac{l^2}{2Rl_0}$ 代入上式得：

$$dx = dl - \frac{l^4 dl}{8R^2 l_0^2} + \frac{l^8 dl}{384R^4 l_0^4} - \cdots$$

$$dy = \frac{l^2 dl}{2Rl_0} - \frac{l^6 dl}{48R^3 l_0^3} + \frac{l^{10} dl}{3\,840R^5 l_0^5} - \cdots$$

积分得：

$$x = \int_0^l dx = l - \frac{l^5}{40R^2 l_0^2} + \frac{l^9}{3\,456R^4 l_0^4} - \cdots$$

$$y = \int_0^l dy = \frac{l^3}{6Rl_0} - \frac{l^7}{336R^3 l_0^3} + \frac{l^{11}}{42\,240R^5 l_0^5} - \cdots$$

上式中高次项略去，便得出曲率按线性规则变化的缓和曲线方程式为：

$$\left.\begin{aligned} x &= l - \frac{l^5}{40R^2 l_0^2} = l - \frac{l^5}{40C^2} \\ y &= \frac{l^3}{6Rl_0} = \frac{l^3}{6C} \end{aligned}\right\} \quad (13\text{-}12)$$

缓和曲线终点的坐标为（取 $l = l_0$）：

$$\left.\begin{aligned} x_0 &= l_0 - \frac{l_0^3}{40R^2} \\ y_0 &= \frac{l_0^2}{6R} \end{aligned}\right\} \quad (13\text{-}13)$$

13.4.2 缓和曲线的常数

1）缓和曲线常数的计算方法

缓和曲线的常数有：缓和曲线的倾角 β_0、圆曲线的内移值 P 和切线的外延量 m。

如图 13-9，虚线部分为一转向角为 α、半径为 R 的圆曲线 AB，今欲在两侧插入长为 l_0 的缓和曲线。圆曲线的半径 R 不变而将圆心从 O' 移至 O 点，使得移动后的曲线离切线的距离为 p。曲线起点沿切线向外侧移至 E 点，设 $DE = m$，同时将移动后圆曲线的一部分（图中的 $C \sim F$）取消，从 E 点到

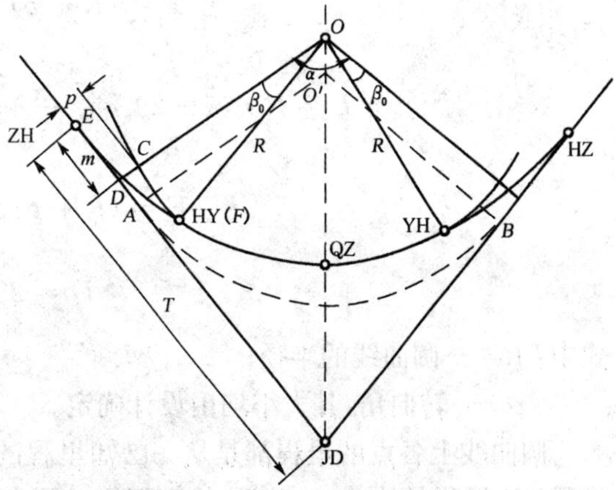

图 13-9 缓和曲线连同圆曲线

F 点之间用弧长为 l_0 的缓和曲线代替，故缓和曲线大约有一半在原圆曲线范围内，而另一半在原直线范围内。缓和曲线的倾角 β_0 即为 $C \sim F$ 所对的圆心角。这里缓和曲线的倾角 β_0、圆曲线的内移值 p 和切线的外延量 m 称为缓和曲线常数，其计算公式如下。

由式(13-11)可知：

$$\beta_0 = \frac{l_0}{2R}(\text{弧度}) = \frac{l_0}{2R} \cdot \frac{180^\circ}{\pi}(\text{度}) \tag{13-14}$$

从图 13-9 中可以看出：

$$p = y_0 - R \cdot (1 - \cos \beta_0)$$

将式(13-13)及 $\cos \beta_0$ 展开式代入上式，可得：

$$p = \frac{l_0^2}{24R} - \frac{l_0^4}{2\,688 \cdot R^3} \approx \frac{l_0^2}{24R} \tag{13-15}$$

而

$$m = x_0 - R \cdot \sin \beta_0$$

同样将式(13-13) 及 $\sin \beta_0$ 的展开式代入上式，可得：

$$m = \frac{l_0}{2} - \frac{l_0^3}{240R^2} \approx \frac{l_0}{2} \tag{13-16}$$

2）带有缓和曲线的圆曲线综合要素的计算

(1) 圆曲线的曲线控制点

交点是曲线最重要的曲线控制点，用 JD 来表示，圆曲线的其他 5 个控制点是：直缓点 ZH、缓圆点 HY、曲中点 QZ、圆缓点 YH 和缓直点 HZ。

(2) 圆曲线的要素和里程计算

为了要测设这些控制点并求出这些点的里程，必须计算圆曲线要素，主要有切线长 T、外矢距 E、曲线长 L 和切曲差 D。

如图 13-9，各曲线要素计算公式如下：

$$T = (R + p) \cdot \tan \frac{\alpha}{2} + m \tag{13-17a}$$

$$L = R \cdot (\alpha - 2\beta_0) \times \frac{\pi}{180^\circ} + 2l_0 = R \cdot \alpha \cdot \frac{\pi}{180^\circ} + l_0 \tag{13-17b}$$

$$E = (R + p) \times \sec \frac{\alpha}{2} - R \tag{13-17c}$$

$$D = 2T - L \tag{13-17d}$$

式中：R——圆曲线的半径；

α——转向角，其大小均由设计确定。

圆曲线上各点的里程都是从一已知里程的点开始沿曲线逐点推算。一般已知 JD 点的里程(JD 里程是从前一直线段推算而得)，再由它推算其他各控制点的里程。

$$\text{ZH(里程)} = \text{JD(里程)} - T \tag{13-18a}$$

$$\text{HY(里程)} = \text{ZH(里程)} + l_0 \tag{13-18b}$$

$$\text{QZ(里程)} = \text{HY(里程)} + \left(\frac{L}{2} - l_0\right) \tag{13-18c}$$

$$\text{YH(里程)} = \text{QZ(里程)} + \left(\frac{L}{2} - l_0\right) \tag{13-18d}$$

$$\text{HZ(里程)} = \text{YH(里程)} + l_0 \tag{13-18e}$$

检核计算：

$$\text{HZ(里程)} = \text{JD(里程)} + T - D \tag{13-19}$$

【例 13-2】 已知一带有缓和曲线的圆曲线，转向角 $\alpha = 24°36'48''$，设计半径 $R = 500\,\text{m}$，缓和曲线长 $l_0 = 80\,\text{m}$，交点 JD 里程为 K12+382.40，计算缓和曲线常数、曲线的要素及曲线控制点里程。

【解】 ① 缓和曲线常数计算：

$$\beta_0 = \frac{l_0}{2} \times \frac{180°}{\pi} = \frac{80}{2} \times \frac{180°}{\pi} = 4°35'01''$$

$$p = \frac{l_0^2}{24R} = \frac{80^2}{24 \times 500} = 0.53\,\text{m}$$

$$m = \frac{l_0}{2} - \frac{l_0^3}{240R^2} = 39.99\,\text{m}$$

② 圆曲线的要素计算：

$$T = (R + p) \cdot \tan\frac{\alpha}{2} + m = 189.18\,\text{m}$$

$$L = R \cdot \alpha \cdot \frac{\pi}{180°} + l_0 = 294.79\,\text{m}$$

$$E = (R + p) \times \sec\frac{\alpha}{2} - R = 12.30\,\text{m}$$

$$D = 2T - L = 3.57\,\text{m}$$

③ 曲线控制点里程计算及检核：

计算：

JD:	K12+382.40
$-T$	-149.18
ZH:	K12+233.22
$+l_0$	$+80$
HY:	K12+313.22
$+(L/2-l_0)$	$+67.395$

检核计算：

JD:	K12+382.40
$+T$	$+149.18$
$-D$	-3.57
YZ	K12+528.01

QZ：	K12＋380.615
＋($L/2-l_0$)	＋ 67.395
YH	K12＋448.01
$+l_0$	＋ 80
HZ	K12＋528.01

13.4.3 缓和曲线控制点的测设方法

在交点上安置经纬仪，瞄准前后两直线上的转点或交点。在切线方向分别量出切线长 T，准确钉出 ZH 和 HZ 的位置。

与此同时，可由 JD 点在切线方向分别量出切线长($T-x_0$)，得到 HY 点和 YH 点的垂足，然后在垂足点安置仪器，沿切线的垂直方向测设距离 y_0，就得到 HY 点和 YH 点。

把视线转到分角线方向上，即沿交点至圆曲线的圆心方向(称为分角线方向) 量出外矢距 E，钉出 QZ 点。

“极坐标一次放样法”测设时，在初测导线点上用极坐标法直接测设曲线控制点和曲线的细部点。

13.4.4 偏角法测设缓和曲线连同圆曲线

1) 缓和曲线上偏角的特性

如图 13-10，P 点为缓和曲线上一点，根据式(13-12)缓和曲线方程：

$$x=l-\frac{l^5}{40C^2}$$

$$y=\frac{l^3}{6C}$$

可求得其坐标 x_P、y_P，则 P 点的偏角为：

$$\delta\approx\sin\delta\approx\frac{y}{l}\approx\frac{l^2}{6C}=\frac{l^2}{6Rl_0}\qquad(13\text{-}20)$$

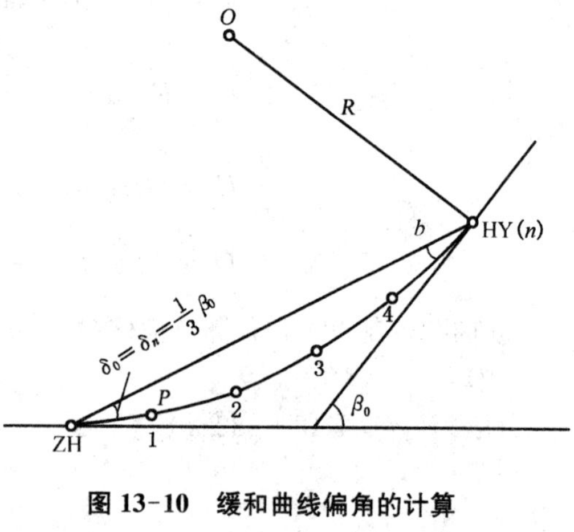

图 13-10 缓和曲线偏角的计算

这是在缓和曲线起点测设缓和曲线上任意点偏角的基本公式，称为正偏角。反之，在缓和曲线上的 P 点测设缓和曲线起点的偏角为 b，称为反偏角。由于 P 点的切线的倾角为 β：

$$\beta=\frac{l^2}{2Rl_0}$$

考虑式(13-11)：

$$\beta = 3\delta \tag{13-21}$$

所以：

$$b = \beta - \delta = 3\delta - \delta = 2\delta$$

故：

$$\delta : b : \beta = 1 : 2 : 3 \tag{13-22}$$

这一关系只有包括缓和曲线起点在内才正确，即 δ 必须是起点的偏角。

与圆曲线不同，缓和曲线上同一弧段的正偏角和反偏角不相同；等长的弧段偏角的增量也不等；如在起点的偏角是按弧长的平方增加的。

2）缓和曲线上的偏角计算和测设

在实际应用中，缓和曲线全长都选用 10 m 的倍数。为了计算和编制表格方便起见，缓和曲线上测设的点都是间隔 10 m 的等分点，即整桩距法。当缓和曲线分为 n 段时，各等分点的偏角可用下述方法计算：

设 δ_1 为缓和曲线上第 1 个等分点的偏角，δ_i 为第 i 个等分点的偏角，则按式(13-20)可得：

$$\begin{aligned} \delta_i : \delta_1 &= l_i^2 : l_1^2 \\ \delta_i &= \left(\frac{l_i}{l_1}\right)^2 \cdot \delta_1 = i^2 \cdot \delta_1 \end{aligned} \tag{13-23}$$

故第二点的偏角：

$$\delta_2 = 2^2 \cdot \delta_1$$

第三点的偏角：

$$\delta_3 = 3^2 \cdot \delta_1$$

……

第 n 点即终点的偏角：

$$\begin{aligned} \delta_n &= n^2 \cdot \delta_1 = \delta_0 \\ \delta_1 &= \frac{1}{n^2} \cdot \delta_0 \end{aligned} \tag{13-24}$$

而

$$\delta_0 = \frac{l_0^2}{6Rl_0} = \frac{l_0}{6R} = \frac{1}{3}\beta_0 \tag{13-25}$$

因此，由 $\beta_0 \to \delta_0 \to \delta_1$ 这样的顺序计算出 δ_1，然后按 2^2、3^2、…、n^2 的倍数乘以 δ_1 求出各点的偏角，这比直接用公式(13-20)计算要方便。也可以根据缓和曲线长编制成偏角表，在实际作业中可查表测设。

如果测设的点不是缓和曲线的等分点，而是桩号为曲线点间距的整倍数时，此谓整桩号法，这时曲线的偏角严格按式(13-20)进行计算。

偏角法测设时的弦长，严密的计算法用相邻两点的坐标反算而得，但较为复杂。由于缓和曲线和圆曲线半径都较大，因此常以弧长来代替弦长进行测设。缓和曲线弦长的计算式为：

$$C_0 = x_0 \cdot \sec\delta_0$$

13.4.5 切线支距法测设缓和曲线连同圆曲线

与切线支距法测设圆曲线相同，以过 ZH 或 HZ 的切线为 x 轴，过 ZH 或 HZ 点作切线的垂线为 y 轴，如图 13-11。无论是缓和曲线还是圆曲线上的点，均用同一坐标系的 x 和 y 来测设。

由图中可得出曲线上各点坐标的公式。

缓和曲线部分：

$$\left.\begin{aligned} x &= l - \frac{l^5}{40C^2} \\ y &= \frac{l^3}{6C} \end{aligned}\right\} \qquad (13\text{-}26)$$

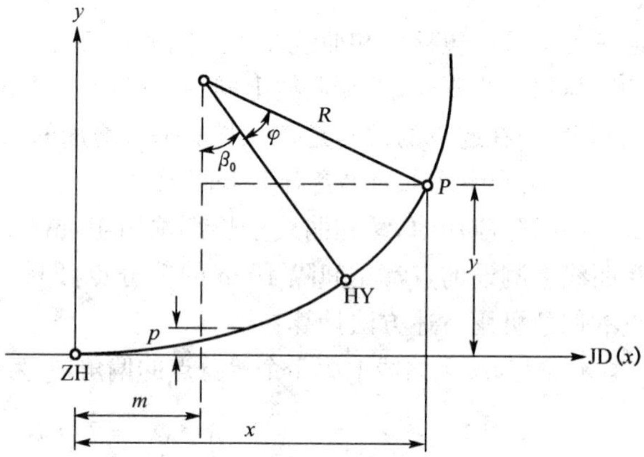

图 13-11　切线支距法测设缓和曲线

式中：l——曲线点里程减去 ZH 点里程（或 HZ 里程减去曲线点里程）。

圆曲线上各点的坐标：

$$\left.\begin{aligned} x &= R \cdot \sin\alpha + m \\ y &= R \cdot (1 - \cos\alpha) + p \end{aligned}\right\} \qquad (13\text{-}27)$$

式中，$\alpha = \dfrac{l - l_0}{R} \times \dfrac{180^\circ}{\pi} + \beta_0$，$l$ 为该点至 ZH 点或 HZ 点的曲线长。

13.4.6 极坐标法测设缓和曲线连同圆曲线

与极坐标法测设圆曲线一样，利用全站仪采用极坐标法来测设缓和曲线已在实际工程中得到广泛应用。测设圆曲线和缓和曲线已普遍采用“极坐标一次放样法”。

13.5 纵横断面测量

13.5.1 纵断面测量

1）纵断面测量概述

通过中线测量，直线和曲线上所有的线路控制桩、中线桩和加桩测设定位，就可以进行纵横断面测量。纵断面测量就是沿着地面上已经定出的线路,测出所有中线桩的高程,并根据测得的高程和各桩的里程,绘制线路的纵断面图,供设计单位使用。线路的纵断面设计是公路设计中最重要的组成部分之一,主要根据地形条件和行车要求确定线路的坡度、路基的标高和填挖高度以及沿线桥梁、涵洞、隧道等位置。虽然根据地形图也可获得线路的纵断面图,但不能满足设计要求,还需根据地面上已经测设的中线,准确地测出中线上地面起伏情况。

2) 纵断面测量内容及要求

纵断面测量分为水准点高程测量(亦称基平)和中桩高程测量(亦称中平)。

(1) 基平

对于在线路初测中已布设了水准点并进行了水准测量的线路,施工阶段的基平测量就是对道路初测中的基平的检核。基平测量的另一个任务就是施工沿线水准点的加密。由于道路初测阶段的水准点的间距一般在 1 km 左右,因此不能满足施工的需要,加密以后的水准点密度一般为 200 m 一个水准点。基平测量的技术要求见第 8.5 节表 8-7。

(2) 中平

中平测量就是根据基平设置的水准点,测量所有控制桩和中线桩的高程。中桩高程测量的精度要求见表 13-1。

表 13-1 中桩高程测量的精度要求

路 线	闭合差(mm)	检测限差(cm)
高速公路、一级公路	$\pm 30\sqrt{L}$	±5
二级及二级以下公路	$\pm 50\sqrt{L}$	±10

3) 纵断面测量的方法

(1) 基平的方法

由于施工阶段所观测的水准点数量多,密度大,精度相对较高,测量的方法以水准测量为主。在相邻已知水准点之间布设成附合水准路线,按第 8.5 节表 8-7 的精度要求施测。

(2) 中平的方法

① 水准仪测量法

中平测量就是根据基平设置的水准点,测量所有控制桩和中线桩的高程。中平测量从水准点开始,如图 13-12,在测站 1 安置水准仪,后视水准点 BM1,读数至毫米,记于表 13-2 中"后视"一栏,然后从起点 0+000 开始观测一系列中桩上的水准尺读数,读至厘米。各个

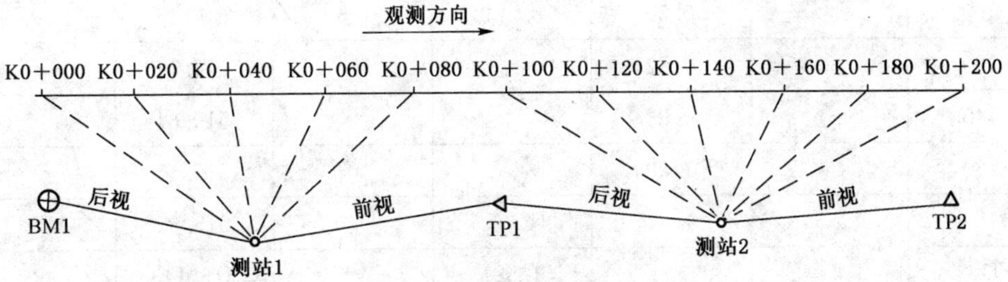

图 13-12 中平测量示意图

中线桩读数记入表 13-2 中“中视”一栏。当视线受阻或视线长度大于 150 m 时，可在前进方向选择一坚固点位作为前视转点 TP1，读数至毫米，记入“前视”一栏。然后迁站至测站 2，以 TP1 转点作为后视。同样方法继续沿线向前观测，一直附合到下一个水准点以形成一附合水准路线。

在两个水准点之间的中平测量完成后，就进行内业计算。

首先计算水准路线的闭合差。由于中线桩的中视读数不影响到路线的闭合差，因此将所有后视点的后视读数 a 累加起来得 $\sum a$，将所有前视点的前视读数 b 累加起来得 $\sum b$，则水准路线观测高差为 $\sum h = \sum a - \sum b$。水准路线的理论高差为 $\sum h_{理} = H_{终} - H_{始}$，则 $f_h = \sum h_{测} - \sum h_{理}$。中平测量的水准路线的闭合差的限差为：$f_{h限} = \pm 50\sqrt{L}$ mm，L 为水准路线的长度，以“km”计。

在闭合差满足条件的情况下不必进行闭合差的调整，可直接进行中线桩高程的计算。中视点的地面高程以及前视转点高程一律按所属测站的视线高程进行计算，每一测站的各项计算按下列公式进行：

视线高程＝后视点高程＋后视读数；

转点高程＝视线高程－前视读数；

中桩高程＝视线高程－中视读数。

进行中桩高程测量时，测控制桩应在桩顶立尺，测中线桩应在地面立尺。为了防止因地面粗糙不平或因上坡陡峭而引起中桩四周高差不一，一般规定立尺应紧靠木桩不写字的一侧。

表 13-2　中平测量记录

测点	水准尺读数			视线高程（m）	高程（m）	附注
	后视	中视	前视			
BM1	2.191			514.505	512.314	
DK0+000		1.62			512.89	
+020		1.90			512.61	
+040		0.62			513.89	
+060		2.03			512.48	
+080		0.91			513.60	
ZD_1	3.162		1.006	516.661	513.499	
+100		0.50			516.16	
+120		0.52			516.14	
+140		0.82			515.84	
+160		1.20			515.46	
+180		1.01			515.65	
ZD_2			1.521		515.140	
…	…	…	…	…	…	…

② 三角高程测量法

当采用一次放样法测设线路中线时，可在测设中桩的同时测量中桩高程。在中桩钉设完毕后，在中桩点安置反光镜，测站上的测距仪分别用盘左盘右观测中桩点的距离和竖直角，并精确量取仪器高和觇标高至厘米，求得中线桩的高程。由此可见，用红外光电测距仪进行线路定测，可以将放线、中线测量（包括曲线测量）和纵断面测量三项工作同时进行，是一种较好的定测手段。

13.5.2 横断面测量

横断面测量是测量中桩两侧垂直于中线方向地面起伏情况，并绘制横断面图。横断面测量常与纵断面测量同时进行。横断面图供路基、边坡、隧道、特殊构造物的设计、土石方计算和施工放样之用。

1）*横断面方向的确定*

横断面测量的首要工作就是确定线路中线的垂直方向，常用的方法有两种：方向架法和经纬仪法。

方向架法就是在一个竖杆上钉有两根互相垂直的横轴，每根横轴上还有两根瞄准用的小钉，如图 13-13，使用时将方向架置于测点上，用其中一方向瞄准线路前方或后方的中桩，则另一方向即为测点的横断面方向。图 13-14 是将方向架设在要测设横断面的曲线中桩 A 点上，在 A 点前后等距离处的曲线上定出中桩点 B 和 C，方向架的一条视线照准 B，反方向延伸至 C'，C' 应在 C 的附近，平分 CC' 得 C'' 点，再将方向架的一方向照准 C''，则另一方向即为曲线上 A 点的横断面方向。

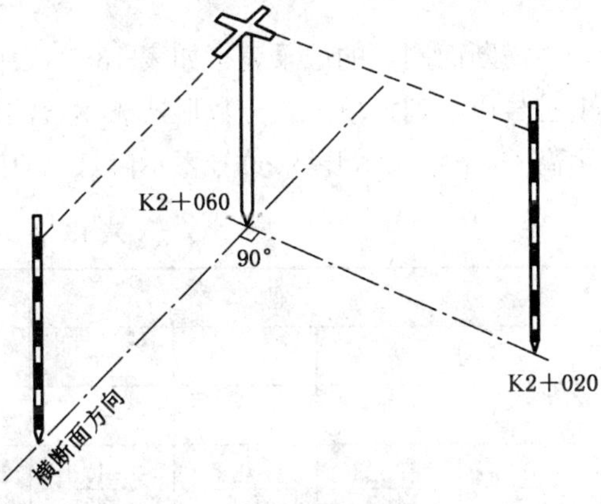

图 13-13 方向架示意图

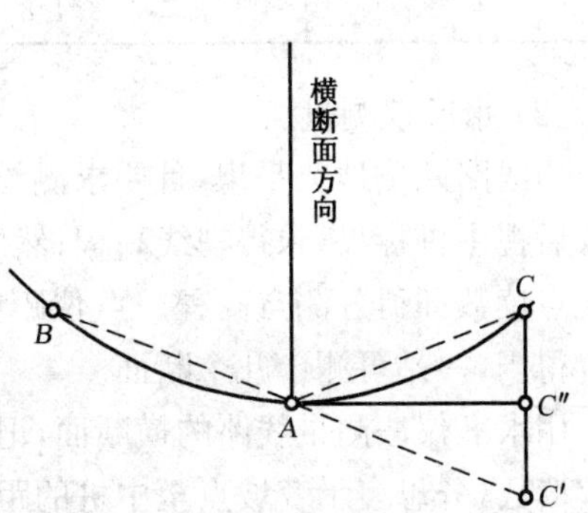

图 13-14 方向架在曲线段的使用

用经纬仪测定横断面方向不仅方法简单，而且精度也高。在直线段，测点上安置经纬仪，以线路前方或后方一中桩为零方向拨角 90°即可。在曲线段，如图 13-14，测点 A 上安置经纬仪，先计算 B 点至零方向 A 点弧长 l 相对应的偏角 δ：

$$\delta = \frac{l}{2R} \cdot \frac{180^\circ}{\pi}$$

则弦线 AB 与横断面方向的夹角为 $90^\circ + \delta$ 或 $90^\circ - \delta$。在缓和曲线段测定横断面方向，较短距离内可把缓和曲线按圆弧处理，若要求较准确的方向，可求出该处缓和曲线的偏角，用经纬仪测设。如图 13-14 中，设 A 为缓和曲线上一点，前视 A 点的偏角为 δ_q，则弦线 AB 与横断面方向的夹角为$90^\circ \pm \delta_q$。

2）横断面测量方法

横断面方向确定以后，便测定从中桩至左右两侧变坡的距离和高差，根据所用仪器不同，一般常采用以下 3 种方法：

（1）标杆皮尺测量法

如图 13-15，a、b、c 为断面方向上的变坡点，标杆立于 a 点，皮尺靠中桩地面，拉平量至 a 点，读得距离，而皮尺截于标杆的红白格数（每格 0.2 m）即为两点间的高差。同法测出 a 至 b、b 至 c …… 测段的距离和高差，直至需要的宽度为止。

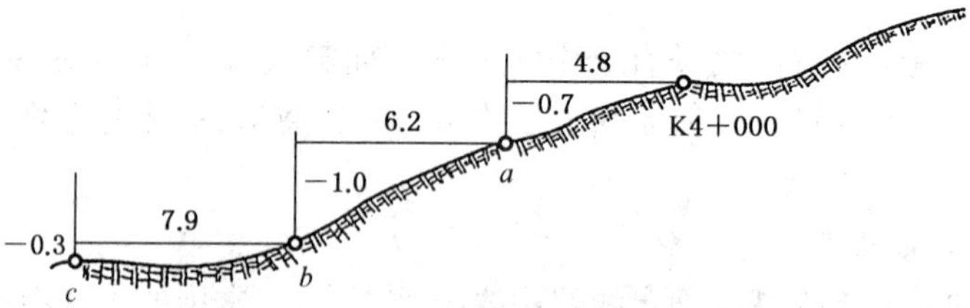

图 13-15　标杆皮尺法测量横断面（单位：m）

横断面测量的记录表格如表 13-3，表中按前进方向分左右侧，中间一格为桩号，自下至上桩号由小到大填写。分数形式表示各测段的高差和距离，分母表示测点间的距离，分子表示高差，正号表示升坡，负号表示降坡，自中桩由近及远逐段记录。

表 13-3　横断面测量记录表　（单位：m）

左侧				桩号	右侧			
—	—	—	—		—	—	—	—
—	—	—	—		—	—	—	—
$\frac{-0.6}{8.5}$	$\frac{+0.3}{4.8}$	$\frac{+0.7}{7.5}$	$\frac{-1.0}{5.1}$	4＋020	$\frac{+0.5}{4.5}$	$\frac{+0.9}{1.8}$	$\frac{+1.6}{7.5}$	$\frac{+0.5}{10.0}$
平	$\frac{-0.3}{7.9}$	$\frac{-1.0}{6.2}$	$\frac{-0.7}{4.8}$	4＋000	$\frac{+0.7}{3.2}$	$\frac{+1.1}{2.8}$	$\frac{-0.4}{7.0}$	$\frac{+0.9}{6.5}$

（2）水准仪测量法

当线路两侧地势平坦，且要求测绘精度较高时，可采用水准仪法。先用方向架定向，水准仪后视中桩标尺，求得视线高程；然后前视横断面方向变坡点上的标尺。视线高程减去诸前视点读数即得各测点高程。点位距中桩距离可用钢尺（或者皮尺）量距。实测时，若仪器安置得当，一站可测十几个断面。

用水准仪法测量线路的横断面，记录表格同样用表 13-3，只不过分子表示变坡点的水准仪读数，分母表示变坡点至中桩的距离。

（3）全站仪测量法

在地形起伏较大地区，一般可采用经纬仪法。安置全站仪于中桩点，确定横断面方向；然后用全站仪测横断面方向上各个变坡点的视距、中丝读数和竖直角；最后计算出变坡点至中桩点的水平距离和高差，边测量边计算，将计算的结果记录于表 13-3 的分母和分子中，同时在现场绘制横断面草图。

横断面测量操作比较简单,但工作量较大,测量的准确与否,对整个线路设计有一定的影响。横断面宽度应根据中桩填挖高度、边坡大小以及有关工程的特殊要求而定,一般自中线向两侧各 10～50 m。横断面的密度,除有中桩处应施测外,在大、中桥头,隧道口,挡土墙等重点工程地段,可根据需要加密。

3) 横断面测量的精度要求

横断面中的高程和距离的读数取位至 0.1 m,检测限差应符合表 13-4 的要求。

表 13-4 横断面测量的检测限差

路　线	距离(m)	高程(m)
高速公路、一级公路	$\pm(L/100+0.1)$	$\pm(h/100+L/200+0.1)$
二级及二级以下公路	$\pm(L/50+0.1)$	$\pm(h/50+L/100+0.1)$

表中:h——检查点至线路中桩的高差(m);
L——检查点至线路中桩的水平距离(m)。

13.6 道路边桩与边坡的放样

13.6.1 道路边桩的放样

在中线恢复以后,首先进行的是路基施工,因此必须定出路基的边桩,即路堤的坡脚线或路堤的坡顶线。修筑路基的土石方工程就从边桩开始填筑或开挖。测设边桩可用下列方法:

1) 在横断面图上求边桩的位置

当所测的横断面图有足够的精度时,可在横断面图上根据设计高度绘出路基断面。按此比例量出左右两侧边桩至中线桩的水平距离,在实地用皮尺放出边桩。这是测设边桩最简单的方法,此法只用于填挖方量不大的地区。

2) 按公式计算边桩的位置

在平坦地面,边桩到中线桩的水平距离还可用公式计算。图 13-16 中水平距离 D,可按下式计算:

$$D_{左}=D_{右}=\frac{b}{2}+m\cdot H \tag{13-28}$$

式中:b——路堤时为路基顶面宽度,路垫时为路基顶面宽加侧沟和平台的宽度;
m——边坡的坡度比例系数;
H——中桩的填挖高度,可从纵断面图或填挖高度表上查得。

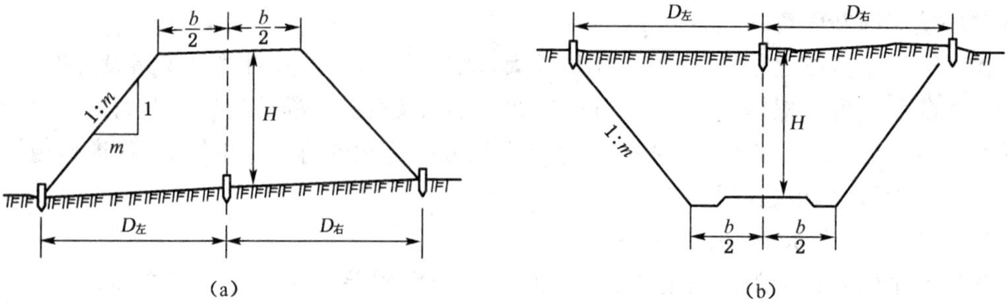

图 13-16　用公式计算边桩位置

3）用趋近法测设路基边桩

在倾斜地面上，不能利用公式直接计算而且两侧边桩也不相等时，可采用逐步趋近的方法在实地测设路堤或路堑的边桩。

当测设路堤的边桩时（图 13-17），首先在下坡一侧大致估计坡脚位置，假设在点 1，用水准仪测出点 1 与中桩的高差 h_1，再量出 1 点离中桩的水平距离 D'_1。这时可算出高差为 h_1 时坡脚位置到中桩的距离 D_1 为：

$$D_1 = \frac{b}{2} + m \cdot (H + h_1) \tag{13-29}$$

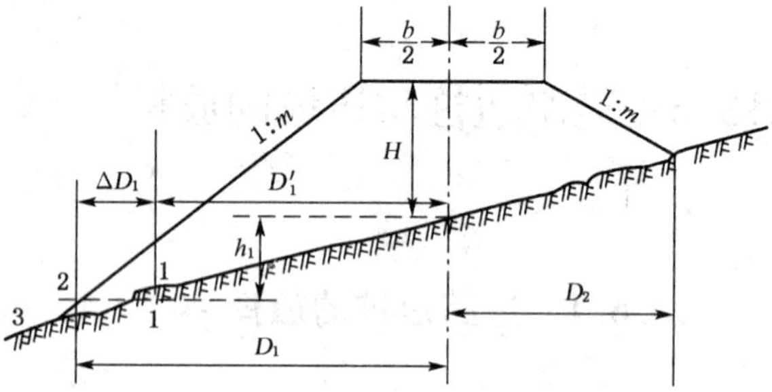

图 13-17　路堤的边桩计算

如计算所得的 D_1 大于 D'_1，说明坡脚应位于 1 点之外，正如图中所示；如 D_1 小于 D'_1，说明坡脚应在点 1 之内。按照差数 $\Delta D_1 = D_1 - D'_1$ 移动水准尺的位置（ΔD_1 为正时向外移，为负时向内移），再次进行测试，直至 $\Delta D_1 < 0.1$ m，则立尺点即可认为是坡脚的位置。从图中可以看出：计算出的 D_1 是点 2 到中桩的距离，而实际坡脚在点 3。为减少试测次数，移动尺子的距离应大于 $|\Delta D_1|$。这样，一般试测一二次即可找出所需的坡脚点。

在路堤的上坡一侧，D_2 的计算式为：

$$D_2 = \frac{b}{2} + m \cdot (H - h_2) \tag{13-30}$$

当测设路堑的边坡时，可参看图 13-18，在下坡一侧，D_1 按下式计算：

$$D_1 = \frac{b}{2} + m \cdot (H - h_1) \tag{13-31}$$

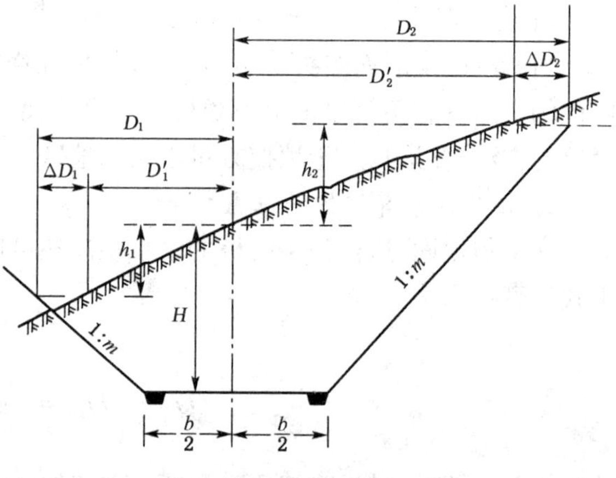

图 13-18　路堑的边桩计算

实际量得为 D_1'。根据 $\Delta D_1 = D_1 - D_1'$ 来移动尺子，ΔD_1 为正时向外移，为负时向里移。但移动的距离应略小于 $|\Delta D_1|$。

在路堑的上坡一侧，D_2 按下式计算：

$$D_2 = \frac{b}{2} + m \cdot (H + h_2) \tag{13-32}$$

实际量得为 D_2'，根据 $\Delta D_2 = D_2 - D_2'$ 来移动尺子，但移动的距离应稍大于 $|\Delta D_2|$。

13.6.2　道路边坡的放样

在放样出边桩后，为了保证填挖的边坡达到设计要求，还应把设计边坡在实地上标定出来，以方便施工。

1）用竹竿、绳索放样边坡

如图 13-19，O 为中桩，A、B 为边桩，$CD = b$ 为路基宽度。放样时在 C、D 处竖立竹竿，于高度等于中桩填土高处 H 之处 C'、D' 用绳索连接，同时由 C'、D' 用绳索连接到边桩 A、B 上，则设计坡度展现于实地。

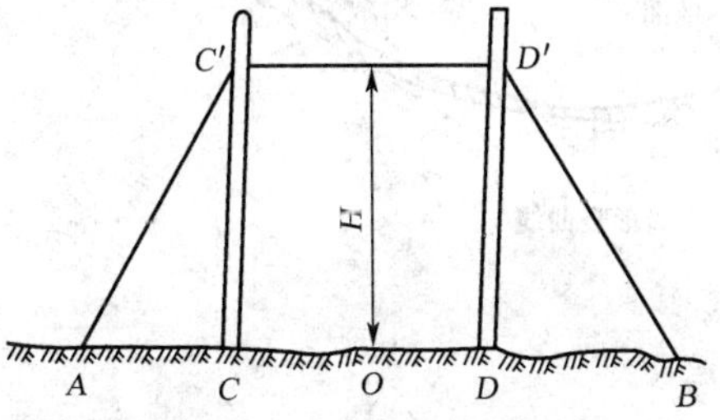

图 13-19　用竹竿、绳索放样边坡

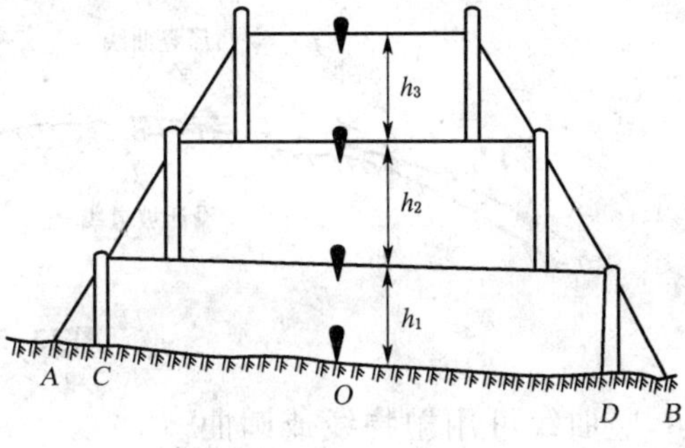

图 13-20　分层放样

当路堤填土不高时，可用上述方法一次挂线。当路堤填土较高时，如图 13-20，可分层挂线施工。

2）用边坡板放样坡度

施工前按照设计边坡坡度做好边坡样板，施工时，按照边坡样板进行放样。用活动边坡尺放样边坡，做法如图 13-21 所示。当水准气泡居中时，边坡尺的斜边所指示的坡度正好为

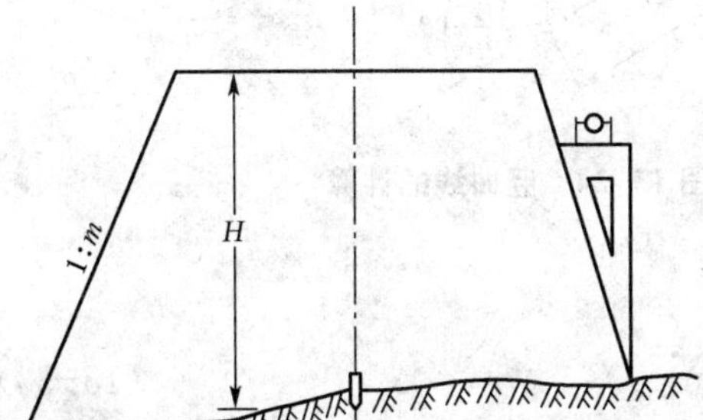

图 13-21　用边坡板放样边坡

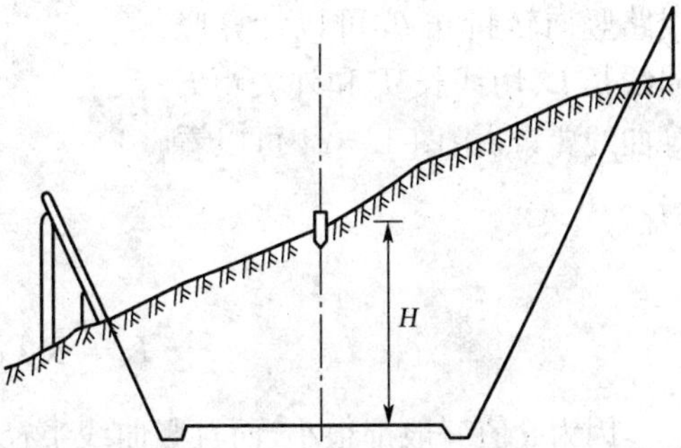

图 13-22　用固定边坡样板放样边坡

设计边坡坡度，故借此可指示与检核路堤的填筑。同理，边坡尺也可指示与检核路垫的开挖。

用固定边坡样板放样边坡，做法如图 13-22 所示。在开挖路垫时，于坡顶外侧按设计坡度设立固定样板，施工时可随时指示并检核开挖和修整情况。

13.7 竖曲线的测设

在线路中，除了水平的路段外，还不可避免的有上坡和下坡。两相邻坡段的交点称为变坡点。为了保证行车安全，在相邻坡段间要加设竖曲线。竖曲线按顶点所在位置又可分为凸形竖曲线和凹形竖曲线。图 13-23 中 i_1、i_2、i_3 分别为设计的路面坡道线的坡度。上坡为正，下坡为负，θ 为竖曲线的转折角。由于路线设计时的允许坡度一般总是很小的，所以可以认为 θ 等于相邻坡道之坡度的代数差，如 $\theta_1 = i_2 - i_1$，$\theta_2 = i_3 - i_2$。θ 大于零时为凹形竖曲线，θ 小于零时为凸形竖曲线。为了书写方便，计算中直接用 $\theta = |\theta|$ 来计算。

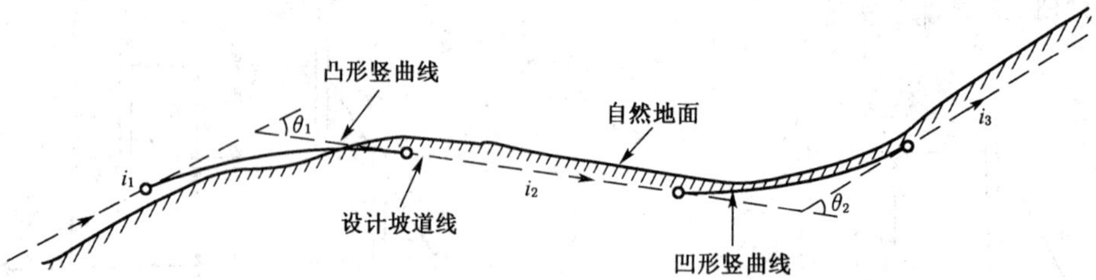

图 13-23 竖曲线

竖曲线可用抛物线或圆曲线表示。用抛物线过渡，在理论上似乎更为合理，但实际上用圆曲线计算与用抛物线计算结果是非常接近的，因此在公路中竖曲线都采用圆曲线。根据纵断面设计中给定的竖曲线半径 R，以及由相邻坡道之坡度求得的线路竖向转折角 θ，可以计算竖曲线长 L、切线长 T 和外矢距 E 等曲线要素。由图 13-24 可以看出：

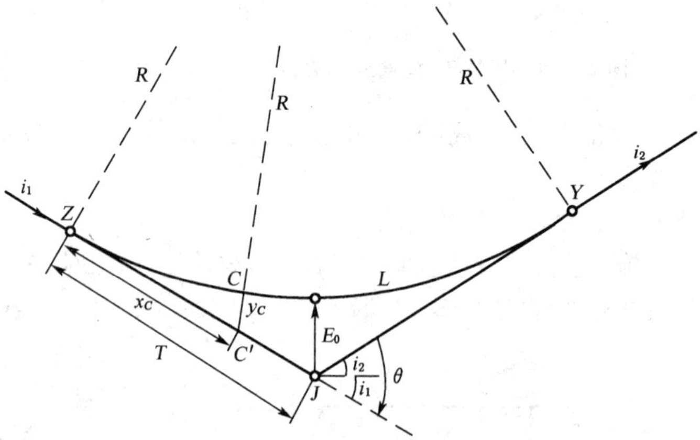

图 13-24 竖曲线的计算

$$L = R \cdot \theta = R(i_2 - i_1) \tag{13-33}$$

因为 θ 值一般都很小，而且竖曲线半径 R 都比较大，所以切线长 T 可近似以曲线长 L 的一半来代替，外矢距 E_0 也可按近似公式来计算，则有：

$$\left.\begin{aligned} T &\approx \frac{1}{2}L = \frac{1}{2}R(i_2 - i_1) \\ E_0 &\approx T^2/2R \end{aligned}\right\} \tag{13-34}$$

切线长 T 求出后，即可由变坡点 J 沿中线向两边量取 T 值，定出竖曲线的起点 Z 和终点 Y。

竖曲线上一般要求每隔 10 m 测设一个加桩以便于施工。测设前按规定间距确定各加桩至竖曲线起(终)点的距离并求出各加桩点的设计标高(简称标高)，以便在竖曲线范围内的各加桩点上标出竖曲线的高程。

在图 13-24 中，C 为竖曲线上某个加桩点，将过 C 点的竖曲线半径延长，交切线于 C'。令 C' 到起点 Z 的切线长为 x_C，$CC' = y_C$。由于设计坡度较小，可以把切线长 x_C 看成是 Z、C' 两点间的水平距离，而把 y_C 看成是 C、C' 两点间的高程差。也就是说，若按上述情况定义竖曲线上各点的 x、y 值，则竖曲线上任一点的 x 值即可根据其到竖曲线起(终)点的距离来确定，而它的 y 值即表示其在切线和竖曲线上的高程差。因而，竖曲线上任一点的标高(H_i)可按下式求得：

$$H_i = H'_i \pm Y_i \tag{13-35}$$

式中：H'_i——该点在切线上的高程，也就是它在坡道线上的高程，称为坡道点高程；

Y_i——该点的标高改正，当竖曲线为凸形曲线时取"−"，当为凹形曲线时取"+"。

坡道点高程 H'_i 可根据变坡点 J 的设计高程 H_0、坡度 i 及该点至坡点的间距来推求，计算公式为：

$$H'_i = H_0 \pm (T - x_i) \cdot i \tag{13-36}$$

至于曲线上任一点的 y 值可根据该点的 x 值求得。由图 13-24 可知：

$$(R + y)^2 = R^2 + x^2$$

$$2Ry = x^2 - y^2$$

由于 y 与 R 相比很小，故可将 y^2 略去，有：

$$y = \frac{x^2}{2R} \tag{13-37}$$

从图中还可以看出，$y_{max} \approx E_0$，所以有：

$$E_0 = \frac{T^2}{2R} \tag{13-38}$$

【例 13-3】 已知变坡点的里程桩号为 K13+650，变坡点设计高程 $H_0 = 290.95$ m，设计坡度为 $i_1 = -2.5\%$，$i_2 = +1.1\%$。现欲设置 $R = 2\,500$ m 的竖曲线，要求曲线间隔为 10 m，求竖曲线元素和各曲线点的桩号及标高。

【解】 ① 由式(13-33)和式(13-34)计算竖曲线元素：

$L = R(i_2 - i_1) = 2\,500 \times 3.6\% = 90$ m　$\theta > 0$ 为凹形竖曲线

$$T = \frac{1}{2}L = 45 \text{ m}$$

$$E = \frac{T^2}{2R} = \frac{45^2}{2 \times 2\,500} = 0.4 \text{ m}$$

② 计算竖曲线起、终点的里程：

变坡点 J	K13+650
$-T$	-45
起点 Z	K13+605
$+L$	$+90$
终点 Y	K13+695

其余各项计算见表 13-5。

表 13-5　竖曲线算例

点　名	桩　号	x	标高改正 y(m)	坡道点 $H' = H_0 \pm (T - x)_i$ (m)	路面设计高程 $H = H' \pm y$ (m)
起点 Z	K13+605	0	0.00	292.08	292.08
	615	10	0.02	291.82	291.84
	625	20	0.08	291.58	291.66
	635	30	0.18	291.32	291.50
	645	40	0.32	291.08	291.40
变坡点 J	K13+650	$T = 45$	$E = 0.40$	$H_0 = 290.95$	291.35
	655	40	0.32	291.00	291.32
	665	30	0.18	291.12	291.30
	675	20	0.08	291.22	291.30
	685	10	0.02	291.34	291.36
终点 Y	K13+695	0	0.00	291.44	291.44

习题与思考题

1. 道路施工测量包括哪些测量工作？
2. 圆曲线和缓和曲线上的偏角各有什么特性？
3. 偏角法和极坐标法测设曲线各有什么优缺点？
4. 连接在直线和半径为 1 000 m 的圆曲线之间的缓和曲线长为 100 m，计算该缓和曲线的常数。
5. 有一个圆曲线的交点里程为 K26＋284.462，转向角为 19°52′17″，圆曲线半径为 500 m。试求圆曲线各要素和圆曲线控制点里程。
6. 有一个曲线的交点里程为 K8＋428.426，转向角为 24°23′12.8″，缓和曲线长为 80 m，圆曲线半径为 600 m。试求曲线的综合要素和曲线控制点里程。
7. 已知变坡点的里程为 K13＋650，变坡点设计标高为 $H_0 = 43.4$ m，设计坡度 $i_1 = +2.0\%$，$i_2 = -1.2\%$。现欲设置 $R = 3\,000$ m 的竖曲线，要求曲线间隔为 10 m。求竖曲线元素和各曲线点的里程和标高。

14 桥隧及水利施工测量

【本章知识要点】 桥梁三角网的布设形式；桥梁施工的高程控制方法；桥梁墩、台中心的测设；隧道施工测量的任务；洞内外平面控制测量；竖井平面联系测量；隧道洞内施工测量；隧道贯通测量；渠道选线方法；渠道中线测量；渠道断面测量；土方量计算；施工断面放样。

14.1 桥梁施工测量

14.1.1 桥梁测量概述

随着现代化建设的发展，我国桥梁工程建设日益增多，随着交通运输业的发展，为了确保车辆、船舶、行人的通行安全，高等级交通线路建设日新月异，跨越河流、山谷的桥梁，以及陆地上的立交桥和高架桥建得越来越多、越高、跨径越大。为了保证桥梁施工质量达到设计要求，测量工作在桥梁的勘测、设计、施工和营运监测中都起着重要的作用。建设一座桥梁，需要进行各种测量工作，包括勘测、施工测量、竣工测量等。在施工过程中及竣工通车后，还要进行变形观测工作。根据不同的桥梁类型和不同的施工方法，测量的工作内容和测量方法也有所不同。桥梁按其轴长度一般分为特大型(＞500 m)、大型(100～500 m)、中型(30～100 m)、小型(＜30 m)四类，其施工测量的方法和精度取决于桥梁轴线长度、桥梁结构和地形状况。桥梁施工测量的主要内容包括建立桥梁施工控制网、桥轴线长度测量、墩台中心定位、各轴线控制桩设置、墩台基础及细部施工放样等。

近代的施工方法，日益走向工厂化和拼装化，梁部构件一般都在工厂制造，在现场进行拼接和安装，这就对测量工作提出了十分严格的要求。桥梁测量的主要任务是：

(1) 对桥梁中线位置桩、三角网基准点(或导线点)、水准点及其测量资料进行检查、核对，若发现标志不足、不稳妥、被移动或测量精度不符合要求时，应按规范要求补测、加固、移设或重新测校。

(2) 测定墩、台的中线和基础桩的中心位置。

(3) 测定锥坡、翼墙及导流构造物的位置。

(4) 测定并检查各施工部位的平面位置、高程、几何尺寸等。

(5) 桥梁竣工测量、变形观测。

14.1.2 桥梁的平面和高程控制测量

1）平面控制网的布设及测量

建立平面控制网的目的是测定桥轴线长度并据此进行墩台位置的定位放样；也可用于施工过程中的变形监测。因此，桥梁施工必须建立平面控制网，其精度能够保证桥轴线长度测定和墩台中心放样的精度。必要时还应加密控制点。对于跨越无水河道的直线小桥，桥轴线长度可以直接测定，墩、台位置也可直接利用桥轴线的两个控制点测设，无需建立平面控制网。但跨越有水河道的大型桥梁，墩、台无法直接定位，则必须建立平面控制网。

根据桥梁跨越的河宽及地形条件，平面控制网多布设成如图 14-1 所示的形式。

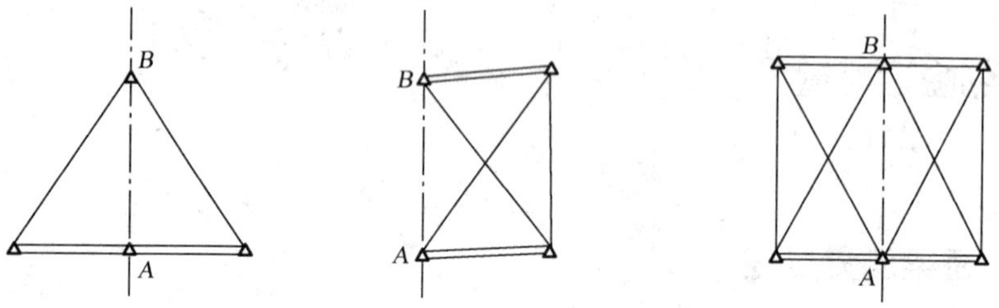

(a) 双三角形　(b) 四边形　(c) 双四边形(较宽河流上采用)

图 14-1　桥位三角网

选择控制点时，应尽可能使桥的轴线作为三角网的一个边，以利于提高桥轴线的精度。如图 14-1 所示，桥梁平面控制网一般用三角网。图 14-1(a)为双三角形，适用于一般桥梁的施工放样；图 14-1(b)为大地四边形，适用于一般中、大型桥梁施工测量；图 14-1(c)为桥轴线两侧各布设一个大地四边形，适用于特大桥的施工放样。图中双线为基线；AB 为桥轴线，桥轴线在两岸的控制桩 A、B 间的距离称为桥轴线长度，它是控制桥梁定位的主要依据。对于桥较长的，控制网应向两岸方向延伸。

桥梁三角网的布设，应满足三角测量规范规定的技术要求。同时三角点应选在地质条件稳定、土质坚硬的高地，不易受施工干扰，通视条件良好，视野开阔，便于交会墩位，其交会角不致太大或太小的地方。在控制点上要埋设标石及刻有“十”字的金属中心标志。如果兼作高程控制点使用，则中心标志宜做成顶部为半球状。

控制网可采用测角网、测边网或边角网。采用测角网时基线不应少于两条，依据地形可布设于河流两岸，尽可能与桥轴线正交。桥轴线应与基线一端连接，成为三角网的一条边。基线长度一般不小于桥轴线的 0.7 倍，困难地段不得小于 0.5 倍，对于桥轴线长度可用全站仪直接测量。测边网是测量所有的边长而不测角度，边角网则是边长和角度都测。一般来说，在边、角精度互相匹配的条件下，边角网的精度较高。

桥梁平面控制网也采用全球定位系统(GPS)测量技术布设。桥梁平面控制网的精度必须符合桥梁设计和施工规范的技术规定。在《铁路测量技术规则》里，按照桥轴线的精度要求，将三角网的精度分为 5 个等级，它们分别对测边和测角的精度规定如表 14-1 所示。

表 14-1 测边和测角的精度规定

三角网等级	桥轴线相对中误差	测角中误差(″)	最弱边相对中误差	基线相对中误差
一	1/175 000	±0.7	1/150 000	1/400 000
二	1/125 000	±1.0	1/100 000	1/300 000
三	1/75 000	±1.8	1/60 000	1/200 000
四	1/50 000	±2.5	1/40 000	1/100 000
五	1/30 000	±4.0	1/25 000	1/75 000

上述规定是对测角网而言的，由于桥轴线长度及各个边长都是根据基线及角度推算的，为保证桥轴线有可靠的精度，基线精度要高于桥轴线精度 2～3 倍。如果采用测边网或边角网，由于边长是直接测定的，所以不受或少受测角误差的影响，测边的精度与桥轴线要求的精度相当即可。

近年来 GPS 静态测量技术的发展，使基线边的相对精度大大提高，一般可以达到 10^{-5}，而且基线距离越长，精度的优势越大，因此 GPS 用于桥梁控制测量的应用越来越广。

2) 高程控制点的布设及测量

作为高程放样的依据，在桥梁的施工阶段，必须建立高程控制网，即在河流两岸建立若干个水准点。这些水准点除用于施工放样外，也可作为以后变形观测的高程基准点。水准基点布设的数量视河宽及桥的大小而异。一般在桥址的两岸各设置两个水准基点；当桥长在 200 m 以上时，由于两岸联测不便，为了在高程变化时易于检查，每岸至少埋设 3 个水准基点，同岸 3 个水准点中的两个应埋设在施工范围之外，以免受到破坏。水准点应与国家水准点联测。

水准基点因其今后还要使用，建立时必须十分稳固。根据地质条件，可采用混凝土标石或钢管标石。在标石上方嵌入凸出半球状的铜质或不锈钢标志。高程控制点用水准测量方法施测，测量精度必须符合相关规范规定的技术要求。《公路桥涵施工技术规范》规定：2 000 m 以上的特大桥一般为三等，1 000～2 000 m 的桥梁为四等，1 000 m 以下的桥梁为五等。对于需进行变形观测的桥梁高程控制网应用精密方法联测。

在施工阶段，为了将高程传递到桥台与桥墩上去和满足各施工阶段引测的需要，还需建立施工高程控制点。桥梁水准基点与施工水准点应采用同一高程系统。测量桥梁本身的施工水准网精度要求较高，因为它直接影响桥梁各部分的放样精度。当跨河距离大于 200 m 时，宜采用跨河水准法联测两岸的水准基点。跨河点间的距离小于 800 m 时可采用三等水准方法测量，大于 800 m 时则采用二等水准进行测量。不论是水准基点还是施工水准点，都应根据其稳定性和使用情况定期检测。

跨河水准测量如图 14-2 所示，I_1、I_2为立尺点，b_1、b_2为测站点，要求 I_1I_2 与 b_1b_2 长度基本相等，构成对称图形。用两台水准仪同时做对向观测，由两台仪器各测的一测回组成一个双测回。在仪器调岸时，注意不得碰动调焦螺旋和目镜筒，以保证两次观测其对岸标尺时望远镜视准轴不变。跨河水准测量的观测时间应选在无风、气温变化小的阴天进行；晴天观测时，上午应在日出后 1 小时开始至 9 时半，下午应在 15 时至日落前 1 小时止；观测时，仪器应用白色测伞遮蔽阳光，水准尺要用支架固定垂直稳固。三、四等跨河水准测量应测两个双测回。当用一台水准仪进行跨河水准测量时，测回数应加倍。两测回间高差互差：三等水准测量不应大于 8 mm，四等不应大于 16 mm。在限差以内时，取两测回高差平均值作为最后结果；若超过限差则应检查纠正或重测。

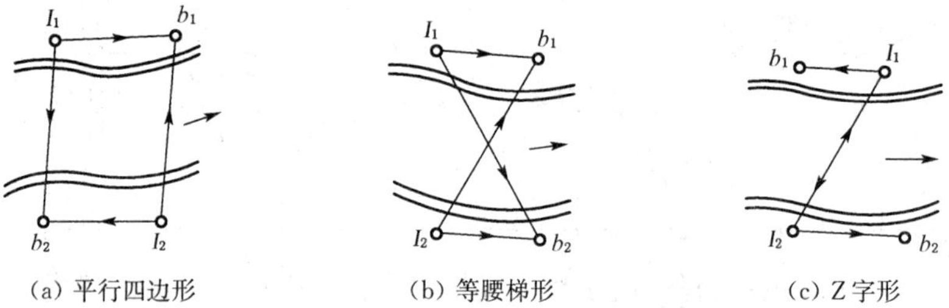

图 14-2 跨河水准测量的布设

14.1.3 桥梁墩、台中心的测设

在桥梁墩、台的施工过程中，桥梁墩、台定位测量是桥梁施工测量中的首要工作。它是根据桥轴线控制点的里程和墩台中心的设计里程，以桥轴线控制点和平面控制点为依据，准确地测设出墩台中心位置和纵横轴线，以固定墩台位置和方向。对于曲线桥梁，其墩台中心不一定位于线路中线上，测设时根据设计资料、曲线要素和主点里程等进行曲线放样。对于直线桥梁墩台中心定位，直线桥的墩、台中心位置都位于桥轴线的方向上。墩、台中心的设计里程及桥轴线起点的里程是已知的，相邻两点的里程相减即可求得它们之间的距离。根据地形条件，可采用直接测距法、极坐标法或交会法测设出墩、台中心的位置。

1) 直接测距法

这种方法使用于无水或浅水河道或水面较窄的河道。根据桥梁轴线控制桩和桥墩台中心桩的里程，算出它们之间的距离，从桥轴线的一个端点开始，用检定过的钢尺，考虑尺长、温度、倾斜三项改正，采用精密测设已知水平距离的方法逐段测设出墩、台中心，最后闭合到另一桥梁轴线控制桩点上进行检核。丈量精度应高于 1/5 000，以保证上部构建的正确安装。经检核合格后，则依据各段距离的长短按比例调整已测设出的距离。用大木桩加钉小铁钉在调整好的位置上标定出各墩、台中心位置。如用光电测距仪测设，则在桥轴线起点或终点架设仪器，并照准另一个端点。在桥轴线方向上前后移动反射棱镜，直至测出的距离与设计距离相符，则该点即为要测设的墩、台中心位置。

在墩台中心的点位上安置经纬仪，以桥轴线为准，在基坑开挖线以外 1～2 m 设置墩台纵横轴线方向桩(也称护桩)，如图 14-3 所示。纵横轴线方向桩是施工过程中恢复墩台中心

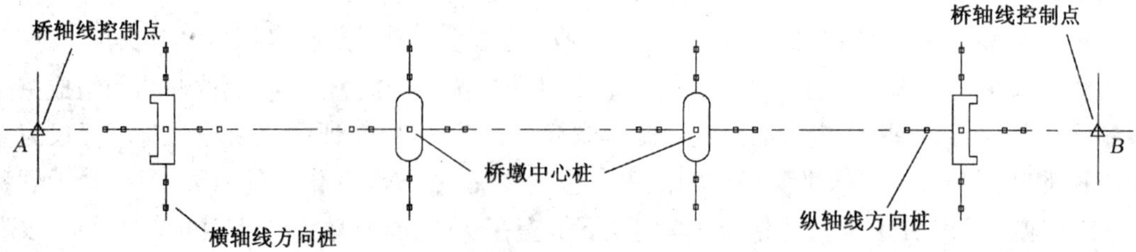

图 14-3 直接丈量法定位桥梁墩台中心

位置和细部放样的基础，应予以妥善保护。

2) 极坐标法

因全站仪测距方便、迅速，在一个测站上可以测设所有与之通视的点，且距离的长短对工作量和工作方法没有什么改变，测设精度高，是一种较好的测设方法。

若有全站仪，则可用极坐标法测设。先算出欲放样墩、台的中心坐标，再求出放样角度和距离，即可在施工控制网的任意控制点上进行放样。这种方法最为迅速、方便，只要墩、台中心处可以放置反射棱镜，且全站仪与棱镜能够通视即可。

测设时应根据当时测出的气象参数对距离进行温度、气象改正。为保证测设点位准确，常采用换站法校核，如图 14-4 所示，先在测站 1 测设桥墩 P，再搬至测站 2 测设一次，两次测设的点位之差应满足规范要求。

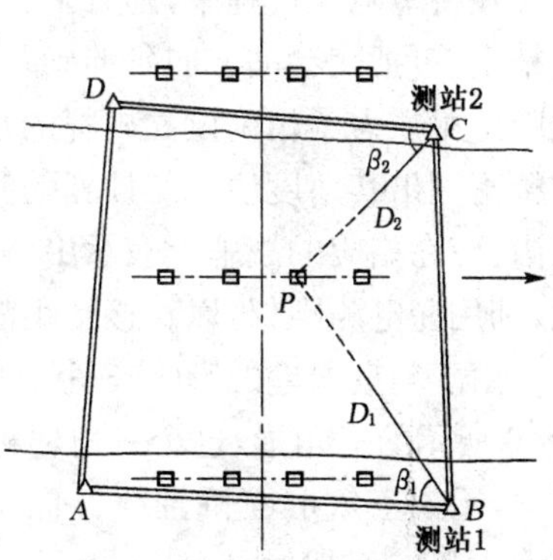

图 14-4 极坐标法定位桥梁墩台中心

测设时，可选择任意一个控制点设站(当然应首选网中桥轴线上的一个控制点)，并选择一个照准条件好、目标清晰和距离较远的控制点作定向点。再计算放样元素，放样元素包括测站到定向控制点方向与到放样的墩台中心方向间的水平角 β 及测站到墩台中心的距离 D。测设时，根据估算时拟订的测回数，按角度测设的精密方法测设出该角值 β 在墩台上得到一个方向点，然后在该方向上精密地放样出水平距离 D 得墩台中心。为了防止错误，最好用两台全站仪在两个测站上同时按极坐标法测设该墩台中心(如条件不允许时，则迁站到另一控制点上同法测设)，所得两个墩中心的距离差的允许值应不大于 2 cm。取两点连线的中点得墩中心。同法可测设其他墩台中心。

3) 交会法

如果桥墩所处的位置河水较深无法直接丈量，且不易安置反射棱镜时，可根据建立的三角网，采用方向交会法测设桥墩中心的位置。方向交会法是根据三角网的已知数据算出各交会角的角度，然后利用 3 台经纬仪分别从不同的点进行交会，定出墩台中心位置的方法。

用方向交会法测设桥墩中心的方法应在 3 个方向上进行，按照对定位精度的估算，交会角应以接近 90°为宜。如图 14-5 所示为一直线桥梁，由于墩位有远有近，若只在固定的 E 和 D 点设站测设就无法满足这一要求。在布设主网时增设点 E_1、点 D_1，目的就是为了使交会角接近 90°。图中交会 P_2、P_3 墩时，利用 E 点和 D 点，而交会 P_1 墩时，则利用 E_1 和 D_1。对于直线桥来说，交会的第三个方向最好采用桥轴线方向。因为该方向可直接照准而无需测角。设控制点 A、D、E 的坐标为已知，桥墩中心 P_i 点的设计坐标也已知，故可计算出用于测设的角度 α_i、β_i。

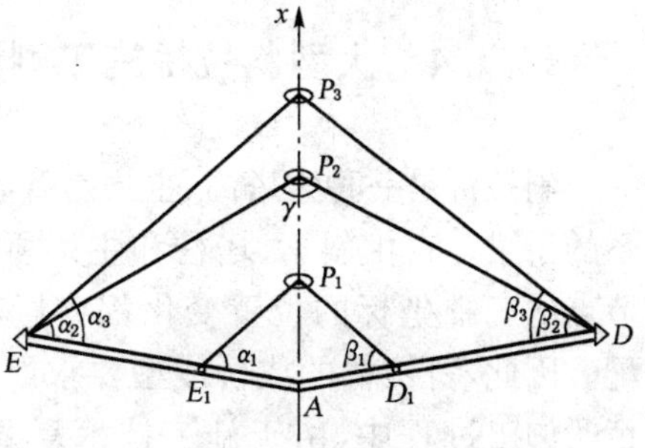

图 14-5 直线桥交会法测设桥墩中心位置

$$\alpha_i = \arctan\frac{y_A - y_E}{x_A - x_E} - \arctan\frac{y_P - y_E}{x_P - x_E} \tag{14-1}$$

$$\beta_i = \arctan\frac{y_P - y_D}{x_P - x_D} - \arctan\frac{y_A - y_D}{x_A - x_D} \tag{14-2}$$

测设时将 3 台经纬仪分别安置于 A、E 和 D 点上，用 A 点经纬仪照准桥轴线方向，当 E、D 点上的经纬仪测设出 α_i、β_i 后，3 个方向的交点即为桥墩中心位置。

在桥墩施工过程中，随着工程的进展需要多次交会墩台的中心位置。为了简化工作，提高精度，可把交会的方向延伸到对岸，并用觇牌固定。在以后交会时，只要直接照准对岸的觇牌即可。为了精确设立觇牌的位置，应按角度测设的精密方法进行，钉好觇牌后，应再一次精密测出其角度值。与计算的测设角度相比较，差值应小于 5″，否则应重设觇牌。为避免混淆，应在相应的觇牌上表示出桥墩的编号。待桥墩建出水面以后，即可在墩上架设反射棱镜，利用光电测距仪，以直接测距法定出墩中心的位置。

由于测量误差的影响，3 个方向不交于一点，而形成如图 14-6 所示的三角形，这个三角形称为示误三角形。对于直线桥梁，示误三角形在桥轴线方向上的边长应不大于 2.5 cm，最大边长应不超过 3 cm。如果在限差范围内，则将交会点 P_1 投影至桥轴线上，作为墩中心的点位 P。对于曲线桥，则取三角形的重心作为墩中心的位置。

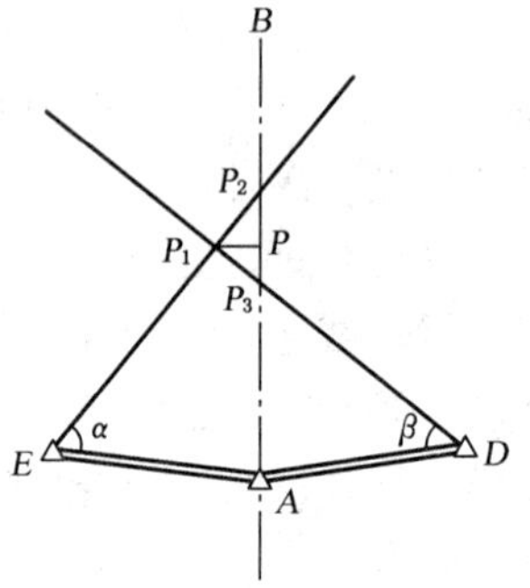

图 14-6　交会法定位示误三角形

交会出 P 点以后，应进行交会误差的检查。检查的方法是分别在 E、D 两点上安置仪器，测量 ∠AEP 和 ∠ADP 各 2 个测回。设观测结果为 α 和 β，根据 α 和 β 值计算 AP 的距离 S_{AP}（若按 α 和 β 分别计算的 AP 值不同时，则取平均值）。设理论上该墩中心距 A 点的距离为 D_{AP}，则 $D_{AP} - S_{AP}$ 为该墩交会点在桥轴线上的误差。此值如不超过规定容许误差（容许误差根据桥长大小而定，一般为 2～3 cm），应采用 P 为桥墩台中心。

墩台施工时，对其中心点位、中线方向和垂直方向以及墩顶高程都作了精密测定，但当时是以各个墩台为单元进行的。架梁时需要将相邻墩台联系起来，考虑其相关精度，要求中心点间的方向、距离和高差符合设计要求。

14.1.4　大型斜拉桥施工测量

斜拉桥是一种索塔高、主梁跨度大，用若干根斜拉索将梁拉在塔上的高度超静定结构体系的桥梁。它由斜索、塔柱和主梁所组成。它的每个节点的三维坐标的位置变化都会影响结构内力的分配。因此，斜拉桥的成桥线型要求严格符合设计。在桥梁施工过程中，由于施工技术复杂，定位精度要求高，所以必须自始至终用精密工程测量方法控制测设斜拉桥的线型。润扬长江大桥就是一个斜拉桥的例子。

图 14-7　润扬长江大桥

润扬长江大桥于 2000 年 10 月 20 日开工建设，它跨江连岛，北起扬州，南接镇江，全长 35.66 km，主线采用双向 6 车道高速公路标准，设计时速 100 km，工程总投资约 53 亿元，工期 5 年，2005 年 10 月 1 日前建成通车。该项目主要由南汊悬索桥和北汊斜拉桥组成，南汊桥主桥是钢箱梁悬索桥，索塔高 209.9 m，跨径为 470 m+1 490 m+470 m 的三跨双塔双索面钢梁斜拉桥；北汊桥是主双塔双索面钢箱梁斜拉桥，跨径布置为175.4 m+406 m+175.4 m，倒 Y 型索塔高 146.9 m，钢绞线斜拉索，钢箱梁桥面。该桥主跨径1 385 m，悬索桥主缆长 2 600 m，大桥钢箱梁总重 34 000 t，钢桥面铺装面积达 71 400 m^2，悬索桥锚碇锚体浇铸混凝土近 6 万m^3。

润扬长江大桥主要由索塔(墩塔)、斜拉索、主梁三大部分组成，塔、索、梁三者之间的联系一般常用双塔三跨连续梁布置，如图 14-8 的上半部所示。固定于索塔的斜拉索每隔一定索距对主梁进行提拉，将主梁荷载传至索塔，再传至塔墩基础。斜拉桥的结构特点有利于用悬臂法架设主梁。图 14-8 的下半部为完成索塔建造后主梁开始用悬臂法施工的示意图。

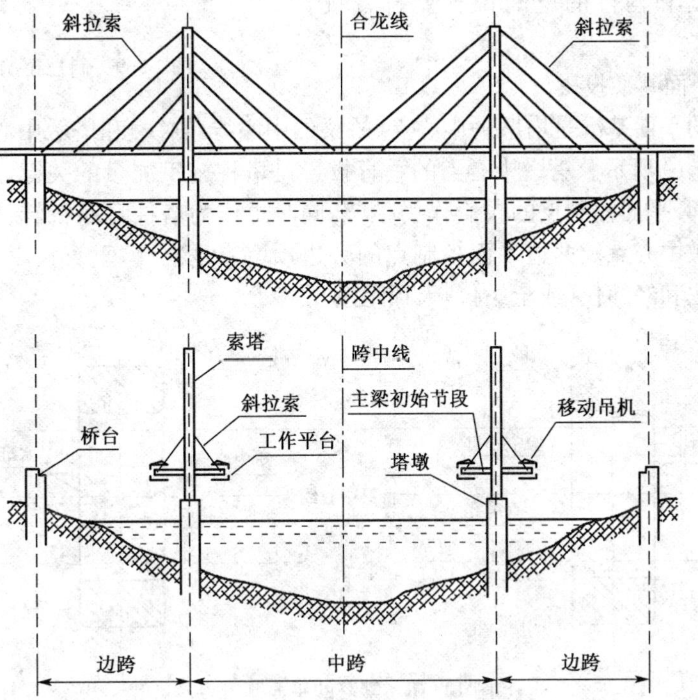

图 14-8　斜拉桥悬臂法施工

斜拉桥施工测量同样需要建立施工控制网(平面控制网和高程控制网)。施工控制网的精度应结合桥梁具体情况进行分析，以满足最高精度项目的要求。在施工期间还应根据施工进度和施工需要对控制网进行阶段性的检测。

平面定位要求：塔柱中心线位偏位误差不超过塔高的 1/3 000；索塔的中心距符合设计距离，桥轴线长度的精度不低于 1/40 000；索塔的中心线与桥轴线平行或垂直；塔身的倾斜度和断面提升，其偏位误差不超过塔高的 1/3 000。

高程定位要求：控制上、中、下塔柱和各横系梁等各施工断面的标高，使其上升到一定的高度时符合设计的倾斜度；下横系梁顶面标高的误差不大于±1.0 cm，中横系梁顶面标高的误差不大于±2.0 cm，塔顶和上横梁标高的误差不大于±3.0 cm。

斜拉桥在索塔施工测量、主梁施工测量和索道管定位测量有其特殊性外，进行墩台的定位施工时的测量内容基本与其他大型桥梁的施工测量相同。

1）索塔施工测量

斜拉桥、悬索桥的斜索和悬索一般均支承在两个塔柱上。索塔是斜拉桥、悬索桥的主体构件，索塔越高其桥的跨径越大。索塔的下半部分为基础和塔墩，其施工定位测量同一般大桥的定位。其上半部分为塔柱，结构较为复杂，一般由下塔柱、下横梁、中塔柱、上横梁、上塔柱等部分组成，如图 14-9 所示。塔柱施工测量的要点是保证塔柱各部分的倾斜度、垂直度和构件的空间位置要符合设计要求。

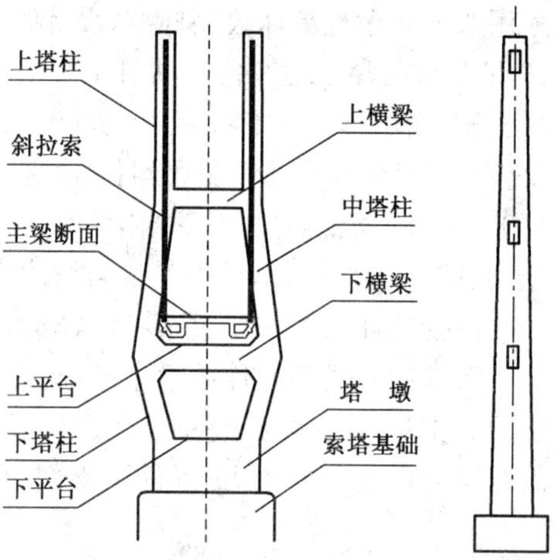

图 14-9　斜拉桥的索塔结构

（1）索塔平面基准投影

索塔建造的平面基准是塔墩的中心点、桥梁的中心线（轴线）和塔墩中心线（和桥轴线相垂直），如图 14-10 所示。塔墩中心点的垂直投影是塔柱施工测量的关键，垂直投影以塔墩中心点为主，两旁平面控制点的投影作为检核，同时也作为塔柱日照扭转、应力改变等变形观测之用。在墩中心点及两边平面控制点的旁边预留有垂准孔，垂直投影（铅垂线测设）的方法有垂准仪法和经纬仪（或全站仪）天顶距法。

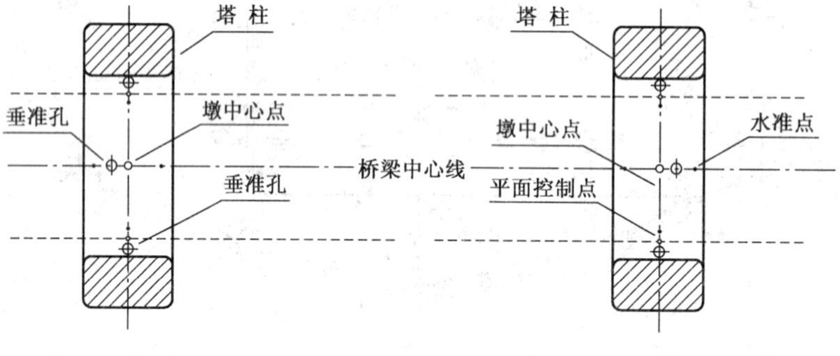

图 14-10　索塔的平面基准点

（2）索塔高程传递

索塔各施工面上的高程传递，可以采用悬挂钢尺水准测量的方法分段往上传递。

（3）塔柱施工放样

根据测设的平面控制点、铅垂线和高程控制点，可以由下而上地测设塔柱的各个细部的空间位置和几何尺寸，上、下横梁的平整度，中、下塔柱的倾斜度和上塔柱的铅垂度等，使之完全符合设计的位置。

2）主梁施工测量

斜拉桥的主梁施工是由索塔下双向对称悬臂架设、跨中合龙的动态施工方法，而主梁架设一般分为现场浇注和预制标准构件拼装两种基本方法。

（1）主梁施工控制测量

为保证施工测量精度须复测桥的平面和高程控制网，然后测设主梁的平面和高程施工控制点。施工控制的布设是随主梁架设的延伸而延伸,并非一次完成。主梁块件设计的特点是各构筑物的轴线均与桥轴线(主梁中心线)平行或垂直。因此,将主梁施工平面控制布设成与桥轴线平行的矩形控制网,不仅有利于应用直角坐标法进行细部放样,而且具有严格的检查条件,以确保放样的精度。

斜拉桥施工时,由于斜拉桥主梁的架设是动态施工,因此,在施工期间,主梁上的施工控制点必须经常复测,以保证控制点的正确性。

(2) 主梁中线测量

塔墩中心点的位置是相对稳定的,但根据塔墩中心点测设的主梁中心点却因为预制块安装而消失,因此在主梁施工过程中经常对主梁中心点的位置进行重建和检测。主梁中线测量是以两塔墩上的主梁中心点为基准点,构成一个相对关系统一的独立坐标系统。用经纬仪照准远处基准点,用正倒镜分中法测设主梁中线方向,用测距仪测设里程。

(3) 主梁线型测量

主梁线型是指主梁横断面的梁底线型,用梁底的标高来表示。主梁线型测量是在梁体较稳定的状态下,用水准测量方法测定。从一个施工水准点开始,附合到另一个施工水准点,然后推算出梁底测点的标高。力求在最短时间内完成。

在梁的安装过程中,应不断地测量以保证钢梁始终在正确的平面位置上,高程(立面)位置应符合设计的大节点挠度和整跨拱度的要求。如果梁的拼装是两端悬臂在跨中合拢,则合拢前的测量重点应放在两端悬臂的相对关系上,如中心线方向偏差、最近节点高程差和距离差要符合设计和施工的要求。

3) 索道管定位测量

斜拉索是连接索塔和主梁并使之构成整体斜拉桥的重要组成部分,而索道管是将缆索两端分别锚固在索塔和主梁上的重要构件(图 14-11)。斜拉索索道管空间位置的精密测量定位及其精度,将直接影响斜拉桥施工质量。塔上斜拉索索道管位置高,又与索塔同时施工,受施工的影响大,因此比主梁上的斜拉索索道管测量定位难度大。为了使缆索能正确定位,对索道管顶口和底口中心的三维坐标位置的定位提出了很高的精度要求。

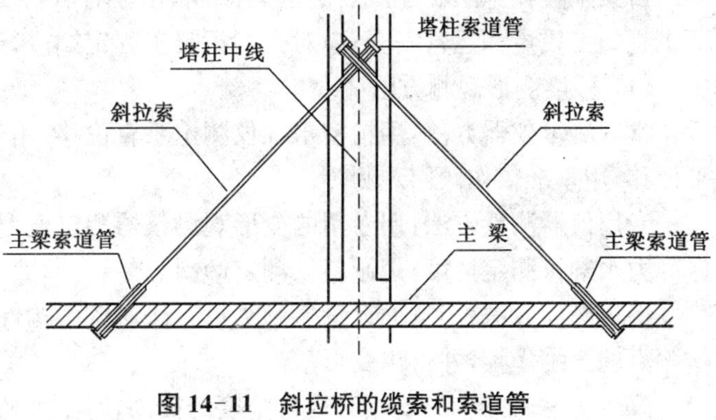

图 14-11 斜拉桥的缆索和索道管

(1) 塔柱索道管定位测量

索道管定位是斜拉桥高塔柱施工中测量精度要求高、难度大的工作,索道管的位置将直接影响到超静定结构节点内力的变化。首先建立索道管测量定位的局部控制网:在桥墩或桥面上设置索道管测量定位的局部平面控制网,在索塔横梁上设置高程控制网。

塔墩如果靠近岸边,可以在岸上布置平面控制点,建立通过(或平行)塔柱中线和墩中线的竖直基准面。对于远离岸边的塔墩,可以利用塔柱施工测量时留下的控制点和垂准孔建立垂准线和竖直基准面。在控制点上安置经纬仪，瞄准基准点的方向后，利用望远镜视准轴的上、下转动建立上述基准面，再用测距、方向交会等方法测设待放样的索道管口中心点的坐标。高程测设可以采用高层建筑高程传递的方法。

(2) 主梁索道管定位测量

主梁索道管定位测量精度要求也很高，可以利用主梁施工控制网，采用初步定位、移动调整、复测等逐次趋近的方法，测设索道管口中心的三维坐标。

14.1.5 桥梁施工中的检测与竣工测量

1) 桥梁下部结构的施工放样的检测

桥梁的下部施工放样一般由桩基础、梁、立柱、墩帽等的放样组成，位置不同其检查的要求也不同，检查时一般按照规范要求进行。

2) 桥梁上部结构的施工放样的检测

测量工作主要是高程的控制，如T梁、板梁、现浇普通箱梁、现浇预应力箱梁的顶面标高直接影响到桥面的厚度，桥面的厚度直接影响桥梁使用。悬浇预应力箱梁的高程控制更是影响到贯通的高差及桥面的厚度。

3) 桥梁的竣工测量

桥梁的竣工测量主要根据规范要求，对已完成的桥梁进行全面的检测。

全桥架通后，做一次方向、距离和高程的全面测量，其成果可作为钢梁整体纵、横移动和起落调整的施工依据，称为全桥贯通测量。

4) 桥梁变形观测

桥梁工程在施工和建成后的运营期间，由于各种因素的影响会产生各种变形。为了保证工程施工质量和运营安全，应对大型桥梁工程定期进行变形观测。

(1) 桥梁变形观测方法

常规测量仪器方法：用精密水准仪测定垂直位移，用经纬仪视准线法或水平角法测定水平位移，用垂准仪作倾斜观测等。

专用仪器测量方法：用专用的变形观测仪器测定变形。如用准直仪测定水平位移，用流体静力水准仪测定挠度，用倾斜仪测定倾斜。

摄影测量方法：用地面近景摄影测量方法对桥梁构件进行立体摄影，通过量测计算得到被测点的三维坐标，并得出变形量。

GPS方法：随着GPS相对定位精度的提高，对于大桥桥梁的变形观测可用GPS方法进行变形观测。

(2) 桥梁变形观测内容

垂直位移观测：对各桥墩、桥台进行沉降观测。沉降观测点沿墩台的外围布设。根据其周期性的沉降量，可以判断其是否是正常沉降。

水平位移观测：对各桥墩、桥台在水平方向位移的观测。水平方向的位移分为纵向(桥轴线方向)位移和横向(垂直于桥轴线方向)位移。

倾斜观测：对高桥墩和斜拉桥的塔柱进行铅垂线方向的倾斜观测，这些构筑物的倾斜往往与基础的不均匀沉降有关。

挠度观测:对梁体在静荷载和动荷载的作用下产生的挠曲和振动的观测。

裂缝观测:对混凝土的桥台、桥墩和梁体所产生的裂缝的观测。

14.2 隧道施工测量

14.2.1 概述

随着现代化建设的发展,地下隧道工程日益增加,如公路隧道、铁路隧道和矿山隧道等。按所在平面线形及长度,隧道可分为特长隧道、长隧道和短隧道。直线形隧道长度在3 000 m以上的为特长隧道;长度在1 000～3 000 m的属长隧道;长度在500～1 000 m的为中隧道;长度在500 m以下的为短隧道。同等级的曲线形隧道,其长度界限为直线形隧道的一半。

隧道施工测量的主要任务是:测出洞口、井口、坑口的平面位置和高程,指示掘进方向;隧道施工时,标定线路中线控制桩及洞身顶部地面上的中线桩;在地下标定出地下工程建筑物的设计中心线和高程,以保证隧道按要求的精度正确贯通;放样隧道断面的尺寸,放样洞室各细部的平面位置与高程,放样衬砌的位置等。

隧道施工的掘进方向在贯通前无法通视,完全依据测设支导线形式的隧道中心线指导施工。所以在工作中要十分认真细致,按规范的要求严格检验与校正仪器,注意做好校核工作,减少误差积累,避免发生错误。

在隧道施工中,为了加快工程进度,一般由隧道两端洞口进行相向开挖。长隧道施工时,通常还要在两洞口间增加平洞、斜井或竖井,以增加掘进工作面,加快工程进度,如图14-12所示。隧道自两端洞口相向开挖,在洞内预定位置挖通,称为贯通,又称贯通测量。

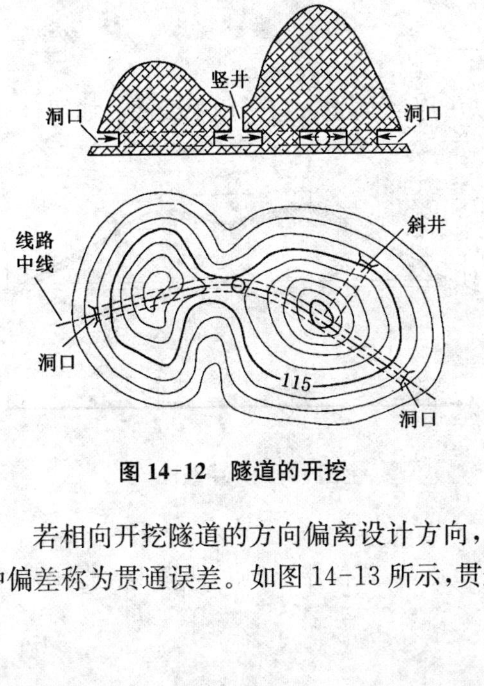

图 14-12 隧道的开挖

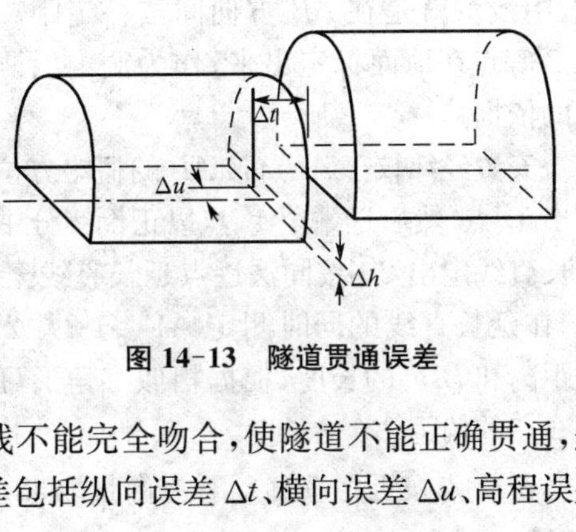

图 14-13 隧道贯通误差

若相向开挖隧道的方向偏离设计方向,其中线不能完全吻合,使隧道不能正确贯通,这种偏差称为贯通误差。如图14-13所示,贯通误差包括纵向误差Δt、横向误差Δu、高程误差

Δh，其中纵向误差仅影响隧道中线的长度，施工测量时较易满足设计要求，因此一般只规定贯通面上横向及高程的误差。例如《铁路测量技术规则》中规定：长度小于 4 km 的铁路隧道，横向贯通误差允许值为 100 mm，高程贯通误差允许值为 50 mm。《公路隧道勘测规程》规定：两相向开挖洞口间长度小于 3 km 的公路隧道，横向贯通误差允许值为 150 mm，高程贯通误差允许值为 70 mm；3～6 km 的公路隧道，横向贯通误差允许值为 200 mm，高程贯通误差允许值为 70 mm。隧道测量按工作的顺序可以分为洞外控制测量、洞内控制测量、洞内中线测设和洞内构筑物放样等。

隧道施工测量的主要工作包括在地面上平面、高程控制测量、建立地下隧道统一坐标系统的联系测量、地下隧道控制测量、隧道施工测量。

14.2.2 地面控制测量

为保证隧道工程在多个开挖面的掘进中，使施工中线在贯通面上的横向及高程能满足贯通精度的要求，必须建立地面控制测量。

地面控制测量包括平面控制测量和高程控制测量。一般要求在每个洞口应测设不少于3个平面控制点和2个高程控制点。直线隧道上，两端洞口应各设一个中线控制桩，以两控制桩连线作为隧道的中线。平面控制点应尽可能包括隧道洞口的中线控制点，以利于提高隧道贯通精度。在进行高程控制测量时，要联测各洞口水准点的高程，以便引测进洞，保证隧道在高程方向正确贯通。

地面控制测量的主要内容是：复核洞外中线方向以及长度和水准基点的高程；设置各开挖洞口的引测点，为洞内控制测量做好准备；测定开挖洞口各控制点的位置，并和路线中心线联系以便根据洞口控制点进行开挖，使隧道按设计的方向和坡度以及规定的精度贯通。

1）地面平面控制测量

地面平面控制测量的主要任务是测定各洞口控制点的相对位置，以便根据洞口控制点按设计方向进行开挖，并能以规定精度正确贯通。地面平面控制测量的方法有：中线法、三角测量法、导线测量法、GPS 测量法。

（1）中线法

由于中线长度误差对贯通影响很小，所以较短的直线隧道一般采用中线法。如图14-14所示，A、B 为两洞口中线控制点，但互不通视。中线法就是在 AB 方向间按一定距离将1、2 等点在地面标定出来，作为洞内引测方向的依据。

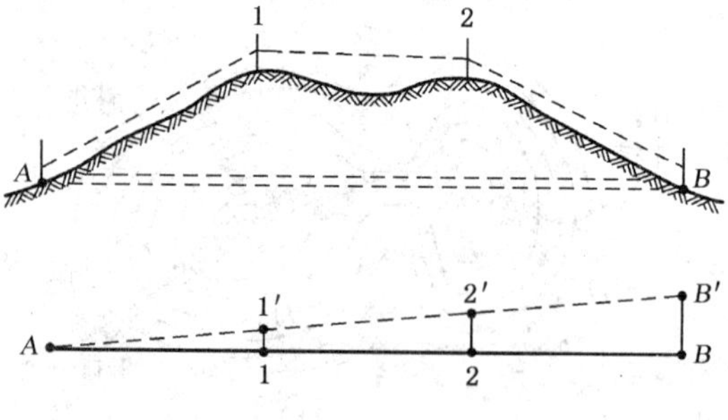

图 14-14　中线法

安置经纬仪于 A 点，按 AB 的概略方位角定出 $1'$ 点。然后迁站至 $1'$ 点以正倒镜分中法延长直线定出 $2'$，按同法逐点延长直线至 B' 点。在延长直线的同时测定 $A1'$、$1'2'$、$2'B'$ 的距离和 BB' 的长度，根据相似三角形可求得 2 点的偏距 $22'$ 的长度。

在 $2'$ 点按近似垂直 $2'B'$ 方向量取 $22'$ 长定出 2 点。安置仪器于 2 点，同理延长直线 $B2$ 至

1 点，再从 1 点延长至 A 点，若不和 A 点重合，再进行第二次趋近。直至 1、2 两点位于 AB 直线上为止。最后用测距仪分段测量 AB 间的距离，其测距相对误差 $K \leqslant 1/5\,000$。

若用于曲线隧道，则应首先精确标出两切线方向，然后精确测出转向角，将切线长度正确地标定在地表上，以切线上的控制点为准，将中线引入洞内。中线法简单、直观，但其精度不太高。

(2) 三角测量法

当隧洞较长、地形复杂、量距困难时可采用三角测量法。如图 14-15 所示，隧洞三角网一般布设成沿隧道路线方向延伸的单三角锁，尽可能垂直于贯通面。直线隧道最好尽量沿洞口连线靠近中线方向布设成直伸型三角锁(三角锁的一边尽量位于中线上)，以减小边长误差对横向贯通的影响。由于三角锁各边边长是根据基线推算出来的，所以起始边基线测量精度要求较高，不低于 1/300 000。测角精度要求为 $\pm 2''$。根据各控制点坐标可推算开挖方向的进洞角度。如在 A 点安置仪器，C 点定向，转角 $360° - \beta_1$，即得进洞的中线方向。

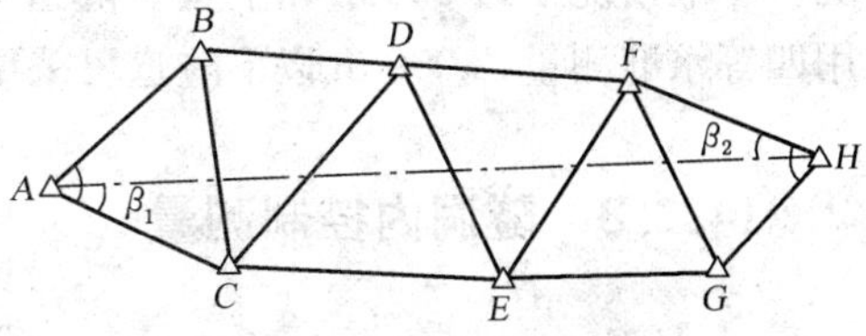

图 14-15 隧道小三角控制网

(3) 导线测量法

用导线测量法建立地面控制的主要仪器为测距仪或全站仪。由于其测距方便且灵活，所以对地形复杂、量距困难的隧道进行地面平面控制已成为主要方法。直线隧道的导线应尽量沿两洞口连线的方向，沿隧道中线布设成直伸形式，因直伸导线的量距误差主要影响隧道的长度，而对横向贯通误差影响较小。曲线隧道的导线两端应沿切线布设导线点，中部为直线时，则中部沿中线布设导线点；整个隧道都是曲线应尽量沿两端洞口的连线布设导线点，导线应尽可能通过隧道两端洞口及各辅助坑道的进洞点，并使这些点成为主导线点。为了增加校核条件、提高导线测量的精度，可将导线布设成主副导线闭合环。

(4) GPS 测量法

用全球定位系统 GPS 技术建立隧道地面控制网，布设灵活方便、工作量小、速度快、精度高。建议大、中型隧道地面控制网用 GPS 来建立。用 GPS 作地面平面控制时，只需要布设洞口控制点和定向点且相互通视，以便施工定向之用，最好选在线路中线上。除要求洞口点与定向点通视外，定向点之间不要求通视。与国家控制点之间的联测也不需要通视。定位网由隧道各开挖口的控制点组成，每个开挖口应多布测几个控制点。整个控制网应由一个或若干个独立观测环组成，每个独立观测环的边数最多不超过 12 个，应尽可能减少。图 14-16 为一 GPS 控制网布网方案，图中 AB 两点间连线为独立基线，网中每个点尽量与多一点的边相连，其可靠性会更好。

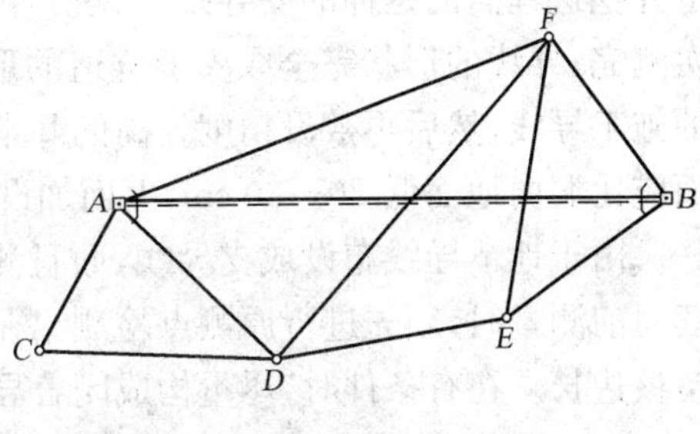

图 14-16 隧道 GPS 控制网方案

由上述各种方法比较看出，中线法控制形式最简单，但由于方向控制较差，故只能用于较短的隧道；三角测量方法其方向控制精度最高，但其三角点的布设要受到地形、地物条件的限制，而且基线边要求精度高，使丈量工作复杂，平差计算工作量大；导线测量法由于布设简单、灵活、地形适应性强、外业工作量少且用三角高程法测量高程可以同时进行，因而逐渐成为隧道控制的主要形式和首选方案；GPS测量法因仪器价格较高，现阶段应用并不广泛。

2）地面高程控制测量

高程控制测量的任务是按规定的精度测定洞口附近水准点的高程，作为高程引测进洞的依据。每一洞口埋设的水准点应不少于2个。水准线路应形成闭合环或敷设2条互相独立的水准路线，以达到测站少、精度高的要求。水准测量的等级取决于隧道的长度和地形情况。一般情况下，4 000 m以上特长隧道应采用三等水准测量，2 000～4 000 m长隧道应采用四等水准测量，2 000 m以下隧道可采用等外水准测量。

14.2.3 隧洞内控制测量

为了保证隧道掘进方向的正确，并准确贯通，应进行洞内控制测量。由于隧道场地狭小，故洞内平面控制常采用中线或导线两种形式。其目的是建立与地面控制测量相符的地下坐标系统，根据地下导线点坐标，放样出隧道中线，指导隧道开挖的方向，保证隧道贯通符合设计和规范要求。

1）地下中线形式

地下中线形式是指洞内不设导线，用中线控制点直接进行施工放样。测设中线点的距离和角度数据由理论坐标值反算，以规定的精度测设出新点，再将测设的新点重新测角、量距，算出实际的新点精确点位，和理论坐标相比较，若有差异，应将新点移到正确的中线位置上。这种方法一般用于较短的隧道。

2）地下导线形式

地下导线形式指洞内控制依靠导线进行，施工放样用的中线点由导线测设，中线点的精度能满足局部地段施工要求即可。导线控制的方法较中线形式灵活，点位易于选择，测量工作也较简单，而且具有多种检核方法；当组成导线闭合环时，角度经过平差，还可提高点位的横向精度。导线控制方法适用于长隧道。

导线的起始点通常设在由地面控制测量测定隧道洞口的控制点上，其特点是：它为随隧道开挖进程向前延伸的支导线，沿坑道内敷设导线点选择余地小。而不可能将全部导线一次测完；导线的形状完全取决于坑道的形状；为了很好地控制贯通误差，应先敷设精度较低的施工导线，然后再敷设精度较高的基本控制导线，采取逐级控制和检核。导线点的埋石顶面应比洞内地面低20～30 cm，上面加设护盖、填平地面，以免施工中遭受破坏。

由于地下导线布设成支导线，而且测一个新点后，中间要间断一段时间，所以当导线继续向前测量时，须先进行原测点检测。在直线隧道中，只进行角度检核；在曲线隧道中，还须检核边长。在有条件时，尽量构成闭合导线。

3）洞内中线测量

隧道洞内施工，是以中线为依据进行的。隧道衬砌后两个边墙间隔的中心即为隧道中心。在直线部分则与线路中线重合；曲线部分由于隧道衬砌断面的内外侧加宽不同，所以线路中心线就不是隧道中心线。当洞内测设导线之后，应根据导线点位的实际坐标和中线点的理论坐标，反算出距离和角度，利用极坐标法，根据导线点测设出中线点。一般直线地段150～200 m，曲线地段60～100 m，应测设一个永久的中线点。

由导线建立新的中线点之后，还应将经纬仪安置在已测设的中线点上，测出中线点之间的夹角，将实测的检查角与理论值相比较作为另一种检核，确认无误即可挖坑埋入带金属标志的混凝土桩。

为了方便施工，可在近工作面处采用串线法确定开挖方向。先用正倒镜分中法延长直线在洞顶设置三个临时中线点，点间距不宜小于5 m。定向时，一人在始点指挥，另一人在作业面上用红油漆标出中线位置。随着开挖面的不断向前推进，地下导线应按前述方法进行检查复核，不断修正开挖方向。

4）地下高程控制测量

当隧洞内坡度小于8°时，采用水准测量方法测量高程；当坡度大于8°时，可采用三角高程方法测量高程。

随着隧道的掘进，结合洞内施工特点，可每隔50 m在地面上设置一个洞内高程控制点，也可埋设在洞壁上，亦可将导线点作为高程控制点。每隔200～500 m设立两个高程点以便检核。地下高程控制测量采用支水准路线测量时，必须往返观测进行检核，视线长度不宜大于50 m，若有条件尽量闭合或附合，测量方法与地面基本相同。采用三角高程测量时，应进行对向观测，限差要求与洞外高程测量的要求相同。洞内高程点作为施工高程的依据，必须定期复测。

当隧道贯通之后，求出相向两支水准的高程贯通误差，并在未衬砌地段进行调整。所有开挖、衬砌工程应以调整后的高程指导施工。

14.2.4 竖井联系测量

在地下工程中，可使用平峒、斜井及竖井进行地下的开挖工作。为保证地下工程沿设计方向掘进，应通过平峒、斜井及竖井，该项工作称为联系测量。通过平峒、斜井的联系测量可由导线测量、水准测量、三角高程测量完成。竖井联系测量工作分为平面联系测量和高程联系测量。平面联系测量又分为几何定向（包括一井定向和两井定向）和陀螺定向。

在隧道施工中，除了通过开挖平峒、斜井以增加工作面外，还可以采用开挖竖井的方法来增加工作面，将整个隧道分成若干段，实行分段开挖。为了保证地下各方向的开挖面能准确贯通，必须将地面的平面坐标系统及高程系统通过竖井传递到地下，这项工作称为竖井联系测量。其中坐标和方向的传递称为竖井定向测量。

竖井施工前，根据地面控制点把竖井的设计位置测设于地面。竖井向地下开挖，其平面位置用悬挂大锤球或用垂准仪测设铅垂线，可以将地面的控制点垂直投影至地下施工面。以便能在竖井的底层确定隧道的开挖方向和里程。工作原理和方法与高层建筑的平面控制点垂直投影完全相同。由于竖井的井口大小有限，用于传递方位的两根铅垂线的距离相对较短（一般仅为3～5 m），垂直投影的点位误差会严重影响井下方位定向的精度。高程控制点的高程传递可以用钢卷尺垂直丈量法。

1）竖井定向测量

竖井平面联系测量包括两项内容：一是投点，即将地面一点向井下作垂直投影，以确定地下导线起始点的平面坐标，一般采用垂球投点或用激光铅垂仪投点；二是投向(定向)，即确定地下导线边的起始方位角。

在竖井平面联系测量中，定向是关键。因为投点误差一般都能保证在10 mm左右，而由于存在定向误差，将使地下导线各边方位角都偏扭同一个误差值，使得地下导线终点的横向位移随导线伸长而增大。

如图14-17所示，竖井定向是在井筒内挂两条吊垂线，在地面根据井口控制点测定两吊垂线的坐标 x、y 及其连线的方位角。在井下，根据投影点的坐标及其连线的方位角，确定地下导线点的起算坐标及方位角。

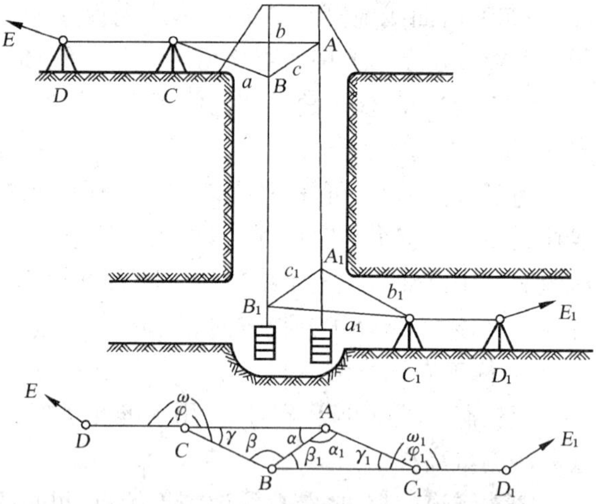

图14-17 竖井定向测量

(1) 投点

通常采用重荷稳定投点法。投点重锤重量与钢丝直径随井深而异(如井深<100 m时，锤重30～50 kg，钢丝直径0.7 mm)。投点时，先在钢丝上挂以较轻的垂球用绞车将钢丝导入竖井中，然后在井底换上作业重锤，并将它放入油桶中，使其稳定。由于井筒内气流影响，致使重锤线发生偏移或摆动，当摆幅<0.4 mm，即认为是稳定的。

(2) 连接测量

如图14-17所示，A、B为井中悬挂的两个重锤线，C、C_1为井上、井下定向连接点，从而形成了以AB为公共边的两个联系三角形ABC与$A_1B_1C_1$。D点坐标和方位角为已知。经纬仪安置在C点较精确观测连接角ω、φ和三角形ABC的内角γ，用钢尺准确丈量a、b、c，用正弦定理计算出角度α、β，按导线D-C-A-B算出A、B的坐标及其连线的方位角。在井下经纬仪安置于C_1点，较精确测量连接角ω_1、φ_1和井下三角形ABC_1的内角γ_1，丈量边长a_1、b_1、c_1，按正弦定理可求得α_1、β_1。在井下根据B点坐标和AB方位角便可推算C_1、D_1点的坐标及D_1、E_1的方位角。

为了提高定向精度，在点的设置和观测时，两重锤之间距离尽可能大；两重锤连线所对的γ、γ_1应尽可能小，最大应不超过3°，a/c，a_1/c_1的比值不超过1.5；联系三角形的边长应使用检定过的钢尺，施加标准拉力在垂线稳定时丈量3～4次，读数估读0.5 mm，每次较差不应大于2 mm，取平均值作为最后结果。另外要求井上与井下同时丈量两钢丝间距之较差，应不大于2 mm，两钢丝间实量间距与按余弦定理计算所得间距，其差值一般应不超过2 mm。在观测水平角时应采用DJ_2经纬仪观测3～4个测回。

2) 竖井高程传递

通过竖井传递高程(也称导入高程)的目的是将地面的高程系统传递到井下高程起始点上，建立井下高程控制，使地面和井下是统一的高程系统。在进行坑内高程测量之前，首先要将地面高程系统引至地下，称为坑内高程引测。对于通过竖井开挖的地下坑道，其高程则需设法从竖井中导入，此项作业又称为导入标高。导入高程的方法有：钢尺导入法、钢丝导入法、测长器导入法及光电测距仪导入法。这里以钢尺导入法为例介绍一下高程传递方法。在传递高程时，应同时用两台水分准仪，两根水准尺和一把钢尺进行观测，其布置如图14-18所示。将钢尺悬挂在架子上，其零端放入竖井中，并在该端挂一重锤(一般为 10 kg)。为防止重锤晃动，可将重锤放入一油桶内。一台水准仪安置在地面上，另一台水准仪安置在隧道中。地面上水准仪在起始水准点 A 的水准尺上读取读数 a，而在钢尺上读取读数 a_1；地下水准仪在钢尺上读取读数 b_1，在水准点 B 的水准尺上读取读数 b。a_1 及 b_1 必须在同一时刻观测，而观测时应量取地面及地下的温度。B 点高程为 $H_B = H_A + (a_1 - b_1) - (a - b)$。

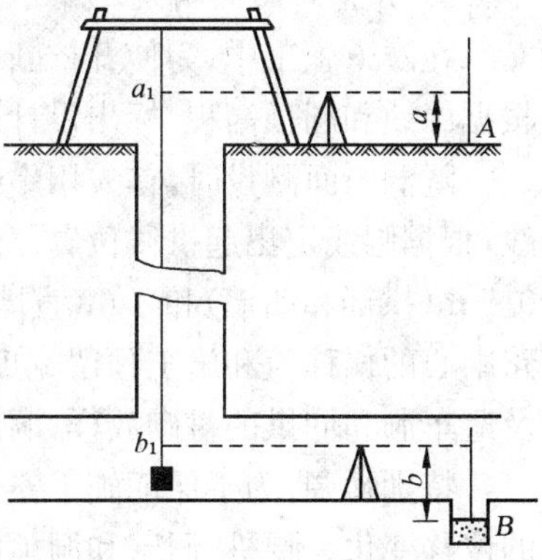

图 14-18 钢尺传递高程

导入高程均需独立进行两次(第二次需移动钢尺，改变仪器高度)。加入各项改正数后，前后两次导入高程之差不得超过 $L/8\,000$(L 为井深)。

14.2.5 地下洞内施工测量

隧道是边开挖、边衬砌，为保证开挖方向正确、开挖断面尺寸符合设计要求，施工测量工作必须紧紧跟上，同时要保证测量成果的正确性。

1) 隧道平面掘进方向的标定

当隧道从最前面一个临时中线点继续向前掘进时，在直线上延伸不超过 30 m，曲线上不超过 20 m 的范围内，可采用串线法延伸中线。用串线法延伸中线时，应在临时中线点前或后用仪器再设置 2 个中线点。串线时可在这 3 个点上挂上垂球线，先检验 3 点是否在一条直线上。如正确无误，可用肉眼瞄直，在工作面上给出中线位置，指导掘进方向。当串线延伸长度超过临时中线点的间距时，则应设立一个新的临时中线点。在曲线导坑中，常用弦线偏距法和切线支距法进行延伸测量。

2) 隧洞高程和坡度的测设

用洞内水准测量控制隧道施工的高程。隧道向前掘进，每隔 50 m 应设置一个洞内水准点，并据此测设腰线。隧道的腰线可以指示隧道在竖直面内的倾斜方向，定腰线就是在隧道壁上标定出隧道的设计坡线。通常情况下，可利用导线点作为水准点，也可将水准点埋设在洞顶或洞壁上，但都应力求稳固和便于观测。洞内水准线路也是支水准线路，除应往返观测外，还需经常进行复测。

地下高程的测设方法用水准测量法。水准测量常用倒尺法传递高程。高差计算仍为 $h_{AB} = a - b$，但倒尺读数应作为负值参与计算。在隧道开挖过程中，常用腰线法控制隧道的坡度和高程。作业时在两侧洞壁每隔 5～10 m 测设出高于洞底设计高程约 1 m 的腰线点。腰线点设置一般采用视线高法。水准仪后视水准点，读取后视读数，得仪器高。根据腰线点的设计高程，可分别求出腰线点与视线间的高差，据此可在边墙上定出腰线点。相邻点的连线即为腰线。当隧道具有一定坡度时要测设腰点桩。

3）开挖断面的测设

在隧道施工中，为使开挖断面能较好的符合设计断面，在每次掘进前，应在开挖断面上，根据中线和洞顶高程，标出设计断面尺寸线。

隧洞断面测设时，首先用串线法（或在中线桩上安置经纬仪），在工作面上定出断面中垂线，根据腰线定出起拱线位置。然后根据设计图纸，采用支距法测设断面轮廓，从上至下每0.5 m（拱部和曲墙）和 1 m（直墙）向左右量测支距。量支距时，应考虑到曲线隧道中心与线路中心的偏移值和施工预留宽度。在衬砌之前，还应进行衬砌放样，包括立拱架测量、边墙及避车洞和仰拱的衬砌放样，洞门砌筑施工放样等一系列的测量工作。

特别强调，为了保证施工安全，在隧道掘进过程中，还应设置变形观测点，以便监测围岩的位移变化。腰桩、洞壁和洞顶的水准点可作为变形观测点。

4）竣工测量

隧道工程竣工后，为了检查工程是否符合设计要求，并为设备安装和运营管理提供基础信息，需要进行竣工测量，绘制竣工图。由于隧道工程是在地下，因此隧道竣工测量具有独特之处。

验收时检测隧道中心线。在隧道直线段每隔 50 m、曲线段每隔 20 m 检测一点。地下永久性水准点至少设置两个，长隧道中每 1 km 设置一个。

隧道竣工时，还要进行纵断面测量和横断面测量。纵断面应沿中线方向测定底板和拱顶高程，每隔 10～20 m 测一点，绘出竣工纵断面图，在图上套绘设计坡度线进行比较。直线隧道每隔 10 m、曲线隧道每隔 5 m 或者隧道变化处测一个横断面。横断面测量可以用直角坐标法或极坐标法。直角坐标法测量时，是以横断面的中垂线为纵轴，以起拱线为横轴，量出起拱线至拱顶的纵距和中垂线至各点的横距，还要量出起拱线至底板中心的高度等，依此绘制竣工横断面图。用极坐标法测量竣工横断面。用一个有刻度的度盘，将度盘上 0°～180°刻度线的连线方向放在横断面中垂线位置上，度盘中心的高程从底板中心高程量出。用长杆挑一皮尺零端指着断面上某一点，量取至度盘中心的长度，并在度盘上读出角度，即可确定点位。在一个横断面上测定若干特征点，就能据此绘出竣工横断面图。

当隧道中线检测闭合后，在直线上每 200～500 m 处和曲线上的主点，均应埋设永久中线桩；洞内每 1 km 应埋设一个水准点。无论中线点或水准点，均应在隧道边墙上画出标志，以便以后养护维修时使用。

14.2.6 隧道贯通测量

贯通测量的任务是指导贯通工程的施工，以保证隧道能在预定贯通点贯通。由于地面控制测量、竖井联系测量以及地下控制测量中的误差，使得贯通工程的中心线不能相互衔接，所产生的偏差即为贯通误差。其中在施工中线方向的投影长度称为纵向贯通误差，在水平面内垂直于施工中线方向上的投影长度称为横向贯通误差，在竖直方向上的投影长度称为高程贯通误差。纵向贯通误差仅影响隧道的长度，对隧道的质量没有影响。高程要求的精度，使用一般水准测量方法即可满足，高程贯通误差对施工质量也无影响。而横向贯通误差直接影响施工质量，严重者甚至会导致隧道报废。所以一般所说的贯通误差，主要是指隧道的横向贯通误差。

为了加快施工隧道进度，一般在进、出口两个开挖面外，还常采用横洞、斜井、竖井、平行导坑等来增加开挖面。隧道的开挖总是沿线路中线向洞内延伸的，保证隧道在贯通时两相向开挖施工中线的相对错位不超过规定的限值，是隧道施工测量的关键问题。作业前应根据贯通误差容许值，进行贯通测量的误差预计，保证贯通所必需的精度。

贯通测量误差预计，就是预先分析贯通测量中所要实施的每一项测量作业的误差对于贯通面在重要方向上的影响，并估算出贯通误差可能出现的最大值。通过贯通测量的误差预计，可以选择较合理的贯通测量方案，从而既能避免盲目提高贯通测量精度，也不会出现因精度过低而造成返工。

各种贯通工程的容许贯通误差视工程性质而定。例如，铁路隧道工程中规定 4 km 以下的隧道横向贯通误差容许值为±0.1 m，高程贯通误差容许值±0.05 m；矿山开采和地质勘探中的隧道横向贯通误差容许值为±(0.3～0.5) m，高程贯通误差容许值为±(0.2～0.3) m。

工程贯通后的实际横向偏差值可以采用中线法测定，即将相向掘进的隧道中线延伸至贯通面，分别在贯通面上钉立中线的临时桩，量取两临时桩间的水平距离，即为实际横向贯通误差。也可在贯通面上设立一个临时桩，分别利用两侧的地下导线点测定该桩位的坐标，利用两组坐标的差值求得横向贯通误差。

对于实际高程贯通误差的测定，一般是从贯通面一侧有高程的腰线点上用水准仪联测到另一侧有高程的腰线点，其高程闭合差就是贯通巷道在竖向上的实际偏差。

14.3　水利施工测量

水利工程测量是指在水利工程规划设计、施工建设和运行管理各阶段所进行的测量工作。主要的测量工作是河道、渠道、大坝的施工放样。其中渠道是常见的水利工程，也是农田水利基本建设的一个主要内容。这里以渠道测量为例介绍一下施工情况。

渠道是开挖或填筑的人工河槽，用于输送水流，达到灌溉、排水或引水发电的目的。修建渠道时，必须将设计好的路线，在地面上定出其中心线位置，然后沿路线方向测出其地面起伏情况，并绘制成带状地形图和纵横断面图，作为设计路线坡度和计算土石方工程量的依据。

渠道测量指在渠道勘测、设计和施工中所进行的测量工作。主要内容包括：勘探选线、中线测量、纵横断面测量、土方计算和施工断面放样等。

14.3.1　渠道选线测量

渠道就是一条人工河道，是常见的水利工程，常用于灌溉、排水、航运和引水等。渠道分大、中、小型渠，灌溉渠又分干渠、支渠、斗渠和农渠等，渠道工程的兴建，要依水源、受益范围或其他目的而确定工程规模的大小。规模不同测量方法也略有差异。

踏勘选线的任务是根据水利工程规划所定的渠道方向、引水高程和设计的坡降，在实地确定一条既经济又合理的路线，标定渠道中心线的位置。渠道的选择直接关系到工程效益和修建费用的大小，一般应考虑有尽可能多的土地能实现自流灌排，而开挖和填筑的土石方量和所需修建的附属建筑物要少，并要求中小型渠道的布置与土地规划相结合，做到田、渠、林、路协调布置，为采用先进农业技术和农田园田化创造条件，同时还要考虑渠道沿线有较好的地质条件，少占良田，山区渠道布置应集中落差，以利于发电。对于灌区面积大、渠线较长、规模较大的渠道应先在地形图上进行初步选线，然后到现场踏勘，最后确定渠道起点、转折点和终点，并用大木桩标定这些点的位置，绘制点位略图，以便日后寻找。对于灌区面积较小、渠线不长、地形不复杂的中小型渠道，可以根据已有资料和选线要求在实地查勘选线。

线路选择的目的是在地面上确定渠道的中心线位置并在实地标定。线路选择的好坏，直接影响到工程的投资和效益，是一项很重要的工作。为了选定一条经济合理的线路，应做到下列几点要求：沿着等高线，掌握地面高程变化使线路尽量短而直，转折角应尽量小，灌渠地势要高，排水、航运地势要低；沿线应有较好的地质条件，无严重渗漏和塌方现象；避免修建或少建渠系建筑物（如渡槽、提灌站和排水闸等）要尽量少；少占耕地，尽量避免穿越村舍、公路、铁路和沼泽地等；山丘区渠道应尽量避免填方，以保证渠道边坡的稳定性；排水渠要注意地下水位，航运渠要注意安全。

1）实地查勘

查勘前先在已有地形图上初选几条比较渠线，然后，依次对所经地带进行实地查勘，了解和搜集有关资料（如土壤、地质、水文、施工条件等），并对渠线某些控制性的点（如渠首、沿线沟谷、跨河点等）进行简单测量，了解其相对位置和高程，以便分析比较，选取渠线。

2）室内选线

在室内进行图上选线，即在适合的地形图上选定渠道中心线的平面位置，并在图上标出渠道转折点到附近明显地物点的距离和方向（由图上量得）。如该地区没有适用的地形图，则应根据查勘时确定的渠道线路，测绘沿线宽约 100～200 m 的带状地形图，其比例尺一般为 1∶5 000 或更大比例尺地形图。

地形图上选择线路多用于大、中型渠道。因为它线路长，往往穿山越岭，地形复杂，沿途情况多变。所以在地形图上选择是较理想的方法，还可节约人力、物力和资金。

由于线路长，情况复杂，加之测地图以后的地物地貌变化，选线时要初选出若干条线路，然后按照选线要求进行比较，从中筛选出 1～3 种方案。在此基础上，组织有关人员沿途踏勘，特别是在地物、地貌有变化的地方和有争议的地方要现场研究，必要时要草测地形图。对实地踏勘搜集的资料，再作分析论证，最后确定一条可行性的线路。

在山区丘陵区选线时，为了确保渠道的稳定，应力求挖方。因此，环山渠道应先在图上根据等高线和渠道纵坡初选渠线，并结合选线的其他要求对此线路作必要修改，定出图上的渠线位置。

3）外业选线

外业选线是将室内选线的结果转移到实地上，标出渠道的起点、转折点和终点。有关人员到现场，从水源地到终点，沿途实地踏勘，边走、边议论、边确定。但要草绘沿途地形图，记录有关情况。外业选线还要根据现场的实际情况，对图上所定渠线作进一步研究和补充修改，使之完善。实地选线时，一般应借助仪器选定各转折点的位置。对于平原地区的渠道应尽可能选成直线，如遇转弯时，则在转折处打下木桩。在丘陵山区选线时，为了较快地进行选线，可用经纬仪按视距法测出有关渠段或转折点间的距离和高差。由于视距法的精度不高，对于较长的渠线为避免高程误差累积过大，最好每隔 2～3 km 与已知水准点校核一次。如果选点精度要求高，则用水准仪测定有关点的高程，探测渠线位置。

渠道中线选定后，应在渠道的起点、转折点和终点用大木桩或水泥桩在地面上标定出来，并绘略图注明桩点与附近固定地物的相互位置和距离，以便寻找。

4）水准点的布设与施测

为了满足渠线的探高测量和纵断面测量的需要，在渠道选线的同时，应沿渠线附近每隔 1～3 km 在施工范围以外布设一些水准点，并组成附合或闭合水准路线，当路线不长（15 km 以内）时，也可组成往返观测的支水准路线。水准点的高程一般用四等水准测量的方法施测（大型渠道有的采用三等水准测量）。

14.3.2　中线测量

1）中线测量

中线测量的任务是根据选线所定的起点、转折点及终点，通过施工放线把渠道中心线的平面位置在地面上用一系列的木桩标定出来，测出长度和转折角，并在渠线转折处设置圆曲线。渠首和终点位置一般由有关人员现场研究确定，确定之后要埋设标石作记，也可兼作临时水准点使用。为了便于计算路线长度和绘纵断面图，沿路线方向每隔一定的距离（100 m、50 m 或 20 m）钉一木桩，以距起点的里程进行编号，称为里程桩。比如起点（渠道是以其引水或分水建筑物的中心为起点）的桩号为 0＋000，若每隔 100 m 打一木桩，则以后各桩的桩号为 0＋100，0＋200，…，如 1＋500 表示该桩离渠道起点 1 500 m。在两整数里程桩间如遇重要地物和计划修建工程建筑物（如涵洞等）以及地面坡度变化较大的地方，都要增钉木桩，称为加桩，其桩号也以里程编号。如图 14-19 中的 1＋185、1＋233 及 1＋266 为路线过小沟边及沟底的加桩。一般在以下地方需要加桩：中心线地面上有建筑物及转折点处；圆曲线的起点、中点、终点和其他要放样的点；与拟建水工建筑物相交的起点或轴线位置；穿越河道、沟渠、铁路、公路、村舍或其他建筑物的交点位置。

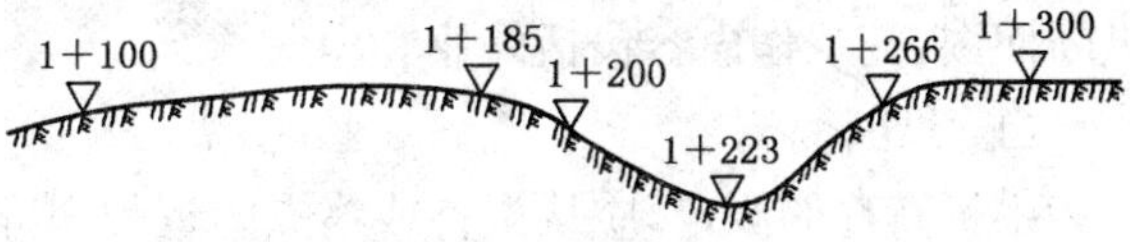

图 14-19　路线跨沟时中心桩设置图

里程桩和加桩通称中心线桩（简称中心桩），将桩号用红漆书写在木桩一侧，面向起点打入土中。为了防止以后测量时漏测加桩，还应在木桩的另一侧依次书写序号。里程桩的长短粗细应视地质条件而定，露出地面的高度以能直观读到编号为宜，但要能保存到施工期间。若有丢失，应在施工前补上。

具体测量工作是在渠首标石处安设经纬仪，使视线指向选定的方向。在视线上，按照地面起伏状况，从起点量距、打桩和编号（里程桩号）。在不超过经纬仪视距前，应转站到下一站，安置经纬仪后，后视前站的最后一个里程桩，然后倒镜继续向前测量。交点的测设、偏角的测设、曲线的测设同前面章节的线路测量。

在渠道从一直线方向转向另一直线方向时，根据规范当转折角小于 6°时不测设曲线；当转折角大于 6°时应测设圆曲线主点及细部点。在定线测量的同时，要记录或草绘沿途重要的地物、地貌(图 14-20)及影响施工的情况。图中直线表示渠道中心线，直线上的黑点表示里程桩和加桩的位置和里程，在转折点，绘图时改变后的渠线仍按直线方向绘出，仅在转折点用箭头表示渠线的转折方向，并注明偏角角值。至于渠道两侧的地形则可根据目测勾绘。

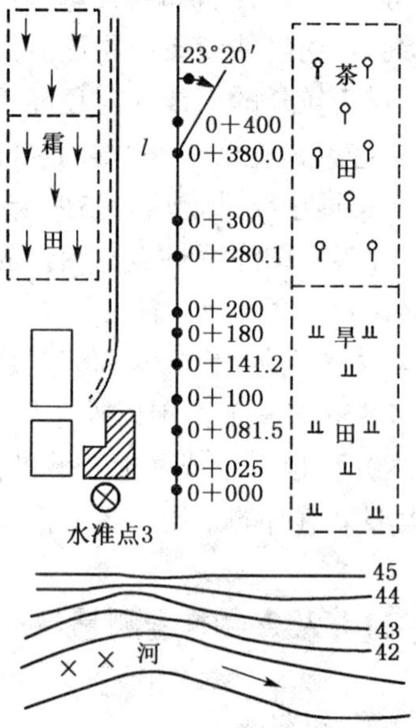

图 14-20　渠道测量草图示例

在山区进行环山渠道的中线测量时，为了使渠道以挖方为主，将山坡外侧渠堤顶的一部分设计在地面以下(如图 14-21)，此时一般要用水准仪来探测中心桩的位置。首先根据渠首引水口高程、渠底比降、里程和渠深(渠道设计水深加超高)计算堤顶高程，而后用水准测量探测该高程的地面点。对地面起伏度的掌握，要有灵活性，如地面两点虽然高差较大，但属缓坡直线变化，应视为平坦地面，否则视为不平坦。控制地面起伏度变化，目的是为了能较准确地计算填挖土方。

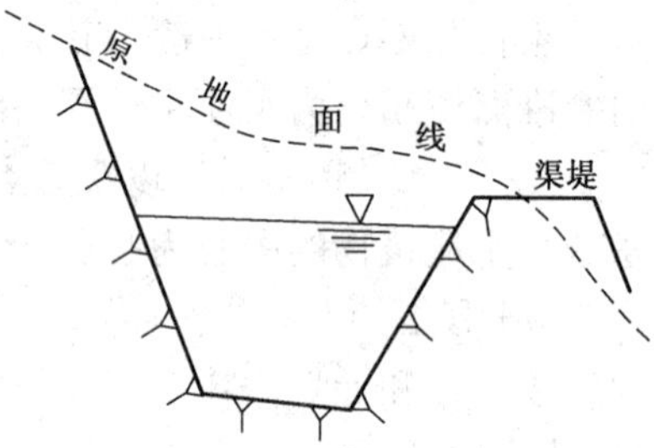

图 14-21　环山渠道断面图

中线测量完成后，对于大型渠道一般应绘出渠道测量路线平面图，在图上绘出渠道走向、各弯道上的圆曲线桩点等，并将桩号和曲线的主要元素数值(转向角 α、曲线长 L 和曲线半径 R、切线长 T)注在图中的相应位置上。

2) 纵断面测绘

渠道纵断面测量的任务是测定中心线上各里程桩和加桩的地面高程，了解纵向地面高低的情况，并绘制路线纵断面图，其工作内容包括外业和内业。

(1) 纵断面测量

中桩高程的测定，应从渠首或终点附近的水准点用四等水准测量方法引测，精度要求低的可用五等或普通水准测量方法引测。小型渠道纵断面测量是用五等水准测量，采用视线高法测定渠道中线上各里程桩及加桩的地面高程。大中型的渠道较长，除渠首和终点需设永久性水准点外，应先沿渠道中线布设一条四等水准路线，中途应每间隔 1～2 km 左右设一水准点，组成附合水准线路，作为纵断面水准测量的校核之用。竣工后这些水准点还可用于监测渠底高程的变化。

利用渠道沿线布设的水准点，将渠线分成许多段，每段分别与相邻两端的水准点组成附合水准路线，然后从首段开始，逐段进行施测。具体实施图参看第 13 章图 13-12，记录格式参看第 13 章表 13-2。

对于小型渠道，如无水准点可供引测高程时，可用引水口的固定建筑物设立假定高程，然后引测里程桩的桩顶高程。

(2) 纵断面图的绘制

纵断面图是反映渠道水流方向所经地面起伏的剖面图。根据里程桩和加桩的桩顶高程即可绘制在毫米方格纸上。

如图 14-22，纵向表示高程(纵比一般为 1∶100、1∶200、1∶500)，横向表示里程(横比一般为 1∶1 000、1∶2 000、1∶5 000)。一般纵断面的高程比例尺比里程比例尺大 10～20 倍，其目的是充分显示地面的起伏变化。绘制从 0+000 起，按比例把各里程桩的高程点绘到图纸上，然后把各点用直线连接。此图便直观地反映中线地面起伏变化情况。在纵断面图的下方，还要绘制有关内容的表格，其内容包括：里程桩号、地面高程、渠底坡降、渠底设计高程、挖方深度、填方高度和沿途地物地貌情况等。最下面还要制表填写测绘单位、绘图员、设计员、比例尺、校核、复核、审查等内容。渠底设计高程，是从图上设计的渠底坡度线上与里程桩点对应处查得的。

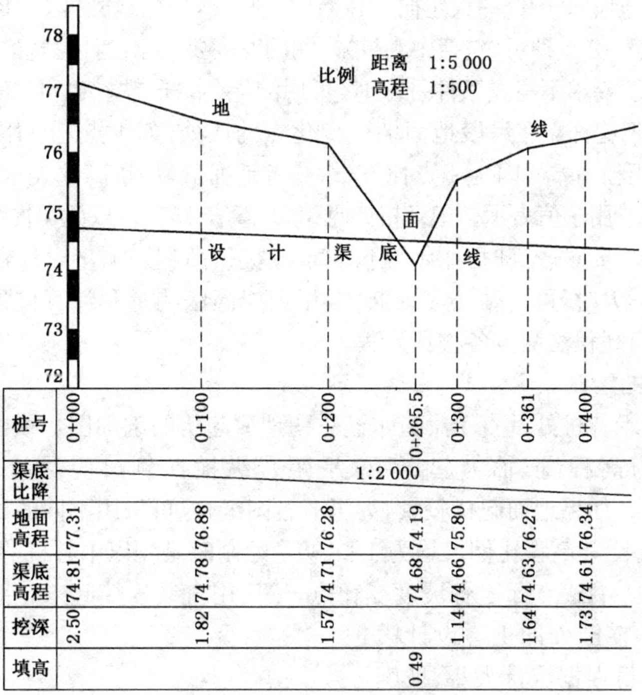

桩号	0+000	0+100	0+200	0+265.5	0+300	0+361	0+400
渠底比降	1:2 000						
地面高程	77.31	76.88	76.28	74.19	75.80	76.27	76.34
渠底高程	74.81	74.78	74.71	74.68	74.66	74.63	74.61
挖深	2.50	1.82	1.57		1.14	1.64	1.73
填高				0.49			

图 14-22 渠道的纵断面图

坡度线的设计主要考虑以下因素：渠首和终点的总高差(高差太大时，中途要修建跌水或抽水站)，地质状况，水源含沙量，流速(不冲不淤)，流量(依受益用量确定)，相邻断面填挖土方量是否相当，是否护坡衬底，排水渠要考虑地下水位，航运还要考虑安全等。

3) 横断面测绘

横断面测量的任务，是测出各里程桩和加桩处垂直于渠中心线方向的地面坡度变化点的相对位置(间距)和高程，并绘出横断面图。其工作内容包括外业和内业。

(1) 横断面外业测量

进行横断面测量时，以中心桩为起点测出横断面方向上地面坡度变化点间的距离和高差。横断面测量的宽度(平距)取决于渠道设计横断面的宽度和边坡大小，也与挖(或填)的深度有关，较大的渠道、挖方或填方大的地段应该宽一些，一般以能在横断面图上套绘出设计横断面为准，并留有余地。里程桩间距有大有小，对每个里程桩都设立断面，工作量太大，因此有必要在中线上选择有代表性的里程桩设立横断面。选择的原则是能控制中线上较长距离的地面起伏变化，能较准确地计算土方量为宜。断面号可用里程桩号和加桩号代替，也可加编断1、断2……前者使用方便，后者了解总断面个数便于组织施工。一般用花杆和皮尺，采用"逐点高差比较法"进行（如图14-23所示），其施测的方法：

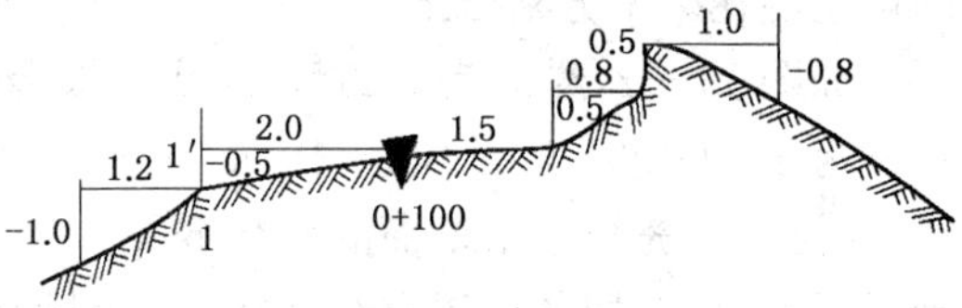

图 14-23　横断面测量

如以里程桩 0＋100 为中心，目估横断面方向。断面以里程桩或加桩为中心桩，面向下游分左右，断面方向要和中线方向垂直，弯道上的横断面应在中心桩所处圆弧半径的延长线上。当断面宽小于 100 m 时，断面方向可目侧；当断面宽大于 140 m 时，可用方向架或水准仪上的水平度盘定向，但最好用经纬仪定向。在断面上打桩，平坦地面打 3～5 个即可（包括中心桩），不平坦地面打 5～9 个即可（包括中心桩）。测的宽度要大于设计总宽的 5 ～10 m。

对断面测量精度要求不高或条件受限时，可用测绳（木杆、铁丝也可）置平法测高差，然后计算各桩顶高程。把花杆立在尺段地面坡度变化点的底处（如 1 点）上，用皮尺放平量出0＋100 到立杆处的平距和高差。因为 1 点比 0＋100 桩地面低，用负高差表示。如果 1 点比 0＋100 桩地面高，则高差用正值表示。记录格式见第 13 章表 13-3。依此类推测量各个横断面。

对断面测量精度要求较高时，用水准仪测定各桩顶高程。测量时仪器安置在中心桩附近，相邻断面间距不大时，可一站测多个断面，用视线高法测量和计算桩顶高程。地面不平坦时，用经纬仪三角高程法测定各桩顶高程。

（2）横断面图的绘制

横断面图是表示各桩处垂直于渠道水流方向地面起伏的剖面图。横断面图也用毫米方格纸绘制。纵轴为高程，横轴为起点距（平距），纵横比例尺应尽量采用同一比例尺（1∶100～1∶500）。如果地面起伏较大，为了节省图纸，也可采用不同的比例尺。

如图 14-24，平距和高程比例尺均为 1∶100。绘制时是先以中心桩的位置（可用"▽"符号标出）为中点，按左右逐点标定各坡度变化点，然后用直线连接起来。把设计的横断面图套绘到各个测得的横断面图上。设计横断面图是由设计人员根据流量大小、坡度（由地质、流速和降雨强度等确定）、最高水面以上的安全高、渠顶宽（要考虑是否有交通道）、渠底宽等因素设计的。套绘时要注意比例必须相同，设计的横断面渠底必须放在设计渠底高程上，且设计渠底中点要与中心桩在同一铅垂直线上。因套绘横断面图工作量很大，实践上往往把设计横断面图事先制成透明膜片，计算哪个横断面上的填挖土方面积，就套放在那个横断面图上，使用起来既灵活又方便，可很直观的看出填挖方面积的大小。若直接套绘横断面图，要注意设计图的外边坡线与地面线只能相交而不能交叉。

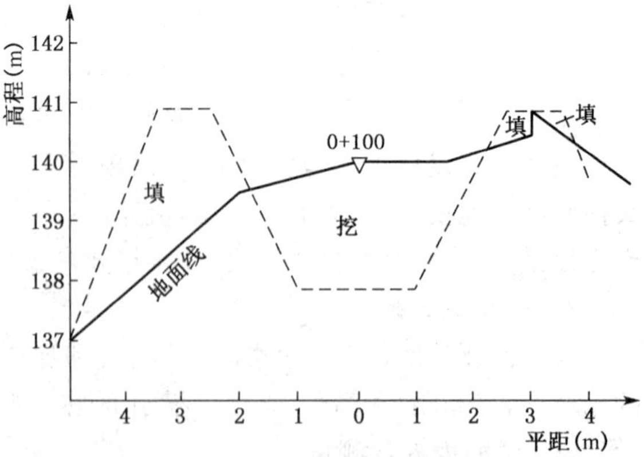

图 14-24　渠道横断面图

设计横断面图的要求包括渠底、渠顶宽，内外边坡，内外肩和内外坡脚，水深（或水面线)、安全高(超高)等。绕山渠、山坡一侧堤顶设计高程往往出现低于地面线时,应顺势延长内坡线顶端,保留内坡线以外的地面。如果地面不是岩石,应在适当的距离修截流沟以防大雨时水土流入渠内。

14.3.3 土方量计算

土方量的大小直接反映工程规模的大小和总投资情况,在渠道施工之前,必须计算土方量。土方量以 m^3 为单位,称为方,习惯上又叫几方土。土方量计算通常采用平均断面法:用相邻断面面积 A(挖方或填方) 的平均值乘以断面间距 D 而求得该段土方量 V。各段体积之和为该工程的总土方量(挖方或填方),即:

$$
\begin{aligned}
V_1 &= (A_0 + A_1) \div 2 \times D_1 \\
V_2 &= (A_1 + A_2) \div 2 \times D_2 \\
&\vdots \\
V_n &= (A_{n-1} + A_n) \div 2 \times D_n \\
V &= V_1 + V_2 + \cdots + V_n
\end{aligned}
\tag{14-3}
$$

式中:V——两中心桩间的土方量(m^3);

A——中心桩挖或填的横断面面积(m^2);

D——两中心桩间的距离(m)。

面积 A_1、A_2 则需通过横断面图套绘渠道设计横断面来确定。为了套绘渠道设计横断面简便起见,可先用硬塑料片或硬纸片按渠道横断面设计尺寸和横断面图的比例尺制作一块渠道断面模片。套绘时,先左右移动渠道断面模片,使其中心轴线与横断面图上桩位线对齐,再上、下移动断面模片,使渠底高程为设计高程,然后,用铅笔沿模片边缘,绘出设计横断面的轮廓,如图 14-24 中虚线所示。根据图中挖或填的面积和两断面间距求出土方量。

如果两相邻断面中,一个里程桩为挖深,另一个里程桩为填高,中间必有不挖不填的零点。其零点位置可从纵断面图上查得,也可通过直线内插方法计算求出。

断面面积计算方法有:方格法、求积仪法、图解法、平行线法、坐标法。

表 14-2 渠道土方计算表

桩号	地面高程(m)	设计渠底高程(m)	中心桩		断面面积(m^2)		平均断面面积(m^2)		距离(m)	体积(m^3)	
			填高(m)	挖深(m)	填	挖	填	挖		填	挖
①	②	③	④	⑤	⑥	⑦	⑧	⑨	⑩	⑪	⑫
0+000	139.69	138.00		1.69	12.30	8.39	11.76	9.35	62	729.12	579.70
0+062	140.25	137.94		2.31	11.22	10.31	10.62	9.12	38	403.56	346.56
0+100	140.00	137.90		2.10	10.01	7.93	8.49	8.17	100	849.00	817.00
0+200	139.75	137.80		1.95	6.97	8.41	9.64	9.32	100	964.00	932.00
0+300	140.16	137.70		2.46	12.30	10.22	11.92	9.48	100	1 192.00	948.00
0+400	139.92	137.60		2.32	11.55	8.73	合 计		400.0	4 137.68	3 623.26

土方量计算包括挖方量和填方量计算，它是依据有关数据填表计算求得，如表 14-2 即为土方量计算表。表中里程桩号、地面高程、渠底设计高程、中心桩的挖深与填高均来自渠道断面图的底表。断面面积中的挖方与填方是从断面图中依序分别计算的平均断面面积中的挖方和填方，是从对应的相邻挖方和填方面积平均求得的。断面间距由相邻断面里程相减求得。体积中的挖方和填方由对应的平均断面面积乘间距求得。

14.3.4 施工断面放样

渠道施工之前，必须在每个里程桩上把渠道设计横断面边坡与地面的交点在实地用木桩标定出来，并设立施工坡架，以便于施工，这项工作叫做渠道放样。渠道横断面有纯挖、纯填和半挖半填三种情况。

施工断面放样工作，包括编制施工放样数据表和现场放样两部分。

1）编制施工放样数据表

自土方计算时所绘的横断面图上查出里程柱号、地面高程，设计高程中的渠底与堤顶，中心桩中的挖深与填高。开口宽、内肩宽、外肩宽、外坡脚宽均分左、右，在断面图上查出其起点距(宽度)做出施工放样数据表。

2）现场放样

以施工放样数据表为依据，在现场找到对应的断面，以中心桩为起点，按左右用皮尺量出开口和外坡脚的起点距位置，打桩作记，在量出的内肩、外肩处立花杆，然后用绳从左到右，在外坡脚桩上齐平地面拴结，拉绳至外肩花杆，在堤顶高程处拴结，再拉绳至内肩花杆的堤顶高程处拴结，最后拉绳至开口桩，在齐平地面处拴结。绳在空间显示的堤外型即为断面坡度架或称施工坡架。同法制作另一渠岸的施工坡架。搭好施工坡架要校核绳的堤顶宽和内外坡度是否符合设计要求。

每个断面都要打放样桩，特别是开口桩和外坡脚桩不能省去。但断面施工坡架不一定每个断面都制作，相邻断面较近或地形变化不大时可隔若干个断面选取有控制性的断面制作一个。每个断面放样桩打好后，要用白灰把各个断面上的开口桩和外坡脚桩连结起来，其白灰线的范围即为施工线。

施工过程中，当内坡脚挖至要求后还要打桩作记，以便检查内坡坡度是否符合要求。

施工过程中和竣工后，测量人员应随时测量渠底高程、堤顶高程、内外坡坡度、渠底宽、堤顶宽等是否符合设计要求，确保工程质量。

图 14-25 为半挖半填断面，需要标定的边坡桩有渠道左右两边的开口桩(A、B)、堤内、外肩桩(F、G、E、H)和外边脚桩(C、D)。从土方计算时所绘的横断面图上，可以分别量出

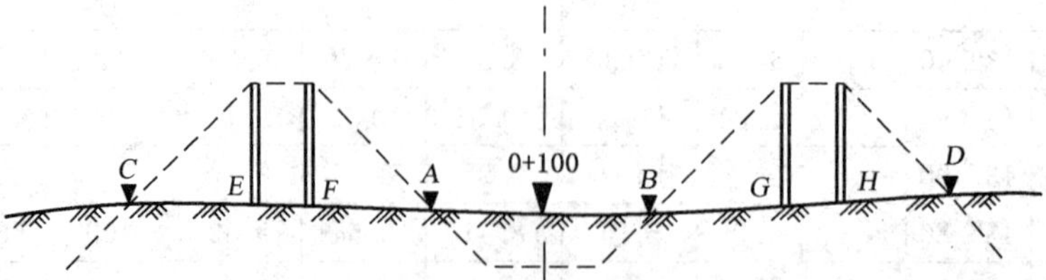

图 14-25　渠道断面放样

这些桩位至中线里程桩的距离作为放样数据，根据里程桩即可在现场将这些桩位标定出来。然后，在内、外堤肩上按填方高度竖立花杆，花杆顶部分别系绳，绳的另一端分别扎紧在相应的外坡脚桩和开口桩上，即形成一个渠道边坡断面，即为施工坡架。

施工坡架每隔一定距离设置一个，其他里程只需放出开口桩和外坡脚桩，并用灰线分别将各开口桩和坡脚桩连接起来，表明整个渠道的开挖或填筑范围。

习题与思考题

1. 桥梁控制网坐标系是如何确定的？为什么要建立这样的坐标系？
2. 确定桥梁控制网精度时应考虑哪些方面？
3. 桥梁施工阶段的测量工作主要有哪些？
4. 试述大型斜拉桥的主要施工方法。
5. 隧洞施工测量的任务是什么？
6. 隧洞洞口位置与中线掘进方向如何确定？
7. 隧洞中线如何测设？
8. 何谓贯通误差？其对隧道的贯通有何影响？
9. 怎样选择一条既经济又合理的渠道线路？
10. 简述中线测量的工作内容。
11. 简述纵横断面的测绘方法。
12. 如何进行渠道边坡放样？

附录 A 测量实习指导

A.1 水准仪练习

A.1.1 实习目的和要求

(1) 了解微倾式水准仪及自动安平水准仪的基本构造和性能以及各部件的作用，掌握其使用方法。

(2) 了解脚架的构造、作用，熟悉水准尺的刻划、标注规律以及尺垫的作用。

(3) 掌握微倾式水准仪及自动安平水准仪的操作步骤及普通水准测量的基本操作方法。

A.1.2 实习内容

(1) 练习微倾式水准仪及自动安平水准仪各部件的使用方法。

(2) 用微倾式水准仪及自动安平水准仪测定两点间的高差并记录、计算。

A.1.3 仪器和工具

微倾式水准仪及自动安平水准仪—1，自动安平水准仪—1，三角架—1，水准尺(2 m)—1，尺垫—2，记录板—1，测伞—1。

A.1.4 方法和步骤

(1) 了解微倾式水准仪及自动安平水准仪的基本构造、各部件名称及其操作方法。了解水准尺的刻划、标注规律及读数方法。

(2) 安置仪器：在实习场地上，张开三脚架，先固定两腿，前后左右移动另外一腿使圆水准气泡大致居中(注意三脚架高度适中，仪器稳固)。

(3) 粗平：先用双手按相对(或相反)方向旋转一对脚螺旋，观察圆水准器气泡移动方向与左手拇指运动方向之间的运行规律，再用左手旋转第三个脚螺旋，经过反复调整使圆水准器的气泡居中。

① 如图 A-1(a)，先按图示虚线箭头方向调节脚螺旋 1 和 2，使圆气泡左右居中。

② 如图 A-1(b)，再按图示方向单独调节脚螺旋 3，使圆气泡前后居中。

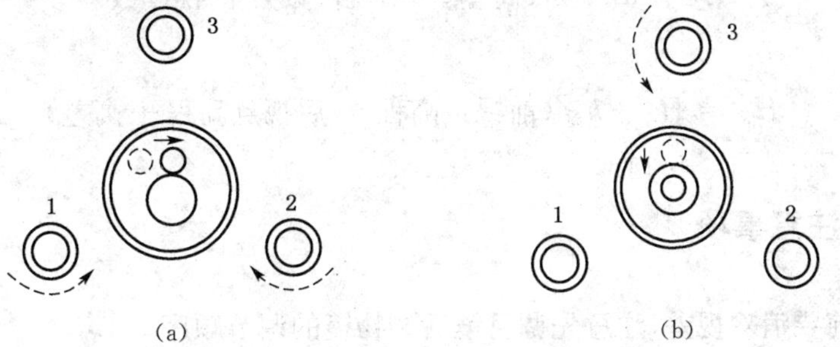

图 A-1　圆水准器的调整

③ 如有需要，重复以上两个步骤，直至圆水准器的气泡完全居中。

(4) 瞄准：先将望远镜对准明亮背景，旋转目镜调焦螺旋，使十字丝清晰；再用望远镜瞄准器照准水准尺，旋转物镜对光螺旋，看清楚水准尺的影像，并消除视差。

(5) 精平(自动安平水准仪无此步骤)：旋转微倾螺旋，从气泡观测窗观察气泡的移动，使两端气泡像完全吻合，如图 A-2 所示。按十字丝的中丝读取水准尺读数后，还需再次检查气泡是否仍然居中。

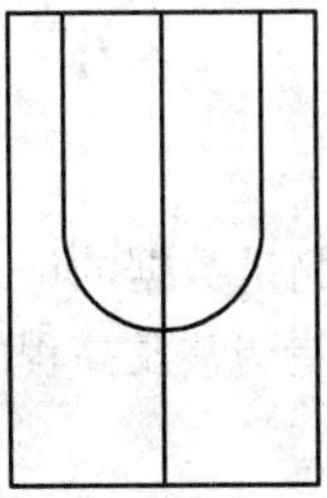

图 A-2　水准管气泡像吻合

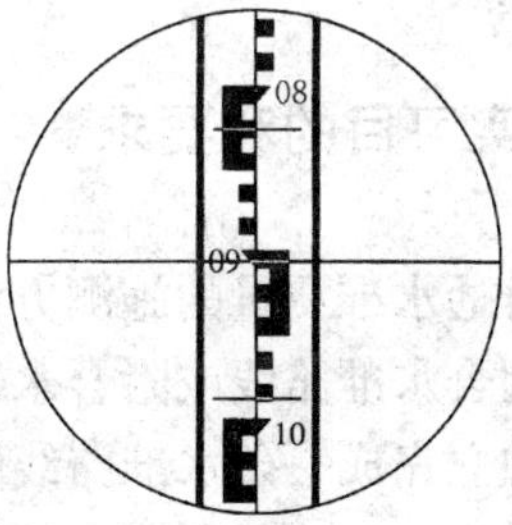

图 A-3　水准尺读数

(6) 读数：用十字丝中丝读取米、分米、厘米，估读出毫米位数字，并用铅笔记录。记录者要复述读数，随测、随记、随算。

如图 A-3 所示，中丝的读数为 0906 mm；上丝的读数为 0825 mm；下丝的读数为 0989 mm。

(7) 在上述练习的基础上，即可进行简单的水准测量。各组以给定的水准点 BM. A 为后视，以一未知高程点 B 为前视，分别在两点上竖立水准尺，读取读数 a_1 和 b_1，计算出两点之间的高差，并按已知点 A 的高程求出 B 点的高程。

水准测量记录举例见表 A-1。

表 A-1　水准测量记录手簿

测点	水准尺读数		高差(m)	高程(m)	备注
BM. A	1 579		0.255	15.000	已知
BM. B		1 324		15.255	
BM. A	1 688		0.257	15.000	已知
BM. B		1 431		15.257	

高差：

$$h_{AB} = a_1 - b_1 \text{（高差 = 后视读数 − 前视读数）}$$

高程：

$$H_B = H_A + h_{AB} \text{（前视点高程 = 后视点高程 + 高差）}$$

A.1.5 注意事项

（1）读数前要消除视差，注意先调目镜后调物镜的调节顺序。

（2）水准尺上读数估读至“mm”，共读 4 位数，不要加小数点；计算高差、高程时再以“m”为单位，注意小数点的位置。

（3）每次读数时，必须调节微倾螺旋使水准管气泡严格居中，气泡两端半像完全吻合后方可读数。读完数后还要注意检核气泡是否仍然居中。

A.2 普通水准测量

A.2.1 实习目的和要求

（1）了解普通水准测量的施测方法、步骤，掌握水准测量数据的记录与计算。

（2）掌握闭合水准路线或附合水准路线的高差闭合差调整及高程的计算。

（3）学会独立完成一条水准路线的实际作业过程。

A.2.2 实习内容

在校园适当场地布设一条闭合（或附合）水准路线，路线长度约为 800 m。在路线上选定 3 个待测高程点，设为 BM1、BM2、BM3，由已知水准点 BM. A 出发，测至待测水准点 BM1、BM2、BM3，最后闭合到水准点 BM. A（或附合到另一已知水准点 BM. B），如图 A-4 所示。

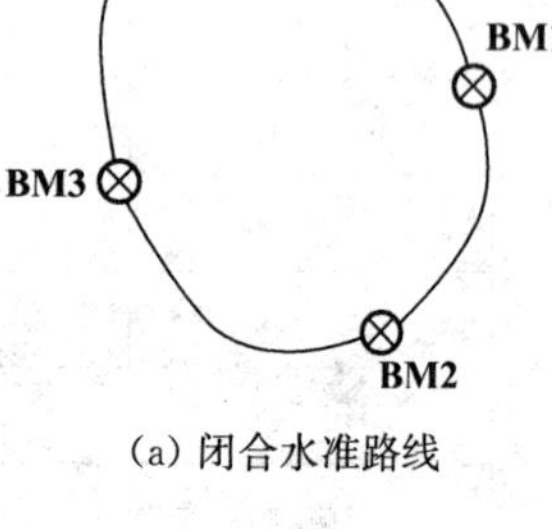

(a) 闭合水准路线

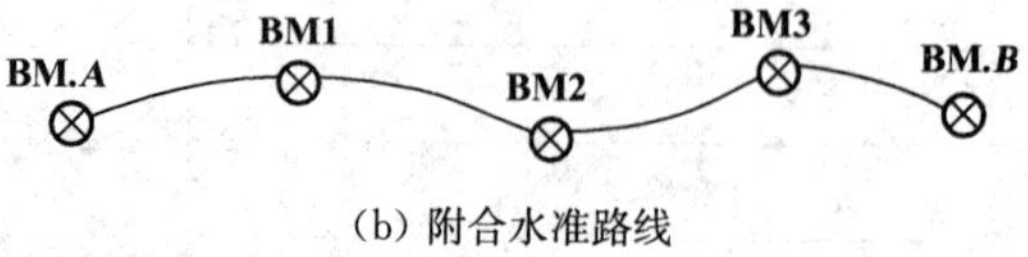

(b) 附合水准路线

图 A-4 普通水准测量路线

A.2.3　仪器和工具

DS3 水准仪—1，自动安平水准仪—1，三角架—1，水准尺(2 m)—2，尺垫—2，记录板—1，测伞—1。

A.2.4　方法和步骤

(1) 利用连续水准测量方法，依次测定待测水准点的高程，起始水准点 BM. A 的高程各组数据不同。

(2) 观测时，一持尺者先在 BM. A 上立尺，观测者将仪器安置于适当地点，另一持尺者沿线路前进方向选一转点(TP1)，安置尺垫并将水准尺置于尺垫上的凸起物顶上。视线长度尽量不超过 40 m，仪器至水准尺的距离(视距)通过步测法进行估测，使前、后视距距离大致相等。仪器置平后，读取后视 BM. A 的水准尺读数为 a_1，前视 TP1 的水准尺读数为 b_1，记入手簿中。

(3) 第一站施测完毕，检核无误后，水准仪搬至第二站，TP1 上水准尺转至另一面，使之由第一站的前视变为第二站的后视；将 BM. A 上水准尺移至另一点上，并设其为第二站的前视。设第二站的后视、前视读数分别为 a_2 和 b_2。

(4) 以此类推观测整条水准路线，最后闭合到已知水准点 BM. A(或附合到另一已知水准点 BM. B)。

(5) 水准路线施测完毕后，应求出水准路线高差闭合差，以对水准测量路线成果进行检核。

高差闭合差 f_h 及高差闭合差的容许误差 $f_{h容}$ 分别为：

$$f_h = \sum h_{测} - \sum h_{理} \tag{A-1}$$

$$f_{h容} = \pm 40\sqrt{L} \tag{A-2}$$

式中：L——水准路线长度，以“km”为单位。

$$f_{h容} = \pm 12\sqrt{n} \tag{A-3}$$

式中：n——水准路线中的测站数。

如果 $f_h > f_{h容}$，则需重新观测；如 f_h 在容许范围内，则按水准路线长度或测站数成正比例反符号分配的原则进行高差调整，分别计算出 BM1、BM2、BM3 的高程。

普通水准测量记录举例见表 A-2。

表 A-2　普通水准测量记录手簿

测站	水准尺读数(mm)		高差(m)	高程(m)	改正后高程(m)
	后视	前视			
BM. A	0 758			15. 000	15. 000
TP1	0 986	1 124	−0. 366	14. 634	
BM. 1	1 128	1 354	−0. 368	14. 266	14. 263
TP2	1 254	1 492	−0. 364	13. 902	
TP3	1 027	1 658	−0. 404	13. 498	
TP4	1 687	0 846	0. 181	13. 679	
BM. 2	1 589	1 133	0. 554	14. 233	14. 227
TP5	1 691	1 257	0. 332	14. 565	
TP6	1 035	1 475	0. 216	14. 781	
BM. 3	1 724	1 284	−0. 249	14. 532	14. 523
TP8	1 577	1 566	0. 158	14. 690	
TP9	1 657	1 422	0. 155	14. 845	
BM. A		1 493	0. 164	15. 009	15. 000
计算检查	$\sum a_i =$ 16 113 mm	$\sum b_i =$ 16 104 mm	$\sum h_i =$ 0. 009 m	$H_{A测} - H_{A理} =$ 15. 009 − 15. 000 = 0. 009 m	$\sum a_i - \sum b_i = \sum h_i = H_{A测} - H_{A理}$
	$\sum a_i - \sum b_i = 9$ mm				

A. 2. 5　注意事项

(1) 水准仪的安置位置应保证前、后视距离大致相等，距离可通过步测测定。

(2) 转点必须用尺垫，已知水准点和待定水准点上不能放尺垫；仪器未搬站，后视点尺垫不能移动；仪器搬站时，前视点尺垫不能移动，否则应从起点重新测量。

(3) 尺垫应踏入土中或置于坚固地面上，在观测过程中不得碰动仪器或尺垫，水准尺应严格垂直，不得倾斜。

(4) 读取读数前应注意消除视差。每次读数时，必须调节微倾螺旋使水准管气泡严格居中，气泡两端半像完全吻合后方可读数。读完数后还要注意检核气泡是否仍然居中，并注意勿将上、下丝的读数误读成中丝读数。

(5) 记录员应复述观测员所读读数，应做到边测量、边记录、边检核。

(6) 测完全程，须当场计算高差闭合差。如果超限应检查原因，首先检查计算是否有误，如果计算无误则说明错误是由测量引起的，须重新测量。

(7) 调整高差闭合差时，只需调整待测水准点的高程而无需计算中间各转点的高程。

A.3 经纬仪练习

A.3.1 实习目的和要求

(1) 了解 DJ_6 型光学经纬仪的基本构造及其主要部件的名称及作用，要求初步掌握水平、竖直制动螺旋和微动螺旋的使用方法。

(2) 掌握经纬仪对中、整平、找准和读数的方法。

A.3.2 实习内容

(1) 练习经纬仪的对中、整平及各个部件的使用方法。

(2) 练习水平度盘和竖直度盘的读数方法。

(3) 用经纬仪测定某两个目标点之间的水平角以及某个目标点的竖直角。

(4) 分别用盘左和盘右位置来测量水平角和竖直角，找到盘左和盘右读数之间的关系。

A.3.3 仪器和工具

DJ_6 光学经纬仪—1，经纬仪脚架—1，记录板—1，测钎及测钎架—2，木桩—1，锤子—1。

A.3.4 方法和步骤

(1) 安置仪器：在校园适当场地钉一木桩，桩顶钉一小钉(或划十字)标志点位，作为测站点。撑开三脚架，高度应适中，架头应大致水平。安放仪器时，一手扶住仪器，一手旋转位于架头底部的连接螺旋，使连接螺旋穿入经纬仪基座压板螺孔，并旋紧螺旋，挂上垂球。

(2) 对中：常用的对中方法有垂球对中和光学对中两种。

① 垂球对中：平移三脚架，保持架头基本水平，使垂球尖大致对准测站点标志，将三脚架的脚尖踩入土中。旋松连接螺旋，双手扶住仪器基座，在架头上移动仪器，使垂球尖准确对准测站点标志后再旋紧连接螺旋。垂球对中的误差一般可控制在 3 mm 以内。

② 光学对中：双手紧握三脚架，眼睛观察光学对中器，移动三脚架，保持架头基本水平，使对中标志基本对准测站点的中心，将三脚架的脚尖踩入土中；通过旋转光学对中器的目镜调焦螺旋，使分划板对中圈清晰，再通过推、拉光学对中器的镜管进行对光，使对中器的十字丝和目标成像都很清晰；旋转脚螺旋使对中器十字丝中心对准测站点标志；松开三脚架制动螺旋，利用伸缩架腿使圆水准气泡居中，大致整平仪器；此时圆水准气泡居中，但光学对中器十字丝中心可能会稍微偏离分划板对中圈，若发生偏离，则松开基座下中心连接螺旋，在架头上轻轻平移仪器，使光学对中器十字丝中心精确对准地面点位，再旋紧连接螺旋。

(3) 整平：转动仪器照准部，使水准管平行于任意两个脚螺旋连线，同时相对(或相反)

旋转这两个脚螺旋，气泡移动的方向与左手大拇指行进方向一致，使水准管气泡居中；然后将照准部绕竖轴旋转 90°，再旋转第三个脚螺旋，使气泡居中，如图 A-5 所示。如此反复进行，直至照准部转到任何位置，气泡偏差不超过刻划线一格（2 mm）为止。

图 A-5　仪器安平

（4）瞄准

① 松开照准部和望远镜制动螺旋，将望远镜指向明亮处，调节目镜调焦螺旋，使十字丝像清晰。

② 用望远镜上的瞄准器对准目标，旋紧制动螺旋，调节物镜调焦螺旋使目标成像清晰。

③ 旋转照准部和望远镜微动螺旋精确瞄准目标，如图 A-6 所示，并注意消除视差。

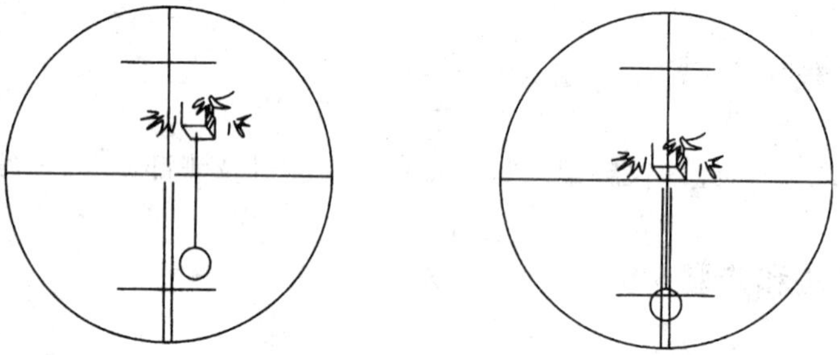

图 A-6　瞄准

（5）读数：光学经纬仪读数时需首先调节反光镜，使得读数窗明亮，然后旋转显微镜调焦螺旋，使刻划数字清晰。读数时，在读数窗内的分微尺（分为 60 小格，每 1 小格代表 1′）上有一竖直分划线，在分划线（处于分微尺 0′～60′之间的那根）正上方或下方的数据即为度；根据分划线在分微尺上的位置，直接读出分，并估读到 0′.1，两者相加即为度盘读数。

读取水平度盘读数，如图 A-7 所示，水平度盘读数为 115°01′.9。

若观察竖直角，读数前应调节竖盘指标水准管微动螺旋，使竖盘指标水准管气泡居中，如图 A-7 所示，竖直度盘读数为 73°36′.2。

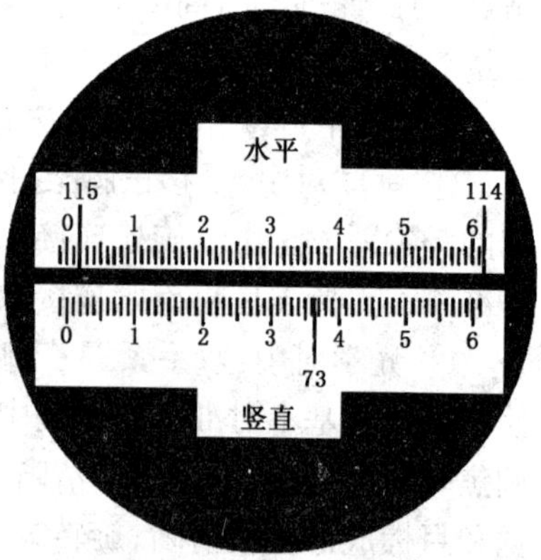

图 A-7　DJ_6 型光学经纬仪读数窗

角度测量记录举例见表 A-3。

表 A-3　角度测量记录表

测站	目标	竖盘位置	水平度盘读数	竖直度盘读数	备注
A	1	L	101.05′.3	86°18′.3	
	2		172.34′.7	273°41′.7	
	1	R	181°05′.4	98°47′.8	
	2		352°34′.8	261°12′.2	

A.3.5　注意事项

(1) 仪器开箱时,必须仔细观察仪器在箱中的安放位置,以便在仪器使用完毕时按原样放回箱中。

(2) 仪器安放在三脚架上,必须随即用连接螺旋将架头和仪器旋紧。仪器上各种螺旋不宜拧得很紧,以免损伤轴身。

(3) 读数前要消除视差,注意先调目镜后调物镜的调节顺序。

A.4　水平角观测

A.4.1　实习目的和要求

(1) 练习用测回法观测水平角的方法。

(2) 掌握用测回法观测水平角的观测与计算方法。

A.4.2　实习内容

每个小组成员需完成一个水平角3个测回的观测任务。

A.4.3　仪器和工具

DJ_6 光学经纬仪—1,经纬仪脚架—1,记录板—1,测钎及测钎架—2,木桩—1,锤子—1。

A.4.4　方法和步骤

(1) 在施测地区布置 A、B、O 三点,在 O 点打下木桩,桩顶钉一小钉(或划十字)标志点位,作为测站点。在 A、B 桩上各竖立测钎,作为目标点。

(2) 测回法观测水平角

① 安置经纬仪于 O 点,进行对中(垂球对中、光学对中)。

② 整平仪器，调节好望远镜准备观测。

③ 使望远镜位于盘左位置(竖盘在望远镜的左边)，瞄准左边第一个目标 A，用度盘变换手轮将水平度盘读数拨到 0°或略大于 0°的位置上，读取水平度盘读数 a_1 并记录；顺时针旋转照准部，瞄准右边第二个目标 B，读取水平度盘读数 b_1 并记录。以盘左测角一次，称为上半测回，其角值为：

$$\beta_{左} = b_1 - a_1 \tag{A-4}$$

④ 将望远镜位于盘右位置(竖盘在望远镜的右边)，瞄准右边第二个目标 B，读取水平度盘读数 b_2 并记录；逆时针旋转照准部，瞄准左边第一个目标 A，读取水平度盘读数 a_2 并记录。则下半测回角值为：

$$\beta_{右} = b_2 - a_2 \tag{A-5}$$

上半测回与后半测回所测角值之差的绝对值不得超过 40″，即：

$$|\beta_{左} - \beta_{右}| \leqslant 40'' \tag{A-6}$$

两个半测回合起来称为一测回，则该测回的水平角为：

$$\beta = \frac{\beta_{左} + \beta_{右}}{2} \tag{A-7}$$

如果上、下半测回所测角之差的绝对值超过 40″，应检查原因，如果属于观测错误则必须重新观测。

水平角记录举例见表 A-4。

表 A-4 水平角测量记录手簿

测站	目标	竖盘位置	水平度盘读数 (° ′)	水平角 (° ′)	平均水平角 (° ′ ″)	备注
O	A	L	0°01′.2	66°46′.4	66°46′27″	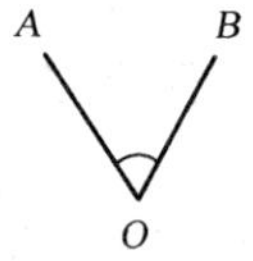
	B		66°47′.6			
	B	R	246°47′.8	66°46′.5		
	A		180°01′.3			

A.4.5 注意事项

(1) 瞄准时应尽量瞄准测钎的底部，并用十字丝竖丝瞄准测钎中间位置。观测过程中如发现气泡偏移超过 1 格时，应重新整平仪器并重新观测。

(2) 计算时，用夹角右侧目标读数减去左侧目标读数，如计算出现负值，应将计算结果加上 360°，使水平角值在 0°～360°之间。

(3) 水平角观测时，应随测随记。先将上半测回测完再进行后半测回观测，观测完毕后，应立即计算出水平角值并注意检核 $|\beta_{左} - \beta_{右}| \leqslant 40''$，超限应重测。

(4) 不同测回之间，可按(180°/n)配置水平度盘。如需测三个测回，即第一测回将起始方向的水平度盘配置到 0°或略大于 0°的位置上；第二测回将起始方向的水平度盘配置到 60°或略大于 60°的位置上；第三测回将起始方向的水平度盘配置到 120°或略大于 120°的位置上。

（5）不同测回之间水平角互差应小于 24″，超限则需重测。

A.5 竖直角观测

A.5.1 实习目的和要求

（1）练习竖直角的观测与计算方法。

（2）练习竖盘指标差的测定与计算。

A.5.2 实习内容

每个小组成员需完成一个竖直角两个测回的观测任务。

A.5.3 仪器和工具

DJ_6 光学经纬仪—1，经纬仪脚架—1，记录板—1，测钎及测钎架—2，木桩—1，锤子—1。

A.5.4 方法和步骤

（1）在施测地区布置 O 点，在 O 点打下木桩，桩顶钉一小钉（或划十字）标志点位，作为测站点。

（2）在 O 点上安置仪器，对中、整平，进行观测。

（3）用望远镜盘左位置瞄准一高处目标点 A 或低处目标点 B（如水塔、楼房上的避雷针、天线等），用十字丝中丝切于目标顶端，如图 A-8 所示。

（4）调节竖盘指标水准管微倾螺旋，使竖盘指标水准管气泡严格居中，然后读取竖盘读数 L，并计算盘左上半测回竖直角，其值为：

$$\alpha_{左} = 90° - L \qquad (A-8)$$

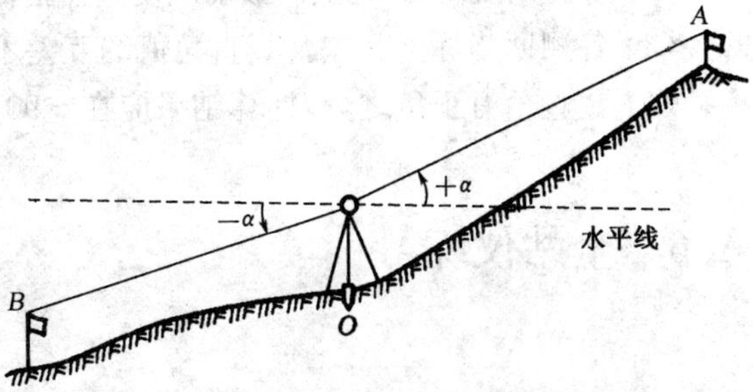

图 A-8 测回法观测竖直角

（5）再用望远镜盘右位置瞄准同一目标，同法进行观测，读取竖盘读数 R，并计算盘右下半测回竖直角，其值为：

$$\alpha_{右} = R - 270° \tag{A-9}$$

（6）计算竖盘指标差，计算公式为：

$$x = \frac{1}{2}(L + R - 360°) \tag{A-10}$$

在满足限差（$|x| \leqslant 25''$）要求的情况下，计算上、下半测回竖直角的平均值，即一测回竖直角，其值为：

$$\alpha = \frac{\alpha_{左} + \alpha_{右}}{2} \tag{A-11}$$

（7）同法进行第二测回的观测时，应检查各测回指标差互差（限差为：±25″）及竖直角值的互差（限差为：±25″）是否满足要求，如在限差要求之内，则可计算同一目标各测回竖直角的平均值。

竖直角测量记录举例见表A-5。

表A-5　竖直角测量记录手簿

测站	目标	竖盘位置	竖盘读数（° ′）	竖直角（° ′）	指标差（″）	平均竖直角（° ′ ″）
O	*A*	*L*	52°37′.2	37°22′.8	−6″	37°22′42″
		R	307°22′.6	37°22′.6		
	B	*L*	99°41′.4	−9°41′.4	−3″	−9°41′27″
		R	260°18′.5	−9°41′.5		

A.5.5　注意事项

（1）竖直角观测时，应尽量用十字丝的中丝瞄准目标的顶部。
（2）竖直角观测时，每次读数前应使竖盘指标水准管气泡严格居中，然后读取竖盘读数。
（3）各测回指标差互差及竖直角值的互差不得超过25″，超限应重测。
（4）竖直角有正负之分，计算结果应在−90°～+90°之间。

A.6　全站仪练习

A.6.1　实习目的和要求

（1）了解全站仪的性能及主要部件的名称和作用。
（2）掌握全站仪的基本操作方法。

A.6.2 实习内容

(1) 由指导教师现场介绍全站型电子速测仪的构造和性能,并作示范测量。

(2) 在指导教师的协助下,分组进行操作练习。

A.6.3 仪器和工具

全站仪—1,全站仪脚架—1,三棱镜—1,三棱镜脚架—1。

A.6.4 方法和步骤

全站仪是集电子经纬仪、光电测距仪和微处理器于一体的测量系统。除了能自动完成测距、测角、计算坐标和高程外,还能通过通讯设备与PC机进行连接,实现观测、记录、计算、数据处理、成图等过程的自动化。目前国内所使用的全站仪品牌常见的有:瑞士生产的Leica(徕卡),日本生产的Topcon(拓普康)、Pentax(宾得)、Sokkia(索佳),国产的南方、苏一光等,而各品牌所生产的全站仪的型号则不胜枚举,在此不能一一介绍。本书所涉及的全站仪实习均以拓普康全站型电子速测仪GTS-100 N(含332)型为例进行介绍。

(1) 拓普康GTS-100 N型全站仪的构造及各部件名称如图A-9所示。

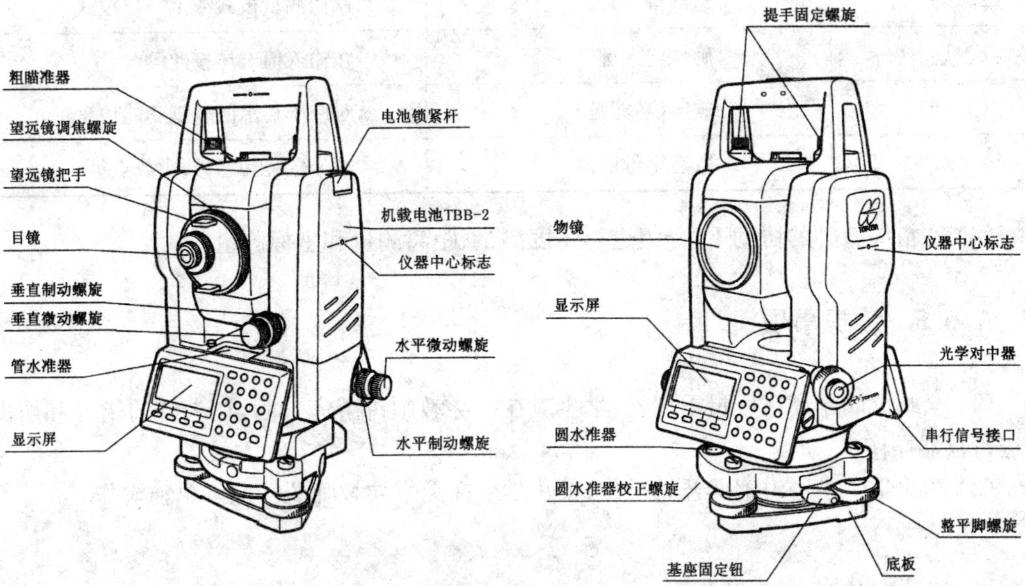

图A-9 拓普康GTS-100 N型全站仪

(2) 拓普康GTS-100 N型全站仪特点如下:

① 全中文显示,操作简单方便;数字/字母键输入,野外输入更加方便。

② 丰富的应用测量程序,如道路测设软件、对边测量、悬高测量、面积计算、偏心测量、新点设置、坐标测量、坐标放样等,极大地方便了工程应用。

③ 超大容量内存，数据管理方便简捷。坐标：24 000 已知点；数据采集点：24 000 观测点。

④ 测角精度：±2″/5″，绝对法测角，无需过零检验；测距精度：$\pm(2+2\times10^{-6}\cdot D)$mm；测程：2 km/单棱镜；高速测距：精测 1.2 s，粗测 0.7 s，跟踪 0.4 s。

(3) 拓普康 GTS-100 N 型全站仪的键盘功能与信息显示：全站仪的操作主要通过操作键盘完成各项任务，拓普康 GTS-100 N 型全站仪的键盘功能与信息显示参见表 A-6。

表 A-6　拓普康 GTS-100 N 型全站仪键盘功能

按　键	名　称	功　能
	星键	星键模式的设置或显示
	坐标测量键	坐标测量模式
	距离测量键	距离测量模式
ANG	角度测量键	角度测量模式
POWER	电源键	电源开关
MENU	菜单键	菜单模式
ESC	退出键	返回测量模式或上一层模式
ENT	确认输入键	在输入值末尾按此键
F1～F4	软键(功能键)	对应于显示的软键功能信息
0～9	数字字母键盘	输入数字和字母、小数点等

(4) 在指导教师的协助下，分组进行角度测量、距离测量和坐标测量。

A.6.5　注意事项

(1) 全站仪属于高精度贵重仪器，学生应在指导教师讲解完毕后，在老师的指导和协助下进行仪器操作。

(2) 禁止学生未经讲解即开始操作，禁止学生在无指导教师的情况下单独操作。

A.7　全站仪导线测量

A.7.1　实习目的和要求

(1) 明确经纬仪导线测量作为平面控制的意义。

（2）掌握全站仪导线测量的外业工作（包括选点、测角、量距、定向）、记录与计算。

A. 7. 2　实习内容

（1）根据测区情况，选取四个导线点作为平面控制点。

（2）用全站仪测定四条导线边长和四个内角。

（3）用罗盘仪观测起始边磁方位角。

（4）导线坐标计算。

A. 7. 3　仪器和工具

全站仪—1，全站仪脚架—1，三棱镜—1，三棱镜脚架—1，罗盘仪—1，罗盘仪脚架—1。

A. 7. 4　方法和步骤

（1）导线点的选设

根据测区的情况进行选点。选点时要求通视条件良好，能够测到尽可能多的地形特征点。在地形较为复杂的地方，需同时考虑导线支点的布设。各组在指定地区内根据已建立的固定标志为导线点，如图 A-10 所示。以西南角点为起始点，按顺时针方向进行编号，绘出草图。

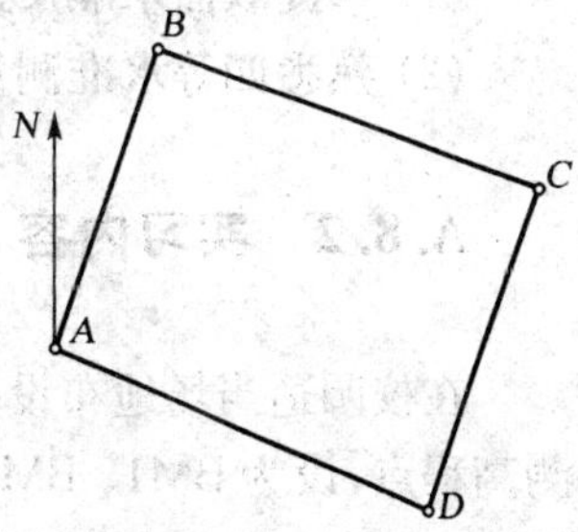

图 A-10　导线测量

（2）导线角度观测

① 安置仪器：在 A 点上安置仪器，精确整平和对中，以保证测量成果的精度。

② 开机：确认仪器已经整平后，打开电源开关（POWER 键），确认显示窗中显示有足够的电池电量，当电池电量不足或显示“电池用完”时应及时更换电池；仪器开机时还应确认棱镜数值（PSM）和大气改正值（PPM），并可调节显示屏对比度。

③ 按【ANG】键，进入角度测量模式。照准第一个目标 B，按【F1】（置零）键和【F3】（是）键将目标 B 的水平角设置为 $0°00'00''$；再照准第二个目标 D，显示器显示目标 D 的 V/HR。

④ 依次测出导线边所夹的右角。

（3）导线边长观测

① 在 A 点上安置仪器，精确整平和对中。

② 确认仪器处于测角模式，照准目标 B（棱镜中心），注意消除视差。按距离测量键，距离测量开始，直至显示测量的距离。

（4）罗盘仪测定导线起始边的磁方位角

要求正向与反向观测。直线的正、反方位角之较差应该在 $180°\pm30'$ 范围内。将反方位角 $\pm180°$ 后与正方位角取均值作为起始边方向值。

A.7.5 注意事项

(1) 全站仪属于高精度贵重仪器,学生应在老师的指导和协助下进行仪器操作。

(2) 选取的导线点应稳妥,便于保存标志和安置仪器,便于控制整个测区。

(3) 每站观测完毕后,随即算出结果。如果不符合要求,应立即重新观测。导线内角观测结束,应验算角度闭合差,若在容许范围以内,方可进行导线计算。

(4) 起始边的正、反方位角如果差值太大,应找出原因,也可另选其他边再测定方位角。

A.8 四等水准测量

A.8.1 实习目的和要求

(1) 掌握双面水准尺进行四等水准测量的观测、记录和计算方法。

(2) 熟悉四等水准测量的主要技术指标,掌握测量检核及水准路线成果检核的方法。

A.8.2 实习内容

在校园适当场地布设一条往返测水准路线,路线长度约为 800 m。在路线上选定 4 个待测高程点,设为 BM1、BM2、BM3、BM4,由已知水准点 BM. A 出发,测至待测水准点 BM1、BM2、BM3、BM4,再从原路返测到水准点 BM. A,如图 A-11 所示。

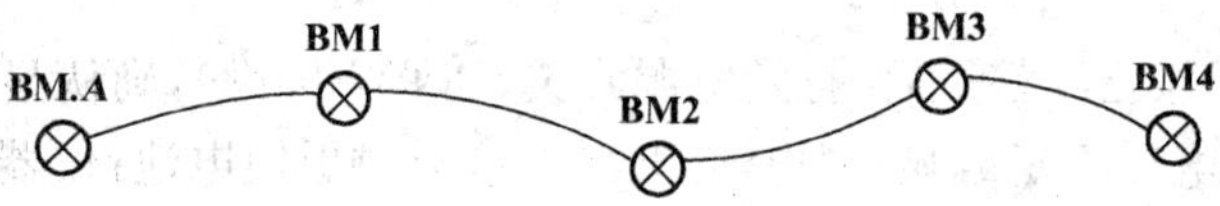

图 A-11 四等水准测量路线

A.8.3 仪器和工具

DS_3 自动安平水准仪—1,水准仪脚架—1,双面水准尺(2 m)—2,尺垫—2,记录板—1。

A.8.4 方法和步骤

(1) 观测数据

在给定的已知高程点 BM. A 与第一个待测点 BM1 上竖立水准尺,并在距两点相等位置处架设水准仪,仪器整平后,按以下顺序观测。

后视水准尺黑面:读取上丝读数(1)、下丝读数(2)和中丝读数(3);

前视水准尺黑面：读取上丝读数(4)、下丝读数(5)和中丝读数(6)；

前视水准尺红面：读取中丝读数(7)；

后视水准尺红面：读取中丝读数(8)。

至此，一个测站上的操作已告完成。这种观测顺序简称为“后—前—前—后”(黑、黑、红、红)。

四等水准测量每站的观测顺序也可以为“后—后—前—前)”(黑、红、黑、红)。

(2) 测站的计算检核

当测站观测数据(1)至(8)记录完毕后，应随即计算以下内容：

后视距离(9)：$(9)=100\times\{(1)-(2)\}$；

前视距离(10)：$(10)=100\times\{(4)-(5)\}$；

前、后视距差(11)：$(11)=(9)-(10)$，且不大于 5 m；

前、后视距累计差(12)：$(11)=$ 上站(12) + 本站(11)，且不大于 10 m；

前视尺黑、红面读数差(13)：$(13)=(6)+K_i-(7)$，且不大于 3 mm；

后视尺黑、红面读数差(14)：$(14)=(3)+K_i-(8)$，且不大于 3 mm；其中 K_i 为双面水准尺的红面分划与黑面分划的零点差(A 尺 $K=4\,687$ mm，B 尺 $K=4\,787$ mm)；

黑面高差(15)：$(15)=(3)-(6)$；

红面高差(16)：$(16)=(8)-(7)$；

黑、红面高差之差(17)：$(17)=(14)-(13)$，且不大于 5 mm；

平均高差(18)：$(18)=\{(15)+[(16)\pm 100\text{ mm}]\}/2$。

(3) 迁站

将 BM. A 点上的水准尺竖立到 BM2 点，水准仪安置在距 BM1、BM2 两点相等距离处，再将 BM. A 上的水准尺面向仪器。依同样的方法测量其他各点的高差，依次设站，同法施测各段的高差。

(4) 设立转点

当两点间距离较长或两点间的高差较大时，可在两点间选定 1 个或 2 个转点作为分段点，实施分段测量。注意在转点上立尺时，应使用尺垫。

四等水准测量记录举例见表 A-7。

(5) 每页水准测量记录计算检核

外业观测结束后，应该进行每页的高差和视距的检核计算。

高差检核：

$$\sum(3)-\sum(6)=\sum(15)$$

$$\sum(8)-\sum(7)=\sum(16)$$

$$\sum(15)+\sum(16)=2\sum(18) \qquad \text{(偶数站)}$$

或

$$\sum(15)+\sum(16)=2\sum(18)\pm 100\text{ mm} \qquad \text{(奇数站)}$$

视距检核：

$$\sum(9)-\sum(10)=\text{末站}(12)-\text{前页末站}(12)$$

$$\text{本页总视距}=\sum(9)+\sum(10)$$

表 A-7　四等水准测量记录手簿

测站编号	后尺 下丝 / 上丝；后距；视距差 d	前尺 下丝 / 上丝；前距；$\sum d$	方向及尺号	标尺读数 黑面	标尺读数 红面	K+黑减红	高差中数
	(1)	(4)	后	(3)	(8)	(14)	
	(2)	(5)	前	(6)	(7)	(13)	
	(9)	(10)	后—前	(15)	(16)	(17)	(18)
	(11)	(12)					
1	1 571	6 739	后	1 384	6 171	0	
	1 197	6 363	前	0 551	5 239	−1	
	374	376	后—前	+0 833	+0 932	+1	+0 832
	−0.2	−0.2					
2	2 121	2 196	后	1 934	6 621	0	
	1 747	1 821	前	2 008	6 796	−1	
	374	375	后—前	−0 074	−0 175	+1	−0 074.5
	−0.1	−0.3					
3	1 914	2 055	后	1 726	6 513	0	
	1 539	1 678	前	1 866	6 554	−1	
	375	377	后—前	−0 140	−0 041	+1	−0 140.5
	−0.2	−0.5					

A.8.5　注意事项

(1) 前、后视距可先由步测概量，再通过视距测量调整仪器位置，使前、后视距大致相等。

(2) 上、下丝读数的平均值与中丝读数的差值不得超过±1 mm，超限应重测。

(3) 每站观测结束后，应当即检核，若所有检核均符合要求后方可搬站，否则必须重测。仪器未搬站，后视尺不可移动；仪器搬站时，前视尺不可移动。

(4) 必须在整条水准路线的所有观测和计算工作均已完成，并且各项指标（包括水准路线高差闭合差）均满足要求的情况下方可结束测量。$f_h \leqslant \pm 12\sqrt{L}$（平地）或 $f_h \leqslant \pm 6\sqrt{n}$（山地）。

(5) 四等水准测量有关技术指标的限差规定见表 A-8。

表 A-8 四等水准测量限差指标

等级	前后视距差(m)		黑、红面读数之差(mm)	黑、红面所测高差之差(mm)	视距长度(m)	视线距地面高度(m)
	每站	累积				
四	≤5	≤10	≤3	≤5	≤80	≥0.2

A.9 全站仪测记法数字测图

A.9.1 实习目的和要求

(1) 掌握用全站仪测记法测图的方法和步骤。

(2) 掌握在 Auto CAD 环境下编辑、注记形成数字化地图的方法。

A.9.2 实习内容

每个小组完成一幅实地面积为 150 m×150 m，比例尺为 1∶500 的数字地图。

A.9.3 仪器和工具

全站仪—1，全站仪脚架—1，反光棱镜—2，棱镜杆—2，小钢尺(2 m)—1，木桩—4，锤子—1，皮尺—1，记录板—1。

A.9.4 方法和步骤

(1) 先进行平面控制测量和高程控制测量。

① 平面控制测量

各小组按照实习指导教师安排的测区布设 4 个平面控制导线点，具体测量方法可参见 A.7 全站仪导线测量。

② 高程控制测量

高程控制测量可以根据需要采取四等水准测量或三角高程测量的方法进行。如采用四等水准测量，具体测量方法可参见 A.8 四等水准测量。如采用三角高程测量的方法测出导线点的高程，其测量原理为：假设 A 点高程已知，要测出 B 点的高程，在 A 点安置全站仪，B 点安置棱镜，则有：

$$h_{AB} = D\tan\alpha + i_A - \upsilon_B \tag{A-9-1}$$

式中：D——AB 间平距；

α——竖直角；

i_A——A 点仪器高；

v_B——B 点棱镜高。

在实际操作中，三角高程测量可利用全站仪结合平面控制测量中导线的边长丈量和导线的角度观测一起进行。

(2) 采集野外数据，勾绘草图。

① 对整个测区进行勘察，在草图上勾绘出大致的地物及地貌，并标注出地物类型。

② 在某控制点上将全站仪对中、整平，量出仪器高 i。

③ 以拓普康 GTS-100 N 型全站仪为例。开机，进入【MENU】模式下的数据采集菜单，选择一个已建文件或建立一个新文件。输入测站点和后视点的三维坐标、仪器高和棱镜高等数据后瞄准后视点进行定向，并找到另一个控制点进行测站检核，亦可用后视点进行检核。

④ 碎部测量时，1 位同学观测仪器；2 位同学持棱镜充当跑尺员；1 位同学充当记录员兼指挥员，按草图指挥跑尺员依次跑点观测，并在草图上标注仪器上所显示的对应点号。观测员可在每个地形点的“属性”一栏依地物类型取不同的字母开头进行标注，如：房屋取 F、道路取 L、河流取 H、地形点取 D 等，以方便检查和后期的绘图。

对于一些无法通视的碎部点，可以用皮尺量出尺寸记录在草图上，采用作图法绘出。如果点位较多也可以采用支点法进行测绘：在可以通视碎部点的合适位置选取一个支点，同测定碎部点的方法一样在测站点上测出该点的平面位置和高程，将仪器移至该支点作为测站点，而将刚才的测站作为后视点进行定向，同法观测剩余碎部点即可。

(3) 录入内业数据。用通讯线将全站仪和台式电脑连接后，进入【MENU】模式下的内存管理菜单，进入内存管理菜单下的数据传输子菜单，将所需的文件输出至台式电脑中。

(4) 内业数字化成图。在 Auto CAD 环境下，将坐标文件逐一导入，参照草图连线成图。点状符号或线型符号参照国家测绘总局颁发的《地形图图式》中规定的符号进行描绘。如有成图软件亦可采用软件进行编绘、注记。

(5) 数字化地图编绘和检查。对于完成编绘和注记的数字化地图，需到实地对照检查和修改后方可成为一幅合格的数字化地图。

A.9.5 注意事项

(1) 全站仪属高精度贵重仪器，必须保护好。

(2) 学有余力的同学可根据指导老师的要求自行编写成图软件。

A.10 GPS 接收机使用练习

A.10.1 实习目的和要求

(1) 了解 GPS 接收机的基本组成和主要性能。

(2) 初步掌握 GPS 接收机静态和动态作业的一般方法。

A.10.2　实习内容

(1) 由指导老师在现场介绍徕卡公司生产的 GPS 500 接收机的基本组成和主要性能，并示范表演快速静态和实时动态操作的步骤以及手簿记录方法。

(2) 分组进行操作练习，学会进行接收机安置、观测数据采集和测站手簿记录等工作。

A.10.3　仪器和工具

GPS 接收机及脚架—2(套)，GPS 记录手簿—2。

A.10.4　操作说明

(1) GPS 接收机主要部件由 GPS 天线和 GPS 接收机组成，附件有操作终端、调制解调器、无线电天线、电池、PC 卡和电缆等。

(2) 认识操作终端 TR 500 面板布局、图标状态、菜单结构、功能配置和主要操作键。

(3) GPS 500 操作方式分为利用 TR 500 和不用 TR 500 两种；操作模式分为测量模式、放样模式、导航模式、TRK 等。GPS 500 的主要技术参数见表 A-9。

表 A-9　GPS 500 的主要技术参数

内　容	参　数	备　注
卫星信号接收	(L1＋L2)	24 通道
实时基线精度	±(5 mm＋2 ppm)	快速静态
	±(10 mm＋2 ppm)	动态
后处理基线精度	±(3 mm＋0.5 ppm)	静态(长基线、长时段)
	±(5 mm＋1 ppm)	快速静态
	±(10 mm＋1 ppm)	动态
动态初始化时间	一般小于 30 秒	
点位更新率	每秒 5 次	
数据记录	4 MB，10 MB，85 MB	PC 卡
操作方式	利用 TR 500，或不用 TR 500	
操作模式	测量模式、放样模式、导航模式、TRK 等	

(4) 静态、快速静态操作过程如下：

① 选择合适位置，安置 GPS 天线，用电缆线将天线、传感器和电池相连，对中、整平后用测高弯尺量取天线高。

② 开机进入主菜单，检查仪器有关参数设置是否正确、一致。

③ 选择主菜单第 1 项【SURVEY】，连按两次 F1【CONT】进入数据输入界面，输入点号和天线高。

④ 开始搜索卫星，当 GDOP 值≤6 时，按 F1【OCUPY】，接收机开始进入数据采集状态。

⑤ 当接收机采集到足够数据时，按 F1【STOP】结束测量，再按 F1【STORE】存储数据。

⑥ 按【ESC】键退出测量状态，按 F5【OK】回到主菜单，最后按【ON】键关机。

(5) 实时动态参考站按静态【RT-REF】，操作见上，流动站按动态【RT-ROV】，操作如下：

① 将天线安置在天线杆上，开机检查仪器各项参数配置是否正确，调制解调器工作是否正常。

② 选择主菜单第 1 项【SURVEY】，连按两次 F1【CONT】进入数据输入界面，输入点号和天线高。

③ 扶稳天线杆，使气泡居中，按 F1【OCUPY】。

④ 等精度指标达到要求后，按 F1【STOP】结束测量，再按 F1【STORE】存储数据。

⑤ 流动到下一个点位进行观测，操作同上。若要退出则按【ESC】键，再按 F5【OK】回到主菜单。

(6) 对基线向量进行后处理解算。

① 调用 SKI-Pro 软件，建立测量项目数据库。

② 选择【输入】菜单，将 PC 卡上的 GPS 原始观测数据拷贝到项目数据库中。

③ 检查基线解算中有关参数设置是否正确。

④ 将同步基线两端点分别选定为参考站和流动站，按【处理】图标进行同步基线处理。

⑤ 按【存储】图标，将所选同步基线存入数据库中，也可调阅查看。

A.10.5 注意事项

(1) GPS 接收机系精密仪器，操作时应小心谨慎，严格按照规程操作。

(2) 观测员不得离开仪器，并尽量少用手机、对讲机等通讯设备，以免引起电子信号干扰。

附录 B　测量常用计量单位

1）长度单位

（1）我国测量工作中法定的长度计量单位为米（meter）制单位：

1 m（米）= 10 dm（分米）= 100 cm（厘米）= 1 000 mm（毫米）

1 km（千米或公里）= 1 000 m

（2）在外文测量书籍中，还会用到英、美制的长度计量单位，它与米制的换算关系如下：

1 in（英寸）= 2.54 cm

1 ft（英尺）= 12 in = 0.304 8 m

1 yd（码）= 3 ft = 0.914 4 m

1 mi（英里）= 1 760 yd = 1.609 3 km

2）面积单位

（1）我国测量工作中法定的面积计量单位为平方米（m^2），大面积则用公顷（hm^2）或平方公里（km^2）。我国农业上常用市亩（mu）为面积计量单位。其换算关系如下：

1 m^2（平方米）= 100 dm^2 = 10 000 cm^2 = 1 000 000 mm^2

1 mu（市亩）= 666.666 7 m^2

1 are（公亩）= 100 m^2 = 0.15 mu

1 hm^2（公顷）= 10 000 m^2 = 15 mu

1 km^2（平方公里）= 100 hm^2 = 1 500 mu

（2）米制与英、美制面积计量单位的换算关系如下：

1 in^2（平方英寸）= 6.451 6 cm^2

1 ft^2（平方英尺）= 144 in^2 = 0.092 9 m^2

1 yd^2（平方码）= 9 ft^2 = 0.836 1 m^2

1 acre（英亩）= 4 840 yd^2 = 40.468 6 are = 4 046.86 m^2 = 6.07 mu

1 mi^2（平方英里）= 640 acre = 2.59 km^2

3）体积单位

我国测量工作中法定的体积计量单位为立方米（m^3），在工程上简称为“立方”或“方”。

4）角度单位

测量工作中常用的角度单位有“度分秒（DMS）制”和“弧度制”。

(1) 度分秒制

1 圆周 = 360°(度), 1° = 60′(分), 1′ = 60″(秒)。

(2) 弧度制

弧长 l 等于半径 R 的圆弧所对的圆心角称为一个弧度,用 ρ 表示。因为整个圆周长为 $2\pi R$,故整个圆周为 2π 弧度。弧度与度分秒的关系如下:

$$\rho = \frac{180^\circ}{\pi}$$

由上式可计算一个弧度所对应的度数、分数和秒数分别为:

$$\rho^\circ = \frac{180^\circ}{\pi} = 57^\circ.295\,779\,5 \approx 57^\circ.3$$

$$\rho' = \frac{180^\circ}{\pi} \times 60 = 3\,437'.746\,77 \approx 3\,438'$$

$$\rho'' = \frac{180^\circ}{\pi} \times 60 \times 60 = 206\,264''.806 \approx 206\,265''$$

习题参考答案

第1章

8. (1) 6° 投影带:$N = 20, L_0 = 117^\circ$。

(2) 3° 投影带:$n = 38, L_0 = 114^\circ$。

11. (1) $x = 3\,456.780$ m, $y = -113\,564.74$ m。

(2) 该点位于第四象限内。

12. (1) 室外地坪绝对高程:43.800 m。

(2) 女儿墙绝对高程:133.500 m。

13. 12.5 hm^2(公顷);187.5 mu(亩)。

14. 1.9 弧度;$108^\circ 51' 43''$。

15. 0.017 m。

第2章

1. (1) $h_{ab} = -0.296$ m。

(2) $h_{ba} = +0.296$ m。

(3) $H_B = 19.049$ m。

8. (1) 不平行。

(2) $i = -526''$;a_2 正确读数为:1.899 m。

9. (1) $f_h = -65$ mm, $f_{h容} = \pm 105$ mm。

(2) $H_1 = 32.392$ m, $H_2 = 36.372$ m, $H_3 = 29.364$ m, $H_4 = 33.326$ m, $H_5 = 30.584$ m。

10. (1) $f_h = +40$ mm, $f_{h容} = \pm 75$ mm。

(2) $H_1 = 23.008$ m, $H_2 = 19.283$ m, $H_3 = 12.385$ m。

第3章

5. (1) 水平角计算如下表所示:

方向观测法水平角观测记录计算表

测站	测回数	目标	水平度盘读数 盘左	水平度盘读数 盘右	2c	平均读数	一测回归零方向值	各测回归零平均方向值	角值
			° ′ ″	° ′ ″	″	° ′ ″	° ′ ″	° ′ ″	° ′ ″
O		A	0 01 12	180 01 18	−6	(0 01 18) 0 01 15	0 00 00	0 00 00	96 51 42
		B	96 53 06	276 53 00	+6	96 53 03	96 51 45	96 51 42	46 39 48
		C	143 32 48	323 32 48	0	143 32 48	143 31 30	143 31 30	70 33 32
		D	214 06 12	34 06 06	+6	214 06 09	214 04 51	214 05 02	
		A	0 01 24	180 01 18	+6	0 01 21			
		A	90 01 24	270 01 24	0	(90 01 30) 90 01 24	0 00 00		
		B	186 53 00	6 53 18	−18	186 53 09	96 51 39		
		C	233 32 54	53 33 06	−12	233 33 00	143 31 30		
		D	304 06 36	124 06 48	−12	304 06 42	214 05 12		
		A	90 01 36	270 01 36	0	90 01 36			

（2）垂直角计算如下表所示：

竖直角观测记录计算表

测站	目标	盘位	竖盘读数 (° ′ ″)	半测回竖直角 (° ′ ″)	指标差 (″)	一测回竖直角 (° ′ ″)
A	B	左	95 12 24	−5 12 24	−3	−5 12 27
		右	264 47 30	−5 12 30		
	C	左	78 48 36	+11 11 24	+15	+11 11 39
		右	281 11 54	+11 11 54		

第 4 章

2. （1）*AB* 段水平距离为：357.28 m；相对误差为：1/3 500。

（2）*CD* 段水平距离为：248.68 m；相对误差为：1/2 480。

（3）*AB* 段比较精确。

6. （1）尺段 1 的三项改正：尺长改正 $=-0.015$ m；温度改正 $=-0.005$ m；倾斜改正 $=-0.049$ m。尺段 1 的实际长度 $=29.928$ m。

（2）尺段 2 的三项改正：尺长改正 $=-0.015$ m；温度改正 $=-0.002$ m；倾斜改正 $=-0.005$ m。尺段 2 的实际长度 $=29.880$ m。

7. （1）三项改正：$\Delta l_d=+0.015$ m，$\Delta l_t=-0.007$ m，$\Delta l_h=-0.005$ m。

（2）该段水平距离：144.002 m。

8. （1）真方位角 $A=60°23'$。

(2) 磁方位角 $A_m = 60°44'$。

9. (1) 至 1 号点，平距：85.62 m；高程：15.799 m。

(2) 至 2 号点，平距：160.67 m；高程：14.901 m。

(3) 至 3 号点，平距：113.71 m；高程：−0.439 m。

(4) 至 4 号点，平距：173.54 m；高程：18.491 m。

10. $m_0 = \pm 6$ mm。

第 7 章

8. (1) 圆周长 $C = 108.38$ m。

(2) $m_c = \pm 0.031$ m。

9. (1) 面积 $S = 4\,273.24\ m^2$。

(2) $m_s = \pm 3.92\ m^2$。

10. (1) $\angle C = 89°49'18''$。

(2) $m_c = \pm 5''$。

11. (1) $m_{往} = \pm 9$ mm。

(2) $m_{平} = \pm 6.4$ mm。

12. (1) 算术平均值 $x = 398.782$ m。

(2) 一次丈量中误差 $m = \pm 10.4$ mm。

(3) 算术平均值中误差 $m_x = \pm 4.6$ mm。

(4) 相对误差 $K = 1/86\,600$。

13. (1) 单位加权中误差 $\mu = \pm 4.3''$。

(2) 加权平均值中误差 $m_x = \pm 1.0''$。

(3) 一测回观测值的中误差 $m_{一测回} = \pm 4.3''$。

14. (1) $H_Q = 48.385$ m。

(2) $m_{HQ} = \pm 20.8$ mm。

第 8 章

5. (1) 角度闭合差 $f_\beta = -75''$。

(2) 坐标增量闭合差 $f_x = -0.073$ m，$f_y = +0.159$ m，$f = 0.175$ m，$K = 1/4\,016$。

(3) 导线点坐标：($X_1 = 818.080$ m，$Y_1 = 1\,206.995$ m)；

($X_2 = 865.185$ m，$Y_2 = 1\,299.428$ m)；

($X_3 = 791.563$ m，$Y_3 = 1\,435.386$ m)。

6. (1) 角度闭合差 $f_\beta = +30''$。

(2) $f_x = +0.029$ m，$f_y = +0.119$ m，$f = 0.123$ m，$K = 1/5\,216$。

(3) 导线点坐标：($X_1 = 576.266$ m，$Y_1 = 670.513$ m)；

($X_2 = 588.908$ m，$Y_2 = 784.406$ m)；

($X_3 = 429.428$ m，$Y_3 = 814.307$ m)；

($X_4 = 407.878$ m，$Y_4 = 682.511$ m)。

7. P 点坐标：($X_P = 869.206$ m，$Y_P = 735.231$ m)。

8. P 点坐标：($X_P = 980.321$ m，$Y_P = 846.354$ m)。

9. (1) $h_{AB} = +17.77$ m。

(2) $h_{BA} = -17.73$ m。

(3) $h_{平均} = +17.75$ m，$H_B = 58.23$ m。

第 10 章

2. (1) $H_C = 18.5$ m；$H_D = 21.7$ m；$i_{cd} = +3.2\%$。

(2) ① ($X_{08} = 56\,272.8$ m，$Y_{08} = 32\,012.8$ m)；

② ($X_{61} = 56\,296.4$ m，$Y_{61} = 32\,268.6$ m)；

③ $S_{08-61} = 256.8$ m，$\alpha_{08-61} = 85°15'$。

(3) 绘断面图(略)。

(4) 因为等高距为 1 m，设计坡度为 5%，即可得两等高线间平距为 20 m，1∶2 000 图上长度为 1 cm，作图时，以 A 点为圆心、1 cm 为半径作圆弧，依次交会出线路上各点。

(5) 汇水面积约为：$S = 5\,3800$ m^2。

(6) 方格法：20 m×20 m 格网，$H_0 = 26.606$ m，填、挖方为 66 296 m^3。

第 11 章

4. $\Delta_\beta = -28''$；$S = 162$ m，$\delta = 22$ mm；向角内改正。

5. (1) 先计算三项改正：$\Delta l_d = +0.006$ mm，$\Delta l_t = +0.005$ mm，$\Delta l_h = -0.002$ mm。

(2) 地面应测设的长度：$L = 48.191$ m。

6. P 点上标尺读数为：216.472＋1.358－216.430＝1.400 m。

7. 设施工坐标系 A 轴在测量坐标系中的方位角为 $\alpha = 24°$，则 C 点的测量坐标为：($X_C = 258.455$ m，$Y_C = 274.264$ m)。

8. $H_B = H_A + i \times D = 85.126\ \text{m} + 10\% \times 48 = 89.926$ m。

9. $\beta = 36°34'13''$，$D_{AP} = 32.099$ m。

第 12 章

4. $\delta = 19$ mm。

第 13 章

4. $C = \rho l = 100\,000$。

5. (1) 圆曲线要素：$T = 87.585$ m，$L = 173.411$ m，$E = 7.613$ m，$D = 1.759$ m。

(2) 桩号：ZY＝K26＋196.877，QZ＝K26＋283.582，ZY＝K26＋370.288。

6. (1) 缓和曲线要素：$\beta_0 = 4°35'01''$，$p = 0.44$ m，$m = 39.99$ m，$T = 169.738$ m，$L = 335.379$ m，$E = 14.303$ m，$D = 4.097$ m。

(2) 桩号：ZH＝K8＋258.688，HY＝K8＋338.688，QZ＝K8＋426.378，YH＝K8＋514.068，HZ＝K8＋594.068。

7. (1) 曲线元素:$L = R \times (I_2 - I_1) = 96\,\text{m}$, $T = \frac{1}{2}L = 48\,\text{m}$, $E = \frac{T^2}{2 \times R} = 0.38\,\text{m}$。

(2) 竖曲线起、终点里程:K13+602,K13+698。

(3) 各点里程及标高见下表。

点　名	桩　号	x	标高改正 y(m)	坡道点 $H' = H_0 \pm (T-x)_i$ (m)	路面设计高程 $H = H' \pm y$ (m)
起点	K13+602	0	0.00	42.44	42.44
	612	10	0.02	42.64	42.62
	622	20	0.07	42.84	42.77
	632	30	0.15	43.04	42.89
	642	40	0.27	43.24	42.97
变坡点	K13+650	$T=48$	$E=0.38$	$H_0=43.40$	43.02
	658	40	0.27	43.30	43.03
	668	30	0.15	43.18	43.03
	678	20	0.07	43.06	42.99
	688	10	0.02	42.94	42.92
终点	K13+698	0	0.00	42.82	42.82

参考文献

[1] 胡伍生,潘庆林. 土木工程测量(第3版)[M]. 南京:东南大学出版社,2007

[2] 顾孝烈,鲍峰,程效军. 测量学(第3版)[M]. 上海:同济大学出版社,2006

[3] 覃辉,唐平英,余代俊. 土木工程测量[M]. 上海:同济大学出版社,2004

[4] 王侬,过静珺. 现代普通测量学[M]. 北京:清华大学出版社,2001

[5] 邹永廉. 土木工程测量[M]. 北京:高等教育出版社,2004

[6] 李青岳,陈永奇. 工程测量学(第2版)[M]. 北京:测绘出版社,1995

[7] 张正禄. 工程测量学[M]. 武汉:武汉大学出版社,2005

[8] 陈久强. 土木工程测量[M]. 北京:北京大学出版社,2006

[9] 潘松庆. 建筑测量[M]. 北京:中央广播电视大学出版社,2008

[10] 徐霄鹏. 公路工程测量[M]. 北京:人民交通出版社,2005

[11] 胡伍生. 工程测量[M]. 北京:人民交通出版社,2007

[12] 高井祥. 测量学[M]. 徐州:中国矿业大学出版社,2007

[13] 赵红. 水利工程测量[M]. 杭州:浙江科学技术出版社,2008

[14] 肖国城. 水利工程测量[M]. 北京:中国水利水电出版社,2002

[15] 胡伍生,高成发. GPS测量原理及其应用[M]. 北京:人民交通出版社,2002

[16] 潘正风,杨正尧,程效军,等. 数字测图原理与方法[M]. 武汉:武汉大学出版社,2004

[17] 胡伍生,朱小华. 测量实习指导书[M]. 南京:东南大学出版社,2004

[18] 胡伍生,潘庆林,黄腾. 土木工程施工测量手册[M]. 北京:人民交通出版社,2005

[19] 中华人民共和国国家标准. 工程测量规范(GB 50026—2007)[M]. 北京:中国计划出版社,2008

[20] 中华人民共和国国家标准. 1∶500　1∶1 000　1∶2 000 地形图图式(GB/T 7929—95)[M]. 北京:中国标准出版社,1996

[21] 中华人民共和国行业标准. 城市测量规范(CJJ 8—99)[M]. 北京:中国建筑工业出版社,1999

[22] 中华人民共和国国家标准. 全球定位系统(GPS)测量规范(GB/T 18314—2009)[M]. 北京:中国标准出版社,2009

[23] 中华人民共和国行业标准. 建筑变形测量规范(JGJ 8—2007)[M]. 北京:中国建筑工业出版社,2007

[24] 中华人民共和国行业标准. 公路勘测规范(JTG C10—2007)[M]. 北京:人民交通出版社,2007